工 程 数 学

陈志国　编著

ZHEJIANG UNIVERSITY PRESS
浙江大学出版社

图书在版编目（CIP）数据

工程数学 / 陈志国编著. —杭州：浙江大学出版社，
2013.7
ISBN 978-7-308-11736-4

Ⅰ．①工… Ⅱ．①陈… Ⅲ．①工程数学－教材
Ⅳ．①TB11

中国版本图书馆 CIP 数据核字（2013）第 139491 号

内容简介

本书是高校工科类学生选用教材，由线性代数、微积分、线性规划、复变函数、常微分方程共五部分内容组成。全书取材适中，内容简练，脉络清晰，理论基础与工程案例兼备，对某些传统的数学概念提出了新的看法。

本书也可作为其他专业人员的学习参考。

工 程 数 学

陈志国　编著

责任编辑　杜希武
封面设计　刘依群
出版发行　浙江大学出版社
　　　　　　（杭州市天目山路 148 号　邮政编码 310007）
　　　　　　（网址：http://www.zjupress.com）
排　　版　杭州好友排版工作室
印　　刷　杭州杭新印务有限公司
开　　本　787mm×1092mm　1/16
印　　张　22.25
字　　数　541 千
版 印 次　2013 年 7 月第 1 版　2013 年 7 月第 1 次印刷
书　　号　ISBN 978-7-308-11736-4
定　　价　45.00 元

前　言

　　《工程数学》顾名思义,是属于两个不同范畴的结合。工程注重现实的实存性,数学则关注理性思维的创造以及对自然的理性诠释。详细察看造物,万物皆奇妙精细之工程,令人惊叹,无怪乎牛顿在《自然哲学数学原理》中惊叹不已,宇宙真是万有统一的和谐。

　　科学发展历史表明,工程创造与理性思维的创造之间具有高度的密切关联与和谐性。历史上,数学的发展至少有两条线索。一条是纯理性的形而上的线索,另一条则是与物理等实体科学和工程问题的发展密切相关的线索。从阿基米德到达·芬奇,从欧拉、牛顿、拉格朗日、拉普拉斯、乃至高斯、冯·诺依曼,这些大师把数学和实体科学以及工程的发展完美地结合到一起。这种结合与和谐在本课程中一定程度上得以具体体现,比如:体积变换与行列式,光的折射路径与微分学,拱架结构与微分方程,浮力原理与第二型面积分,流体力学、机翼设计与解析函数,测不准原理与傅里叶变换等。令我们诧异与惊叹的是超自然的纯理性的演绎竟然和自然如此的一致与和谐。

　　我们很难有别的解释,除了承认这一切的一切都是万有统一的。这种统一见诸于"逻各斯",当我们研究各门学问的时候,都离不开"logos",诸如 ontology,psychology,zoology,biology,topology,geology,等等。这种理则性(逻辑性,道性)的贯穿,其实正是我们得以研究清楚事物的原因。进一步地,我们若追寻事物的理则性去研究、创新,这是真正的源头创新。

　　科技的创新本质上是理性思维的创新,而理性思维的创新在数学中得以高度的体现,尤其是崭新的高度抽象的数学概念。但是,工程数学有别于纯粹数学,不是着重于数学概念、理论的创新,乃在于合理地应用现有数学。当然,这并非绝对,譬如广义函数狄拉克函数的引进就直接与工程相关,并以狄拉克命名。

　　能好好地应用数学,其实也是件了不起的事情。荀子劝学篇中说道,"君子生非异也,善假于物也"。史蒂夫·乔布斯也曾经说过,"并不是每个人都需要种植自己的粮食,也不是每个人都需要做自己穿的衣服,我们说着别人发明的语言,使用别人发明的数学⋯⋯"我们一直在使用别人的成果。使用人类的已有经验和知识来进行发明创造是一件很了不起的事情。

　　现代数学理论结合计算机,可以衍生出很多应用学科,分形几何即是一例。风吹过蕨类植物羊齿叶那种"龙吟萧萧、凤尾森森"的美感可以由代数上几个压缩线性变换通过恰当选择参数得以实现。这种自由思维创造的美感,甚至艺术工作者都可以从中得到启发,其结构的精细与美妙令人叹为观止。

　　数学无论作为工程科学的基本语言,还是必不可少的工具,对于工程科学都愈来愈重要,而且很显然这种趋势在未来仍将继续下去。因此,工科学生势必对一些基本原理、方法与结果应有坚实的基础。本课程将线性代数放在最前面,以便读者对数学的结构有较为清晰的框架认识,也依据笛卡尔的思想,训练由几何直观转向代数运算的分析,并建立代数框架;反之,将抽象的线性问题由代数框架进行直观的几何思考。第二部分是微积分,学习无穷小分析,在极限理论基础上,给予微分一种明确的定义,不混同于有限的变化量。通过建立微分公设命题,可以清楚地讲述高阶微分,避免以往在这方面的含糊之处。其余各部分有线性规划初步,复变函数,常微分方程,各部分内容都配有适当的案例分析。

　　本课程本着学以致用的精神,尽量使知识结构的条理性、逻辑性和知识的应用性并重。

陈志国

2012 年 12 月于浙江大学

目　录

第一篇　线性代数

第二篇　微　积　分

第三篇　线性规划

第五篇 常微分方程

第一篇　线性代数

研究关联多个因素的量所引起的问题,在数学上需要考察多个未知量.如果所研究的量与量之间是按比例的关系,那么称这个问题为线性问题."代数"一词的一个基本含义就是运算.顾名思义,线性代数乃是对于线性关系的变量之间的运算.

线性问题比非线性要简单得多,但在实际问题中线性所占比例是很少的.当然,线性与非线性的划分并非绝对的.比如变量 y 是 x 的幂函数,那么就不是线性关系,但是对两个量取对数以后,两个对数量就变成线性关系了.利用这样的转变,在求海岸线的分形维数时,依据实验数据,按照最小二乘法可以求出.再如微积分中求非线性问题的积分时,虽然变量之间是非线性的关系,但是微分量之间却是线性的.因此,以直代曲,以线性代非线性是微积分理论的主要思想.

历史上线性代数的第一个问题是关于解线性方程组的.大约早在公元前 1600 年,巴比伦的代数学已经达到相当的水平.在现在保存的楔形文字泥板上,有解五元一次方程组的问题.个别的甚至含有十个未知量的十个方程(大多数是线性的),这是一个因校正天文观测数据而引起的问题,巴比伦人用一种特殊的方法最终算出所有未知量.

对线性方程组的近代处理始于莱布尼兹,他开始对线性方程组消元理论的讨论,并因此引出行列式的概念.线性方程组理论的发展促成了作为工具的矩阵论和行列式理论的创立与发展,这些内容都已成为线性代数的主要部分.

另外物理学的问题也构成对数学的挑战.向量的概念在物理学中早已有之,向量的相加的平行四边形法则亦早为人所熟知.怎样用代数的方法研究向量,而不必画出图形,这要求数学家们寻找一种数学工具.英国数学物理学家麦克斯韦尔在格拉斯曼等人的工作上将四元数分解成数量部分和向量部分,创建了大量的向量分析,实现了从数学理论到物理学实际所需用的向量的过渡.

目前线性代数内容一般包括行列式、矩阵、线性方程组、向量空间、线性变换、特征值与特征向量等.

在过去几十年中,有两个主要因素影响了工程数学的发展.这些因素是,自动电子计算机在工程问题的广泛应用以及线性代数与线性分析的与日俱增的利用.

第一章 行列式

行列式在历史上原为求解线性方程组而引入,但在线性代数和其他数学领域以及工程技术中,行列式都是一个很重要的工具.本章从几何观点引入行列式的定义,给出行列式性质及其计算方法.

§1.1 行列式的定义

在中学课程中,熟知二元一次方程组

$$\begin{cases} a_{11}x_1 + a_{12}x_2 = b_1 \\ a_{21}x_1 + a_{22}x_2 = b_2 \end{cases}$$

的解为

$$x_1 = \frac{a_{22}b_1 - a_{12}b_2}{a_{11}a_{22} - a_{12}a_{21}}, x_2 = \frac{a_{11}b_2 - a_{21}b_1}{a_{11}a_{22} - a_{12}a_{21}}$$

若引进以下 2 阶行列式

$$\begin{vmatrix} a_{11} & a_{12} \\ a_{21} & a_{22} \end{vmatrix} = a_{11}a_{22} - a_{12}a_{21}$$

则上述解可统一地表示为

$$x_1 = \frac{\begin{vmatrix} b_1 & a_{12} \\ b_2 & a_{22} \end{vmatrix}}{\begin{vmatrix} a_{11} & a_{12} \\ a_{21} & a_{22} \end{vmatrix}}, \quad x_2 = \frac{\begin{vmatrix} a_{11} & b_1 \\ a_{21} & b_2 \end{vmatrix}}{\begin{vmatrix} a_{11} & a_{12} \\ a_{21} & a_{22} \end{vmatrix}}$$

同理,当考察三元一次方程组的解时,若定义 3 阶行列式为

$$\begin{vmatrix} a_{11} & a_{12} & a_{13} \\ a_{21} & a_{22} & a_{23} \\ a_{31} & a_{32} & a_{33} \end{vmatrix} = a_{11}\begin{vmatrix} a_{22} & a_{23} \\ a_{32} & a_{33} \end{vmatrix} - a_{12}\begin{vmatrix} a_{21} & a_{23} \\ a_{31} & a_{33} \end{vmatrix} + a_{13}\begin{vmatrix} a_{21} & a_{22} \\ a_{31} & a_{32} \end{vmatrix}$$

$$= a_{11}(a_{22}a_{33} - a_{23}a_{32}) - a_{12}(a_{21}a_{33} - a_{23}a_{31}) + a_{13}(a_{21}a_{32} - a_{22}a_{31})$$

$$= a_{11}a_{22}a_{33} + a_{12}a_{23}a_{31} + a_{13}a_{21}a_{32} - a_{11}a_{23}a_{32} - a_{12}a_{21}a_{33} - a_{13}a_{22}a_{31}$$

则三元一次方程组的解为

$$x_j = \frac{D_j}{D} \quad (j = 1, 2, 3)$$

其中 D 表示如上系数构成的三阶行列式,而 D_j 表示系数行列式中的第 j 列由右边的常数列代替的三阶行列式.

历史上行列式的引进正是为求解线性方程组.在解析几何里面,我们知道上述分别表示两个平面向量所张成的有向面积和三个三维向量所张成的有向体积,之所以称其为有向,乃是因为数值有正负.一个自然的问题是如何定义 n 阶行列式以及它所代表的几何意义是什么?我们试图用几何观点引入,但作为预备,先引入逆序数.

排列与逆序数

把 n 个不同的元素排成一列,叫做这 n 个元素的全排列(简称排列),根据排列组合理论,这样的排列数共有 $n!$ 个.对于 n 个不同的元素,先规定各元素之间的一个标准次序(如 n 个不同的自然数,可规定由小到大),于是在这 n 个元素的任一排列中,当某两个元素的先后次序与标准次序不同时,就称这两个元素构成了一个**逆序**.一个排列中所有逆序的总和称之为这个排列的**逆序数**.逆序数为奇数的排列称为**奇排列**,逆序数为偶数的排列称为**偶排列**.

计算排列逆序数的方法

设 $j_1, j_2, \cdots, j_n$ 为 $1, 2, \cdots, n$ 的一个排列,记 $\tau(j_1, j_2, \cdots, j_n)$ 为这一排列的逆序数,记 $\tau(j_k)$ 为比 j_k 大且排在前面的元素的个数,则

$$\tau(j_1, j_2, \cdots, j_n) = \sum_{k=1}^{n} \tau(j_k)$$

例 1 求排列 $13 \cdots (2n-1)24 \cdots (2n)$ 的逆序数.

解 在该排列中,$1 \sim (2n-1)$ 中每个奇数的逆序数全为 0,2 的逆序数为 $(n-1)$,4 的逆序数为 $(n-2)$,$\cdots$,$(2n-2)$ 的逆境序数为 1,$2n$ 逆序数为 0,于是该排列的逆序数为

$$1 + 2 + 3 + \cdots + (n-1) = \frac{n(n-1)}{2}$$

例 2 在 $1 \sim 9$ 构成的排列中,求 j, k,使排列 $1274j56k9$ 为偶排列.

解 由题可知,j、k 的取值范围为 $\{3, 8\}$,当 $j = 3$、$k = 8$ 时,经计算可知,排列 127435689 的逆序数为 5,即为奇排列;当 $j = 8$、$k = 3$ 时,经计算可知,排列 127485639 的逆序数为 10,即为偶排列,故 $j = 8, k = 3$.

例 3 已知 $\tau(j_1, j_2, \cdots, j_n) = k$,求 $\tau(j_n, j_{n-1}, \cdots, j_1)$.

解 因为对于任意的 s, t,都有 $\tau(j_s, j_t) + \tau(j_t, j_s) = 1$,所以

$$\tau(j_1, j_2, \cdots, j_n) + \tau(j_n, j_{n-1}, \cdots, j_1) = C_n^2 = \frac{n(n+1)}{2}$$

在排列中,将任意两个元素对调位置,其余元素不动,这种作出新排列的过程叫做**对换**.将相邻两元素对换,称为**相邻对换**.

定理 1 对换一个排列中的任意两个元素,排列改变奇偶性.

证明 该定理的证明可分为两步来证.第一步证明相邻对换情况,第二步证明一般情况.

设 $a_1 a_2 \cdots a_l a b b_1 b_2 \cdots b_m \xrightarrow{a \leftrightarrow b} a_1 a_2 \cdots a_l b a b_1 b_2 \cdots b_m$. 若 $\tau(a_1 a_2 \cdots a_l a b b_1 b_2 \cdots b_m) = k$,则当 $a > b$ 时,$\tau(a_1 a_2 \cdots a_l b a b_1 b_2 \cdots b_m) = k - 1$;当 $a < b$ 时,$\tau(a_1 a_2 \cdots a_l b a b_1 b_2 \cdots b_m) = k + 1$. 由此可见,相邻对换改变排列的奇偶性.

下证一般情况,设 $a_1 a_2 \cdots a_l a c_1 c_2 \cdots c_n b b_1 b_2 \cdots b_m \xrightarrow{a \leftrightarrow b} a_1 a_2 \cdots a_l b c_1 c_2 \cdots c_n a b_1 b_2 \cdots b_m$

把上述对换分解成:

(1) $a_1 a_2 \cdots a_l a c_1 c_2 \cdots c_n b b_1 b_2 \cdots b_m$

(2) $a_1 a_2 \cdots a_l c_1 c_2 \cdots c_n b a b_1 b_2 \cdots b_m$

(3) $a_1 a_2 \cdots a_l b c_1 c_2 \cdots c_n a b_1 b_2 \cdots b_m$

把(1)作 $n+1$ 次相邻对换得(2),再将(2)作 n 次相邻对换得(3).因此作 $2n+1$ 次相邻对换,就可由(1)得到(3),故此对换一个排列中的任意两个元素,排列改变奇偶性.

定理 2　在 n 元排列中,奇、偶排列的个数相等,各有 $n!/2$ 个.

证　设奇排列有 p 个,偶排列有 q 个.将每个奇排列的头两个数对换,则得一个偶排列,说明有多少奇排列,就至少有多少个偶排列.反之亦然,因此,$p=q$.

定理 3　任意一个 n 元排列都可以经过一些对换变成自然排列,并且所作对换的个数与这个排列有相同的奇偶性.

证　设该排列逆序数为 τ,所作对换个数为 k,则 $(-1)^k (-1)^\tau = 1$,证毕.

高维平行多面体的体积问题

本段的目的是由几何问题引出行列式的概念,但内容涉及第四章的线性空间与基的概念,初学者可以先跳过此段.我们先看平面的平行四边形面积,若设 α,β 为平面上两向量,由它们构成的平行四边形的"有向"面积记为 $\alpha \wedge \beta$,则由基本几何的等高等底原理我们知道 $\alpha \wedge (k\alpha + \beta) = \alpha \wedge \beta$, $(\alpha + \beta) \wedge (\alpha + \beta) = 0$.现在要从几何直观中抽象出代数性质,我们发现 具有

1)退化性质,对任意 α,$\alpha \wedge \alpha = 0$;

2)双线性性质,$\gamma \wedge (k\alpha + l\beta) = k\gamma \wedge \alpha + l\gamma \wedge \beta$, $(m\alpha + n\beta) \wedge \gamma = m\alpha \wedge \gamma + n\beta \wedge \gamma$.

据此,$(\alpha + \beta) \wedge (\alpha + \beta) = \alpha \wedge \alpha + \alpha \wedge \beta + \beta \wedge \alpha + \beta \wedge \beta = 0$,因此 $\alpha \wedge \beta = -\beta \wedge \alpha$.所以

$$(a_{11}\alpha + a_{12}\beta) \wedge (a_{21}\alpha + a_{22}\beta) = \begin{vmatrix} a_{11} & a_{12} \\ a_{21} & a_{22} \end{vmatrix} \alpha \wedge \beta$$

现在来讨论高维平行多面体的体积问题.设 $e_1, e_2, \cdots, e_n$ 为 n 维欧式空间一组基,则由此基可以张成一个平行多面体,记此多面体的体积为 $e_1 \wedge e_2 \wedge \cdots \wedge e_n$.又设 $\alpha_1, \alpha_2, \cdots, \alpha_n$ 为一组向量,我们要求此向量组张成的平行多面体的体积.由于高维空间的高度抽象,因此我们从低维空间抽象出一般的**"体积原理"**:

1. 退化性质　当 $a_{j1}, a_{j2}, \cdots, a_{jn}$ 中有两个相等时,则 $a_{j1} \wedge a_{j2} \wedge \cdots \wedge a_{jn} = 0$;

2. n 重线性性质

$\alpha_1 \wedge \alpha_2 \wedge \cdots \wedge (k\alpha_i + l\beta_i) \wedge \cdots \wedge \alpha_n = k\alpha_1 \wedge \alpha_2 \wedge \cdots \wedge \alpha_i \wedge \cdots \wedge \alpha_n + l\alpha_1 \wedge \alpha_2 \wedge \cdots \wedge \beta_i \wedge \cdots \wedge \alpha_n$.

根据以上两个性质可以得到

定理 4　设

$$\alpha_1 = a_{11}e_1 + a_{12}e_2 + \cdots + a_{1n}e_n$$

$$\alpha_2 = a_{21}e_1 + a_{22}e_2 + \cdots + a_{2n}e_n$$

$$\cdots\cdots$$

$$\alpha_n = a_{n1}e_1 + a_{n2}e_2 + \cdots + a_{nn}e_n$$

则

$$\alpha_1 \wedge \alpha_2 \wedge \cdots \wedge \alpha_n = \sum_{j_1 j_2 \cdots j_n} (-1)^{\tau(j_1 j_2 \cdots j_n)} a_{1j_1} a_{2j_2} \cdots a_{nj_n} e_1 \wedge e_2 \wedge \cdots \wedge e_n$$

定义 1 n 阶行列式定义为

$$D = \begin{vmatrix} a_{11} & a_{12} & \cdots & a_{1n} \\ a_{21} & a_{22} & \cdots & a_{2n} \\ \vdots & \vdots & & \vdots \\ a_{n1} & a_{n2} & \cdots & a_{nn} \end{vmatrix} = \sum_{j_1 j_2 \cdots j_n} (-1)^{\tau(j_1 j_2 \cdots j_n)} a_{1j_1} a_{2j_2} \cdots a_{nj_n}$$

通过逆序数的讨论,我们不难得到行列式的等价定义:

$$D = \begin{vmatrix} a_{11} & a_{12} & \cdots & a_{1n} \\ a_{21} & a_{22} & \cdots & a_{2n} \\ \vdots & \vdots & & \vdots \\ a_{n1} & a_{n2} & \cdots & a_{nn} \end{vmatrix} = \sum_{i_1 i_2 \cdots i_n} (-1)^{\tau(i_1 i_2 \cdots i_n)} a_{i_1 1} a_{i_2 2} \cdots a_{i_n n}$$

注记 按照行列式定义,向量组张成的体积与经线性变换后张成的体积之间相差系数行列式的绝对值.这样,我们就不难理解多重积分中作变量变换时雅可比行列式的意义了,我们以后还将涉及.

§1.2 行列式的性质

当阶数较高时,直接用定义计算它的行列式是很困难的,利用下面介绍的行列式的性质,可以简化行列式的计算.

性质 1 行列互换,行列式不变.

由等价定义即得.

性质 2 若 D 互换两行得到 D_1,则 $D = -D_1$.

证明 设行列式

$$D_1 = \begin{vmatrix} b_{11} & b_{12} & \cdots & b_{1n} \\ b_{21} & b_{22} & \cdots & b_{2n} \\ \vdots & \vdots & & \vdots \\ b_{n1} & b_{n2} & \cdots & b_{nn} \end{vmatrix}$$

是由交换两行而得的行列式.当 $k \neq i, j$ 时,$b_{kp} = a_{kp}$;当 $k = i, j$ 时,$b_{ip} = a_{jp}, b_{jp} = a_{ip}$,故

$$D_1 = \sum_{p_1 p_2 \cdots p_n} (-1)^{\tau(p_1 p_2 \cdots p_n)} b_{1p_1} b_{2p_2} \cdots b_{ip_i} \cdots b_{jp_j} b_{np_n}$$

$$= \sum_{p_1 p_2 \cdots p_n} (-1)^{\tau(p_1 p_2 \cdots p_n)} a_{1p_1} a_{2p_2} \cdots a_{jp_i} \cdots a_{ip_j} a_{np_n}$$

设 $\tau_1 = \tau(p_1 p_2 \cdots p_j \cdots p_i \cdots p_n)$,则 $(-1)^\tau = -(-1)^{\tau_1}$.因此

$$D_1 = -\sum_{p_1 \cdots p_j \cdots p_i \cdots p_n} (-1)^{\tau_1} a_{1p_1} \cdots a_{jp_i} \cdots a_{ip_j} \cdots a_{np_n}$$

$$= -\sum_{p_1 \cdots p_j \cdots p_i \cdots p_n} (-1)^{\tau_1} a_{1p_1} \cdots a_{ip_j} \cdots a_{jp_i} \cdots a_{np_n} = -D$$

推论 1 若 D 的某两行相同,则 $D = 0$.

证 D 互换相同的两行仍然得到,根据性质2,得 $D = -D$,故 $D = 0$.

性质 3 若用数 k 乘 D 的某一行得到 B,则 $B = kD$.

此性质直接根据定义而得,表明行列式某一行的公因子可以提到行列式外面,于是有

推论 2 若 D 的某一行的元素全为 0,则 $D = 0$.

性质 4 若 D 的某两行的对应元素成比例,则 $D = 0$.

性质 5 若 D 的某一行的元素均可表为两数之和,则 D 可按下式表为两个行列式之和:

$$D = \begin{vmatrix} a_{11} & a_{12} & \cdots & a_{1n} \\ \vdots & \vdots & \vdots & \vdots \\ b_{i1}+c_{i1} & b_{i2}+c_{i2} & \cdots & b_{in}+c_{in} \\ \vdots & \vdots & \vdots & \vdots \\ a_{n1} & a_{n2} & \cdots & a_{nn} \end{vmatrix} = \begin{vmatrix} a_{11} & a_{12} & \cdots & a_{1n} \\ \vdots & \vdots & \vdots & \vdots \\ b_{i1} & b_{i2} & \cdots & b_{in} \\ \vdots & \vdots & \vdots & \vdots \\ a_{n1} & a_{n2} & \cdots & a_{nn} \end{vmatrix} + \begin{vmatrix} a_{11} & a_{12} & \cdots & a_{1n} \\ \vdots & \vdots & \vdots & \vdots \\ c_{i1} & c_{i2} & \cdots & c_{in} \\ \vdots & \vdots & \vdots & \vdots \\ a_{n1} & a_{n2} & \cdots & a_{nn} \end{vmatrix}$$

证明 由定义,

$$D = \begin{vmatrix} a_{11} & a_{12} & \cdots & a_{1n} \\ a_{21} & a_{22} & \cdots & a_{2n} \\ \vdots & \vdots & & \vdots \\ a_{n1} & a_{n2} & \cdots & a_{nn} \end{vmatrix} = \sum_{j_1 j_2 \cdots j_n} (-1)^{\tau(j_1 j_2 \cdots j_n)} a_{1j_1} a_{2j_2} \cdots a_{ij_i} \cdots a_{nj_n}$$

$$= \sum_{j_1 j_2 \cdots j_n} (-1)^{\tau(j_1 j_2 \cdots j_n)} a_{1j_1} a_{2j_2} \cdots (b_{ij_i}+c_{ij_i}) \cdots a_{nj_n}$$

$$= \sum_{j_1 j_2 \cdots j_n} (-1)^{\tau(j_1 j_2 \cdots j_n)} a_{1j_1} a_{2j_2} \cdots b_{ij_i} \cdots a_{nj_n} + \sum_{j_1 j_2 \cdots j_n} (-1)^{\tau(j_1 j_2 \cdots j_n)} a_{1j_1} a_{2j_2} \cdots c_{ij_i} \cdots a_{nj_n}$$

再根据定义,得证.

性质 6 若将 D 的某一行的倍数加到另一行得到 B,则 $B = D$.

证明 由性质 5 和性质 4 而得.

根据性质 1,行列式成立的性质对列也成立,因此,将性质 2—6 中的"行"改为"列",仍然成立.

例 1 计算 n 阶行列式

$$D = \begin{vmatrix} n & n-1 & \cdots & 3 & 2 & 1 \\ n & n-1 & \cdots & 3 & 3 & 1 \\ n & n-1 & \cdots & 5 & 2 & 1 \\ \vdots & \vdots & & \vdots & \vdots & \vdots \\ n & 2n-3 & \cdots & 3 & 2 & 1 \\ 2n-1 & n-1 & \cdots & 3 & 2 & 1 \end{vmatrix}$$

解 将 D 的第 1 行乘以 (-1) 加到第 $2,3,\cdots,n$ 行,再将其第 $n,n-1,\cdots,1$ 列通过相邻两列互换依次调为第 $1,2,\cdots,n$ 列,则得

$$D = \begin{vmatrix} n & n-1 & \cdots & 3 & 2 & 1 \\ 0 & 0 & \cdots & 0 & 1 & 0 \\ 0 & 0 & \cdots & 2 & 0 & 0 \\ \vdots & \vdots & & \vdots & \vdots & \vdots \\ 0 & n-2 & \cdots & 0 & 0 & 0 \\ n-1 & 0 & \cdots & 0 & 0 & 0 \end{vmatrix} = (-1)^{\frac{n(n-1)}{2}} \begin{vmatrix} 1 & 2 & 3 & \cdots & n \\ & 1 & 0 & & 0 \\ & & 2 & \cdots & 0 \\ & & & \ddots & \vdots \\ & & & & n-1 \end{vmatrix}$$

$$= (-1)^{\frac{n(n-1)}{2}} (n-1)!$$

§1.3 行列式的计算

定义 1 划去元素 a_{ij} 所在的第 i 行第 j 列得到的行列式称为元素 a_{ij} 的余子式,记作 M_{ij},令 $A_{ij} = (-1)^{i+j}M_{ij}$,称为元素 a_{ij} 的代数余子式.

定理 1 如果一个 n 阶行列式的第 i 行元素除了 a_{ij} 以外均为零,则

$$D = a_{ij}A_{ij}$$

证明 情形 1,当行列式的第一行元素除了 a_{11} 以外均为零,

$$D = \begin{vmatrix} a_{11} & 0 & \cdots & 0 \\ a_{21} & a_{22} & \cdots & a_{2n} \\ \vdots & \vdots & & \vdots \\ a_{n1} & a_{n2} & \cdots & a_{nn} \end{vmatrix} = \sum_{1j_2\cdots j_n} (-1)^{\tau(1j_2\cdots j_n)} a_{11} a_{2j_2} \cdots a_{nj_n}$$

$$= a_{11} \sum_{j_2\cdots j_n} (-1)^{\tau_1(j_2\cdots j_n)} a_{2j_2} \cdots a_{nj_n}$$

$$= a_{11} M_{11}$$

情形 2,一般情况,

$$D = \begin{vmatrix} a_{11} & a_{12} & \cdots & a_{1j} & \cdots & a_{1n} \\ \vdots & \vdots & & \vdots & & \vdots \\ 0 & 0 & \cdots & a_{ij} & \cdots & 0 \\ \vdots & \vdots & & \vdots & & \vdots \\ a_{n1} & a_{n2} & \cdots & a_{nj} & \cdots & a_{nn} \end{vmatrix}$$

将 D 的第 i 行逐步与前面 $i-1$ 行对换,可将第 i 行换到第一行,其余各行仍按原先先后次序;然后将第 j 列与前面 $j-1$ 列逐步对换,可将第 j 列换到第一列.这样经过 $i+j-2$ 次对换,将 a_{ij} 调换到第一行、第一列的位置,所得行列式

$$D_1 = (-1)^{i+j-2}D = (-1)^{i+j}D$$

由情形 1,$D_1 = a_{ij}M_{ij}$,所以

$$D = (-1)^{i+j}D_1 = a_{ij}A_{ij}$$

定理 2 行列式等于它的任一行的元素与其代数余子式的乘积之和,即

$$D = a_{i1}A_{i1} + a_{i2}A_{i2} + \cdots + a_{in}A_{in} \quad (i = 1,2,\cdots,n) \tag{1}$$

(1)式称为 D 按第 i 行的展开式.

证明 将 D 写成以下形式

$$D = \begin{vmatrix} a_{11} & a_{12} & \cdots & a_{1n} \\ \vdots & \vdots & & \vdots \\ a_{i1}+0+\cdots+0 & 0+a_{i2}+\cdots+0 & \cdots & 0\cdots+0+a_{in} \\ \vdots & \vdots & \vdots & \vdots \\ a_{n1} & a_{n2} & \cdots & a_{nn} \end{vmatrix}$$

再应用性质 5 与定理 1 即得证明.

推论 行列式的某一行元素与另一行的对应元素的代数余子式的乘积之和为 0,即

$$a_{i1}A_{j1} + a_{i2}A_{j2} + \cdots + a_{in}A_{jn} = 0 \quad (i \neq j)$$

特别地,(1)式若按照第 1 行展开,则有

$$D = a_{11}A_{11} + a_{12}A_{12} + \cdots + a_{1n}A_{1n}$$

例 1 上(下)三角形的行列式等于其主对角线上元素的乘积.

证 因为据定理 1,

$$D = \begin{vmatrix} a_{11} & a_{12} & \cdots & a_{1n} \\ & a_{22} & \cdots & a_{2n} \\ & & \ddots & \vdots \\ & & & a_{nn} \end{vmatrix} = a_{11}(-1)^{1+1} \begin{vmatrix} a_{22} & a_{23} & \cdots & a_{2n} \\ & a_{33} & \cdots & a_{3n} \\ & & \ddots & \vdots \\ & & & a_{nn} \end{vmatrix}$$

上式右端行列式是 $n-1$ 阶上三角形的行列式,归纳得 $D = a_{11}a_{22}\cdots a_{nn}$.

例 2 计算 4 阶行列式

$$D = \begin{vmatrix} 1 & 2 & -1 & 0 \\ 2 & 4 & 1 & 2 \\ -1 & 0 & 2 & 1 \\ -3 & -4 & 2 & 3 \end{vmatrix}$$

解 为使解题过程清晰起见,我们引进如下记号:互换 i,j 两行(列)记作 $r_i \leftrightarrow r_j (c_i \leftrightarrow c_j)$;把第 j 行(列)的 k 倍加到第 i 行(列)记作 $r_i + kr_j(c_i + kc_j)$. 反复利用行列式的性质 6 和性质 2,将 D 化为上三角行列式.

$$D \xrightarrow[\substack{r_3+r_1 \\ r_4+3r_1}]{r_2-2r_1} \begin{vmatrix} 1 & 2 & -1 & 0 \\ 0 & 0 & 3 & 2 \\ 0 & 2 & 1 & 1 \\ 0 & 2 & -1 & 3 \end{vmatrix} \xrightarrow{r_2 \leftrightarrow r_3} - \begin{vmatrix} 1 & 2 & 1 & 0 \\ 0 & 2 & 1 & 1 \\ 0 & 0 & 3 & 2 \\ 0 & 2 & -1 & 3 \end{vmatrix} \xrightarrow{r_4-r_2} - \begin{vmatrix} 1 & 2 & -1 & 0 \\ 0 & 2 & 1 & 1 \\ 0 & 0 & 3 & 2 \\ 0 & 0 & -2 & 2 \end{vmatrix}$$

$$\xrightarrow{r_3+r_4} - \begin{vmatrix} 1 & 2 & -1 & 0 \\ 0 & 2 & 1 & 1 \\ 0 & 0 & 3 & 2 \\ 0 & 0 & 1 & 4 \end{vmatrix} \xrightarrow{r_4 \leftrightarrow r_3} \begin{vmatrix} 1 & 2 & -1 & 0 \\ 0 & 2 & 1 & 1 \\ 0 & 0 & 1 & 4 \\ 0 & 0 & 3 & 2 \end{vmatrix} \xrightarrow{r_4-3r_3} \begin{vmatrix} 1 & 2 & -1 & 0 \\ 0 & 2 & 1 & 1 \\ 0 & 0 & 1 & 4 \\ 0 & 0 & 0 & -10 \end{vmatrix} = -20$$

例 3 已知 5 个 5 位数 31062,66123,96472,43865,87668 都有质因数 31,证明:

$$\begin{vmatrix} 3 & 1 & 0 & 6 & 2 \\ 6 & 6 & 1 & 2 & 3 \\ 9 & 6 & 4 & 7 & 2 \\ 4 & 3 & 8 & 6 & 5 \\ 8 & 7 & 6 & 6 & 8 \end{vmatrix}$$

也含有质因数 31.

证明 将第一、二、三、四列分别乘以 10000,1000,100,10 加到第五列得

$$\begin{vmatrix} 3 & 1 & 0 & 6 & 2 \\ 6 & 6 & 1 & 2 & 3 \\ 9 & 6 & 4 & 7 & 2 \\ 4 & 3 & 8 & 6 & 5 \\ 8 & 7 & 6 & 6 & 8 \end{vmatrix} = \begin{vmatrix} 3 & 1 & 0 & 6 & 31062 \\ 6 & 6 & 1 & 2 & 66123 \\ 9 & 6 & 4 & 7 & 96472 \\ 4 & 3 & 8 & 6 & 43865 \\ 8 & 7 & 6 & 6 & 87668 \end{vmatrix}$$

由于最后一列都含有质因数 31,据行列式性质 3,该行列式也有质因数 31.

例 4　计算 n 阶行列式

$$D_n = \begin{vmatrix} a & b & \cdots & b \\ b & a & \cdots & b \\ \vdots & \vdots & \vdots & \vdots \\ b & b & \cdots & a \end{vmatrix}$$

解　此行列式的特点是它的各行(列)元素之和均相等,根据这一特点,依次将第 $2,3$,$\cdots,n$ 列加到第 1 列,然后将第 1 行的 -1 倍依次加到第 $2,3,\cdots,n$ 行,则

$$D_n = \begin{vmatrix} a+(n-1)b & b & b & \cdots & b \\ a+(n-1)b & a & b & \cdots & b \\ \vdots & \vdots & \vdots & & \vdots \\ a+(n-1)b & b & b & \cdots & a \end{vmatrix} = \begin{vmatrix} a+(n-1)b & b & \cdots & b \\ 0 & a-b & \cdots & 0 \\ \vdots & \vdots & & \vdots \\ 0 & 0 & \cdots & a-b \end{vmatrix}$$

$$= [a+(n-1)b](a-b)^{n-1}$$

具有上述特点(行和相等或列和相等)的行列式,通常用例 3 的方法进行处理.

例 5　计算下列 n 阶行列式

$$D_n = \begin{vmatrix} 1+a_1 & 1 & \cdots & 1 \\ 1 & 1+a_2 & \cdots & 1 \\ \vdots & \vdots & \vdots & \vdots \\ 1 & 1 & \cdots & 1+a_n \end{vmatrix}$$

其中 $a_1 a_2 \cdots a_n \neq 0$.

解　先将第一行乘以 (-1) 加到其他各行,

$$D_n = \begin{vmatrix} 1+a_1 & 1 & \cdots & 1 \\ -a_1 & a_2 & \cdots & 0 \\ \vdots & \vdots & \vdots & \vdots \\ -a_1 & 0 & \cdots & a_n \end{vmatrix} = a_1 a_2 \cdots a_n \begin{vmatrix} 1+\dfrac{1}{a_1} & \dfrac{1}{a_2} & \cdots & \dfrac{1}{a_n} \\ -1 & 1 & \cdots & 0 \\ \vdots & \vdots & \vdots & \vdots \\ -1 & 0 & \cdots & 1 \end{vmatrix}$$

$$= a_1 a_2 \cdots a_n \begin{vmatrix} 1+\displaystyle\sum_{i=1}^{n} \dfrac{1}{a_i} & \dfrac{1}{a_2} & \cdots & \dfrac{1}{a_n} \\ 0 & 1 & \cdots & 0 \\ \cdots & \cdots & \cdots & \cdots \\ 0 & 0 & \cdots & 1 \end{vmatrix}$$

$$= a_1 a_2 \cdots a_n \left(1+\sum_{i=1}^{n} \frac{1}{a_i}\right)$$

例 6　证明范德蒙德(Vandermonde)行列式

$$V_n = \begin{vmatrix} 1 & 1 & 1 & \cdots & 1 \\ x_1 & x_2 & x_3 & \cdots & x_n \\ x_1^2 & x_2^2 & x_3^3 & \cdots & x_n^2 \\ \vdots & \vdots & \vdots & & \vdots \\ x_1^{n-1} & x_2^{n-1} & x_3^{n-1} & \cdots & x_n^{n-1} \end{vmatrix} = \prod_{1 \leqslant j < i \leqslant n} (x_i - x_j)$$

证 用数学归纳法,当 $n = 2$ 时,

$$V_2 = \begin{vmatrix} 1 & 1 \\ x_1 & x_2 \end{vmatrix} = x_2 - x_1 = \prod_{1 \leqslant j < i \leqslant 2} (x_i - x_j)$$

结论成立.

假设结论对 $n-1$ 阶范德蒙德行列式成立,下面证明结论对 n 阶范德蒙行列式也成立.

根据 V_n 的特点,从第 n 行起,依次将前一行的 $-x_1$ 倍加到后一行,得

$$V_n = \begin{vmatrix} 1 & 1 & 1 & \cdots & 1 \\ 0 & x_2 - x_1 & x_3 - x_1 & \cdots & x_n - x_1 \\ 0 & x_2(x_2 - x_1) & x_3(x_3 - x_1) & \cdots & x_n(x_n - x_1) \\ \vdots & \vdots & \vdots & & \vdots \\ 0 & x_2^{n-2}(x_2 - x_1) & x_3^{n-2}(x_3 - x_1) & \cdots & x_n^{n-2}(x_n - x_1) \end{vmatrix}$$

按第 1 列展开,并提出每列的公因子,得

$$V_n = (x_2 - x_1)(x_3 - x_1)\cdots(x_n - x_1) \begin{vmatrix} 1 & 1 & \cdots & 1 \\ x_2 & x_3 & \cdots & x_n \\ x_2^2 & x_3^2 & \cdots & x_n^2 \\ \vdots & \vdots & \vdots & \vdots \\ x_2^{n-2} & x_3^{n-2} & \cdots & x_n^{n-2} \end{vmatrix}$$

上式右端的行列式是 $n-1$ 阶范德蒙德行列式,根据归纳法假设,得

$$V_n = (x_2 - x_1)(x_3 - x_1)\cdots(x_n - x_1) \prod_{2 \leqslant j < i \leqslant n} (x_i - x_j) = \prod_{1 \leqslant j < i \leqslant n} (x_i - x_j)$$

例 7 计算如下的 n 阶三对角行列式

$$J_n = \begin{vmatrix} a+b & ab & & & \\ 1 & a+b & ab & & \\ & \ddots & \ddots & \ddots & \\ & & 1 & a+b & ab \\ & & & 1 & a+b \end{vmatrix}$$

解 按第 1 列展开,再对第二加项按第 1 行展开,得

$$J_n = (a+b)J_{n-1} - \begin{vmatrix} ab & 0 & 0 & & & \\ 1 & a+b & ab & & & \\ & 1 & a+b & ab & & \\ & & \ddots & \ddots & \ddots & \\ & & & 1 & a+b & ab \\ & & & & 1 & a+b \end{vmatrix}$$

$$= (a+b)J_{n-1} - abJ_{n-2}. \tag{2}$$

于是,由(2)得到

$$J_n - bJ_{n-1} = a(J_{n-1} - bJ_{n-2}) = a^2(J_{n-2} - bJ_{n-3}) = \cdots = a^{n-2}(J_2 - bJ_1) \tag{3}$$

类似地,可得

$$J_n - aJ_{n-1} = b^{n-2}(J_2 - aJ_1) \tag{4}$$

又 $J_1 = a+b, J_2 = a^2 + b^2 + ab$,因此,代入上面两式得

$$\begin{cases} J_n - bJ_{n-1} = a^n \\ J_n - aJ_{n-1} = b^n \end{cases}$$

若 $a \neq b$，则消去 J_{n-1}，得

$$J_n = \frac{a^{n+1} - b^{n+1}}{a - b}$$

若 $a = b$，则 $J_n = aJ_{n-1} + a^n$. 依次递推，得 $J_n = (n+1)a^n$.

§1.4　克拉默(Cramer)法则

行列式的应用之一是在含有 n 个方程 n 个未知量的线性方程组

$$\begin{cases} a_{11}x_1 + a_{12}x_2 + \cdots a_{1n}x_n = b_1 \\ a_{21}x_1 + a_{22}x_2 + \cdots a_{2n}x_n = b_2 \\ \cdots\cdots \\ a_{n1}x_1 + a_{n2}x_2 + \cdots a_{nn}x_n = b_n \end{cases} \tag{1}$$

的系数矩阵的行列式不等于零时，给出它的求解公式.

定理1(克拉默法则)　设含有 n 个方程 n 个未知量的线性方程组(1)的系数矩阵的行列式

$$D = \begin{vmatrix} a_{11} & a_{12} & \cdots & a_{1n} \\ a_{21} & a_{22} & \cdots & a_{2n} \\ \vdots & \vdots & \vdots & \vdots \\ a_{n1} & a_{n2} & \cdots & a_{nn} \end{vmatrix} \neq 0$$

则方程组(1)有唯一解，且

$$x_j = \frac{D_j}{D} \quad (j = 1, 2, \cdots, n)$$

其中，D_j 是用常数列向量 $(b_1, b_2, \cdots, b_n)^{\mathrm{T}}$ 替换 D 中的第 j 列得到的 n 阶行列式.

证明见第二章.

例1　解方程组

$$\begin{cases} x_1 - x_2 - x_3 = 0 \\ x_1 + x_2 - x_3 = 4 \\ x_1 + x_2 + x_3 = 2 \end{cases}$$

解　系数矩阵的行列式

$$D = \begin{vmatrix} 1 & -1 & -1 \\ 1 & 1 & -1 \\ 1 & 1 & 1 \end{vmatrix} = 4 \neq 0, \quad D_1 = \begin{vmatrix} 0 & -1 & -1 \\ 4 & 1 & -1 \\ 2 & 1 & 1 \end{vmatrix} = 4$$

$$D_2 = \begin{vmatrix} 1 & 0 & -1 \\ 1 & 4 & -1 \\ 1 & 2 & 1 \end{vmatrix} = 8, \quad D_3 = \begin{vmatrix} 1 & -1 & 0 \\ 1 & 1 & 4 \\ 1 & 1 & 2 \end{vmatrix} = -4$$

根据克拉默法则,此方程组有唯一解

$$x_1 = \frac{D_1}{D} = 1, x_2 = \frac{D_2}{D} = -2, x_3 = \frac{D_3}{D} = -1$$

用克拉默法则求解方程组(3)须计算 $n+1$ 个 n 阶行列式,计算量很大.因此,一般不用此法求解线性方程组.但克拉默法则给出了方程组解与系数的关系,在理论上有重要意义.

例 2 试证:经过平面上三个横坐标各不相同的点 (x_1, y_1),(x_2, y_2),(x_3, y_3) 的二次曲线 $y = a_0 + a_1 x + a_2 x^2$ 是唯一的.

证 根据题设条件有

$$\begin{cases} a_0 + a_1 x_1 + a_2 x_1^2 = y_1 \\ a_0 + a_1 x_2 + a_2 x_2^2 = y_2 \\ a_0 + a_1 x_3 + a_2 x_3^2 = y_3 \end{cases}$$

此方程组的系数矩阵的行列式是一个 3 阶范德蒙德行列式

$$V_3 = \begin{vmatrix} 1 & x_1 & x_1^2 \\ 1 & x_2 & x_2^2 \\ 1 & x_3 & x_3^2 \end{vmatrix} = \prod_{1 \leqslant j < i \leqslant 3} (x_i - x_j)$$

由于 x_1, x_2, x_3 互不相同,故 $V_3 \neq 0$,根据克拉默法则,此方程组有唯一解,所以满足条件的二次曲线是唯一的.

习题 1

1. 求平面上三点,(x_1, y_1),(x_2, y_2),(x_3, y_3) 构成的三角形面积.

2. 当 λ, μ 取何值时,行列式 $\begin{vmatrix} \lambda & 1 & 1 \\ 1 & \mu & 1 \\ 1 & 2\mu & 1 \end{vmatrix} = 0$.

3. 设 $\begin{vmatrix} a & p & x \\ b & q & y \\ c & r & z \end{vmatrix} = 1$,求 $\begin{vmatrix} 2x+3a & 2y+3b & 2z+3c \\ p-3x & q-3y & r-3z \\ a-2p & b-2q & c-2r \end{vmatrix}$.

4. 设 a, b, c 为方程式 $2x^3 - 5x^2 + 1 = 0$ 之三根,求 $\begin{vmatrix} a & b & c \\ b & c & a \\ c & a & b \end{vmatrix}$.

5. 写出四阶行列式中含有因子 $a_{11} a_{23}$ 的项.

6. 计算下列行列式:

(1) $\begin{vmatrix} 5 & -2 & 3 & 2 \\ 3 & -1 & 2 & 1 \\ 2 & 6 & 5 & 0 \\ 1 & 4 & 1 & 3 \end{vmatrix}$
(2) $\begin{vmatrix} 1 & 2 & 3 & 4 \\ 2 & 3 & 4 & 1 \\ 3 & 4 & 1 & 2 \\ 4 & 1 & 2 & 3 \end{vmatrix}$

(3) $\begin{vmatrix} a & b & c & d \\ 0 & 0 & e & f \\ 0 & 0 & g & h \\ 0 & 0 & l & m \end{vmatrix}$ (4) $\begin{vmatrix} a & 0 & 0 & 1 \\ 0 & a & 0 & 0 \\ 0 & 0 & a & 0 \\ 1 & 0 & 0 & a \end{vmatrix}$

(5) $\begin{vmatrix} x & a & a & a \\ a & x & a & a \\ a & a & x & a \\ a & a & a & x \end{vmatrix}$ (6) $\begin{vmatrix} a & b & c & 1 \\ b & c & a & 1 \\ c & a & b & 1 \\ \dfrac{b+c}{2} & \dfrac{c+a}{2} & \dfrac{a+b}{2} & 1 \end{vmatrix}$

7. 用克拉默法则解下列方程式组:

(1) $\begin{cases} x_1 + x_2 + 2x_3 = 0 \\ 2x_1 - x_2 = 0 \\ x_1 + 2x_3 = 0 \end{cases}$ (2) $\begin{cases} 2x_1 + x_2 - 5x_3 + x_4 = 6 \\ x_1 - 3x_2 - 6x_4 = 7 \\ 2x_2 - x_3 + 2x_4 = -5 \\ x_1 + 4x_2 - 7x_3 + 6x_4 = 1 \end{cases}$

8. 设 $D = \begin{vmatrix} 1 & 1 & 1 & 1 \\ 2 & 3 & 4 & 5 \\ 4 & 9 & 16 & 25 \\ 16 & 27 & 64 & 125 \end{vmatrix}$

(1) 求 D 的值;(2) 求 $A_{41} + A_{42} + A_{43} + A_{44}$.

9. 已知 n 阶行列式的每个元素都是非负整数,每列元素之和都被 9 整除,证明该行列式也能被 9 整除.

10. 计算下列 n 阶行列式:

(1) $X_n = \begin{vmatrix} 1 & 1 & 1 & \cdots & 1 \\ x_1 & x_2 & x_3 & \cdots & x_n \\ x_1^2 & x_2^2 & x_3^2 & \cdots & x_n^2 \\ \vdots & \vdots & \vdots & \vdots & \vdots \\ x_1^{n-2} & x_2^{n-2} & x_3^{n-2} & \cdots & x_n^{n-2} \\ x_1^n & x_2^n & x_3^n & \cdots & x_n^n \end{vmatrix}$ (2) $\begin{vmatrix} x_1^2 & x_1 x_2 & \cdots & x_1 x_n \\ x_2 x_1 & x_2^2 + 1 & \cdots & x_2 x_n \\ \vdots & \vdots & & \vdots \\ x_n x_1 & x_n x_2 & \cdots & x_n^2 + 1 \end{vmatrix}$

11. 已知 n 阶行列式

$$|A| = \begin{vmatrix} 1 & 3 & 5 & \cdots & 2n-1 \\ 1 & 2 & 0 & \cdots & 0 \\ 1 & 0 & 3 & \cdots & 0 \\ \vdots & \vdots & \vdots & \vdots & \vdots \\ 1 & 0 & 0 & \cdots & n \end{vmatrix}$$

求 $A_{11} + A_{12} + \cdots + A_{1n}$.

12. 给定 $n-1$ 个互不相同的数 $a_1, a_2, \cdots, a_{n-1}$,令

$$P(x) = \begin{vmatrix} 1 & x & x^2 & \cdots & x^{n-1} \\ 1 & a_1 & a_1^2 & \cdots & a_1^{n-1} \\ \vdots & \vdots & & \vdots & \vdots \\ 1 & a_{n-1} & a_{n-1}^2 & \cdots & a_{n-1}^{n-1} \end{vmatrix}$$

(1) 证明 $P(x)$ 是 $n-1$ 次多项式;

(2) 求 $P(x)$ 的所有根.

13. 求下列行列式展开后正项的个数:

$$\begin{vmatrix} 1 & -1 & -1 & \cdots & -1 & -1 \\ 1 & 1 & -1 & \cdots & -1 & -1 \\ 1 & 1 & 1 & \cdots & -1 & -1 \\ \vdots & \vdots & \vdots & \vdots & \vdots & \vdots \\ 1 & 1 & 1 & & 1 & -1 \\ 1 & 1 & 1 & \cdots & 1 & 1 \end{vmatrix}$$

14. (1) 三个雇员 C_1, C_2, C_3 被指派做三件工作 J_1, J_2, J_3 的成本矩阵如下:

$$\begin{array}{c} \\ C_1 \\ C_2 \\ C_3 \end{array} \begin{array}{ccc} J_1 & J_2 & J_3 \\ \begin{bmatrix} 12 & 2 & 5 \\ 9 & 3 & 6 \\ 8 & 4 & 4 \end{bmatrix} \end{array}$$

如果每个雇员仅能被指派一件工作,则各个雇员分别做哪件工作,才能使总成本达到最低?

(2) 现在 n 个雇员做 n 件工作,让 c_{ij} 表示第 i 个雇员做第 j 件工作的成本,即成本矩阵为 $C = (c_{ij})_{n \times n}$,如果每个雇员也仅能被指派一件工作,求总成本达到最低时的数学表达式.

第二章　矩　　阵

矩阵是线性代数的研究对象和重要工具,许多理论问题和实际问题可以用矩阵表示,并通过矩阵的研究得以解决,矩阵的理论和方法在许多科技领域中都有重要应用.本章主要介绍矩阵的概念、运算及应用.

§2.1　矩阵及其运算

人们在从事经济活动、社会调查和科学实验时,会获得许多重要的数据资料,将这些数据排成一个矩形的数表:

$$\begin{matrix} a_{11} & a_{12} & \cdots & a_{1n} \\ a_{21} & a_{22} & \cdots & a_{2n} \\ \vdots & \vdots & \vdots & \vdots \\ a_{m1} & a_{m2} & \cdots & a_{mn} \end{matrix}$$

以便储存、运算和分析,这种矩形的数表就叫做矩阵.

定义 1　由 $m \times n$ 个数 $a_{ij}(i=1,2,\cdots,m;j=1,2,\cdots,n)$ 排成的矩形数表

$$A = \begin{bmatrix} a_{11} & a_{12} & \cdots & a_{1n} \\ a_{21} & a_{22} & \cdots & a_{2n} \\ \vdots & \vdots & \vdots & \vdots \\ a_{m1} & a_{m2} & \cdots & a_{mn} \end{bmatrix} \tag{1}$$

称为 m 行 n 列矩阵或 $m \times n$ 矩阵,组成矩阵的每个数称为矩阵 A 的元素,元素 a_{ij} 称为矩阵 A 的第 i 行第 j 列的元素,简称为 A 的 (i,j) 元,元素为实数的矩阵称为实矩阵,元素为复数的矩阵称为复矩阵,我们主要讨论实矩阵.(1)式常简记作 $A=(a_{ij})_{m \times n}$.当 $m=n$ 时,称 A 为 n **阶方阵**或 n **阶矩阵**,n 阶方阵

$$A = \begin{bmatrix} a_{11} & a_{12} & \cdots & a_{1n} \\ a_{21} & a_{22} & \cdots & a_{2n} \\ \vdots & \vdots & \vdots & \vdots \\ a_{n1} & a_{n2} & \cdots & a_{nn} \end{bmatrix}$$

的左上角到右下角元素的连线称为主对角线,左下角到右上角元素的连线称为**副对角线**,1 阶方阵 (a_{11}) 是一个数,括号可略去.$1 \times n$ 矩阵称为**行矩阵**或**行向量**,$m \times 1$ 矩阵称为**列矩阵**或**列向量**,行向量和列向量统称**向量**,向量的元素称为分量,由 n 个分量组成的向量称为 n 维向量.通常用英文大写字母 $A,B,C,\cdots$ 表示矩阵,用英文小写字母 $a,b,c,\cdots$ 或小写希腊字母 $\alpha,\beta,\gamma,\cdots$ 表示向量,矩阵与向量有密切联系,矩阵 $A=(a_{ij})_{m \times n}$ 可以看成由 m 个 n 维行向量

$$a_i = (a_{i1}, a_{i2}, \cdots, a_{in}) \quad (i = 1, 2, \cdots, m)$$

组成,也可以看成由 n 个 m 维列向量

$$a_j = \begin{pmatrix} a_{1j} \\ a_{2j} \\ \vdots \\ a_{mj} \end{pmatrix} \quad (j = 1, 2, \cdots, n)$$

组成. 下面介绍几种特殊矩阵.

零矩阵 元素全为 0 的矩阵称为零矩阵,记作 O,特别,零向量常记作 0.

负矩阵 矩阵

$$\begin{pmatrix} -a_{11} & -a_{12} & \cdots & -a_{1n} \\ -a_{21} & -a_{22} & \cdots & -a_{2n} \\ \vdots & \vdots & \vdots & \vdots \\ -a_{m1} & -a_{m2} & \cdots & -a_{mn} \end{pmatrix}$$

称为矩阵 $A = (a_{ij})_{m \times n}$ 的负矩阵,记作 $-A$.

上(下)三角矩阵 主对角线下(上)方元素全为 0 的方阵称为上(下)三角矩阵.

对角矩阵 除主对角线上的元素外,其余元素全为 0 的方阵称为对角矩阵.

单位矩阵 主对角线上的元素全为 1,其余元素全为 0 的方阵称为单位矩阵,记作 I 或 E,其作用在矩阵乘法中相当于实数中的 1.

定义 2 设 $A = (a_{ij})$,$B = (b_{ij})$ 都是 $m \times n$ 矩阵,如果

$$a_{ij} = b_{ij} (i = 1, 2, \cdots, m; j = 1, 2, \cdots, n)$$

则称矩阵 A 与 B 相等,记作 $A = B$.

定义 3 设 $A = (a_{ij})$ 和 $B = (b_{ij})$ 都是 $m \times n$ 矩阵,$A + B$ 定义为 $(a_{ij} + b_{ij})_{m \times n}$,称为矩阵的加法.

利用负矩阵定义矩阵 A 与 B 的差 $A - B = A + (-B)$.

定义 4 设 $A = (a_{ij})$ 是 $m \times n$ 矩阵,λ 是一个数,规定数 λ 与矩阵 A 的乘积 λA 或 $A\lambda$ 是一个 $m \times n$ 矩阵,$\lambda A = A\lambda = (\lambda a_{ij})_{m \times n}$,称为矩阵**数乘运算**.

矩阵的加法和数乘统称为矩阵的**线性运算**,矩阵的线性运算满足以下规律:

定理 1 设 A, B, C 是同型矩阵,λ、μ 是数,则

(1) $A + B = B + A$

(2) $(A + B) + C = A + (B + C)$

(3) $A + O = A$

(4) $A + (-A) = O$

(5) $\lambda(\mu A) = (\lambda\mu)A$

(6) $(\lambda + \mu)A = \lambda A + \mu A$

(7) $\lambda(A + B) = \lambda A + \lambda B$

(8) $1A = A$.

例 1 设 $A = \begin{pmatrix} 1 & -1 & 2 \\ 0 & 3 & 4 \end{pmatrix}$,$B = \begin{pmatrix} 4 & 0 & -3 \\ -1 & -2 & 3 \end{pmatrix}$,求 $A + B$ 和 $2A - 3B$.

解 $A+B = \begin{bmatrix} 5 & -1 & -1 \\ -1 & 1 & 7 \end{bmatrix}$，$2A-3B = \begin{bmatrix} -10 & -2 & 13 \\ 3 & 12 & -1 \end{bmatrix}$.

定义 5 设 $A=(a_{ij})$ 是 $m \times n$ 矩阵，规定 A 的转置矩阵 A^T 或 A' 是一个 $n \times m$ 矩阵，且

$$A^T = \begin{bmatrix} a_{11} & a_{21} & \cdots & a_{m1} \\ a_{12} & a_{22} & \cdots & a_{m2} \\ \vdots & \vdots & \vdots & \vdots \\ a_{1n} & a_{2n} & \cdots & a_{mn} \end{bmatrix}$$

由定义可以看出，A 的转置矩阵 A^T 是由 A 的行换成同序号的列得到的，因此，A^T 的第 i 行（列）是 A 的第 i 列（行），A^T 的 (i,j) 元是 A 的 (j,i) 元.

矩阵的转置满足下列运算规律：

定理 3 假设下面的矩阵运算都有定义，则

(1) $(A^T)^T = A$；

(2) $(A+B)^T = A^T + B^T$；

(3) $(\lambda A)^T = \lambda A^T$，其中 λ 是一个数；

(4) $(AB)^T = B^T A^T$.

若 $A^T = A$，则称矩阵 A 为**对称阵**；若 $A^T = -A$，则称矩阵 A 为**反对称阵**. 对称阵和反对称阵必为方阵，且对称阵 $A=(a_{ij})$ 关于主对角线对称的元素相等，即 $a_{ij} = a_{ji}$，反对称阵 $A=(a_{ij})$ 关于主对角线对称的元素互为相反数，即 $a_{ij} = -a_{ji}$.

例 2 设 A 是方阵，证明 A 可以表示为一个对称阵与反对称阵之和.

证 假设 $A = B+C$，其中 $B = B^T$，$C = -C^T$. 则 $A^T = B^T + C^T = B - C$，故 $B = \dfrac{A+A^T}{2}$，$C = \dfrac{A-A^T}{2}$，即 $A = \dfrac{A+A^T}{2} + \dfrac{A-A^T}{2}$，得证.

定义 6 设 $A=(a_{ij})$ 是 $m \times s$ 矩阵，$B=(b_{ij})$ 是 $s \times n$ 矩阵，规定矩阵 A 与 B 的乘积 AB 是一个 $m \times n$ 矩阵，且 $AB = (c_{ij})$，其中

$$c_{ij} = a_{i1}b_{1j} + a_{i2}b_{2j} + \cdots a_{is}b_{sj} = \sum_{k=1}^{s} a_{ik}b_{kj} \quad (i=1,2,\cdots,m; j=1,2,\cdots,n).$$

矩阵乘法的源由

考虑平面上的三个坐标系，$x_1 x_2$ 系、$y_1 y_2$ 系以及 $z_1 z_2$ 系，假设三坐标系有下列变换关系：

$$\begin{cases} x_1 = a_{11}y_1 + a_{12}y_2 \\ x_2 = a_{21}y_1 + a_{22}y_2 \end{cases} \tag{2}$$

$$\begin{cases} y_1 = b_{11}z_1 + b_{12}z_2 \\ y_2 = b_{21}z_1 + b_{22}z_2 \end{cases} \tag{3}$$

将(3)代入(2)得

$$\begin{cases} x_1 = a_{11}(b_{11}z_1 + b_{12}z_2) + a_{12}(b_{21}z_1 + b_{22}z_2) = c_{11}z_1 + c_{12}z_2 \\ x_2 = a_{21}(b_{11}z_1 + b_{12}z_2) + a_{22}(b_{21}z_1 + b_{22}z_2) = c_{21}z_1 + c_{22}z_2 \end{cases}$$

其中 $c_{ij} = a_{i1}b_{1j} + a_{i2}b_{2j} = \sum_{k=1}^{2} a_{ik}b_{kj} \quad (i=1,2; j=1,2).$

可见这个 c_{ij} 就是定义 6 中所定义的. 一般地,我们称

$$\begin{cases} x_1 = c_{11}y_1 + c_{12}y_2 + \cdots + c_{1n}y_n \\ x_2 = c_{21}y_1 + c_{22}y_2 + \cdots + c_{2n}y_n \\ \cdots\cdots\cdots\cdots\cdots\cdots\cdots\cdots\cdots\cdots \\ x_n = c_{n1}y_1 + c_{n2}y_2 + \cdots + c_{nn}y_n \end{cases} \tag{4}$$

为由 $x_1, x_2, \cdots, x_n$ 到 $y_1, y_2, \cdots, y_n$ 的一个线性变换.

线性变换(4)的矩阵形式是 $x = Cy$,其中

$$C = \begin{bmatrix} c_{11} & c_{12} & \cdots & c_{1n} \\ c_{21} & c_{22} & \cdots & c_{2n} \\ \vdots & \vdots & & \vdots \\ c_{n1} & c_{n2} & \cdots & c_{nn} \end{bmatrix}, x = \begin{bmatrix} x_1 \\ x_2 \\ \vdots \\ x_n \end{bmatrix}, y = \begin{bmatrix} y_1 \\ y_2 \\ \vdots \\ y_n \end{bmatrix}$$

C 称为线性变换(4)的系数矩阵.

设 $x = C_1 y$ 是由 $x_1, x_2, \cdots, x_n$ 到 $y_1, y_2, \cdots, y_n$ 的线性变换,$y = C_2 z$ 是由 $y_1, y_2, \cdots, y_n$ 到 $z_1, z_2, \cdots, z_n$ 的线性变换,则由 $x_1, x_2, \cdots, x_n$ 到 $z_1, z_2, \cdots, z_n$ 的线性变换是

$$x = C_1 y = C_1(C_2 z) = (C_1 C_2)z$$

例 3 设 x_1, x_2, x_3 到 y_1, y_2, y_3 的线性变换为

$$\begin{cases} x_1 = -y_1 + 2y_2 + y_3 \\ x_2 = 2y_1 + 3y_3 \\ x_3 = y_1 + y_2 \end{cases}$$

y_1, y_2, y_3 到 z_1, z_2, z_3 的线性变换为

$$\begin{cases} y_1 = 3z_1 - 2z_2 + z_3 \\ y_2 = z_1 + 3z_2 \\ y_3 = 4z_2 + 3z_3 \end{cases}$$

求 x_1, x_2, x_3 到 z_1, z_2, z_3 的线性变换.

解 将上述两变换写成矩阵形式

$$\begin{bmatrix} x_1 \\ x_2 \\ x_3 \end{bmatrix} = \begin{bmatrix} -1 & 2 & 1 \\ 2 & 0 & 3 \\ 1 & 1 & 0 \end{bmatrix}\begin{bmatrix} y_1 \\ y_2 \\ y_3 \end{bmatrix}, \quad \begin{bmatrix} y_1 \\ y_2 \\ y_3 \end{bmatrix} = \begin{bmatrix} 3 & -2 & 1 \\ 1 & 3 & 0 \\ 0 & 4 & 3 \end{bmatrix}\begin{bmatrix} z_1 \\ z_2 \\ z_3 \end{bmatrix}$$

因此,

$$\begin{bmatrix} x_1 \\ x_2 \\ x_3 \end{bmatrix} = \begin{bmatrix} -1 & 2 & 1 \\ 2 & 0 & 3 \\ 1 & 1 & 0 \end{bmatrix}\begin{bmatrix} 3 & -2 & 1 \\ 1 & 3 & 0 \\ 0 & 4 & 3 \end{bmatrix}\begin{bmatrix} z_1 \\ z_2 \\ z_3 \end{bmatrix} = \begin{bmatrix} -1 & 12 & 2 \\ 6 & 8 & 11 \\ 4 & 1 & 1 \end{bmatrix}\begin{bmatrix} z_1 \\ z_2 \\ z_3 \end{bmatrix}$$

例 4 设矩阵

$$A = \begin{bmatrix} a & b \\ c & d \end{bmatrix}, B = \begin{bmatrix} r_1 & r_2 & r_3 \\ s_1 & s_2 & s_3 \end{bmatrix}$$

求 AB 和 BA.

解 A 是 2×2 矩阵,B 是 2×3 矩阵,A 的列数等于 B 的行数,AB 有意义.

$$AB = \begin{bmatrix} a & b \\ c & d \end{bmatrix}\begin{bmatrix} r_1 & r_2 & r_3 \\ s_1 & s_2 & s_3 \end{bmatrix} = \begin{bmatrix} ar_1 + bs_1 & ar_2 + bs_2 & ar_3 + bs_3 \\ cr_1 + ds_1 & cr_2 + ds_2 & cr_3 + ds_3 \end{bmatrix}$$

由于 B 的列数不等于 A 的行数,所以 BA 无意义.

例5 设矩阵

$$A = \begin{bmatrix} 1 & -1 \\ -1 & 1 \end{bmatrix}, B = \begin{bmatrix} 1 & 1 \\ 2 & 2 \end{bmatrix}, C = \begin{bmatrix} 2 & 3 \\ 1 & -3 \end{bmatrix}, D = \begin{bmatrix} 1 & -5 \\ 2 & 5 \end{bmatrix}$$

求 AB、BA、AC 和 AD.

解 $AB = \begin{bmatrix} 1 & -1 \\ -1 & 1 \end{bmatrix} \begin{bmatrix} 1 & 1 \\ 2 & 2 \end{bmatrix} = \begin{bmatrix} -1 & -1 \\ 1 & 1 \end{bmatrix}$,

$BA = \begin{bmatrix} 1 & 1 \\ 2 & 2 \end{bmatrix} \begin{bmatrix} 1 & -1 \\ -1 & 1 \end{bmatrix} = \begin{bmatrix} 0 & 0 \\ 0 & 0 \end{bmatrix}$,

$AC = \begin{bmatrix} 1 & 1 \\ -1 & -1 \end{bmatrix} \begin{bmatrix} 2 & 3 \\ 1 & -3 \end{bmatrix} = \begin{bmatrix} 3 & 0 \\ -3 & 0 \end{bmatrix}$,

$AD = \begin{bmatrix} 1 & 1 \\ -1 & -1 \end{bmatrix} \begin{bmatrix} 1 & -5 \\ 2 & 5 \end{bmatrix} = \begin{bmatrix} 3 & 0 \\ -3 & 0 \end{bmatrix}$.

由例子看出矩阵乘法不满足**交换律**、**零因子律**和**消去律**. 若 $AB = BA$,则称 A 与 B 是**可交换**的.

例6 设 $A = \begin{bmatrix} 1 & 0 \\ -1 & 0 \end{bmatrix}$,求与 A 可交换的所有矩阵

解 设所求矩阵为 B,由题意 $AB = BA$,故 B 为二阶方阵,令

$$B = \begin{bmatrix} b_{11} & b_{12} \\ b_{21} & b_{22} \end{bmatrix}$$

则由 $AB = BA$ 得

$$\begin{bmatrix} b_{11} & b_{12} \\ -b_{11} & -b_{12} \end{bmatrix} = \begin{bmatrix} b_{11} - b_{12} & 0 \\ b_{21} - b_{22} & 0 \end{bmatrix}$$

由矩阵相等的定义知,$b_{11} = b_{11} - b_{12}$,$-b_{11} = b_{21} - b_{22}$,$b_{12} = 0$.

记 $b_{22} = a$,$b_{21} = b$,则得

$$B = \begin{bmatrix} a - b & 0 \\ a & b \end{bmatrix}$$

其中 a, b 为任意常数.

矩阵和乘法与数的乘法运算不同之处,应引起初学者的充分注意,但它们也有许多类似的运算规律.

定理2 设 A, B, C 都是矩阵,λ 是数,且下列运算都是可行的,则

(1) $(AB)C = A(BC)$;

(2) $A(B + C) = AB + AC$;

(3) $(B + C)A = BA + CA$;

(4) $(\lambda A)B = A(\lambda B) = \lambda(AB)$;

(5) $AI = IA = A$.

证 仅就(1)证明. 可设 $A = (a_{ij})_{m \times n}$,$B = (b_{ij})_{n \times l}$,$C = (c_{ij})_{l \times k}$,则 $(AB)C$ 的 (i, j) 元素为

$$\sum_{s=1}^{l}\left(\sum_{r=1}^{n}a_{ir}b_{rs}\right)c_{sj} = \sum_{s=1}^{l}\sum_{r=1}^{n}c_{sj}a_{ir}b_{rs} = \sum_{r=1}^{n}\sum_{s=1}^{l}c_{sj}a_{ir}b_{rs} = \sum_{r=1}^{n}a_{ir}\sum_{s=1}^{l}b_{rs}c_{sj}$$

而上式的最右端即为 $A(BC)$ 的 (i,j) 元素. 因此,$(AB)C = A(BC)$.

例 7 设 $A = \begin{pmatrix} 1 \\ 2 \\ 3 \end{pmatrix}$,$B = \begin{pmatrix} 1 & \dfrac{1}{2} & \dfrac{1}{3} \end{pmatrix}$,求 AB 和 $(AB)^n$.

解 $AB = \begin{pmatrix} 1 \\ 2 \\ 3 \end{pmatrix}\begin{pmatrix} 1 & \dfrac{1}{2} & \dfrac{1}{3} \end{pmatrix} = \begin{pmatrix} 1 & 1/2 & 1/3 \\ 2 & 1 & 2/3 \\ 3 & 3/2 & 1 \end{pmatrix}$.

直接求 $(AB)^n$ 是很困难的,但注意到 $BA = 3$ 并根据矩阵乘法的结合律,得

$$(AB)^n = (AB)(AB)\cdots(AB)$$
$$= A(BA)(BA)\cdots(BA)B = A(BA)^{n-1}B = A(3^{n-1})B$$
$$= 3^{n-1}(AB) = 3^{n-1}\begin{pmatrix} 1 & 1/2 & 1/3 \\ 2 & 1 & 2/3 \\ 3 & 3/2 & 1 \end{pmatrix}$$

关于矩阵乘积的行列式,我们有如下重要定理.

定理 4 设 A,B 都是 n 阶方阵,则 $|AB| = |A||B|$.

此定理可以推广到 n 个同阶方阵的情形,若 $A_1,A_2,\cdots,A_n$ 为同阶方阵,则

$$|A_1A_2\cdots A_n| = |A_1||A_2|\cdots|A_n|$$

特别,若 A 为方阵,则 $|A^n| = |A|^n$.

§2.2 矩阵的逆

定义 1 n 阶方阵 A 称为可逆的,如果有 n 阶方阵 B,使得 $AB = BA = I$,I 为单位阵. 则称 A 为**可逆矩阵**,B 为 A 的一个**逆矩阵**.

若 A 为可逆矩阵,则 A 的逆矩阵是唯一的. 因为若 B,C 同为 A 的逆矩阵,则 $AB = BA = I$,$AC = CA = I$. 因此 $B = B(AC) = (BA)C = C$. 由此将 A 唯一的逆矩阵记为 A^{-1}.

下面利用行列式性质引进伴随矩阵求解矩阵的逆.

定义 2 设 A_{ij} 是矩阵

$$A = \begin{pmatrix} a_{11} & a_{12} & \cdots & a_{1n} \\ a_{21} & a_{22} & \cdots & a_{2n} \\ \vdots & \vdots & \vdots & \vdots \\ a_{n1} & a_{n2} & \cdots & a_{nn} \end{pmatrix}$$

中元素 a_{ij} 的代数余子式,矩阵

$$A^* = \begin{pmatrix} A_{11} & A_{21} & \cdots & A_{n1} \\ A_{12} & A_{22} & \cdots & A_{n2} \\ \vdots & \vdots & \vdots & \vdots \\ A_{1n} & A_{2n} & \cdots & A_{nn} \end{pmatrix}$$

称为矩阵 A 的**伴随矩阵**.

定理1 矩阵 A 可逆的充要条件是 $|A| \neq 0$,且当 A 可逆时,$A^{-1} = \frac{1}{d}A^* (d = |A| \neq 0)$.

证 必要性.因 A 可逆,故存在 B,使得 $AB = I$.因此 $|A||B| = 1$,从而 $|A| \neq 0$.
充分性.由行列式按一行(列)展开的公式立即得出:

$$AA^* = A^*A = \begin{pmatrix} d & 0 & \cdots & 0 \\ 0 & d & \cdots & 0 \\ \vdots & \vdots & \vdots & \vdots \\ 0 & 0 & \cdots & d \end{pmatrix} = dI$$

其中 $d = |A|$.

如果 $d = |A| \neq 0$,那么,$A(\frac{1}{d}A^*) = (\frac{1}{d}A^*)A = I$. 故 $A^{-1} = \frac{1}{d}A^*$.

推论 设矩阵 A, B 为同阶方阵,若 $AB = I$,则 A, B 均可逆,且 $A^{-1} = B$.

证 由 $AB = I$ 可得 $|A| \neq 0, |B| \neq 0$,因此由定理1,A, B 均可逆.在等式 $AB = I$ 两边左乘 A^{-1},即得 $A^{-1} = B$.

利用矩阵的逆,可以给出克拉默法则的另一种推导法.线性方程组

$$\begin{cases} a_{11}x_1 + a_{12}x_2 + \cdots + a_{1n}x_n = b_1 \\ a_{21}x_1 + a_{22}x_2 + \cdots + a_{2n}x_n = b_2 \\ \cdots\cdots\cdots\cdots\cdots\cdots\cdots \\ a_{n1}x_1 + a_{n2}x_2 + \cdots + a_{nn}x_n = b_n \end{cases}$$

可以写成 $Ax = B$.如果 $|A| \neq 0$,那么 A 可逆.左乘 A^{-1},即得 $x = A^{-1}B$.
用 A^{-1} 的公式代入上式,即得克拉默法则中给出的公式.

应用案例(密码问题) 在密码学中,称原来的消息为明文,通过加密了的为密文.将26个英文字母如下表与26个整数作一一对应,则可通过发送数字传递信息.

A	B	C	D	E	F	G	H	I	J	K	L	M
1	2	3	4	5	6	7	8	9	10	11	12	13
N	O	P	Q	R	S	T	U	V	W	X	Y	Z
14	15	16	17	18	19	20	21	22	23	24	25	26

比如,发送一组数"3,1,12,12,5,1,7,12,5"就表示"CALL EAGLE",但这样容易被对方破译.一种简单的加密方法是每个数据同加一个整数,如20,则发送的是"23,21,32,32,25,21,27,32,25",接受到上述数据后,减去20,还原为"3,1,12,12,5,1,7,12,5".这样的加密方法同样容易被敌方破密,原因在于通过统计英文字母以及上面数字出现的频率,可以找到它们之间的对应关系.

以下用矩阵加密,若 A 为行列式为1的整数矩阵,则其逆阵亦为整数阵.例如:

$$A = \begin{pmatrix} 1 & 0 & 1 \\ 5 & 2 & 4 \\ 3 & 1 & 3 \end{pmatrix}, A^{-1} = \begin{pmatrix} 2 & 1 & -2 \\ -3 & 0 & 1 \\ -1 & -1 & 2 \end{pmatrix}$$

现将要发送的信息组成一个三阶方阵:

$$B = \begin{pmatrix} 3 & 12 & 7 \\ 1 & 5 & 12 \\ 12 & 1 & 5 \end{pmatrix}$$

左乘加密矩阵 A 得到密文矩阵

$$C = AB = \begin{pmatrix} 15 & 13 & 12 \\ 75 & 74 & 79 \\ 46 & 44 & 48 \end{pmatrix}$$

因此发出的密文是"15,75,46,13,74,44,12,79,48". 接受到密文后,将它排成如上三阶方阵 C,左乘解密矩阵 A^{-1},得矩阵 B,还原为明文. 加密方阵阶数越高,敌方破译越困难.

§2.3 矩阵的应用

矩阵的应用很广泛,譬如上节最后在密码学中的应用. 在实际中,许多复杂的问题可以用简单的矩阵记号表示,并通过对矩阵的研究得以解决.

动物种群的增长模型

研究动物种群的增长,对保持生态平衡具有实际意义,莱斯利[Leslie]模型是常用的动物种群增长模型,该模型只考虑两性种群中的雌性,将雌性按年龄分成若干类,研究种群的年龄分布规律.

设某动物种群中雌性的最长寿命为 L 岁,把年龄区间 $[0,L]$ 分成 n 个等长的年龄段,从而将种群中的雌性分为 n 个年龄类,年龄在第 i 个年龄段 $\left[\dfrac{i-1}{n}L, \dfrac{i}{n}L\right]$ 的雌性属于第 i 个年龄类. 假设生殖率和死亡率在同一年龄段内保持不变,且观察时间间隔与年龄段等长,即第 k 次观察时间 $t_k = k\dfrac{L}{n}(k=0,1,2,\cdots)$. 引入下列记号: $x_i^{(k)}$ 表示第 k 次观察时 $(t = t_k)$ 第 i 类的雌性数, 称 $x^{(k)} = (x_1^{(k)}, x_2^{(k)}, \cdots, x_n^{(k)})^T$ 为 $t = t_k$ 时的年龄分布向量, $x^{(0)} = (x_1^{(0)}, x_2^{(0)}, \cdots, x_n^{(0)})^T$ 为初始年龄分布向量. a_i 表示第 i 类中一个雌性生育的雌性的平均数. b_i 表示第 i 类中的雌性活到第 $i+1$ 类的比例. $t = t_k$ 时,各类中的雌性数分别为

$$\begin{cases} x_1^{(k)} = a_1 x_1^{(k-1)} + a_2 x_2^{(k-1)} + \cdots + a_{n-1} x_{n-1}^{(k-1)} + a_n x_n^{(k-1)} \\ x_2^{(k)} = b_1 x_1^{(k-1)} \\ x_3^{(k)} = b_2 x_2^{(k-1)} \\ \cdots\cdots \\ x_n^{(k)} = b_{n-1} x_{n-1}^{(k-1)} \end{cases} \tag{1}$$

其中第一个式子表示 $t = t_k$ 时第 1 类中的雌性数 $x_1^{(k)}$ 等于 $t = t_{k-1}$ 时各类中的雌性所生育的雌性数之和.

(1)式写成矩阵形式

$$\begin{pmatrix} x_1^{(k)} \\ x_2^{(k)} \\ \vdots \\ x_n^{(k)} \end{pmatrix} = \begin{pmatrix} a_1 & a_1 & \cdots & a_{n-1} & a_n \\ b_1 & 0 & \cdots & 0 & 0 \\ 0 & b_2 & \cdots & 0 & 0 \\ \vdots & \vdots & & \vdots & \vdots \\ 0 & 0 & \cdots & b_{n-1} & 0 \end{pmatrix} \begin{pmatrix} x_1^{(k-1)} \\ x_2^{(k-1)} \\ \vdots \\ x_n^{(k-1)} \end{pmatrix} \tag{2}$$

简记为

$$x^{(k)} = Lx^{(k-1)}, k = 1, 2, \cdots \tag{3}$$

其中

$$L = \begin{pmatrix} a_1 & a_2 & \cdots & a_{n-1} & a_n \\ b_1 & 0 & \cdots & 0 & 0 \\ 0 & b_2 & \cdots & 0 & 0 \\ \vdots & \vdots & & \vdots & \vdots \\ 0 & 0 & \cdots & b_{n-1} & 0 \end{pmatrix}$$

称为**莱斯利矩阵**.

由(3)式得,$x^{(k)} = Lx^{(k-1)} = L^2 x^{(k-2)} = \cdots = L^k x^{(0)}$. 因此,如果已知初始年龄分布 $x^{(0)}$ 和莱斯利矩阵 L,就能求出 $t = t_k$ 时的年龄分布 $x^{(k)}$.

例 1 设某动物种群中雌性的最长寿命为 15 岁,现把种群分为三类,每 5 年为一类,设此种动物的莱斯利矩阵为

$$L = \begin{pmatrix} 0 & 4 & 3 \\ 1/2 & 0 & 0 \\ 0 & 1/4 & 0 \end{pmatrix}$$

及初始年龄分布 $x^{(0)} = (1000, 2000, 1000)$,求 10 后各类雌性动物数.

解 由 $x^{(k)} = Lx^{(k-1)}$,得

$$x^{(1)} = Lx^{(0)} = \begin{pmatrix} 0 & 4 & 3 \\ 1/2 & 0 & 0 \\ 0 & 1/4 & 0 \end{pmatrix} \begin{pmatrix} 1000 \\ 2000 \\ 1000 \end{pmatrix} = \begin{pmatrix} 11000 \\ 500 \\ 500 \end{pmatrix}$$

$$x^{(2)} = Lx^{(1)} = \begin{pmatrix} 0 & 4 & 3 \\ 1/2 & 0 & 0 \\ 0 & 1/4 & 0 \end{pmatrix} \begin{pmatrix} 11000 \\ 500 \\ 500 \end{pmatrix} = \begin{pmatrix} 3500 \\ 5500 \\ 125 \end{pmatrix}$$

故 10 年后,$0 \sim 5$ 岁的雌性动物有 3500 只,5 到 10 岁的雌性动物有 5500 只,10 到 15 岁的雌性动物有 125 只.

人口迁移动态模型

例 2 对城乡人口流动做年度调查,发现有一个稳定的朝向城镇流动的趋势:每年农村居民的 5% 移居城镇,而城镇居民的 1% 迁出. 现在总人口的 40% 位于城镇. 假如城乡总人口保持不变,并且认可流动的这种趋势继续下去,那么一年以后住在城镇人口所占比例是多少?两年以后呢?十年以后呢?最终呢?

解 设城乡总人口为常数 C,则开始时乡村人口 $y_0 = 0.6C$,城镇人口为 $z_0 = 0.4C$. 一年后,

乡村人口：$\qquad\qquad\dfrac{95}{100}y_0 + \dfrac{1}{100}z_0 = y_1$

城镇人口：$\qquad\qquad\dfrac{5}{100}y_0 + \dfrac{99}{100}z_0 = z_1$

写成矩阵形式则有

$$\begin{pmatrix} y_1 \\ z_1 \end{pmatrix} = \begin{pmatrix} \dfrac{95}{100} & \dfrac{1}{100} \\ \dfrac{5}{100} & \dfrac{99}{100} \end{pmatrix} \begin{pmatrix} y_0 \\ z_0 \end{pmatrix}$$

两年后，

$$\begin{pmatrix} y_2 \\ z_2 \end{pmatrix} = \begin{pmatrix} \dfrac{95}{100} & \dfrac{1}{100} \\ \dfrac{5}{100} & \dfrac{99}{100} \end{pmatrix} \begin{pmatrix} y_1 \\ z_1 \end{pmatrix} = \begin{pmatrix} \dfrac{95}{100} & \dfrac{1}{100} \\ \dfrac{5}{100} & \dfrac{99}{100} \end{pmatrix}^2 \begin{pmatrix} y_0 \\ z_0 \end{pmatrix}$$

十年后，

$$\begin{pmatrix} y_{10} \\ z_{10} \end{pmatrix} = \begin{pmatrix} \dfrac{95}{100} & \dfrac{1}{100} \\ \dfrac{5}{100} & \dfrac{99}{100} \end{pmatrix}^{10} \begin{pmatrix} y_0 \\ z_0 \end{pmatrix}$$

例 3　随机矩阵马尔可夫过程

所谓马尔可夫过程是指具有马尔可夫性的随机过程,也即已知现在、将来与过去条件独立的无后效性的随机过程,是一种离散时间离散状态的过程. 在马尔可夫过程(具有无后效性)中,在给定当前知识或信息的情况下,只有当前的状态用来预测将来,过去(即当前以前的历史状态)对于预测将来(即当前以后的未来状态)是无关的. 假定某一 80 平方公里的城市,在 2000 年的土地使用情况如下：

Ⅰ 　　 保留用地 　　 30%
Ⅱ 　　 商业用地 　　 20%
Ⅲ 　　 工业用地 　　 50%

假设该城市土地每 5 年的过渡概率为下述的矩阵 $A = (a_{ij})$

$$\begin{array}{c} \qquad\quad \text{至 Ⅰ} \quad \text{至 Ⅱ} \quad \text{至 Ⅲ} \\ \begin{array}{c} \text{自 Ⅰ} \\ \text{自 Ⅱ} \\ \text{自 Ⅲ} \end{array} \begin{bmatrix} 0.8 & 0.1 & 0.1 \\ 0.1 & 0.7 & 0.2 \\ 0.0 & 0.1 & 0.9 \end{bmatrix} \end{array}$$

称非负元素且每行之和等于 1 的方阵为随机矩阵. 上述矩阵为一随机矩阵. 由以上信息可以计算该城市 2005 年的用地情况：

Ⅰ 　　 保留用地 　　 $0.8 \times 30\% + 0.1 \times 20\% + 0.0 \times 50\% = 26\%$
Ⅱ 　　 商业用地 　　 $0.1 \times 30\% + 0.7 \times 20\% + 0.1 \times 50\% = 22\%$
Ⅲ 　　 工业用地 　　 $0.1 \times 30\% + 0.2 \times 20\% + 0.9 \times 50\% = 52\%$

现在改用矩阵形式. 用行向量 x_0、x_1 分别表示 2000 年、2005 年土地状况,则 $x_1 = x_0 A$,其中

$$A = \begin{bmatrix} 0.8 & 0.1 & 0.1 \\ 0.1 & 0.7 & 0.2 \\ 0.0 & 0.1 & 0.9 \end{bmatrix}$$

依此也容易算出 2010 年状况:

$$x_2 = x_1 A = x_0 A^2 = (23\% \quad 23.2\% \quad 53.8\%)$$

那么过 50 年后的土地状况自然是 $x_0 A^{10}$. 在这里要计算 A^{10}, 如何较快地计算 A^{10} 甚至更高幂次矩阵, 我们将在本篇最后一章涉及.

§2.4 图与矩阵

计算机科学领域有许多算法涉及图. 计算机存储图的一种最简单有效的方法就是矩阵. 图论有效地利用了矩阵, 将其作为表达图及其性质的有效工具和手段. 本节当然属于矩阵应用范畴, 只因内容相对专业、独立, 故单独立为一节.

2.4.1 无向图

一个无向图 G 是由一个非空有限集合 $V(G)$ 和 $V(G)$ 中某些元素的无序对集合 $E(G)$ 构成的二元组, 记为 $G = (V(G), E(G))$. 其中 $V(G) = \{v_1, v_2, \cdots, v_n\}$ 称为图 G 的顶点集或节点集, $V(G)$ 中的每一个元素 $v_i (i = 1, 2, \cdots, n)$ 称为该图的一个顶点或节点; $E(G) = \{e_1, e_2, \cdots, e_m\}$ 称为图 G 的边集, $E(G)$ 中的每一个元素 e_k (即 $V(G)$ 中某两个元素 v_i, v_j 的无序对) 记为 $e_k = (v_i, v_j)(k = 1, 2, \cdots, m)$, 被称为该图的一条从 v_i 到 v_j 的边.

当边 $e_k = (v_i, v_j)$ 时, 称 v_i, v_j 为边 e_k 的端点, 并称 v_j 与 v_i 相邻; 边 e_k 称为与顶点 v_i, v_j 关联. 如果某两条边至少有一个公共端点, 则称这两条边在图 G 中相邻.

一个图称为**有限图**, 如果它的顶点集和边集都有限. 端点重合为一点的边称为**环**. 一个图称为**简单图**, 如果它既没有环也没有两条边连接同一对顶点.

2.4.2 有向图

一个有向图 G 是由一个非空有限集合 V 和 V 中某些元素的有序对集合 A 构成的二元组, 记为 $G = (V, A)$. 其中 $V = \{v_1, v_2, \cdots, v_n\}$ 称为图 G 的顶点集或节点集, V 中的每一个元素 $v_i (i = 1, 2, \cdots, n)$ 称为该图的一个顶点或节点; $A = \{a_1, a_2, \cdots, a_m\}$ 称为图 G 的弧集, A 中的每一个元素 a_k (即 V 中某两个元素 v_i, v_j 的有序对) 记为 $a_k = (v_i, v_j)$ 或 $a_k = v_i v_j (k = 1, 2, \cdots, n)$, 被称为该图的一条从 v_i 到 v_j 的弧. 当弧 $a_k = v_i v_j$ 时, 称 v_i 为 a_k 的尾, v_j 为 a_k 的头, 并称弧 a_k 为 v_i 的出弧, 为 v_j 的入弧. 对应于每个有向图 D, 可以在相同顶点集上作一个图 G, 使得对于 D 的每条弧, G 有一条有相同端点的边与之相对应. 这个图称为 D 的基础图. 反之, 给定任意图 G, 对于它的每个边, 给其端点指定一个顺序, 从而确定一条弧, 由此得到一个有向图, 这样的有向图称为 G 的一个定向图.

2.4.3 图与网络的数据结构

我们介绍计算机上用来描述图与网络的几种常用表示方法: 邻接矩阵表示法、关联矩阵表示法. 在下面数据结构的讨论中, 我们首先假设 $G = (V, A)$ 是一个简单有向图, $|V| = n$, $|A| = m$, 并假设 V 中的顶点用自然数 $1, 2, \cdots, n$ 表示或编号, A 中的弧用自然数 $1, 2, \cdots, m$

表示或编号.

邻接矩阵表示法

邻接矩阵表示法是将图以邻接矩阵的形式存储在计算机中. 图 $G = (V, A)$ 的邻接矩阵是如下定义的: C 是一个 $n \times n$ 的 $0-1$ 矩阵, 即

$$C = (c_{ij})_{n \times n} \in \{0, 1\}^{n \times n}, c_{ij} = \begin{cases} 1, & (i, j) \in A \\ 0, & (i, j) \notin A. \end{cases}$$

也就是说, 如果两节点之间有一条弧, 则邻接矩阵中对应的元素为 1; 否则为 0. 可以看出, 这种表示法非常简单、直接.

例 1 对于右图所示的图, 可以用邻接矩阵表示为

$$\begin{bmatrix} 0 & 1 & 1 & 0 & 0 \\ 0 & 0 & 0 & 1 & 0 \\ 0 & 1 & 0 & 0 & 0 \\ 0 & 0 & 1 & 0 & 1 \\ 0 & 0 & 1 & 1 & 0 \end{bmatrix}$$

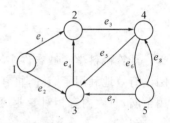

图 2-1

关联矩阵表示法

关联矩阵表示法是将图以关联矩阵的形式存储在计算机中. 图 $G = (V, A)$ 的关联矩阵 B 是如下定义的: B 是一个 $n \times m$ 的矩阵, 即

$$B = (b_{ik})_{n \times m} \in \{-1, 0, 1\}^{n \times m}, b_{ik} = \begin{cases} 1, & \exists j \in V, k = (i, j) \in A \\ -1, & \exists j \in V, k = (j, i) \in A, \\ 0, & \text{其他.} \end{cases}$$

也就是说, 在关联矩阵中, 每行对应于图的一个节点, 每列对应于图的一条弧. 如果一个节点是一条弧的起点, 则关联矩阵中对应的元素为 1; 如果一个节点是一条弧的终点, 则关联矩阵中对应的元素为 -1; 如果一个节点与一条弧不关联, 则关联矩阵中对应的元素为 0. 对于简单图, 关联矩阵每列只含有两个非零元 (一个 $+1$, 一个 -1). 可以看出, 这种表示法也非常简单、直接. 但是, 在关联矩阵的所有 nm 个元素中, 只有 $2m$ 个为非零元.

例 2 对于例 1 所示的图, 如果关联矩阵中每列对应弧的顺序为 $(1,2)$, $(1,3)$, $(2,4)$, $(3,2)$, $(4,3)$, $(4,5)$, $(5,3)$ 和 $(5,4)$, 则关联矩阵表示为

$$\begin{bmatrix} 1 & 1 & 0 & 0 & 0 & 0 & 0 & 0 \\ -1 & 0 & 1 & -1 & 0 & 0 & 0 & 0 \\ 0 & -1 & 0 & 1 & -1 & 0 & -1 & 0 \\ 0 & 0 & -1 & 0 & 1 & 1 & 0 & -1 \\ 0 & 0 & 0 & 0 & 0 & -1 & 1 & 1 \end{bmatrix}$$

2.4.4 道路与连通

$W = v_0 e_1 v_1 e_2 \cdots e_k v_k$, 其中 $e_i \in E(G)$, $1 \leqslant i \leqslant k$, $v_j \in V(G)$, $0 \leqslant j \leqslant k$, e_i 与 v_{i-1}, v_i 关联, 称 W 是图 G 的一条道路, k 为路长, 顶点 v_0 和 v_k 分别称为 W 的起点和终点, 而 $v_1, v_2, \cdots,$ v_{k-1} 称为它的内部顶点.

若道路 W 的边互不相同, 则 W 称为迹. 若道路 W 的顶点互不相同, 则 W 称为轨. 称一条道路是闭的, 如果它有正的长且起点和终点相同. 起点和终点重合的轨叫做圈. 若图 G 的两

个顶点 u,v 间存在道路,则称 u 和 v 连通. u,v 间的最短轨的长叫做 u,v 间的距离.记作 $d(u,v)$.若图 G 的任二顶点均连通,则称 G 是连通图.

设有向图 G 的结点集 $V=\{v_1,v_2,\cdots,v_n\}$,它的邻接矩阵为:$A(G)=(a_{ij})_{n\times n}$.现在我们来计算从结点 v_i 到结点 v_j 的长度为 2 的路的数目.注意到每条从结点 v_i 到结点 v_j 的长度为 2 的路的中间必经过一个结点 v_k,即 $v_i \to v_k \to v_j(1\leqslant k\leqslant n)$,如果图中有路 $v_i \to v_k \to v_j$ 存在,那么 $a_{ik}=a_{kj}=1$,故 $a_{ik}\cdot a_{kj}=1$;反之如果图 G 中不存在路 $v_i \to v_k \to v_j$,那么 $a_{ik}=0$ 或 $a_{kj}=0$,即 $a_{ik}\cdot a_{kj}=0$,于是从结点 v_i 到结点 v_j 的长度为 2 的路的数目等于:

$$a_{i1}\cdot a_{1j}+a_{i2}\cdot a_{2j}+\cdots+a_{in}\cdot a_{nj}^{\cdot}=\sum_{k=1}^{n}a_{ik}\cdot a_{kj}.$$

因此可以用以下矩阵表示:

$$(a_{ij}^{(2)})_{n\times n}=(A(G))^2=\begin{bmatrix}a_{11}&a_{12}&\cdots&a_{1n}\\a_{21}&a_{22}&\cdots&a_{2n}\\\vdots&\vdots&\vdots&\vdots\\a_{n1}&a_{n2}&\cdots&a_{nn}\end{bmatrix}\cdot\begin{bmatrix}a_{11}&a_{12}&\cdots&a_{1n}\\a_{21}&a_{22}&\cdots&a_{2n}\\\vdots&\vdots&\vdots&\vdots\\a_{n1}&a_{n2}&\cdots&a_{nn}\end{bmatrix}$$

从结点 v_i 到结点 v_j 的一条长度为 3 的路,可以看作从结点从结点 v_i 到结点 v_k 的长度为 1 的路,和从结点 v_k 到结点 v_j 的长度为 2 的路,故从结点 v_i 到结点 v_j 的一条长度为 3 的路的数目:

$$(a_{ij}^{(3)})_{n\times n}=(A(G))^3=(A(G))\cdot(A(G))^2.$$

一般地,

$$(a_{ij}^{(l)})_{n\times n}=(A(G))^l.$$

例 3 如图表示四个计算机程序 P_1,P_2,P_3,P_4 之间的调用关系,P_i 到 P_j 的有向线段表示 P_i 可直接调用 P_j.

解 设 R 表示程序间的直接调用关系,则 R 的邻接矩阵为

$$R=\begin{bmatrix}0&0&0&0\\1&0&0&0\\0&1&0&1\\1&1&0&0\end{bmatrix}$$

计算 R^2 得:

$$R^2=\begin{bmatrix}0&0&0&0\\0&0&0&0\\2&1&0&0\\1&0&0&0\end{bmatrix}$$

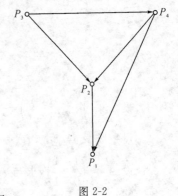

图 2-2

$r_{31}^{(2)}=2$ 表示 P_3 通过一个中间程序调用 P_1 有 2 条路径,从图中不难找出这两条路径.

在许多问题中需要判断有向图的结点 v_i 到结点 v_j 是否存在路的问题.如果利用图 G 的邻接矩阵 A,则可计算 $A^2,A^3,\cdots,A^n,\cdots$.当发现其中的某个 A^l 的 $a_{ij}^{(l)}\geqslant 1$,就表明结点 v_i 到结点 v_j 可达.但这种计算比较繁琐,且 A^l 不知计算到何时为止.从道路的实际含义可知,对于一个有 n 个结点有向图 $G:V=\{v_1,v_2,\cdots,v_n\}$,如果 v_i 到 v_j 有一条路,则必有一条长度不超过 n 的通路,因此只要考察 A^l 就可以了,其中 $1\leqslant l\leqslant n$.对于有向图 G 中任意两个结点之

间的可达性,我们引进**可达性矩阵**.定义 $P = (p_{ij})_{n \times n}$,当 v_i 到 v_j 有通路时,p_{ij} 取值为1,否则取值为零,称矩阵 P 为**可达性矩阵**.

例 4 若邻接矩阵为 $A = \begin{pmatrix} 0 & 1 & 0 & 0 & 0 \\ 0 & 0 & 0 & 1 & 0 \\ 1 & 0 & 0 & 0 & 0 \\ 0 & 0 & 0 & 0 & 1 \\ 0 & 1 & 0 & 0 & 0 \end{pmatrix}$,求可达性矩阵 P.

解 因为

$$A^2 = \begin{pmatrix} 0 & 0 & 0 & 1 & 0 \\ 0 & 0 & 0 & 0 & 1 \\ 0 & 1 & 0 & 0 & 0 \\ 0 & 1 & 0 & 0 & 0 \\ 0 & 0 & 0 & 0 & 1 \end{pmatrix} \qquad A^3 = \begin{pmatrix} 0 & 0 & 0 & 0 & 1 \\ 0 & 1 & 0 & 0 & 0 \\ 0 & 0 & 0 & 1 & 0 \\ 0 & 0 & 0 & 1 & 0 \\ 0 & 0 & 0 & 0 & 1 \end{pmatrix}$$

$$A^4 = \begin{pmatrix} 0 & 1 & 0 & 0 & 0 \\ 0 & 0 & 0 & 1 & 0 \\ 0 & 0 & 0 & 0 & 1 \\ 0 & 0 & 0 & 0 & 1 \\ 0 & 1 & 0 & 0 & 0 \end{pmatrix} \qquad A^5 = \begin{pmatrix} 0 & 0 & 0 & 1 & 0 \\ 0 & 0 & 0 & 0 & 1 \\ 0 & 1 & 0 & 0 & 0 \\ 0 & 1 & 0 & 0 & 0 \\ 0 & 0 & 0 & 1 & 0 \end{pmatrix}$$

因此,$P = A \oplus A^2 \oplus A^3 \oplus A^4 \oplus A^5 = \begin{pmatrix} 0 & 1 & 0 & 1 & 1 \\ 0 & 1 & 0 & 1 & 1 \\ 1 & 1 & 0 & 1 & 1 \\ 0 & 1 & 0 & 1 & 1 \\ 0 & 1 & 0 & 1 & 1 \end{pmatrix}$

习题 2

1. 设 $x_1 \begin{pmatrix} 1 \\ 1 \end{pmatrix} + x_2 \begin{pmatrix} 1 \\ -1 \end{pmatrix} = \begin{pmatrix} 2 \\ 3 \end{pmatrix}$,求实数 x_1, x_2.

2. 设矩阵 $A = (a_1, a_2, \cdots, a_n)$,$B = (b_1, b_2, \cdots, b_n)^{\mathrm{T}}$,求 AB 和 BA.

3. 设 $A = \begin{pmatrix} 1 & 1 \\ 0 & 1 \end{pmatrix}$,求与 A 可交换的矩阵 B.

4. 设 $A = \begin{pmatrix} 1 & 2 \\ 1 & 3 \end{pmatrix}$,$B = \begin{pmatrix} 1 & 0 \\ 1 & 2 \end{pmatrix}$,通过计算回答下列问题:

(1)$AB = BA$ 吗?

(2)$(A + B)(A - B) = A^2 - B^2$ 吗?

(3)$(A + B)^2 = A^2 + 2AB + B^2$ 吗?

5. 计算 $A^n (n \in N)$，其中

(1) $A = \begin{pmatrix} 1 & 0 \\ \lambda & 1 \end{pmatrix}$ 　　　　(2) $A = \begin{pmatrix} 0 & 1 & 0 \\ 0 & 0 & 1 \\ 0 & 0 & 0 \end{pmatrix}$

6. 求下列矩阵 A 的逆矩阵 A^{-1}：

(1) $A = \begin{pmatrix} a & b \\ c & d \end{pmatrix}$，　$ad - bc \neq 0$　(2) $A = \begin{pmatrix} 1 & 0 & 1 \\ -7 & 3 & 2 \\ 2 & -1 & 0 \end{pmatrix}$

7. 证明：如果 $A^k = O (k \in \mathbf{N})$，那么 $I - A$ 可逆，并且

$$(I - A)^{-1} = I + A + A^2 + \cdots + A^{k-1}$$

8. 证明：如果 $A^2 - 3A - 3I = O$，那么 $I - A$、$2I - A$ 都可逆.

9. 已知两个线性变换

$$\begin{cases} x_1 = y_1 + y_2 \\ x_2 = y_1 - y_2 \\ \quad x_3 = y_3 \end{cases} \qquad \begin{cases} y_1 = z_1 \\ y_2 = z_1 + z_2 \\ y_3 = z_1 + z_2 + z_3 \end{cases}$$

求从 x_1, x_2, x_3 到 z_1, z_2, z_3 的线性变换.

10. 设某种动物群中雌性的最长寿命是 15 岁，将该动物分成 3 个年龄类，已知这个动物种群的莱斯利矩阵

$$L = \begin{pmatrix} 0 & 4 & 3 \\ \dfrac{1}{2} & 0 & 0 \\ 0 & \dfrac{1}{4} & 0 \end{pmatrix}$$

初始分布向量 $x(0) = (1000, 1000, 1000)^{\mathrm{T}}$，求 15 年后各年龄类的雌性动物数.

11. 若一个图的邻接矩阵为

$$\begin{pmatrix} 0 & 0 & 0 & 0 \\ 1 & 0 & 0 & 0 \\ 0 & 1 & 0 & 1 \\ 1 & 1 & 0 & 0 \end{pmatrix}$$

求其可达矩阵.

第三章 向量空间与线性空间

学习向量代数的基本概念与方法在物理及工程方面有很强的实用性,诸多物理量,如力、速度、力矩等可以由向量来表示,且在某些方面向量计算的法则如同支配实数系的法则一样简单.尽管也可用非向量的方式来处理,但向量分析诚然可以程序化地简化大量复杂的计算.不仅如此,向量分析既具清晰的代数结构,亦有清楚的几何直观,因此向量方法是一个有力的工具,在近代应用数学中广为应用.

§3.1 向量的线性运算以及向量组性质

回顾平面以及三维空间点的坐标表示,我们用一对有序实数(x,y)来表示平面中的点,而用三个有序实数(x,y,z)表示三维空间中的点.依此类推,可用n元有序实数组

$$(a_1,a_2,\cdots,a_n)$$

来表示n维欧氏空间中的点.从代数角度看,实际上就是$n\times1$矩阵,或一个n维向量,如同第二章所定义的.几何概念代数化以后付诸于代数运算对于解决几何问题既严谨又方便,这几乎是笛卡尔的几何代数化的初衷,当然我们将讨论的向量不仅仅限于几何.根据讨论需要,也可将上述行向量竖立起来写成列向量形式

$$\alpha=\begin{bmatrix} a_1 \\ a_2 \\ \vdots \\ a_n \end{bmatrix}$$

全体 **n 维实向量**连同加法、数乘运算合称一个 **n 维实向量空间**,记作 **R^n**

n 维向量空间中向量的加法、数乘运算满足:

1) 加法交换律:$\alpha+\beta=\beta+\alpha$;

2) 加法结合律:$(\alpha+\beta)+\gamma=\alpha+(\beta+\gamma)$

3) $0+\alpha=\alpha+0=\alpha$;

4) 记 $-\alpha$ 为 α 的负向量,则 $\alpha+(-\alpha)=(-\alpha)+\alpha=0$;

5) 对数 1,有 $1\cdot\alpha=\alpha$;

6) $k(\alpha+\beta)=k\alpha+k\beta$;

7) $(k+l)\alpha=k\alpha+l\alpha$;

8) $(kl)\alpha=k(l\alpha)$.

上述命题只需一一验证即可. 对一组 n 维向量 $\alpha_1,\alpha_2,\cdots,\alpha_s$ 和向量 β,若存在一组数 k_1, $k_2,\cdots,k_s$,使得 $\beta=k_1\alpha_1+\cdots+k_s\alpha_s$,则称 β 是 $\alpha_1,\alpha_2,\cdots,\alpha_s$ 的一个**线性组合**.或称 β 可由 α_1,

$\alpha_2, \cdots, \alpha_s$ 线性表示. 若向量组 $\alpha_1, \alpha_2, \cdots, \alpha_s$ 的每一个向量都可由向量组 $\beta_1, \beta_2, \cdots, \beta_t$ **线性表示**, 且向量组 $\beta_1, \cdots, \beta_t$ 的每一个向量也可以由向量组 $\alpha_1, \alpha_2, \cdots, \alpha_s$ 线性表示, 则称两个**向量组等价**.

上述概念与线性方程组的解有密切联系. 考虑方程组:

$$\begin{cases} a_{11}x_1 + a_{12}x_2 + \cdots + a_{1n}x_n = b_1 \\ a_{21}x_1 + a_{22}x_2 + \cdots + a_{2n}x_n = b_2 \\ \cdots\cdots\cdots\cdots \\ a_{m1}x_1 + a_{m2}x_2 + \cdots + a_{mn}x_n = b_m \end{cases} \tag{1}$$

记 m 维向量

$$\alpha_j = \begin{bmatrix} a_{1j} \\ a_{2j} \\ \vdots \\ a_{mj} \end{bmatrix} \quad (j = 1, 2, \cdots, n), \beta = \begin{bmatrix} b_1 \\ b_2 \\ \vdots \\ b_m \end{bmatrix}$$

则 (1) 可以改写成

$$x_1\alpha_1 + x_2\alpha_2 \cdots + x_n\alpha_n = \beta \tag{2}$$

如果 (1) 有一组解 $x_j = k_j, (j = 1, \cdots, n)$, 代入 (2) 得 $\beta = k_1\alpha_1 + \cdots + k_n\alpha_n$, 即 β 可被向量组 $\alpha_1, \alpha_2, \cdots, \alpha_n$ 线性表示. 反之, 若 β 可被向量组 $\alpha_1, \alpha_2, \cdots, \alpha_n$ 线性表示, 则表示系数就是方程组的一组解.

对向量组 $\alpha_1, \alpha_2, \cdots, \alpha_s$, 若存在不全为零的数组 $k_1, k_2, \cdots, k_s$, 使 $k_1\alpha_1 + \cdots + k_s\alpha_s = 0$, 则称向量组 $\alpha_1, \alpha_2, \cdots, \alpha_s$ **线性相关**. 否则, 称 $\alpha_1, \alpha_2, \cdots, \alpha_s$ **线性无关**.

设向量组 $\alpha_1, \alpha_2, \cdots, \alpha_s$ 的部分组 $\alpha_{i1}, \alpha_{i2}, \cdots, \alpha_{ir}$ 满足条件:

(1) $\alpha_{i1}, \alpha_{i2}, \cdots, \alpha_{ir}$ 线性无关;

(2) $\alpha_1, \alpha_2, \cdots, \alpha_s$ 中的任一向量均可由它们线性表示,

则称向量组 $\alpha_{i1}, \alpha_{i2}, \cdots, \alpha_{ir}$ 为向量组 $\alpha_1, \alpha_2, \cdots, \alpha_s$ 的一个**极大无关组**. 向量组的极大无关组所含向量的个数称为**向量组的秩**. 容易验证等价的向量组具有性质:

(1) 等价的向量组有相同的秩;

(2) 等价的线性无关的向量组含向量的个数相等;

(3) 向量组与它的极大无关组等价.

我们回到 n 维向量空间. 记 n 个 n 维向量

$$e_1 = (1, 0, 0, \cdots, 0)$$
$$e_2 = (0, 1, 0, \cdots, 0)$$
$$\cdots\cdots$$
$$e_n = (0, 0, 0, \cdots, 1)$$

称为 n 维向量空间的单位向量. 若 $k_1e_1 + k_2e_2 + \cdots + k_ne_n = 0$, 则 $(k_1, k_2, \cdots, k_n) = 0$, 即 $k_i = 0, i = 1, 2, \cdots n$. 因此这 n 个向量线性无关. 又设 $\alpha = (a_1, a_2, \cdots, a_n)$ 是任一 n 维向量, 因为 $\alpha = a_1e_1 + a_2e_2 + \cdots + a_ne_n$, 所以任意向量 α 可由上述单位向量组线性表示. 称此 n 个向量为 n 维向量空间的**标准正交基**.

§3.2 一般线性空间

数学的一个特征是其抽象性. 如果说,我们从现实的三维欧氏空间讨论 n 维实向量空间,已经具有高度的抽象性,那么我们将继续抽象,把前面的 n 维实向量空间更加一般化. 首先能够这样做的理由是,许许多多 n 维实向量空间的性质都可以由上一节命题 1 所列的 8 条性质演绎得出,其次由于更加抽象,所以将来应用也更加广泛,这是从数学的功利角度出发的.

定义 1 设 F 为一数域,其元素用英文小写字母表示,V 为非空集合,其元素用希腊字母表示,如果下列条件满足,则称 V 为数域 F 上的**线性空间**. V 中元素仍称为**向量**.

1. 在 V 中定义**加法**,对于任意两个向量 α,β,均有 V 中唯一确定的向量 γ 与他们对应,这一向量称为 α,β 的和,记为 $\alpha+\beta$.

2. 在 V 中定义**数乘**,对于 F 中每一数 k 和 V 中每个向量 α,V 中有唯一确定的向量 δ 与他们对应,记为 $\delta=k\cdot\alpha$.

3. 对于任意 $\alpha,\beta,\gamma\in V$ 以及任意 $k,l\in P$,满足:

(1)$\alpha+\beta=\beta+\alpha$,(交换律)

(2)$(\alpha+\beta)+\gamma=\alpha+(\beta+\gamma)$,(结合律)

(3)$\exists 0\in V$,使 $\alpha+0=\alpha,\forall\alpha\in V$,(零元)

(4)$\forall\alpha\in V,\exists(-\alpha)\in V$,使 $\alpha+(-\alpha)=0$,(负元)

(5)$1\cdot\alpha=\alpha$

(6)$k(l\alpha)=(kl)\alpha$

(7)$(k+l)\alpha=k\alpha+l\alpha$

(8)$k(\alpha+\beta)=k\alpha+k\beta$

线性空间性质

(1) 零元素唯一.

(2) 负元唯一.

(3)$0\cdot\alpha=0,k\cdot 0=0,(-1)\alpha=-\alpha$(注意:这些零那一个是数零,那一个是零元素).

(4) 若 $k\alpha=0$,则 $k=0$ 或 $\alpha=0$.

若一线性空间 V 含有 n 个线性无关的向量,且 V 中任一向量可由此 n 个向量线性表示,则称此 n 个向量为空间 V 的一组**基**,n 称为 V 的**维数**. 如果 V 含有无限多个线性无关的向量,则称 V 为**无限维线性空间**.

例 1 实数域上的 $m\times n$ 矩阵的全体关于矩阵的加法和数乘构成实数域上的 $m\times n$ 维线性空间.

证 只要对定义中需要满足的八条性质一一验证即可.

例 2 多项式全体构成一无限维的线性空间.

证 首先容易验证这是线性空间. 其次,可以证明对于任意正整数 $n,1,x,x^2,\cdots,x^n$ 线性无关. 由 n 的任意性,可知是无限维的.

研究线性空间的一个重要的目的就是将空间中的点"典范"地表示出来. 可以验证下列

集合

$$F = \{a_0 + \sum_{k=1}^{\infty} a_k \cos kx + b_k \sin kx \mid a_k, b_k \in \mathbf{R}\}$$

是一个线性空间. 1807 年, 法国科学家傅立叶在研究热传导问题中得到的函数都可以表示为三角函数的无穷级数, 虽然他没有提供严格的数学论证, 但此后的发展, 傅里叶分析却成为极有影响力的数学分支, 广泛地应用于理论及应用领域. 此地, 傅里叶将函数当做一个"点", 在空间 F 中用三角级数表示出来.

若 $W \subseteq V, W \neq \varnothing$. 如果 $\forall \alpha, \beta \in W, \forall k \in F$, 有 $\alpha + \beta \in W, k\alpha \in W$, 则称 W 是 V 的一个子空间. 现设 V 是数域 F 上的向量空间, V 中的 s 个向量 $\alpha_1, \alpha_2, \cdots, \alpha_s$ 的一切线性组合构成的集

$$S = \{k_1 \alpha_1 + k_2 \alpha_2 + \cdots + k_s \alpha_s \mid k_i \in F, i = 1, 2, \cdots, s\}$$

是 V 的一个子空间.

事实上, 对任意 α 和 $\beta \in S$ 及任意 $k \in F$, 令 $\alpha = k_1 \alpha_1 + k_2 \alpha_2 + \cdots + k_s \alpha_s, \beta = l_1 \alpha_1 + l_2 \alpha_2 + \cdots + l_s \alpha_s$, 那么 $\alpha + \beta$ 与 $k\alpha$ 仍为 $\alpha_1, \alpha_2, \cdots, \alpha_s$ 的线性组合, 即有 $\alpha + \beta \in S, k\alpha \in S$. 因此 S 是 V 的子空间, 称为由向量组 $\alpha_1, \alpha_2, \cdots, \alpha_s$ 生成的**生成子空间**, 并记之为 $L(\alpha_1, \alpha_2, \cdots, \alpha_s)$, 其中向量组 $\alpha_1, \alpha_2, \cdots, \alpha_s$ 称为生成向量. 下一章可以知道齐次线性方程组的解全体构成一子空间, 并且由基础解系生成.

例 3　证明 $H = \{(k - 2l, l - 3k, k + l, l)^{\mathrm{T}} \mid k, l \in \mathbf{R}\}$ 是 R^4 的子空间.

证明　因为 $(k - 2l, l - 3k, k + l, l)^{\mathrm{T}} = k(1, -3, 1, 0)^{\mathrm{T}} + l(-2, 1, 1, 1)^{\mathrm{T}}$, 所以 H 实际上是由两个向量生成的 R^4 的子空间.

线性空间的同构

定义 2　设 V 与 V' 为同一数域 F 上两线性空间, 如果由 V 到 V' 有一双射 σ, 满足以下性质:

1) 对任意 $\alpha, \beta \in V, \sigma(\alpha + \beta) = \sigma(\alpha) + \sigma(\beta)$;

2) 对任意 $\alpha \in V$ 和任意 $k \in F, \sigma(k\alpha) = k\sigma(\alpha)$.

则称映射 σ 为由 V 到 V' 的**同构映射**, V 与 V' 为**同构**的.

设 $\varepsilon_1, \varepsilon_2, \cdots, \varepsilon_n$ 是线性空间 V 的一组基, 在这组基下, V 中每个向量都有确定的坐标, 而向量的坐标可以看成 F^n 元素. 设映射 σ 将向量映为它的坐标, 显然这是线性空间 V 与 F^n 的一个双射. 因为对于任意两向量 $\alpha = a_1 \varepsilon_1 + a_2 \varepsilon_2 + \cdots + a_n \varepsilon_n, \beta = b_1 \varepsilon_1 + b_2 \varepsilon_2 + \cdots + b_n \varepsilon_n$,

向量 α, β 的坐标分别是 $(a_1, a_2, \cdots, a_n)^{\mathrm{T}}, (b_1, b_2, \cdots, b_n)^{\mathrm{T}}$, 那么

$$\alpha + \beta = (a_1 + b_1) \varepsilon_1 + (a_2 + b_2) \varepsilon_2 + \cdots + (a_n + b_n) \varepsilon_n$$

$$k\alpha = ka_1 \varepsilon_1 + ka_2 \varepsilon_2 + \cdots + ka_n \varepsilon_n$$

于是向量 $\alpha + \beta, k\alpha$ 的坐标分别是

$$(a_1 + b_1, a_2 + b_2, \cdots, a_n + b_n)^{\mathrm{T}} = (a_1, a_2, \cdots, a_n)^{\mathrm{T}} + (b_1, b_2, \cdots, b_n)^{\mathrm{T}}$$

$$(ka_1, ka_2, \cdots, ka_n)^{\mathrm{T}} = k(a_1, a_2, \cdots, a_n)^{\mathrm{T}}$$

这表明 $\sigma(\alpha + \beta) = \sigma(\alpha) + \sigma(\beta), \sigma(k\alpha) = k\sigma(\alpha)$. 所以 σ 是同构映射.

因而, 数域 F 上任一个 n 维线性空间都与 F^n 同构.

由同构定义可以看出, 同构映射具有下列性质:

1. $\sigma(0) = 0, \sigma(-\alpha) = -\sigma(\alpha)$.

2. $\sigma(k_1\alpha_1 + k_2\alpha_2 + \cdots + k_r\alpha_r) = k_1\sigma(\alpha_1) + k_2\sigma(\alpha_2) + \cdots + k_r\sigma(\alpha_r)$.

3. V 中向量组 $\alpha_1, \alpha_2, \cdots, \alpha_r$ 线性相关 $\Leftrightarrow$ 它们的象 $\sigma(\alpha_1), \sigma(\alpha_2), \cdots, \sigma(\alpha_r)$ 线性相关.

因为维数就是空间中线性无关向量的最大个数,所以由同构映射的性质可以推知,同构的线性空间有相同的维数.

4. 同构映射的逆映射以及两个同构映射的乘积还是同构映射.

同构作为线性空间之间的一种关系,容易证明具有反身性、对称性与传递性.因此有以下结论

定理 1 数域 F 上两个有限维线性空间同构的充要条件是它们有相同的维数.

§3.3 线性空间的基变换,基的过渡矩阵

设 V 是数域 F 上的 n 维线性空间,$\varepsilon_1, \varepsilon_2, \cdots, \varepsilon_n$ 和 $\eta_1, \eta_2, \cdots, \eta_n$ 是两组基,且

$$\begin{cases} \eta_1 = t_{11}\varepsilon_1 + t_{21}\varepsilon_2 + \cdots + t_{n1}\varepsilon_n \\ \eta_2 = t_{12}\varepsilon_1 + t_{22}\varepsilon_2 + \cdots + t_{n2}\varepsilon_n \\ \cdots\cdots\cdots\cdots\cdots\cdots\cdots\cdots\cdots\cdots\cdots \\ \eta_n = t_{1n}\varepsilon_1 + t_{2n}\varepsilon_2 + \cdots + t_{nn}\varepsilon_n \end{cases}$$

将其写成矩阵形式

$$(\eta_1, \eta_2, \cdots, \eta_n) = (\varepsilon_1, \varepsilon_2, \cdots, \varepsilon_n)\begin{bmatrix} t_{11} & t_{12} & \cdots & t_{1n} \\ t_{21} & t_{22} & \cdots & t_{2n} \\ \vdots & \vdots & & \vdots \\ t_{n1} & t_{n2} & \cdots & t_{nn} \end{bmatrix}$$

定义 1 称上述矩阵

$$T = \begin{bmatrix} t_{11} & t_{12} & \cdots & t_{1n} \\ t_{21} & t_{22} & \cdots & t_{2n} \\ \vdots & \vdots & & \vdots \\ t_{n1} & t_{n2} & \cdots & t_{nn} \end{bmatrix}$$

为从 $\varepsilon_1, \varepsilon_2, \cdots, \varepsilon_n$ 到 $\eta_1, \eta_2, \cdots, \eta_n$ 的**过渡矩阵**.

命题 1 设在 n 维线性空间 V 中给定一组基 $\varepsilon_1, \varepsilon_2, \cdots, \varepsilon_n$,$T$ 是 F 上一 n 阶方阵.命
$$(\eta_1, \eta_2, \cdots, \eta_n) = (\varepsilon_1, \varepsilon_2, \cdots, \varepsilon_n)T$$
则 $\eta_1, \eta_2, \cdots, \eta_n$ 是 V/F 的一组基,当且仅当 T 可逆.

证 设同构映射 σ 将 V 中向量 α 映射为 α 在 $\varepsilon_1, \varepsilon_2, \cdots, \varepsilon_n$ 下的坐标,即
$$\sigma: \alpha = k_1\varepsilon_1 + k_2\varepsilon_2 \cdots + k_n\varepsilon_n \mapsto (k_1, k_2, \cdots, k_n)^T$$
必要性.若 $\eta_1, \eta_2, \cdots, \eta_n$ 是线性空间 V/F 的一组基,设若
$$k_1\sigma(\eta_1) + k_2\sigma(\eta_2) + \cdots + k_n\sigma(\eta_n) = 0, k_i \in F, (i = 1, 2, \cdots, n)$$
则由同构映射性质有 $\sigma(k_1\eta_1 + k_2\eta_2 + \cdots + k_n\eta_n) = 0$,所以 $k_1\eta_1 + k_2\eta_2 + \cdots + k_n\eta_n = 0$.由于 $\eta_1, \eta_2, \cdots, \eta_n$ 是一组基,因此 $k_1 = k_2 = \cdots = k_n = 0$,说明 $\sigma(\eta_1), \sigma(\eta_2), \cdots, \sigma(\eta_n)$ 线性无关.因此矩阵 $T = (\sigma(\eta_1), \sigma(\eta_2), \cdots, \sigma(\eta_n))$ 可逆.

充分性.要由 T 可逆推出 $\eta_1, \eta_2, \cdots, \eta_n$ 是一组基.设若

$$k_1\eta_1 + k_2\eta_2 + \cdots + k_n\eta_n = 0, k_i \in K, (i = 1, 2, \cdots, n)$$

上式两边用 σ 作用,得到

$$k_1\sigma(\eta_1) + k_2\sigma(\eta_2) + \cdots + k_n\sigma(\eta_n) = 0$$

由于 $T = (\sigma(\eta_1), \sigma(\eta_2), \cdots, \sigma(\eta_n))$ 可逆,因此 $k_1 = k_2 = \cdots = k_n = 0$. 这说明 $\eta_1, \eta_2, \cdots, \eta_n$ 线性无关,因此也可作为一组基. 证毕.

向量的坐标变换公式

设 V/F 有两组基为 $\varepsilon_1, \varepsilon_2, \cdots, \varepsilon_n$ 和 $\eta_1, \eta_2, \cdots, \eta_n$,又设 α 在两组基下的坐标分别为 $(x_1, x_2, \cdots, x_n)^{\mathrm{T}}, (y_1, y_2, \cdots, y_n)^{\mathrm{T}}$,即

$$\alpha = (\varepsilon_1, \varepsilon_2, \cdots, \varepsilon_n) \begin{bmatrix} x_1 \\ x_2 \\ \vdots \\ x_n \end{bmatrix} = (\eta_1, \eta_2, \cdots, \eta_n) \begin{bmatrix} y_1 \\ y_2 \\ \vdots \\ y_n \end{bmatrix}$$

现设两组基之间的过渡矩阵为 T,即

$$(\eta_1, \eta_2, \cdots, \eta_n) = (\varepsilon_1, \varepsilon_2, \cdots, \varepsilon_n) T$$

记

$$X = (x_1, x_2, \cdots, x_n)^{\mathrm{T}}, Y = (y_1, y_2, \cdots, y_n)^{\mathrm{T}}$$

则

$$(\varepsilon_1, \varepsilon_2, \cdots, \varepsilon_n)X = (\eta_1, \eta_2, \cdots, \eta_n)Y = [(\varepsilon_1, \varepsilon_2, \cdots, \varepsilon_n)T]Y = (\varepsilon_1, \varepsilon_2, \cdots, \varepsilon_n)(TY)$$

于是,由坐标的唯一性,可以知道 $X = TY$,这就是**坐标变换公式**.

§3.4 实内积空间

定义 1 设 V 是一个实向量空间,如果对于 V 中任意一对向量 α, β,有一个唯一确定的记为 $\langle \alpha, \beta \rangle$ 的实数与它们对应,并且满足如下条件:

1) $\langle \alpha, \beta \rangle = \langle \beta, \alpha \rangle$;

2) $\langle k\alpha + l\beta, \gamma \rangle = k\langle \alpha, \gamma \rangle + l\langle \beta, \gamma \rangle$;

3) $\langle \alpha, \alpha \rangle \geqslant 0$,等号当且仅当 $\alpha = 0$ 时成立,

其中 α, β, γ 是 V 中的任意向量,k, l 为任意实数,那么称 $\langle \alpha, \beta \rangle$ 为向量 α 与 β 的**内积**. 此时称 V 对于这个内积来说是**实内积空间**.

例 1 在 R^n 里,对于任意两个向量 $\alpha = (a_1, a_2, \cdots, a_n), \beta = (b_1, b_2, \cdots, b_n)$,规定

$$\langle \alpha, \beta \rangle = a_1 b_1 + a_2 b_2 + \cdots + a_n b_n$$

容易验证,定义中的条件 1) — 3) 被满足,$\langle \alpha, \beta \rangle$ 是向量 α 与 β 的内积,R^n 对这一内积作成一内积空间.

例 2 $C[a, b]$ 是定义在区间 $[a, b]$ 上一切连续函数作成的向量空间. 对 $C[a, b]$ 的任意两个向量 $f(x), g(x)$,规定

$$\langle f(x), g(x) \rangle = \int_a^b f(x)g(x)\mathrm{d}x$$

由第二篇中定积分的基本性质知,定义 1 中的条件被满足,$\langle f(x), g(x) \rangle$ 是 $f(x)$ 与

$g(x)$ 的内积. $C[a,b]$ 对这一内积作成一个欧氏空间(无穷维).

由内积定义,容易推出如下性质:

对 $\forall \alpha_i,\beta_j \in V, a_i,b_j \in \mathbf{R}, i=1,2,\cdots,r; j=1,2,\cdots,s.$ 有

$$\langle \sum_{i=1}^r a_i\alpha_i, \sum_{j=1}^s b_j\beta_j \rangle = \sum_{i=1}^r \sum_{j=1}^s a_ib_j\langle \alpha_i,\beta_j \rangle$$

内积的应用

定理 1 设 α、β 是欧氏空间中的任两个向量,则有

$$\langle \alpha,\beta \rangle^2 \leqslant \langle \alpha,\alpha \rangle\langle \beta,\beta \rangle \tag{3}$$

当且仅当 α 与 β 线性相关时(3)式才取等号.

证 设 α,β 线性相关,那么或者 $\alpha=0$,或者 $\alpha=k\beta$,此时均有

$$\langle \alpha,\beta \rangle^2 = \langle \alpha,\alpha \rangle\langle \beta,\beta \rangle$$

若 α,β 线性无关,则对于任意实数 λ,$\lambda\alpha+\beta \neq 0$.于是

$$\langle \lambda\alpha+\beta,\lambda\alpha+\beta \rangle > 0$$

即有

$$\lambda^2\langle \alpha,\alpha \rangle + 2\lambda\langle \alpha,\beta \rangle + \langle \beta,\beta \rangle > 0$$

由于左端关于 λ 的一元二次函数恒为正,故有判别式

$$\langle \alpha,\beta \rangle^2 - \langle \alpha,\alpha \rangle\langle \beta,\beta \rangle < 0$$

即 $\langle \alpha,\beta \rangle^2 < \langle \alpha,\alpha \rangle\langle \beta,\beta \rangle$.若定义 α 的范数或模长 $|\alpha|=\sqrt{\langle \alpha,\alpha \rangle}$,则上式为

$$\langle \alpha,\beta \rangle^2 < |\alpha|^2 |\beta|^2$$

在例 1 中我们应用定理 1,则(3)表为

$$(a_1b_1+\cdots+a_nb_n)^2 \leqslant (a_1^2+\cdots+a_n^2)(b_1^2+\cdots+b_n^2)$$

此为柯西(Cauchy)**不等式**.

利用内积定义欧氏空间中两个向量的夹角.

定义 2 设 α,β 是欧氏空间 V 的两个非零向量,满足等式

$$\cos\theta = \frac{\langle \alpha,\beta \rangle}{|\alpha||\beta|} \tag{4}$$

的 θ 称为 α 与 β 的夹角.

由(4)式知,$-1 \leqslant \frac{\langle \alpha,\beta \rangle}{|\alpha||\beta|} \leqslant 1$.取 $0 \leqslant \theta \leqslant \pi$,则 θ 是唯一的.规定零向量与任意向量正交.

定义 3 α,β 是欧氏空间两个向量,若 $\langle \alpha,\beta \rangle=0$,则称 α 与 β **正交**.

由模长及正交的定义,我们可得下面的勾股定理

定理 2 若 α 与 β 正交,则 $|\alpha+\beta|^2=|\alpha|^2+|\beta|^2$.

欧氏空间中点可以用向量表示,也可以用向量的范数定义两点之间的距离.

定义 4 $d(\alpha,\beta)=|\alpha-\beta|$.

例 3 三角函数列 $1,\cos x,\sin x,\cdots,\cos nx,\sin nx,\cdots$ 是 $C[a,b]$ 中的一列线性无关向量组,并按例 2 中定义的内积是两两正交的.

傅里叶级数 $\sum_{n=0}^\infty a_n\cos nx + \sum_{n=1}^\infty b_n\sin nx$ 要讨论哪些函数可以表示成这样的三角级数以及

怎样将函数按照三角级数展开.

习题 3

1. 证明：对于任意正整数 $n, 1, x, x^2, \cdots, x^n$ 线性无关.

2. 正实数的全体，记作 R^+，在其中定义加法及乘数运算为
$$a \oplus b = ab, \quad \lambda \circ a = a^\lambda, (\lambda \in \mathbf{R}, a, b \in \mathbf{R}^+)$$
验证 R^+ 对上述加法与乘数运算构成线性空间.

3. 设 $\alpha = (a_1, a_2, \cdots, a_n), \beta = (b_1, b_2, \cdots, b_n)$ 是 R^n 的任意两个向量，规定
$$\langle \alpha, \beta \rangle = a_1 b_1 + 2 a_2 b_2 + \cdots + n a_n b_n$$
证明以上规定确实为一向量内积.

4. 若向量 β 与向量 $\alpha_1, \alpha_2, \cdots, \alpha_n$ 都正交，证明 β 与 $\alpha_1, \alpha_2, \cdots, \alpha_n$ 的任意线性组合也正交，并说明这个结论的几何意义.

5. 在欧氏空间 R^4 中，求向量 α 与 β 的夹角 θ：

(1) $\alpha = (2, 1, 3, 2), \beta = (1, 2, -2, 1)$；

(2) $\alpha = (1, 2, 2, 3), \beta = (3, 1, 5, 1)$.

6. 设 α, β 是欧氏空间的任意两个向量，证明
$$|\alpha + \beta| \leqslant |\alpha| + |\beta|$$
当 α, β 都是非零向量时，在什么情况下可以取等号？

7. 证明：对任意实数 $a_1, a_2, \cdots, a_n$，有不等式
$$\left(\sum_{i=1}^{n} a_i\right)^2 \leqslant n \sum_{i=1}^{n} a_i^2$$

第四章 矩阵的秩与线性方程式组

在第一章中,对于 n 个方程的 n 元线性方程组,我们已经给出了求解的克拉姆法则.本章则要讨论更加广泛的情形,即要讨论 m 个方程的 n 元线性方程组.我们关心:它是否有解?有多少解?怎样求解?我们将以矩阵为工具来研究这些问题.

§4.1 矩阵的初等变换

矩阵初等变换的引入与求解线性方程组大有关系,当用消元法解线性方程组的时候,我们本质上一直在做矩阵行初等变换,这个方法早在《九章算术》中就有.

定义 1 下面的三种变换称为矩阵的**初等行变换**:

(1) 互换两行的位置;

(2) 用一个非零数乘某一行;

(3) 把一行的倍数加到另一行上.

把定义中的"行"换成"列",就得到矩阵的初等列变换的定义.矩阵的初等行变换和初等列变换统称为矩阵的初等变换.如果矩阵 A 经有限次初等换变成矩阵 B,则称矩阵 A 与 B **等价**,记作 $A \sim B$.

矩阵之间的等价关系具有下述性质:

(1) **自反性**:$A \sim A$;

(2) **对称性**:若 $A \sim B$,则 $B \sim A$;

(3) **传递性**:若 $A \sim B,B \sim C$,则 $A \sim C$.

利用矩阵的初等变换可以将矩阵化简,且化简后的矩阵与原矩阵具有许多相同的性质,这是线性代数中研究矩阵的一种基本方法.

定义 2 满足下列两个条件的矩阵称为**行阶梯阵(或阶梯阵)**:

(1) 零行(元素全为 0 的行)位于矩阵的下方;

(2) 各非零行第一个不为 0 的元素(称首非零元)的列标随行标的增大而严格增大.

首非零元均为 1,其所在列其余元素全为 0 的行阶梯阵称为**行最简形**.

下面的两个矩阵都是阶梯阵:

$$\begin{pmatrix} 2 & 0 & -1 & 1 & -1 \\ 0 & 0 & 1 & 2 & 1 \\ 0 & 0 & 0 & 3 & 1 \\ 0 & 0 & 0 & 0 & 0 \end{pmatrix}, \quad \begin{pmatrix} 1 & 0 & 0 & -1 \\ 0 & 1 & 0 & 2 \\ 0 & 0 & 1 & 2 \end{pmatrix}$$

其中第二个矩阵是行最简形.

任何一个 $m \times n$ 矩阵 $A = (a_{ij})$ 都可经初等行变换化为阶梯阵,其步骤为:第一步,总可假设 A 的第 1 列第一个元素 $a_{11} \neq 0$,否则,若 $a_{11} = 0$ 而第 1 列元素不全为 0,如 $a_{i1} \neq 0$,则互换 $1,i$ 两行;若第一列元素全为 0,则从下一列进行讨论.第二步,将第 1 行的 $-a_{i1}/a_{11}(i = 2,3,\cdots,m)$ 倍依次加到第 $2,3,\cdots,m$ 行,使 a_{11} 下方的元素全化为 0.于是 A 化为

$$\begin{bmatrix} a_{11} & a_{12} & \cdots & a_{1n} \\ 0 & & & \\ \vdots & & A_1 & \\ 0 & & & \end{bmatrix}$$

对 A_1 重复以上步骤,经有限次(至多 $m-1$ 次)重复,A 必可化为阶梯阵.对阶梯阵继续进行初等行变换,则 A 可化为行最简形.

根据行列式的性质,可得如下结论:初等变换不改变方阵行列式的非零性.

例 1 利用初等行变换将矩阵 A 化为阶梯阵和行最简形,其中

$$A = \begin{bmatrix} 0 & 5 & -1 \\ 2 & 1 & 3 \\ 1 & -2 & 1 \end{bmatrix}$$

解 为使解题过程清晰,引进下面记号:互换 i,j 两行记作 $r_i \leftrightarrow r_j$,把第 j 行的 k 倍加到第 i 行记作 $r_i + kr_j$.

$$A \overset{r_1 \leftrightarrow r_3}{\sim} \begin{bmatrix} 1 & -2 & 1 \\ 2 & 1 & 3 \\ 0 & 5 & -1 \end{bmatrix} \overset{r_2-2r_1}{\sim} \begin{bmatrix} 1 & -2 & 1 \\ 0 & 5 & 1 \\ 0 & 5 & -1 \end{bmatrix} \overset{r_3-r_2}{\sim} \begin{bmatrix} 1 & -2 & 1 \\ 0 & 5 & 1 \\ 0 & 0 & -2 \end{bmatrix}$$

$$\overset{r_3 \times (-\frac{1}{2})}{\underset{r_1-r_3}{\overset{r_2-r_3}{\sim}}} \begin{bmatrix} 1 & -2 & 0 \\ 0 & 5 & 0 \\ 0 & 0 & 1 \end{bmatrix} \overset{r_2 \times \frac{1}{5}}{\underset{r_1+2r_2}{\sim}} \begin{bmatrix} 1 & 0 & 0 \\ 0 & 1 & 0 \\ 0 & 0 & 1 \end{bmatrix}$$

其中标有阶梯记号的那个矩阵已是阶梯阵,最后一个矩阵是行最简形.

熟练掌握用初等行变换将矩阵化为阶梯阵的方法,对后面的许多问题都很有用.

定义 3 单位矩阵经一次初等变换得到的方阵称为**初等方阵**.

三种初等变换对应三种初等方阵:

(1) I 互换 i,j 两行(列)得到的初等方阵记作 $I(i,j)$;

(2) 数 $k(k \neq 0)$ 乘 I 的第 i 行(列)得到的初等方阵记作 $I(i(k))$;

(3) 将 I 的第 j 行 k 倍加到第 i 行(或将 I 的第 i 列的 k 倍加到第 j 列)得到的初等方阵记作 $I(i,j(k))$.

例 2 设 $A = \begin{bmatrix} a_{11} & a_{12} & a_{13} & a_{14} \\ a_{21} & a_{22} & a_{23} & a_{24} \\ a_{31} & a_{32} & a_{33} & a_{34} \end{bmatrix}$,计算上述三个初等方阵与 A 的乘积.

解 $I(1,3)A = \begin{bmatrix} a_{31} & a_{32} & a_{33} & a_{34} \\ a_{21} & a_{22} & a_{23} & a_{24} \\ a_{11} & a_{12} & a_{13} & a_{14} \end{bmatrix}$

$$I(2(-3))A = \begin{bmatrix} a_{11} & a_{12} & a_{13} & a_{14} \\ -3a_{21} & -3a_{22} & -3a_{23} & -3a_{24} \\ a_{31} & a_{32} & a_{33} & a_{34} \end{bmatrix}$$

$$I(2,3(-1))A = \begin{bmatrix} a_{11} & a_{12} & a_{13} & a_{14} \\ a_{21}-a_{31} & a_{22}-a_{32} & a_{23}-a_{33} & a_{24}-a_{34} \\ a_{31} & a_{32} & a_{33} & a_{34} \end{bmatrix}$$

计算结果表明:用一个初等方阵左乘 A 相当于对 A 进行了一次相应的初等行变换.不难验证,用一个初等方阵右乘 A 相当于对 A 进行了一次相应的初等列变换.把此结论推广到一般情形,就得到下面的定理.

定理 1 设 A 是一个 $m \times n$ 矩阵.对 A 进行一次初等行变换,相当于在 A 的左边乘以相应的 m 阶初等方阵;对 A 进行一次初等列变换,相当于在 A 的右边乘以相应的 n 阶初等方阵.

运用初等行变换求逆矩阵

定理 2 任何可逆阵均能经过初等行变换化为单位阵.

对于任意一个 n 阶可逆矩阵 A,经过一系列的初等行变换可以化为单位阵 I,那么用一系列同样的初等行变换作用到单位阵 I 上,就可以把 I 化成 A^{-1}.因此,我们得到用初等行变换求逆矩阵的方法:在矩阵 A 的右边写上一个同阶的单位矩阵 I,构成一个 $n \times 2n$ 矩阵 (A, I),用初等行变换将左半部分的 A 化成单位矩阵 I,与此同时,右半部分的 I 就被化成了 A^{-1}.即

$$(A, \ I) \xrightarrow{\text{初等行变换}} (I, A^{-1})$$

例 1 设矩阵 $A = \begin{bmatrix} 1 & -1 & 1 \\ 1 & 1 & 3 \\ 2 & -3 & 2 \end{bmatrix}$,求逆矩阵 A^{-1}.

解 因为

$$[A, \ I] = \begin{bmatrix} 1 & -1 & 1 & 1 & 0 & 0 \\ 1 & 1 & 3 & 0 & 1 & 0 \\ 2 & -3 & 2 & 0 & 0 & 1 \end{bmatrix} \xrightarrow[\textcircled{3}+\textcircled{1}(-2)]{\textcircled{2}+\textcircled{1}(-1)} \begin{bmatrix} 1 & -1 & 1 & 1 & 0 & 0 \\ 0 & 2 & 2 & -1 & 1 & 0 \\ 0 & -1 & 0 & -2 & 0 & 1 \end{bmatrix}$$

$$\xrightarrow[\textcircled{3}+\textcircled{2}]{\textcircled{2}(1/2)} \begin{bmatrix} 1 & -1 & 1 & 1 & 0 & 0 \\ 0 & 1 & 1 & -\frac{1}{2} & \frac{1}{2} & 0 \\ 0 & 0 & 1 & -\frac{5}{2} & \frac{1}{2} & 1 \end{bmatrix} \longrightarrow \begin{bmatrix} 1 & -1 & 0 & \frac{7}{2} & -\frac{1}{2} & -1 \\ 0 & 1 & 0 & 2 & 0 & -1 \\ 0 & 0 & 1 & -\frac{5}{2} & \frac{1}{2} & 1 \end{bmatrix}$$

$$\longrightarrow \begin{bmatrix} 1 & 0 & 0 & \frac{11}{2} & -\frac{1}{2} & -2 \\ 0 & 1 & 0 & 2 & 0 & -1 \\ 0 & 0 & 1 & -\frac{5}{2} & \frac{1}{2} & 1 \end{bmatrix}$$

所以

$$A^{-1} = \begin{pmatrix} \dfrac{11}{2} & -\dfrac{1}{2} & -2 \\ 2 & 0 & -1 \\ -\dfrac{5}{2} & \dfrac{1}{2} & 1 \end{pmatrix}$$

§4.2　矩阵的秩

矩阵的秩是矩阵理论中最重要的概念之一,矩阵的许多重要性质可以用它的秩来反映,在定义矩阵的秩之前,先引进矩阵的子式的概念.

定义 1　设 A 是 $m \times n$ 矩阵,在 A 中任取 k 行和 k 列 $(k \leqslant m, k \leqslant n)$,位于这 k 行 k 列交叉处的 k^2 个元素(保持它们在 A 中的相对位置不变)组成的 k 阶行列式,称为矩阵 A 的 k 阶子式.

显然,$m \times n$ 矩阵的 k 阶子式有 $C_m^k C_n^k$ 个.

定义 2　矩阵 A 中不为 0 的子式的最高阶数,称为矩阵 A 的秩,记作 $r(A)$,并规定零矩阵的秩为 0.

由定义易知,矩阵的秩有下列性质

设 A 是 $m \times n$ 矩阵,则 $r(A) \leqslant \min\{m, n\}$.特别地,$n$ 阶方阵 A 的秩 $r(A) \leqslant n$.

若 n 阶方阵 A 的秩 $r(A) = n$,则称 A 为**满秩矩阵**,否则,称 A 为**降秩矩阵**.容易证明:A 为满秩矩阵的充要条件是 $|A| \neq 0$.A 的转置矩阵的秩等于 A 的秩,即 $r(A^{\mathrm{T}}) = r(A)$.

秩的计算

定理 1　矩阵 A 的秩 $r(A) = r$ 的充分必要条件是:A 中有一个 r 阶子式不为 0,而所有的 $r+1$ 阶子式(如果有的话)全为 0.

证　必要性是显然的,下面证明充分性.设 A 中有一个 r 阶子式不为 0,而所有 $r+1$ 阶子式全为 0.如果 A 中没有更高阶的子式,则由秩的定义,得 $r(A) = r$;如果 A 中还有更高阶的子式,由于 A 的 $r+2$ 阶子式的余子式都是 A 的 $r+1$ 阶子式,故它们必都为 0,类似可证 A 的高阶子式全为 0.所以,$r(A) = r$.

例 1　求下列矩阵的秩:

$$(1) A = \begin{pmatrix} 1 & -1 & 2 & 0 \\ 2 & 1 & 0 & 1 \\ 0 & -3 & 4 & -1 \end{pmatrix}; \quad (2) A = \begin{pmatrix} 2 & -1 & 3 & 0 & 1 \\ 0 & 3 & 1 & -1 & 2 \\ 0 & 0 & 0 & -2 & 4 \\ 0 & 0 & 0 & 0 & 0 \end{pmatrix}$$

解　(1) A 中有一个 2 阶子式 $\begin{vmatrix} 1 & -1 \\ 2 & 1 \end{vmatrix} = 3 \neq 0$,经计算,$A$ 的四个 3 阶子式全为 0.根据定理 1,$r(A) = 2$;

(2) A 是阶梯阵.它的所有首非零元所在行、列交叉处元素组成的 3 阶子式

$$\begin{vmatrix} 2 & -1 & 0 \\ 0 & 3 & -1 \\ 0 & 0 & -2 \end{vmatrix} = -12 \neq 0$$

而任何一个 4 阶子式中至少有一个零行,故必为 0,根据定理 1,$r(A) = 3$.

当矩阵的行数、列数都较大时,直接用定义或定理 1 求它的秩是很困难的. 但对于阶梯阵,不用计算,就可以读出它的秩,因为仿例 1 中(2)的方法,可以证明如下结论:

定理 2 阶梯阵的秩等于它的非零行数.

定理 2 实际上告诉我们,可利用初等变换将矩阵化为阶梯阵来求矩阵的秩. 由于初等变换不改变行列式的是零或非零性质,故又有

定理 3 若矩阵 A 经初等变换化为 B,即 $A \sim B$,则 $r(A) = r(B)$.

用初等变换求矩阵的秩的步骤:

(1) 用初等行变换(也可以用列变换)将 A 化为阶梯阵 U;

(2)$r(A) = r(U) = U$ 的非零行数.

例 2 求下列矩阵的秩:

$$A = \begin{pmatrix} 2 & 1 & -3 & 4 \\ 1 & -2 & 0 & 1 \\ 4 & 7 & -9 & 10 \\ 0 & 5 & -3 & 2 \end{pmatrix}$$

解 用初等行变换将 A 化为阶梯阵 U:

$$A \overset{r_1 \leftrightarrow r_2}{\sim} \begin{pmatrix} 2 & -2 & 0 & 1 \\ 1 & 1 & -3 & 4 \\ 4 & 7 & -9 & 10 \\ 0 & 5 & -3 & 2 \end{pmatrix} \overset{r_2 - 2r_1}{\underset{r_3 - 4r_1}{\sim}} \begin{pmatrix} 1 & -2 & 0 & 1 \\ 0 & 5 & -3 & 2 \\ 0 & 15 & -9 & 6 \\ 0 & 5 & -3 & 2 \end{pmatrix} \overset{r_3 - 3r_2}{\underset{r_4 - r_2}{\sim}} \begin{pmatrix} 1 & -2 & 0 & 1 \\ 0 & 5 & -3 & 2 \\ 0 & 0 & 0 & 0 \\ 0 & 0 & 0 & 0 \end{pmatrix} = U$$

故 $r(A) = r(U) = 2$.

§4.3 线性方程组的解

本节利用矩阵讨论线性方程组. 由第 1 章知,线性方程组

$$\begin{cases} a_{11}x_1 + a_{12}x_2 + \cdots + a_{1n}x_n = b_1 \\ a_{21}x_1 + a_{22}x_2 + \cdots + a_{2n}x_n = b_2 \\ \cdots\cdots\cdots\cdots \\ a_{m1}x_1 + a_{m2}x_2 + \cdots + a_{mn}x_n = b_m \end{cases} \tag{1}$$

可以写成矩阵形式

$$Ax = b \tag{2}$$

其中 A, x, b 分别为方程组(1)的系数矩阵,未知量向量和常数项向量. 对于一般的线性方程组,所谓方程组(1)的一个解是指由 n 个数 $k_1, k_2, \cdots, k_n$ 组成的一个有序数组,分别代入 $x_1, x_2, \cdots, x_n$ 后,(1)成立. 方程组的解全体称为它的**解集**. 如果两个方程组具有相同的解集,则称它们是**同解**的方程组. (2)式中,若 $b = 0$,则称线性方程组 $Ax = 0$ 为**齐次**的;若 $b \neq 0$,则称线性方程组 $Ax = b$ 为**非齐次**的. 为叙述问题方便起见,我们把含有 m 个方程 n 个未知量的线性方程组称 $m \times n$ 的方程组. 若线性方程组有解,则称它是**相容**的,否则称它是**不相容**的(或矛盾的). 满足方程组(2)的向量 x 称为它的**解向量**,也称为它的解.

线性方程组(1)的系数和常项组成的矩阵

$$(A\quad b)=\begin{bmatrix} a_{11} & a_{12} & \cdots & a_{1n} & b_1 \\ a_{21} & a_{22} & \cdots & a_{2n} & b_2 \\ \vdots & \vdots & & \vdots & \vdots \\ a_{m1} & a_{m2} & \cdots & a_{mn} & b_m \end{bmatrix}$$

称为它的**增广矩阵**,显然,线性方程组和它的增广矩阵是一一对应的,因此,我们可以用增广矩阵表示线性方程组.若增广矩阵为阶梯阵,则称它所对应的方程组为阶梯形方程组,阶梯形方程组是很容易求解的.因此我们总将线性方程组化为阶梯形方程组求解,**消元法**就是这样一种求解线性方程组的方法.消元法是解线性方程组的最基本最实用的方法,从矩阵的角度看,消元法的实质是利用初等行变换将方程组的增广矩阵$(A\ b)$化为阶梯阵,从而将方程组化为与它同解的阶梯形方程组.不难证明以下结论

定理 1　若线性方程组 $Ax=b$ 的增广矩阵$(A\ b)$经初等行变换化为$(U\ d)$,则它与方程组 $Ux=d$ 是同解的.

齐次线性方程组的解具有如下性质

性质 1　若 α_1,α_2 是 $Ax=0$ 的解,则 $\alpha_1+\alpha_2$ 也是 $Ax=0$ 的解.

性质 2　若 α 是 $Ax=0$ 的解,k 是一个数,则 $k\alpha$ 也是 $Ax=0$ 的解.

由性质1、2知道 $Ax=0$ 的解的全体 W 构成了 R^n 的子空间,称为**解空间**.现在我们探讨解空间 W 的维数与基.

设齐次线性方程组 $Ax=0$ 的系数矩阵 A 经初等行变换化为阶梯阵(或行最简形)U,U 中每行首非零元对应的未知量称为**基本未知量**,其余未知量称为**自由未知量**,显然,基本未知量的个数为 $r(A)$,自由未知量的个数为 $n-r(A)$,其中 n 为方程组中未知量的个数.称 η_1,$\eta_2,\cdots,\eta_t$ 为齐次线性方程组 $Ax=0$ 的**基础解系**,如果

(1)$\eta_1,\eta_2,\cdots,\eta_t$ 是 $Ax=0$ 的一组线性无关的解向量;

(2)$Ax=0$ 的任意一个解由 $\eta_1,\eta_2,\cdots,\eta_t$ 线性表出.

此时,$Ax=0$ 的通解表示为

$x=k_1\eta_1+k_2\eta_2+\cdots+k_t\eta_t$.

不妨设 A 的前 r 个列向量线性无关.于是 A 经过一系列初等行变换化为

$$A\sim\begin{bmatrix} 1 & \cdots & 0 & c_{11} & \cdots & c_{1,n-r} \\ \vdots & \vdots & \vdots & \vdots & \vdots & \vdots \\ 0 & \cdots & 1 & c_{r1} & \cdots & c_{r,n-r} \\ 0 & \cdots & \cdots & \cdots & \cdots & 0 \\ \vdots & \vdots & \vdots & \vdots & & \vdots \\ 0 & \cdots & \cdots & \cdots & \cdots & 0 \end{bmatrix}$$

这样 $Ax=0$ 同解于

$$\begin{pmatrix} 1 & \cdots & 0 & c_{11} & \cdots & c_{1,n-r} \\ \vdots & \vdots & \vdots & \vdots & \vdots & \vdots \\ 0 & \cdots & 1 & c_{r1} & \cdots & c_{r,n-r} \\ 0 & \cdots & \cdots & \cdots & \cdots & 0 \\ \vdots & \vdots & \vdots & \vdots & \vdots & \vdots \\ 0 & \cdots & \cdots & \cdots & \cdots & 0 \end{pmatrix} \begin{pmatrix} x_1 \\ \vdots \\ x_r \\ x_{r+1} \\ \vdots \\ x_n \end{pmatrix} = 0$$

即

$$\begin{cases} x_1 = -c_{11}x_{r+1} - \cdots - c_{1,n-r}x_n \\ \cdots\cdots\cdots\cdots\cdots\cdots\cdots\cdots \\ x_r = -c_{r1}x_{r+1} - \cdots - c_{r,n-r}x_n \end{cases}$$

可见右边 $n-r$ 个未知量 $x_{r+1}, \cdots, x_n$ 可以自由取值,为自由未知量,而左边未知量由 $x_{r+1}, \cdots,$ x_n 唯一决定.现令 $x_{r+1} = t_1, \cdots, x_n = t_{n-r}$,并将解写成向量形式有

$$\begin{pmatrix} x_1 \\ x_2 \\ \vdots \\ x_r \\ x_{r+1} \\ x_{r+2} \\ \vdots \\ x_n \end{pmatrix} = t_1 \begin{pmatrix} -c_{1,r+1} \\ -c_{2,r+1} \\ \vdots \\ -c_{r,r+1} \\ 1 \\ 0 \\ \vdots \\ 0 \end{pmatrix} + t_2 \begin{pmatrix} -c_{1,r+2} \\ -c_{2,r+2} \\ \vdots \\ -c_{r,r+2} \\ 0 \\ 1 \\ \vdots \\ 0 \end{pmatrix} + \cdots + t_{n-r} \begin{pmatrix} -c_{1n} \\ -c_{2n} \\ \vdots \\ -c_{rn} \\ 0 \\ 0 \\ \vdots \\ 1 \end{pmatrix}$$

其中 $t_1, \cdots, t_{n-r}$ 为任意常数.分别记上式右端的 $n-r$ 个向量为 $\eta_1, \eta_2, \cdots, \eta_{n-r}$,则它们构成了基础解系.

首先,易见 $\eta_1, \eta_2, \cdots, \eta_{n-r}$ 线性无关.

其次,设 $\xi = (\lambda_1, \cdots, \lambda_r, \lambda_{r+1}, \cdots, \lambda_n)^{\mathrm{T}}$ 是上述方程组的任意一个解,则

$$\eta = \lambda_{r+1}\eta_1 + \lambda_{r+2}\eta_2 + \cdots + \lambda_n\eta_{n-r}$$

也是方程组的一个解.下面证明 $\xi = \eta$.因为

$$\eta = \lambda_{r+1} \begin{pmatrix} -c_{11} \\ \vdots \\ -c_{r1} \\ 1 \\ 0 \\ \vdots \\ 0 \end{pmatrix} + \lambda_{r+2} \begin{pmatrix} -c_{12} \\ \vdots \\ -c_{r2} \\ 0 \\ 1 \\ \vdots \\ 0 \end{pmatrix} + \cdots + \lambda_n \begin{pmatrix} -c_{1,n-r} \\ \vdots \\ -c_{r,n-r} \\ 0 \\ 0 \\ \vdots \\ 1 \end{pmatrix} = \begin{pmatrix} c_1 \\ \vdots \\ c_r \\ \lambda_{r+1} \\ \lambda_{r+2} \\ \vdots \\ \lambda_n \end{pmatrix}$$

比较 ξ 与 η,它们最后的 $n-r$ 个分量相等,因此也决定了前面 r 个分量相等,故 $\xi = \eta$.

齐次线性方程组的通解为

$$\eta = t_1\eta_1 + t_2\eta_2 + \cdots + t_{n-r}\eta_{n-r}.$$

由以上讨论我们有

定理 2 n 元齐次线性方程组 $Ax = 0$ 有非零解的充分必要条件是 $r(A) < n$;它只有零

解的充分必要条件是 $r(A) = n$.

推论 1　$n \times n$ 齐次线性方程组 $Ax = 0$ 有非零解的充分必要条件是 $|A| = 0$；它只有零解的充分必要条件是 $|A| \neq 0$.

推论 2　如果 $m \times n$ 齐次线性方程组 $Ax = 0$ 所含方程的个数小于未知量的个数，即 $m < n$，则它有非零解.

例 1　解齐次线性方程组

$$\begin{cases} x_1 - x_2 + x_3 = 0 \\ 3x_1 - 2x_2 - x_3 = 0 \\ 3x_1 - x_2 + 5x_3 = 0 \\ -2x_1 + 2x_2 + 3x_3 = 0 \end{cases}$$

解　齐次线性方程组的增广矩阵 $(A \quad 0)$ 的最后一列元素全为 0，且在初等行变换过程中保持不变，因此，我们只要把它的系数矩阵化为行最简形：

$$A = \begin{pmatrix} 1 & -1 & 1 \\ 3 & -2 & -1 \\ 3 & -1 & 5 \\ -2 & 2 & 3 \end{pmatrix} \rightarrow \begin{pmatrix} 1 & -1 & 1 \\ 0 & 1 & -4 \\ 0 & 0 & 2 \\ 0 & 0 & 5 \end{pmatrix} \rightarrow \begin{pmatrix} 1 & -1 & 1 \\ 0 & 1 & -4 \\ 0 & 0 & 1 \\ 0 & 0 & 0 \end{pmatrix}$$

$$\rightarrow \begin{pmatrix} 1 & -1 & 0 \\ 0 & 1 & 0 \\ 0 & 0 & 1 \\ 0 & 0 & 0 \end{pmatrix} \rightarrow \begin{pmatrix} 1 & 0 & 0 \\ 0 & 1 & 0 \\ 0 & 0 & 1 \\ 0 & 0 & 0 \end{pmatrix}$$

同解的阶梯形方程组为

$$\begin{cases} x_1 \qquad\quad = 0 \\ \quad\ x_2 \qquad = 0 \\ \qquad\quad x_3 = 0 \end{cases}$$

例 2　解齐次线性方程组

$$\begin{cases} x_1 + x_2 - x_3 - x_4 = 0 \\ 2x_1 + 2x_2 + x_4 = 0 \\ x_1 + x_2 + x_3 + 2x_4 = 0 \end{cases} \tag{3}$$

解　利用初等行变换将方程组的系数矩阵化为行最简形：

$$A = \begin{pmatrix} 1 & 1 & -1 & -1 \\ 2 & 2 & 0 & 1 \\ 1 & 1 & 1 & 2 \end{pmatrix} \begin{array}{c} r_2 - 2r_1 \\ \sim \\ r_3 - r_1 \end{array} \begin{pmatrix} 1 & 1 & -1 & -1 \\ 0 & 0 & 2 & 3 \\ 0 & 0 & 2 & 3 \end{pmatrix}$$

$$\begin{array}{c} r_3 - r_2 \\ \sim \end{array} \begin{pmatrix} 1 & 1 & -1 & -1 \\ 0 & 0 & 2 & 3 \\ 0 & 0 & 0 & 0 \end{pmatrix} \begin{array}{c} r_2 \times \frac{1}{2} \\ \sim \\ r_1 + r_2 \end{array} \begin{pmatrix} 1 & 1 & 0 & \dfrac{1}{2} \\ 0 & 0 & 1 & \dfrac{3}{2} \\ 0 & 0 & 0 & 0 \end{pmatrix}$$

得同解方程组为

$$\begin{cases} x_1 + x_2 + \dfrac{1}{2}x_4 = 0 \\ x_3 + \dfrac{3}{2}x_4 = 0 \end{cases} \tag{4}$$

写成

$$\begin{cases} x_1 = -x_2 - \dfrac{1}{2}x_4 \\ x_3 = \qquad -\dfrac{3}{2}x_4 \end{cases} \tag{5}$$

令 $x_2 = k_1, x_4 = k_2$,得原方程组解为

$$\begin{cases} x_1 = -k_1 - \dfrac{1}{2}k_2 \\ x_2 = k_1 \\ x_3 = -\dfrac{3}{2}k_2 \\ x_4 = k_2 \end{cases} \tag{6}$$

写成向量形式

$$\begin{bmatrix} x_1 \\ x_2 \\ x_3 \\ x_4 \end{bmatrix} = k_1 \begin{bmatrix} -1 \\ 1 \\ 0 \\ 0 \end{bmatrix} + k_2 \begin{bmatrix} -1/2 \\ 0 \\ -3/2 \\ 1 \end{bmatrix} \tag{7}$$

其中 k_1, k_2 为任意常数.

非齐次线性方程组

性质 3   若 β_1, β_2 是 $Ax = b$ 的解,则 $\beta_1 - \beta_2$ 是 $Ax = 0$ 的解.

证   因为 $A\beta_1 = b, A\beta_2 = b$,于是有

$$A(\beta_1 - \beta_2) = A\beta_1 - A\beta_2 = b - b = 0$$

所以 $\beta_1 - \beta_2$ 是 $Ax = 0$ 的解.

定理 3   设 η^* 是 $Ax = b$ 的一个特定解(简称特解),η_0 其对应的齐次方程组 $Ax = 0$ 的通解,则 $Ax = b$ 的通解为 $\eta = \eta_0 + \eta^*$.

证明   由性质 3 即可得出.

例 4   解线性方程组

$$\begin{cases} x_1 + 2x_2 + 3x_3 = 2 \\ 2x_1 - x_2 - x_3 = 1 \\ x_1 - 2x_2 - 2x_3 = -1 \end{cases}$$

解   利用初等行变换将方程组的增广矩阵化为行最简形:

$$(A\ b) = \begin{bmatrix} 1 & 2 & 3 & 2 \\ 2 & -1 & -1 & 1 \\ 1 & -2 & -2 & -1 \end{bmatrix} \overset{\substack{r_2 - 2r_1 \\ \sim \\ r_3 - r_1}}{} \begin{bmatrix} 1 & 2 & 3 & 2 \\ 0 & -5 & -7 & -3 \\ 0 & -4 & -5 & -3 \end{bmatrix}$$

$$\overset{\substack{r_3 - \frac{4}{5}r_2 \\ \sim}}{} \begin{bmatrix} 1 & 2 & 3 & 2 \\ 0 & -5 & -7 & -3 \\ 0 & 0 & 3/5 & -3/5 \end{bmatrix} \overset{\substack{r_3 \times \frac{5}{3} \\ \sim \\ r_2 + 7r_3, r_1 - 3r_3}}{} \begin{bmatrix} 1 & 2 & 0 & 5 \\ 0 & -5 & 0 & -10 \\ 0 & 0 & 1 & -1 \end{bmatrix} \overset{\substack{r_2 \times (-\frac{1}{5}) \\ \sim \\ r_1 - 2r_2}}{} \begin{bmatrix} 1 & 0 & 0 & 1 \\ 0 & 1 & 0 & 2 \\ 0 & 0 & 1 & -1 \end{bmatrix}$$

同解的阶梯形方程组为

$$\begin{cases} x_1 & = 1 \\ x_2 & = 2 \\ x_3 & = 1 \end{cases}$$

所以原方程组的解为 $x_1 = 1, x_2 = 2, x_3 = -1$.

例 5　解线性方程组

$$\begin{cases} x_1 + x_2 - x_3 - x_4 = 1 \\ 2x_1 + 2x_2 + x_4 = 2 \\ x_1 + x_2 + x_3 + 2x_4 = 1 \end{cases}$$

解　对增广矩阵作初等行变换：

$$(A\,b) = \begin{pmatrix} 1 & 1 & -1 & -1 & 1 \\ 2 & 2 & 0 & 1 & 2 \\ 1 & 1 & 1 & 2 & 1 \end{pmatrix} \overset{r_2 - 2r_1}{\underset{r_3 - r_1}{\sim}} \begin{pmatrix} 1 & 1 & -1 & -1 & 1 \\ 0 & 0 & 2 & 3 & 0 \\ 0 & 0 & 2 & 3 & 0 \end{pmatrix}$$

$$\overset{r_3 - r_2}{\sim} \begin{pmatrix} 1 & 1 & -1 & -1 & 1 \\ 0 & 0 & 2 & 3 & 0 \\ 0 & 0 & 0 & 0 & 0 \end{pmatrix} \overset{r_3 \times \frac{1}{2}}{\underset{r_1 + r_2}{\sim}} \begin{pmatrix} 1 & 1 & 0 & \frac{1}{2} & 1 \\ 0 & 0 & 1 & \frac{3}{2} & 0 \\ 0 & 0 & 0 & 0 & 0 \end{pmatrix} = (U\,d)$$

得同解方程组

$$\begin{cases} x_1 + x_2 + \dfrac{1}{2}x_4 = 1, \\ x_3 + \dfrac{3}{2}x_4 = 0, \end{cases} \qquad 或 \qquad \begin{cases} x_1 = 1 - x_2 - \dfrac{1}{2}x_4, \\ x_3 = \quad\quad -\dfrac{3}{2}x_4, \end{cases}$$

令 $x_2 = k_1, x_4 = k_2$, 得原方程组的解

$$\begin{cases} x_1 = 1 - k_1 - \dfrac{1}{2}k_2 \\ x_2 = \quad k_1 \\ x_3 = \quad\quad\quad -\dfrac{3}{2}k_2 \\ x_4 = \quad\quad\quad\quad k_2 \end{cases}$$

或　$\begin{pmatrix} x_1 \\ x_2 \\ x_3 \\ x_4 \end{pmatrix} = \begin{pmatrix} 1 \\ 0 \\ 0 \\ 0 \end{pmatrix} + k_1 \begin{pmatrix} -1 \\ 1 \\ 0 \\ 0 \end{pmatrix} + k_2 \begin{pmatrix} -1/2 \\ 0 \\ -3/2 \\ 1 \end{pmatrix}$

其中 k_1, k_2 为任意常数. 当 k_1, k_2 都取 0 时, 得特解 $(1,0,0,0)^{\mathrm{T}}$.

例 6　解线性方程组

$$\begin{cases} x_1 + 2x_2 + 3x_3 = 2 \\ 2x_1 - x_2 - x_3 = 1 \\ 3x_1 + x_2 + 2x_3 = 0 \end{cases}$$

解 对增广矩阵作初等行变换：

$$(A\ b) = \begin{pmatrix} 1 & 2 & 3 & 2 \\ 2 & -1 & -1 & 1 \\ 3 & 1 & 2 & 0 \end{pmatrix} \underset{r_3 - r_1}{\overset{r_2 - 2r_1}{\sim}} \begin{pmatrix} 1 & 2 & 3 & 2 \\ 0 & -5 & -7 & -3 \\ 0 & -5 & -7 & -6 \end{pmatrix}$$

$$\overset{r_3 - r_2}{\sim} \begin{pmatrix} 1 & 2 & 3 & 2 \\ 0 & -5 & -7 & -3 \\ 0 & 0 & 0 & -3 \end{pmatrix} = (U\ d)$$

阶梯阵 $(U\ d)$ 中最后一个非零行所表示的方程是 $0x_1 + 0x_2 + 0x_3 = -3$，即 $0 = -3$，这是一个矛盾方程，所以原方程组无解.

由上面的例子可以看出，一个线性方程组可能有解，也可能无解；有解时，可能有唯一解，也可能有无穷多解. 方程组 $Ax = b$ 是否有解，取决于它的增广矩阵化成的阶梯阵 $(U\ d)$ 的最后一个非零行，当 $(U\ d)$ 的最后一个非零行仅最后一个元素不为 0 时，该行所表示的方程是矛盾的，方程组 $Ax = b$ 无解；否则，方程组 $Ax = b$ 有解. $(U\ d)$ 的最后一个非零行仅最后一个元素不为 0 等价于 $r(A\ b) = r(A) + 1$，而 $r(A\ b)$ 只可能等于 $r(A)$ 或 $r(A) + 1$. 于是，我们得到下面的

定理 4 线性方程组 $Ax = b$ 有解的充分必要条件是 $r(A\ b) = r(A)$. 若 $r(A\ b) = r(A) < n$，则方程组 $Ax = b$ 有无穷多解.

例 7 当 a 为何值时，线性方程组

$$\begin{cases} 2x_1 - x_2 + x_3 + x_4 = 1, \\ x_1 + 2x_2 - x_3 + 4x_4 = 2, \\ x_1 + 7x_2 - 4x_3 + 11x_4 = a. \end{cases}$$

有解，有解时求出它的解.

解 对增广矩阵作初等行变换

$$(A\ b) = \begin{pmatrix} 2 & -1 & 1 & 1 & 1 \\ 1 & 2 & -1 & 4 & 2 \\ 1 & 7 & -4 & 11 & a \end{pmatrix} \xrightarrow{r_2 \leftrightarrow r_1} \begin{pmatrix} 1 & 2 & -1 & 4 & 2 \\ 2 & -1 & 1 & 1 & 1 \\ 1 & 7 & -4 & 11 & a \end{pmatrix}$$

$$\underset{r_3 - r_1}{\overset{r_2 - r_1}{\longrightarrow}} \begin{pmatrix} 1 & 2 & -1 & 4 & 2 \\ 0 & -5 & 3 & -7 & -3 \\ 0 & 5 & -4 & 7 & a-2 \end{pmatrix}$$

$$\overset{r_3 + r_2}{\longrightarrow} \begin{pmatrix} 1 & 2 & -1 & 4 & 2 \\ 0 & -5 & 3 & -7 & -3 \\ 0 & 0 & 0 & 0 & a-5 \end{pmatrix}$$

当 $a = 5$ 时，$r(A\ b) = r(A) = 2$，方程组有解；当 $a \neq 5$ 时，$r(A\ b) = 3$，方程组无解. 方程组有解时，继续用初等行变换将 $(U\ d)$ 化为行最简形：

$$(U\ d) \xrightarrow[r_1 - 2r_2]{r_2 \times (-\frac{1}{5})} \begin{pmatrix} 1 & 0 & 1/5 & 6/5 & 4/5 \\ 0 & 1 & -3/5 & 7/5 & 3/5 \\ 0 & 0 & 0 & 0 & 0 \end{pmatrix}$$

同解方程组为

$$\begin{cases} x_1 + \dfrac{1}{5}x_3 + \dfrac{6}{5}x_4 = \dfrac{4}{5} \\ \\ x_2 - \dfrac{2}{5}x_3 + \dfrac{7}{5}x_4 = \dfrac{3}{5} \end{cases}$$

令 $x_3 = k_1, x_4 = k_2$，得原方程组的解

$$\begin{cases} x_1 = \dfrac{4}{5} - \dfrac{1}{5}k_1 - \dfrac{6}{5}k_2 \\ \\ x_2 = \dfrac{3}{5} + \dfrac{3}{5}k_1 - \dfrac{7}{5}k_2 \\ \\ x_3 = \qquad\qquad k_1 \\ \\ x_4 = \qquad\qquad\qquad k_2 \end{cases}$$

于是得通解

$$\begin{pmatrix} x_1 \\ x_2 \\ x_3 \\ x_4 \end{pmatrix} = \begin{pmatrix} 45 \\ 35 \\ 0 \\ 0 \end{pmatrix} + k_1 \begin{pmatrix} -15 \\ 35 \\ 1 \\ 0 \end{pmatrix} + k_2 \begin{pmatrix} -6/5 \\ -7/5 \\ 0 \\ 1 \end{pmatrix}$$

其中 k_1, k_2 为任意常数.

应用案例

例 1 配料问题

某调料公司用 7 种成分来制造下表所列的 6 种调味品. 各种调味品每包所需的各种成分的质量以克为单位. 一位顾客不需要购买全部 6 种调味品，只需购买其中一部分，必要时可用它们配制出其余几种调味品. 试问该顾客最少需要购买哪几种的调味品？

解 视 7 种成分为 7 个参数，因此每种调味品可视为 7 维的列向量. 我们要从这 6 个向量中找出一个最大的线性无关组，然后其余的可用线性无关组向量正线性表出（要求表出系数为正数）.

成分＼调味品	A	B	C	D	E	F
辣椒	60	15	45	75	90	90
姜黄	40	40	0	80	10	120
胡椒	20	20	0	40	20	60
大蒜	20	20	0	40	10	60
盐	10	10	0	20	20	30
味精	5	5	0	20	10	15
香油	10	10	0	20	20	30

若记 $A = (\alpha_1, \alpha_2, \alpha_3, \alpha_4, \alpha_5, \alpha_6)$，根据前面理论，只需对矩阵进行初等行变换，因为经过初等行变换不影响线性相关性. 经过一系列初等行变换得

$$
A = \begin{pmatrix}
60 & 15 & 45 & 75 & 90 & 90 \\
40 & 40 & 0 & 80 & 10 & 120 \\
20 & 20 & 0 & 40 & 20 & 60 \\
20 & 20 & 0 & 40 & 10 & 60 \\
10 & 10 & 0 & 20 & 20 & 30 \\
5 & 5 & 0 & 20 & 10 & 15 \\
10 & 10 & 0 & 20 & 10 & 30
\end{pmatrix}
\rightarrow
\begin{pmatrix}
1 & 0 & 1 & 0 & 0 & 1 \\
0 & 1 & -1 & 0 & 0 & 2 \\
0 & 0 & 0 & 1 & 0 & 0 \\
0 & 0 & 0 & 0 & 1 & 0 \\
0 & 0 & 0 & 0 & 0 & 0 \\
0 & 0 & 0 & 0 & 0 & 0 \\
0 & 0 & 0 & 0 & 0 & 0
\end{pmatrix}
$$

由上图易知，$\alpha_1, \alpha_2, \alpha_4, \alpha_5$ 是一组最简单的极大线性无关组. 但是此时，$\alpha_3 = \alpha_1 - \alpha_2$，不符合正线性表出要求，故此我们选 $\alpha_2, \alpha_3, \alpha_4, \alpha_5$ 为线性无关组. 则 $\alpha_1 = \alpha_2 + \alpha_3$，$\alpha_6 = 3\alpha_2 + \alpha_3$. 回到题目原意，顾客可选 B, C, D, E 四种调味品.

例 2 化学方程式配平

$$x_1 KOCN + x_2 KOH + x_3 Cl_2 = x_4 CO_2 + x_5 N_2 + x_6 KCl + x_7 H_2O$$

解 根据配平立出方程式：

$$
\begin{cases}
x_1 + x_2 - x_6 = 0 \\
x_1 + x_2 - 2x_4 - x_7 = 0 \\
x_1 - x_4 = 0 \\
x_1 - 2x_5 = 0 \\
x_2 - 2x_7 = 0 \\
2x_3 - x_6 = 0
\end{cases}
$$
，即
$$
\begin{pmatrix}
1 & 1 & 0 & 0 & 0 & -1 & 0 \\
1 & 1 & 0 & -2 & 0 & 0 & -1 \\
1 & 0 & 0 & -1 & 0 & 0 & 0 \\
1 & 0 & 0 & 0 & -2 & 0 & 0 \\
0 & 1 & 0 & 0 & 0 & 0 & -2 \\
0 & 0 & 2 & 0 & 0 & -1 & 0
\end{pmatrix}
\cdot
\begin{pmatrix}
x_1 \\ x_2 \\ x_3 \\ x_4 \\ x_5 \\ x_6 \\ x_7
\end{pmatrix}
= 0
$$

系数矩阵通过初等行变换，

$$
\begin{pmatrix}
1 & 1 & 0 & 0 & 0 & -1 & 0 \\
1 & 1 & 0 & -2 & 0 & 0 & -1 \\
1 & 0 & 0 & -1 & 0 & 0 & 0 \\
1 & 0 & 0 & 0 & -2 & 0 & 0 \\
0 & 1 & 0 & 0 & 0 & 0 & -2 \\
0 & 0 & 2 & 0 & 0 & -1 & 0
\end{pmatrix}
\rightarrow
\begin{pmatrix}
1 & 0 & 0 & 0 & -2 & 0 & 0 \\
0 & 1 & 0 & 0 & 0 & 0 & -2 \\
0 & 0 & 2 & 0 & 0 & -1 & 0 \\
0 & 0 & 0 & 1 & -2 & 0 & 0 \\
0 & 0 & 0 & 0 & 2 & 0 & -1 \\
0 & 0 & 0 & 0 & 0 & 1 & -3
\end{pmatrix}
$$

$$
\rightarrow
\begin{pmatrix}
1 & 0 & 0 & 0 & 0 & 0 & -1 \\
0 & 1 & 0 & 0 & 0 & 0 & -2 \\
0 & 0 & 2 & 0 & 0 & 0 & -3 \\
0 & 0 & 0 & 1 & 0 & 0 & -1 \\
0 & 0 & 0 & 0 & 2 & 0 & -1 \\
0 & 0 & 0 & 0 & 0 & 1 & -3
\end{pmatrix}
$$

显然方程组有非零解，自由度为 1. 令 $x_7 = t$，则 $(x_1, x_2, x_3, x_4, x_5, x_6, x_7)^{\mathrm{T}} = (t, 2t, \frac{3t}{2}, t, \frac{t}{2}, 3t, t)^{\mathrm{T}}$.

因为化学配平需要正整数解，故令 $x_7 = t = 2$，则解得非零整数解 $(2,4,3,2,1,6,2)^{\mathrm{T}}$．因此，得到化学方程式：

$$2KOCN + 4KOH + 3Cl_2 = 2CO_2 + N_2 + 6KCl + 2H_2O$$

例 3　在工程技术中所遇到的电路，大多数是很复杂的，这些电路是由电器元件按照一定方式互相连接而构成的网络．在电路中，含有元件的导线称为支路，而三条或三条以上的支路的会合点称为节点．电路网络分析，就是求出电路网络种各条支路上的电流和电压．对于这类问题的计算，通常采用基尔霍夫(Kirchhoff) 定律来解决．以右图所示的电路网络部分为例来加以说明．

设各节点的电流如图所示，则由基尔霍夫第一定律（简记为 KCL）（即电路中任一节点处各支路电流之间的关系：在任一节点处，支路电流的代数和在任一瞬时恒为零（通常把流入节点的电流取为负的，流出节点的电流取为正的）．该定律也称为节点电流定律），因此

节点 $A: i_1 + i_4 - i_6 = 0$；节点 $B: i_2 + i_4 - i_5 = 0$；

节点 $C: i_3 + i_6 - i_5 = 0$；节点 $D: i_1 + i_3 - i_2 = 0$．

于是求各个支路的电流就归结为下面齐次线性方程组的求解

$$\begin{cases} i_1 & + i_4 & - i_6 = 0 \\ & i_2 & + i_4 - i_5 & = 0 \\ & & i_3 & - i_5 + i_6 = 0 \\ i_1 - i_2 + i_3 & & = 0 \end{cases}$$

解得

$$\begin{pmatrix} i_1 \\ i_2 \\ i_3 \\ i_4 \\ i_5 \\ i_6 \end{pmatrix} = k_1 \begin{pmatrix} 1 \\ 1 \\ 0 \\ -1 \\ 0 \\ 0 \end{pmatrix} + k_2 \begin{pmatrix} 0 \\ 1 \\ 1 \\ 0 \\ 1 \\ 0 \end{pmatrix} + k_3 \begin{pmatrix} 1 \\ 0 \\ -1 \\ 0 \\ 0 \\ 1 \end{pmatrix}$$

习题 4

1. 求下列矩阵的秩：

$$(1) A = \begin{pmatrix} 2 & 0 & 3 & 1 & 4 \\ 3 & -5 & 4 & 2 & 7 \\ 1 & 5 & 2 & 0 & 1 \end{pmatrix} \qquad (2) A = \begin{pmatrix} 1 & a & a & a \\ a & 1 & a & a \\ a & a & 1 & a \\ a & a & a & 1 \end{pmatrix}$$

2. 求下列矩阵的逆矩阵

$(1) A = \begin{pmatrix} 1 & 2 & 3 \\ 2 & 2 & 1 \\ 3 & 4 & 3 \end{pmatrix}$
$\qquad$
$(2) A = \begin{pmatrix} 2 & 2 & 3 \\ 1 & -1 & 0 \\ -1 & 2 & 1 \end{pmatrix}$

$(3) A = \begin{pmatrix} 2 & 0 & 1 \\ 2 & -1 & 2 \\ 3 & 2 & 1 \end{pmatrix}$
$\qquad$
$(4) A = \begin{pmatrix} 0 & 0 & 1 \\ 4 & 3 & 2 \\ 3 & 2 & -1 \end{pmatrix}$

$(5) A = \begin{pmatrix} 1 & 1 & 1 & 1 \\ 1 & -1 & 1 & -1 \\ 1 & -1 & -1 & 1 \\ 1 & 1 & -1 & -1 \end{pmatrix}$
$\qquad$
$(6) A = \begin{pmatrix} 1 & 2 & 3 & 4 \\ 2 & 3 & 4 & 3 \\ 3 & 4 & 3 & 2 \\ 4 & 3 & 2 & 1 \end{pmatrix}$

3. 求下列矩阵方程中 X：

$(1) \begin{pmatrix} 2 & 0 & 1 \\ 2 & -1 & 2 \\ 3 & 2 & 1 \end{pmatrix} X = \begin{pmatrix} 0 & 0 & 1 \\ 4 & 3 & 2 \\ 3 & 2 & -1 \end{pmatrix}$
$\qquad$
$(2) \begin{pmatrix} 0 & 0 & 1 \\ 4 & 3 & 2 \\ 3 & 2 & -1 \end{pmatrix} X = \begin{pmatrix} 2 & 0 & 1 \\ 2 & -1 & 2 \\ 3 & 2 & 1 \end{pmatrix}$

4. 求解下列线性方程组：

$(1) \begin{cases} x_1 + 2x_2 + 3x_3 + x_4 = 0 \\ 2x_1 + x_2 - 2x_3 - 2x_4 = 0 \\ x_1 - x_2 - 4x_3 - 3x_4 = 0 \end{cases}$
$\qquad$
$(2) \begin{cases} x_1 - 2x_2 + 3_3 - x_4 = 1 \\ 3x_1 - x_2 + 5x_3 - 3x_4 = 2 \\ 2x_1 + x_2 + 2x_3 - 2x_4 = 3 \end{cases}$

$(3) \begin{cases} x_1 + x_2 + x_3 + 4x_4 - 3x_5 = 0 \\ 2x_1 + x_2 + 3x_3 + 5x_4 - 5x_5 = 0 \\ x_1 - x_2 + 3x_3 - 2x_4 - x_5 = 0 \\ 3x_1 + x_2 + 5x_3 + 6x_4 - 7x_5 = 0 \end{cases}$
$\qquad$
$(4) \begin{cases} x_1 + x_2 + x_3 + x_4 + x_5 = 7 \\ 3x_1 + x_2 + 2x_3 + x_4 - 3x_5 = -2 \\ 2x_2 + x_3 + 2x_4 + 6x_5 = 23 \\ 8x_1 + 3x_2 + 4x_3 + 3x_4 - x_5 = 12 \end{cases}$

5. 设有线性方程组

$$\begin{cases} (1+\lambda)x_1 + x_2 + x_3 = 0 \\ x_1 + (1+\lambda)x_2 + x_3 = 3 \\ x_1 + x_2 + (1+\lambda)x_3 = \lambda \end{cases}$$

问 λ 取何值时，此方程组(1)有唯一解；(2)无解；(3)有无穷多解？并在有无穷多解时求其通解.

6. 一个混凝土生产企业的设备生产三种基本类型的混凝土，它们的配方如下：

型号 成分	超强型 A	通用型 B	长寿型 C
水泥	20	18	12
水	10	10	10
沙	20	25	15
石	10	5	15
灰	0	2	8

(1) 假如某客户要求混凝土的五种成分为 $16, 10, 21, 9, 4$，试问上述三种类型应各占多

少比例?

（2）假如客户要求混凝土的五种成分为 $16,10,19,9,4$,问还可以用上述三种类型配制成吗?

7. 要配一种酒,其主要成分 $C_1:66.5\%$,$C_2:19.5\%$,$C_3:14\%$. 现有三种其他的酒,其中含量见下图,问能否配出所要的酒?配方比例为多少?

$$
\begin{array}{cccc}
 & C_1 & C_2 & C_3 \\
\text{酒 1} & \begin{bmatrix} 0.7 & 0.2 & 0.1 \\ 0.6 & 0.2 & 0.2 \\ 0.65 & 0.15 & 0.2 \end{bmatrix} \\
\text{酒 2} & & & \\
\text{酒 3} & & &
\end{array}
$$

8. 已知 $f(0)=3,f(1)=0,f(2)=-1,f(3)=6$,试求三次插值 $p(t)=a_0+a_1t+a_2t^2+a_3t^3$,并求 $f(1.5)$ 的近似值.

9. 液态苯在空气中燃烧,化学反应的方程式为:$x_1C_6H_6+x_2O_2=x_3C+x_4H_2O$. 求四个参数.

10. 配平下列化学方程式:

$$x_1PbN_6+x_2C_rM_{n2}O_8=x_3Pb_3O_4+x_4C_{r2}O_3+x_5M_nO_2+x_6NO.$$

11. 证明:$r(A^TA)=r(A)$.

第五章　特征值与特征向量
方阵对角化

在前面几章中，我们都遇到要计算方阵的幂阵 A^n，当幂次很高时一般的计算会繁而难。因此寻求一种方法，当 A 相似于对角阵时，幂阵计算非常方便。称 A 与 B 相似，如果存在可逆矩阵，使得 $P^{-1}AP = B$。那么现在要寻找可逆矩阵 P，使得

$$P^{-1}AP = B = \begin{pmatrix} \lambda_1 & 0 & \cdots & 0 \\ 0 & \lambda_2 & \cdots & 0 \\ \vdots & \vdots & \vdots & \vdots \\ 0 & 0 & 0 & \lambda_n \end{pmatrix} \tag{1}$$

则

$$A^n = PB^nP^{-1} = P \begin{pmatrix} \lambda_1^n & 0 & \cdots & 0 \\ 0 & \lambda_2^n & \cdots & 0 \\ \vdots & \vdots & \vdots & \vdots \\ 0 & 0 & 0 & \lambda_n^n \end{pmatrix} P^{-1}$$

若记 $P = (\xi_1, \xi_2, \cdots, \xi_n)$，则（1）等价于 $A(\xi_1, \xi_2, \cdots, \xi_n) = (\xi_1, \xi_2, \cdots, \xi_n)B$，亦即

$$A\xi_i = \lambda_i\xi_i, i = 1, 2, \cdots, n$$

这样，寻求满足条件 $A\xi = \lambda\xi$ 的 λ 和非零向量 ξ 就显得很重要。为此，需要引进特征值与特征向量概念。

§5.1　特征值与特征向量

定义 1　设 A 是方阵，若对于数 λ，存在非零向量 ξ，满足：

$$A\xi = \lambda\xi \tag{2}$$

则称数 λ 为方阵 A 的一个**特征值**，非零向量 ξ 称为 A 的属于特征值 λ 的一个**特征向量**。

由于（2）式等价于

$$(\lambda I - A)\xi = 0 \tag{3}$$

根据齐次线性方程组求解理论，非零解存在的充分必要条件是

$$|\lambda I - A| = 0 \tag{4}$$

解（4）可得特征值，解（3）可得特征向量。容易知道，对于同一个特征值，特征向量可以有多个，但是对于一个特征向量却只能对应唯一的特征值。记 $f(\lambda) = |\lambda I - A|$，称为 A 的**特征多项式**。

现设 λ 为方阵 A 的一个特征值，那么不难知道以下两个基本事实：

1）若 ξ_1,ξ_2 是 A 的属于特征值 λ 的两个特征向量,则当 $\xi_1+\xi_2\neq 0$ 时,$\xi_1+\xi_2$ 亦为的属于特征值 λ 的特征向量.

2）若 ξ 为 A 的属于特征值 λ 的一个特征向量,则对任意非零数 $k,k\xi$ 亦为 λ 的一特征向量.

这说明特征向量具有线性性质,若将属于特征值 λ 的特征向量全体加上零向量构成一个集合 V_λ,则 V_λ 为一线性空间,要求 λ 的特征向量全体,只需求出 V_λ 的一组基.

总结上述所言,得出求方阵 A 的特征值和特征向量的步骤:

1. 求出特征多项式方程 $|\lambda I-A|=0$ 的全部根,即 A 的全部特征值;

2. 对每个特征值 λ_i,求齐次线性方程组 $(\lambda_i I-A)x=0$ 的一组基础解系 $\xi_1,\xi_2,\cdots,\xi_s$,则 $k_1\xi_1+k_2\xi_2\cdots+k_s\xi_s$ 是 A 的属于特征值 λ_i 的全部特征向量.

例1 求矩阵 $A=\begin{pmatrix}3&4\\5&2\end{pmatrix}$ 的特征值和特征向量.

解 求特征多项式方程的根,

$$|\lambda I-A|=\begin{vmatrix}\lambda-3&-4\\-5&\lambda-2\end{vmatrix}=0$$

得特征值为 $\lambda_1=7,\lambda_2=-2$. 当 $\lambda_1=7$ 时,由

$$\begin{pmatrix}7-3&-4\\-5&7-2\end{pmatrix}\begin{pmatrix}x_1\\x_2\end{pmatrix}=\begin{pmatrix}0\\0\end{pmatrix}$$

解得 $x_1=x_2$,求得基础解系为 $\xi_1=(1,1)^T$. 所以 ξ_1 是属于特征值 $\lambda_1=7$ 的一个特征向量,而 $k_1\xi_1(k_1\neq 0)$ 是属于特征值 $\lambda_1=7$ 的全部特征向量. 当 $\lambda_2=-2$ 时,由

$$\begin{pmatrix}-2-3&-4\\-5&-2-2\end{pmatrix}\begin{pmatrix}x_1\\x_2\end{pmatrix}=\begin{pmatrix}0\\0\end{pmatrix}$$

解得 $5x_1=-4x_2$,求得基础解系为 $\xi_2=(4,-5)^T$. 所以 ξ_2 是属于特征值 $\lambda_2=-2$ 的一个特征向量,而 $k_2\xi_2(k_2\neq 0)$ 是属于特征值 $\lambda_2=-2$ 的全部特征向量.

例2 求矩阵 $A=\begin{pmatrix}-2&1&1\\0&2&0\\-4&1&3\end{pmatrix}$ 的特征值与特征向量.

解 求特征多项式方程的根,

$$|A-\lambda I|=\begin{vmatrix}-2-\lambda&1&1\\0&2-\lambda&0\\-4&1&3-\lambda\end{vmatrix}=-(\lambda+1)(\lambda-2)^2=0$$

得特征值 $\lambda_1=-1,\lambda_2=\lambda_3=2$. 当 $\lambda_1=-1$ 时,解齐次线性方程组 $(A+I)x=0$. 由

$$A+I=\begin{pmatrix}-1&1&1\\0&3&0\\-4&1&4\end{pmatrix}\xrightarrow{初等行变换}\begin{pmatrix}1&0&-1\\0&1&0\\0&0&0\end{pmatrix}$$

求得基础解系为:$\xi_1=(1,0,1)^T$. 所以 $k_1\xi_1$ 是的属于特征值 $\lambda_1=-1$ 的全部特征向量.

当 $\lambda_2=\lambda_3=2$ 时,解方程 $(A-2I)x=0$,由

$$A-2I=\begin{pmatrix}-4&1&1\\0&0&0\\-4&1&1\end{pmatrix}\xrightarrow{初等变换}\begin{pmatrix}-4&1&1\\0&0&0\\0&0&0\end{pmatrix}$$

求得基础解系为:$\xi_2 = (0,1,-1)^T, \xi_3 = (1,0,4)^T$. 所以 $k_2\xi_2 + k_3\xi_3$ 是属于特征值 $\lambda_2 = \lambda_3 = 2$ 的全部特征向量.

例 3 设 A,B 均是 n 阶方阵,证明 AB 与 BA 有相同的特征值.

证明 设 $ABx = \lambda x$,用 B 左乘得 $BA(Bx) = B\lambda x = \lambda(Bx)$. 若 $\lambda \neq 0$,则 $Bx \neq 0$,否则若 $Bx = 0$,则 $0 = ABx = \lambda x$,这与 $\lambda \neq 0$ 和 $x \neq 0$ 矛盾. 因此,λ 也是 BA 的特征值(对应的特征向量为 Bx).

若 $\lambda = 0$,即 BA 有零特征值,则

$$0 = |AB - 0I| = |A||B| = |B||A| = |BA| = |BA - 0I|$$

即 0 也是 BA 的特征值. 综合两种情况即得证明.

哈密尔顿－凯莱定理 设 $f(\lambda)$ 是方阵 A 的特征多项式,则 $f(A) = O$.

证 不妨设 $f(\lambda) = \lambda^n + a_{n-1}\lambda^{n-1} + \cdots + a_0$,又设 $B(\lambda)$ 为 $\lambda I - A$ 的伴随矩阵,则

$$B(\lambda)(\lambda I - A) = |\lambda I - A| I = f(\lambda)I$$

由于 $B(\lambda)$ 的元素为次数不超过 $n-1$ 的多项式,故可令 $B(\lambda) = \lambda^{n-1}B_{n-1} + \cdots + \lambda B_1 + B_0$. 因此

$$B(\lambda)(\lambda I - A) = (\lambda^{n-1}B_{n-1} + \lambda^{n-2}B_{n-2} + \cdots + \lambda B_1 + B_0)(\lambda I - A)$$
$$= \lambda^n B_{n-1} + \lambda^{n-1}(B_{n-2} - B_{n-1}A) + \lambda^{n-2}(B_{n-3} - B_{n-2}A) + \cdots + \lambda(B_0 - B_1A) - B_0A$$
$$= \lambda^n I + a_{n-1}\lambda^{n-1}I + \cdots + a_0 I.$$

比较得

$$B_{n-1} = I$$
$$B_{n-2} - B_{n-1}A = a_{n-1}I$$
$$\cdots\cdots$$
$$B_0 - B_1A = a_1 I$$
$$-B_0A = a_0 I$$

将上面的第 1 式、第 2 式、$\cdots$ 分别右乘以 $A^n, A^{n-1}, \cdots A, I$ 然后累加得 $f(A) = O$.

哈密尔顿－凯莱定理在图论中的应用

由定理得出 $f(A) = A^n + a_{n-1}A^{n-1} + \cdots + a_0 I = 0$,因此

$$A^{n+1} = -(a_{n-1}A^n + a_{n-2}A^{n-1} + \cdots + a_0 A)$$

若 A 是一有向图的邻接矩阵,要计算有无通路的可达矩阵,由上式我们知道,只需计算 A, $\cdots, A^n$. 因为若 $a_{ij}^{(k)} = 0 (k = 1,2,\cdots,n)$,则当 $k \geqslant n+1$ 时 $a_{ij}^{(k)} = 0$.

§5.2 矩阵相似对角化的条件

性质 1 相似矩阵有相同的特征多项式.

性质 2 设 λ 是阶矩阵 A 的特征值,则 λ^m 是 A^m 的特征值;当 A 可逆时,λ^{-1} 是 A^{-1} 的特征值.

性质 3 设 $A = (a_{ij})_{n \times n}$ 的特征值为 $\lambda_1, \lambda_2, \cdots, \lambda_n$,则有

(1)$\lambda_1 + \lambda_2 + \cdots + \lambda_n = a_{11} + a_{22} + \cdots + a_{nn}$;

(2)$\lambda_1\lambda_2\cdots\lambda_n = |A|$.

性质4　设 $\xi_1,\xi_2,\cdots,\xi_m$ 是阶矩阵 A 的属于互不相等的特征值 $\lambda_1,\lambda_2,\cdots,\lambda_m$ 的特征向量,则 $\xi_1,\xi_2,\cdots,\xi_m$ 线性无关.

证　设有常数 $x_1,x_2,\cdots,x_m$,使得 $x_1\xi_1+x_2\xi_2+\cdots+x_m\xi_m=0$,左乘 A 并由 $A\xi=\lambda\xi$ 得

$$\lambda_1 x_1\xi_1+\lambda_2 x_2\xi_2+\cdots+\lambda_m x_m\xi_m=0,$$

类推地有, $\lambda_1^k x_1\xi_1+\lambda_2^k x_2\xi_2+\cdots+\lambda_m^k x_m\xi_m=0,(k=1,2,\cdots,m-1)$. 综合上述诸式有

$$(x_1\xi_1,x_2\xi_2,\cdots,x_m\xi_m)\begin{bmatrix} 1 & 1 & 1 & \cdots & 1 \\ \lambda_1 & \lambda_2 & \lambda_3 & \cdots & \lambda_m \\ \lambda_1^2 & \lambda_2^2 & \lambda_3^2 & \cdots & \lambda_m^2 \\ \vdots & \vdots & \vdots & \vdots & \vdots \\ \lambda_1^{m-1} & \lambda_2^{m-1} & \lambda_3^{m-1} & \cdots & \lambda_m^{m-1} \end{bmatrix}=0$$

因此 $x_i\xi_i=0$,又因为 $\xi_i\neq 0$,所以 $x_i=0,(i=1,2,\cdots,m)$. 这就证明了 $\xi_1,\xi_2,\cdots,\xi_m$ 线性无关.

性质5　设 $\lambda_1,\lambda_2,\cdots,\lambda_s$ 是阶矩阵 A 的不同特征值,而 $\xi_{i1},\xi_{i2},\cdots,\xi_{ir_i}$ 是 A 的属于特征值 λ_i 的线性无关的特征向量,则向量组 $\xi_{11},\xi_{12},\cdots,\xi_{1r_1},\cdots,\xi_{s1},\xi_{s2},\cdots,\xi_{sr_s}$ 也线性无关.

证明　对 s 用数学归纳法来证明. $s=1$ 时显然成立;归纳假设 $s-1$ 时成立,现在要证明 s 时亦成立.设

$$k_{11}\xi_{11}+k_{12}\xi_{12}+\cdots+k_{1r_1}\xi_{1r_1}+\cdots+k_{s-1,1}\xi_{s-1,1}+k_{s-1,2}\xi_{s-1,2}+\cdots+k_{s-1,r_{s-1}}\xi_{s-1,r_{s-1}}+$$
$$k_{s1}\xi_{s1}+k_{s2}\xi_{s2}+\cdots+k_{sr_s}\xi_{sr_s}=0 \tag{1}$$

对(1)两边乘以 λ_s 得

$$k_{11}\lambda_s\xi_{11}+k_{12}\lambda_s\xi_{12}+\cdots+k_{1r_1}\lambda_s\xi_{1r_1}+\cdots+k_{s-1,1}\lambda_s\xi_{s-1,1}+k_{s-1,2}\lambda_s\xi_{s-1,2}+\cdots$$
$$+k_{s-1,r_{s-1}}\lambda_s\xi_{s-1,r_{s-1}}+k_{s1}\lambda_s\xi_{s1}+k_{s2}\lambda_s\xi_{s2}+\cdots k_{sr_s}\lambda_s\xi_{sr_s}=0 \tag{2}$$

对(1)两边左乘以 A,并注意到 $A\xi_{ij}=\lambda_i\xi_{ij}$,得

$$k_{11}\lambda_1\xi_{11}+k_{12}\lambda_1\xi_{12}+\cdots+k_{1r_1}\lambda_1\xi_{1r_1}+\cdots+k_{s-1,1}\lambda_{s-1}\xi_{s-1,1}+k_{s-1,2}\lambda_{s-1}\xi_{s-1,2}+\cdots$$
$$+k_{s-1,r_{s-1}}\lambda_{s-1}\xi_{s-1,r_{s-1}}+k_{s1}\lambda_s\xi_{s1}+k_{s2}\lambda_s\xi_{s2}+\cdots k_{sr_s}\lambda_s\xi_{sr_s}=0 \tag{3}$$

(2)减去(3)得

$$k_{11}(\lambda_s-\lambda_1)\xi_{11}+k_{12}(\lambda_s-\lambda_1)\xi_{12}+\cdots+k_{1r_1}(\lambda_s-\lambda_1)_1\xi_{1r_1}+\cdots$$
$$+k_{s-1,1}(\lambda_s-\lambda_{s-1})\xi_{s-1,1}+k_{s-1,2}(\lambda_s-\lambda_{s-1})\xi_{s-1,2}+\cdots+k_{s-1,r_{s-1}}(\lambda_s-\lambda_{s-1})\xi_{s-1,r_{s-1}}=0 \tag{4}$$

由归纳假设得

$$k_{ij}=0,i=1,2,\cdots,s-1 \tag{5}$$

将(5)代入(1)得

$$k_{s1}\xi_{s1}+k_{s2}\xi_{s2}+\cdots+k_{sr_s}\xi_{sr_s}=0,$$

由于 $\xi_{s1}\xi_{s2}\cdots\xi_{sr_s}$ 为同属于 λ_s 的线性无关的特征向量组,故 $k_{s1}=k_{s2}=\cdots=k_{sr_s}=0$. 所以性质得证.

定理1　阶矩阵 A 可相似对角化的充分必要条件是 A 有 n 个线性无关的特征向量.

证　必要性.若 A 可相似对角化,则存在可逆阵 $P=(\xi_1,\xi_2,\cdots,\xi_n)$ 使得 $P^{-1}AP=\Lambda$,即

$$A(\xi_1,\xi_2,\cdots,\xi_n)=(\xi_1,\xi_2,\cdots,\xi_n)\Lambda \tag{6}$$

因此 $A\xi_i=\lambda\xi_i,(i=1,2,\cdots,n)$,于是 $\xi_1,\xi_2,\cdots,\xi_n$ 是 A 的 n 个线性无关的特征向量.

充分性.若 A 有 n 个线性无关的特征向量,即 $A\xi_i=\lambda\xi_i,(i=1,2,\cdots,n)$,则可写成(6),

记 $P = (\xi_1, \xi_2, \cdots, \xi_n)$，由于 $\xi_1, \xi_2, \cdots, \xi_n$ 线性无关，故 P 可逆，因此，$P^{-1}AP = \Lambda$.

推论 若 n 阶矩阵 A 的个特征值互不相等，则 A 可相似对角化.

如 2 阶矩阵 $A = \begin{pmatrix} 3 & 4 \\ 5 & 2 \end{pmatrix}$ 有两个互不相等的特征值：$\lambda_1 = 7, \lambda_2 = -2$，所以 A 可对角化，

又 $\xi_1 = \begin{pmatrix} 1 \\ 1 \end{pmatrix}, \xi_2 = \begin{pmatrix} 4 \\ -5 \end{pmatrix}$ 分别是属于 $\lambda_1 = 7, \lambda_2 = -2$ 的特征向量，它们是线性无关的，若令

$P = \begin{pmatrix} 1 & 4 \\ 1 & -5 \end{pmatrix}$，则有 $P^{-1}AP = \begin{pmatrix} 7 & 0 \\ 0 & -2 \end{pmatrix}$.

由性质 5 与定理 1，我们又有

定理 2 n 阶矩阵 A 可对角化的充分必要条件是属于 A 的每个特征值的线性无关的特征向量的个数恰好等于该特征值的重数.

例 1 设 $A = \begin{pmatrix} 0 & 0 & 1 \\ 0 & 0 & a \\ 1 & 0 & 0 \end{pmatrix}$，问为何值时，矩阵可对角化？

解 由 $|\lambda I - A| = \begin{vmatrix} \lambda & 0 & -1 \\ -1 & \lambda-1 & 0 \\ -1 & 0 & \lambda \end{vmatrix} = (\lambda+1)(\lambda-1)^2 = 0$，得 A 的特征值：$\lambda_1 = -1, \lambda_2 = \lambda_3 = 1$.

对应 $\lambda_1 = -1$，解方程 $(-I-A)x = 0$，可求得 1 个线性无关的特征向量（非零即无关）. 故矩阵 A 可对角化当且仅当对应重根 $\lambda_2 = \lambda_3 = 1$ 有 2 个线性无关的特征向量，也即方程 $(I-A)x = 0$ 的系数矩阵 $I-A$ 的秩为 1. 由于

$$I - A = \begin{pmatrix} 1 & 0 & -1 \\ -1 & 0 & -a \\ -1 & 0 & 1 \end{pmatrix} \rightarrow \begin{pmatrix} 1 & 0 & -1 \\ 0 & 0 & -a-1 \\ 0 & 0 & 0 \end{pmatrix}$$

故当 $a = -1$ 时，矩阵可对角化.

例 2 判断矩阵 $A = \begin{pmatrix} 1 & -2 & 2 \\ -2 & -2 & 4 \\ 2 & 4 & -2 \end{pmatrix}$ 可否对角化.

解 由 $|\lambda I - A| = \begin{vmatrix} \lambda-1 & 2 & -2 \\ 2 & \lambda+2 & -4 \\ -2 & -4 & \lambda+2 \end{vmatrix} = (\lambda+7)(\lambda-2)^2 = 0$，求得 A 的特征值为：$\lambda_1 = -7, \lambda_2 = \lambda_3 = 2$.

当 $\lambda_1 = -7$ 时，解方程 $(-7I-A)x = 0$ 可得基础解系为 $\xi_1 = (1,1,2)^T$；当 $\lambda_2 = \lambda_3 = 2$ 时，解方程 $(2I-A)x = 0$，由

$$2I - A = \begin{pmatrix} 1 & 2 & -2 \\ 2 & 4 & -4 \\ -2 & -4 & 4 \end{pmatrix} \rightarrow \begin{pmatrix} 1 & 2 & -2 \\ 0 & 0 & 0 \\ 0 & 0 & 0 \end{pmatrix}$$

可得基础解系为 $\xi_2 = (2,0,1)^T, \xi_3 = (0,1,1)^T$. 由于 A 有三个线性无关的特征向量，所以 A 可对角化.

例 3　若 $A = \begin{bmatrix} 0 & 0 & 1 \\ x & 1 & y \\ 1 & 0 & 0 \end{bmatrix}$ 可对角化,问 x 与 y 应满足怎样关系.

解　不难解得特征值 $\lambda_{1,2} = 1, \lambda_3 = -1$. 由于矩阵

$$A + I = \begin{bmatrix} 1 & 0 & 1 \\ x & 2 & y \\ 1 & 0 & 1 \end{bmatrix}$$

的秩为 2,因此对于特征值 $\lambda_3 = -1$ 只有一个特征向量. 而

$$A - I = \begin{bmatrix} -1 & 0 & 1 \\ x & 0 & y \\ 1 & 0 & -1 \end{bmatrix} \sim \begin{bmatrix} 1 & 0 & -1 \\ 0 & 0 & x+y \\ 0 & 0 & 0 \end{bmatrix}$$

因此当 $x + y = 0$ 时,对应于特征值 1 有两个特征向量,此时矩阵才可对角化.

例 4　设 $A = \begin{bmatrix} 1 & p & 1 \\ p & 1 & q \\ 1 & q & 1 \end{bmatrix}$ 与 $B = \begin{bmatrix} 0 & 0 & 0 \\ 0 & 1 & 0 \\ 0 & 0 & 2 \end{bmatrix}$ 相似,求矩阵 A.

解　因为相似矩阵有相同的特征多项式,

$$|\lambda I - A| = |\lambda I - B|$$

令 $\lambda = 0$ 得

$$|A| = \begin{vmatrix} 1 & p & 1 \\ p & 1 & q \\ 1 & q & 1 \end{vmatrix} = -(q-p)^2 = |B| = 0$$

所以 $p = q$. 再令 $\lambda = 1$,

$$\begin{vmatrix} 1-1 & p & 1 \\ p & 1-1 & p \\ 1 & p & 1-1 \end{vmatrix} = 2p^2 = 0$$

因此 $p = q = 0$.

例 5　**简单生态系统**　用 x_1^k 表示在时间第 k 月猫头鹰数量(单位:只),x_2^k 表示第 k 月老鼠数量(单位:千只),它们的数量在时间第 k 月或用下列向量表示

$$x^{(k)} = \begin{bmatrix} x_1^k \\ x_2^k \end{bmatrix}$$

设它们满足下面的方程组

$$\begin{cases} x_1^{k+1} = 0.4x_1^k + 0.3x_2^k \\ x_2^{k+1} = -p \cdot x_1^k + 1.2x_2^k \end{cases}$$

其中 p 是被指定的正参数. 第 1 个方程中的 $0.4x_1^k$ 表示,如果没有老鼠为食物,每月仅有 40% 的猫头鹰存活下来,第 2 个方程的 $1.2x_2^k$ 表明,如果没有猫头鹰捕食老鼠,则老鼠的数量每月增长 20%. 若有足够多的老鼠,$0.3x_2^k$ 表示猫头鹰增长的数量,而负项 $-px_1^k$ 表示由于猫头鹰的捕食所引起的老鼠的死亡数量(事实上,一个猫头鹰每月平均吃掉 $1000p$ 只老鼠). 当 $p = 0.325$ 时,预测该系统的发展趋势.

解　将方程组写成矩阵形式 $x^{(k+1)} = Ax^{(k)}$,其中

$$A = \begin{pmatrix} 0.4 & 0.3 \\ -p & 1.2 \end{pmatrix} = \begin{pmatrix} 0.4 & 0.3 \\ -0.325 & 1.2 \end{pmatrix}$$

矩阵的特征值为 $\lambda_1 = 1.05, \lambda_2 = 0.55$，对应的特征向量分别是

$$p_1 = \begin{pmatrix} 6 \\ 13 \end{pmatrix}, p_2 = \begin{pmatrix} 2 \\ 1 \end{pmatrix}$$

初始向量 $x^{(0)}$ 可表示为 $x^{(0)} = c_1 p_1 + c_2 p_2$，因此

$$x^{(k)} = A^k x^{(0)} = c_1 \lambda_1^k p_1 + c_2 \lambda_2^k p_2 = 1.05^k c_1 p_1 + 0.55^k c_2 p_2$$

显见，对足够大的 k, $x^{(k)} \approx 1.05^k c_1 p_1 = 1.05^k c_1 \begin{pmatrix} 6 \\ 13 \end{pmatrix}$. 这说明生态系统中的猫头鹰与老鼠数量都以每月 1.05 的倍数增长，其中对应每 6 只猫头鹰，大约有 13000 只老鼠.

§5.3 实对称矩阵及其相似对角化

本节讨论实对称阵的特殊性质及相似对角化问题.

定理 1 实对称矩阵的特征值都是实数.

证 设复数 λ 为对称矩阵 A 的特征值，复向量 x 为对应的特征向量，即

$$Ax = \lambda x, x \neq 0.$$

用 $\bar{\lambda}$ 表示 λ 的共轭复数，$\bar{x}$ 表示 x 的共轭向量，则

$$A\bar{x} = \overline{A}\bar{x} = \overline{(Ax)} = \overline{(\lambda x)} = \bar{\lambda}\bar{x}$$

于是

$$\bar{x}^T A x = \bar{x}^T (\lambda x) = \lambda \bar{x}^T x;$$

另一方面，

$$\bar{x}^T A x = \bar{x}^T A^T x = (A\bar{x})^T x = \bar{\lambda}\bar{x}^T x$$

两式相减得 $(\lambda - \bar{\lambda})\bar{x}^T x = 0$，由于 $x \neq 0$，所以 $\lambda - \bar{\lambda} = 0$，即 $\lambda = \bar{\lambda}$. 证毕.

定理 2 属于实对称矩阵的不同特征值的特征向量是正交的.

证 设 ξ_1, ξ_2 是实对称矩阵 A 的属于两个不同特征值 λ_1, λ_2 的特征向量，则有

$$A\xi_1 = \lambda_1 \xi_1, A\xi_2 = \lambda_2 \xi_2, \text{其中} \lambda_1 \neq \lambda_2$$

因为 $A^T = A$，所以有

$$\lambda_1 \xi_1^T \xi_2 = (\lambda_1 \xi_1)^T \xi_2 = (A\xi_1)^T \xi_2 = \xi_1^T A^T \xi_2 = \xi_1^T (A\xi_2) = \xi_1^T (\lambda_2 \xi_2) = \lambda_2 \xi_1^T \xi_2$$

即 $(\lambda_1 - \lambda_2)\xi_1^T \xi_2 = 0 \xrightarrow{\lambda_1 \neq \lambda_2} \xi_1^T \xi_2 = 0$. 亦即向量 ξ_1 与 ξ_2 向量正交.

定理 3 实对称矩阵一定可以对角化.

证明 若 A 为一阶方阵，则已经对角化. 假定对任意 $n-1$ 阶对称阵，存在正交阵 U_1，使得 $U_1^T A U_1$ 为对角阵，设 λ_1 为 A 的一个特征值，ξ_1 为对应的单位特征向量，用施密特正交化法可扩充一组标准正交基：$\xi_1, \xi_2, \cdots \xi_n$. 则 $A\xi_1, A\xi_2, \cdots, A\xi_n$ 可由该组基线性表示，因此

$$A(\xi_1, \xi_2, \cdots, \xi_n) = (A\xi_1, A\xi_2, \cdots, A\xi_n) = (\xi_1, \xi_2, \cdots, \xi_n) \begin{bmatrix} \lambda_1 & \alpha \\ 0 & A_1 \end{bmatrix}$$

即

$$U_0^T A U_0 = \begin{pmatrix} \lambda_1 & \alpha \\ 0 & A_1 \end{pmatrix}$$

其中 $U_0 = (\xi_1, \xi_2, \cdots, \xi_n)$ 为正交矩阵.

显见,等式左边为一对称阵,故此 α 为 0,A_1 为低一阶的对称阵.依照归纳假设,存在正交阵与对角阵使得

$$U_1^T A_1 U_1 = \Lambda_1$$

令

$$U = U_0 \begin{pmatrix} 1 & 0 \\ 0 & U_1 \end{pmatrix}$$

即可使 A 对角化.证毕.

现归纳步骤如下:

1. 求出 A 的全部互不相等的特征值 $\lambda_1, \lambda_2, \cdots, \lambda_m$;

2. 对 $\lambda_i, (\lambda_i E - A)X = 0)$ 由求出基础解系:$\xi_{i1}, \xi_{i2}, \cdots, \xi_{ik_i} (i = 1, 2, \cdots, m)$;

3. 将属于每个 λ_i 的特征向量 $\xi_{i1}, \xi_{i2}, \xi_{ik_i}$ 先单位正交化,可得到 n 个两两正交的单位特征向量 $\eta_1, \eta_2, \cdots, \eta_n$;

4. 令 $T = (\eta_1, \eta_2, \cdots, \eta_n)$,则 $T^{-1}AT = \mathrm{diag}(\lambda_1, \cdots, \lambda_1, \lambda_2, \cdots, \lambda_2, \cdots, \lambda_m, \cdots, \lambda_m)$,其中 $\lambda_1, \lambda_2, \cdots, \lambda_m$ 与 $\eta_1, \eta_2, \cdots, \eta_n$ 的排列顺序一致.

例 1　设 $A = \begin{pmatrix} 2 & -2 & 0 \\ -2 & 1 & -2 \\ 0 & -2 & 0 \end{pmatrix}$,求一个正交矩阵 T,使 $T^{-1}AT = \Lambda$ 为对角矩阵.

解　由

$$|\lambda I - A| = \begin{vmatrix} \lambda - 2 & 2 & 0 \\ 2 & \lambda - 1 & 2 \\ 0 & 2 & \lambda \end{vmatrix} = (\lambda + 2)(\lambda - 1)(\lambda - 4) = 0$$

求得的特征值为:$\lambda_1 = -2, \lambda_2 - 1, \lambda_3 = 4$.

当 $\lambda_1 = -2$ 时,解方程组 $(-2I - A)x = 0$,由

$$-2I - A = \begin{pmatrix} -4 & 2 & 0 \\ 2 & -3 & 2 \\ 0 & 2 & -2 \end{pmatrix} \rightarrow \begin{pmatrix} 2 & 0 & -1 \\ 0 & 1 & -1 \\ 0 & 0 & 0 \end{pmatrix} \rightarrow \begin{pmatrix} 1 & 0 & -1/2 \\ 0 & 1 & -1 \\ 0 & 0 & 0 \end{pmatrix}$$

得基础解系 $\xi_1 = (1, 2, 2)^T$,将 ξ_1 单位化,得 $\eta_1 = \dfrac{1}{3}(1, 2, 2,)^T$.

当 $\lambda_2 = 1$ 时,解方程组 $(I - A)x = 0$,由

$$I - A = \begin{pmatrix} -1 & 2 & 0 \\ 2 & 0 & 2 \\ 0 & 2 & 1 \end{pmatrix} \rightarrow \begin{pmatrix} 1 & 0 & 1 \\ 0 & 2 & 1 \\ 0 & 0 & 0 \end{pmatrix} \rightarrow \begin{pmatrix} 1 & 0 & 1 \\ 0 & 1 & 1/2 \\ 0 & 0 & 0 \end{pmatrix}$$

得基础解系 $\xi_2 = (-1, -1/2, 1)^T$,将其单位化,得 $\eta_2 = \dfrac{1}{3}(-2, -1, 2)^T$.

当 $\lambda_3 = 4$ 时,解方程组 $(4I - A)x = 0$,由

$$4I - A = \begin{pmatrix} 2 & 2 & 0 \\ 2 & 3 & 2 \\ 0 & 2 & 4 \end{pmatrix} \rightarrow \begin{pmatrix} 1 & 0 & -2 \\ 0 & 1 & 2 \\ 0 & 0 & 0 \end{pmatrix}$$

得基础解系 $\xi_3 = (2, -2, 1)^{\mathrm{T}}$,将其单位化,得 $\eta_3 = \dfrac{1}{3}(2, -2, 1)^{\mathrm{T}}$.

$$令 T = (\eta_1, \eta_2, \eta_3) = \begin{pmatrix} 1/3 & -2/3 & 2/3 \\ 2/3 & -1/3 & -2/3 \\ 2/3 & 2/3 & 1/3 \end{pmatrix}, 则有 T^{-1}AT = \Lambda = \begin{pmatrix} -2 & & \\ & 1 & \\ & & 4 \end{pmatrix} 且 T 为$$

正交矩阵.

例 2 设 $A = \begin{pmatrix} 0 & 1 & -1 \\ 1 & 0 & -1 \\ -1 & -1 & 0 \end{pmatrix}$,求一个正交矩阵 T,使 $T^{-1}AT = \Lambda$ 为对角矩阵.

解 由 $\quad |\lambda I - A| = \begin{vmatrix} \lambda & -1 & 1 \\ -1 & \lambda & 1 \\ 1 & 1 & \lambda \end{vmatrix} = (\lambda - 2)(\lambda + 1)^2 = 0$

求 A 得的特征值为:$\lambda_1 = 2, \lambda_2 = \lambda_3 = 1$.

当 $\lambda_1 = 2$ 时,解方程组 $(2I - A)x = 0$,由

$$2I - A = \begin{pmatrix} 2 & -1 & 1 \\ -1 & 2 & 1 \\ 1 & 1 & 2 \end{pmatrix} \rightarrow \begin{pmatrix} 1 & 0 & 1 \\ 0 & 1 & 1 \\ 0 & 0 & 0 \end{pmatrix}$$

得基础解系 $\alpha_1 = (-1, -1, 1)^{\mathrm{T}}$,将 α_1 单位化得 $\eta_1 = \dfrac{1}{\sqrt{3}}(-1, -1, 1)^{\mathrm{T}}$.

当 $\lambda_2 = \lambda_3 = -1$ 时,解方程 $(-I - A)x = 0$,由

$$-I - A = \begin{pmatrix} -1 & -1 & 1 \\ -1 & -1 & 1 \\ 1 & 1 & -1 \end{pmatrix} \rightarrow \begin{pmatrix} 1 & 1 & -1 \\ 0 & 0 & 0 \\ 0 & 0 & 0 \end{pmatrix}$$

得基础解系 $\alpha_2 = (-1, 1, 0)^{\mathrm{T}}, \alpha_3 = (1, 0, 1)^{\mathrm{T}}$.

将 α_2, α_3 正交化:取 $\xi_2 = \alpha_2, \xi_3 = \alpha_3 - \dfrac{[d_3, \xi_2]}{[\xi_2, \xi_2]}\xi_2 = \begin{pmatrix} 1 \\ 0 \\ 1 \end{pmatrix} + \dfrac{1}{2}\begin{pmatrix} -1 \\ 1 \\ 0 \end{pmatrix} = \dfrac{1}{2}\begin{pmatrix} 1 \\ 1 \\ 2 \end{pmatrix}$.

再将 ξ_2, ξ_3 单位化,得 $\eta_2 = \dfrac{1}{\sqrt{2}}(-1, 1, 0)^{\mathrm{T}}, \eta_3 = \dfrac{1}{\sqrt{6}}(1, 1, 2)^{\mathrm{T}}$. 令

$$T = (\eta_1, \eta_2, \eta_3) = \begin{pmatrix} -\dfrac{1}{\sqrt{3}} & -\dfrac{1}{\sqrt{2}} & \dfrac{1}{\sqrt{6}} \\ -\dfrac{1}{\sqrt{3}} & \dfrac{1}{\sqrt{2}} & \dfrac{1}{\sqrt{6}} \\ \dfrac{1}{\sqrt{3}} & 0 & \dfrac{2}{\sqrt{6}} \end{pmatrix}$$

则有

$$T^{-1}AT = \Lambda = \begin{bmatrix} 2 & & \\ & -1 & \\ & & -1 \end{bmatrix}$$

且 T 为一个正交矩阵.

习题 5

1. 求方阵 $A = \begin{bmatrix} -1 & 2 & 2 \\ 2 & -1 & -2 \\ 2 & -2 & -1 \end{bmatrix}$ 的特征值与特征向量.

2. 求方阵 $A = \begin{bmatrix} 1 & 1 & 1 & 1 \\ 1 & 1 & -1 & -1 \\ 1 & -1 & 1 & -1 \\ 1 & -1 & -1 & 1 \end{bmatrix}$ 的特征值与特征向量.

3. 求方阵 $A = \begin{bmatrix} 2 & 2 & 2 & \cdots & 2 \\ 2 & 2 & 2 & \cdots & 2 \\ 2 & 2 & 2 & \cdots & 2 \\ \vdots & \vdots & \vdots & \cdots & \vdots \\ 2 & 2 & 2 & \cdots & 2 \end{bmatrix}$ 的特征值.

4. 设 λ_1, λ_2 是 A 方阵的两个不同的特征值, ξ_1, ξ_2 是 A 的分别属于 λ_1, λ_2 的特征向量, 证明: $\xi_1 + \xi_2$ 不是 A 的特征向量.

5. 若 $A^2 = A$, 求的特征值.

6. 设 A, B 是同阶方阵, 证明 AB 与 BA 有相同特征值.

7. 证明反对称实矩阵的特征值是零或纯虚数.

8. 设 3 阶矩阵 A 的特征值为, 求 $|A^* + 3A - 2I|$.

9. 设满足 $A^2 - 4A + 3I = 0$, 且 $A^T = A$. 试证: $A - 2I$ 为正交矩阵.

10. 里昂提夫(美国经济学家,1973 年获诺贝尔奖) 投入产出模型

设有三个产业相互关联, 即各产业的产出亦使用于各产业的投入, 其间的关系由下列方阵决定:

$$A = (a_{jk})_{3 \times 3} = \begin{bmatrix} 0.2 & 0.5 & 0 \\ 0.6 & 0 & 0.4 \\ 0.2 & 0.5 & 0.6 \end{bmatrix}$$

其中 a_{jk} 表示 k 产业之产出中被 j 产业消费的百分比. 令 p_j 表示 j 产业之总产出的价格. 此一模型的一个问题是求出各产业的价格, 使得总支出等于总所得. 证明: $Ap = p$, 其中 $p = (p_1, p_2, p_3)$, 并求出一价格向量 p.

11. 两个方阵 $A = \begin{bmatrix} -2 & 0 & 0 \\ 2 & a & 2 \\ 3 & 1 & 1 \end{bmatrix}$ 与矩阵 $B = \begin{bmatrix} -1 & & \\ & 2 & \\ & & b \end{bmatrix}$ 相似, 求 a, b.

12. 判断下列实矩阵能否化为对角阵？

(1) $A = \begin{bmatrix} 1 & -2 & 2 \\ -2 & -2 & 4 \\ 2 & 4 & -2 \end{bmatrix}$ 　　　(2) $A = \begin{bmatrix} -2 & 1 & -2 \\ -5 & 3 & -3 \\ 1 & 0 & 2 \end{bmatrix}$

13. 设 A 是三阶方阵，且满足 $A\xi_1 = \xi_1, A\xi_2 = -\xi_2, A\xi_3 = 2\xi_3$，其中 $\xi_1 = (1,2,0)^{\mathrm{T}}, \xi_2 = (2,3,0)^{\mathrm{T}}, \xi_3 = (0,0,2)^{\mathrm{T}}$，试求 A^{100}.

14. 设 $A = \begin{bmatrix} 1 & 4 & 2 \\ 0 & -3 & 4 \\ 0 & 4 & 3 \end{bmatrix}$，求 A^{100}.

15. 设 $A = \begin{bmatrix} 0.8 & 0.1 & 0.1 \\ 0.1 & 0.7 & 0.2 \\ 0.0 & 0.1 & 0.9 \end{bmatrix}$，求 A^{10}.

16. 设 n 阶非零矩阵 A 适合 $A^2 = 0$，试证明 A 不可能相似于对角阵.

17. 设 $A = \begin{bmatrix} 0 & -1 & 1 \\ -1 & 0 & 1 \\ 1 & 1 & 0 \end{bmatrix}$，求一正交阵 T，使 $T^{-1}AT = \Lambda$ 为对角矩阵.

第二篇　微　积　分

第一章　实数系与函数

§1.1　实数简介

数学的研究对象是数与形.在数学史上,数的概念经过几千年的演变、发展以至于完善.其中最值得一提的是公元前 500 年左右的毕达哥拉斯学派,他们认为宇宙的本质是数的,相信任何量都是可公度的,即可以表示成两个整数之比.他们由研究知数的和谐性而知宇宙是和谐的.

有理数系在实践上确是相当完美的一个数系,对于加减乘除运算封闭,而且具有稠密性.因此古希腊人曾设想它是同一条无限直线上的点相对应、由小到大连续排列的量的长河.这种数的几何连续性的设想并算术与几何自然和谐的图景确实美妙,但这种美妙的图景却被毕达哥拉斯学派的一个成员,名叫希帕苏斯所打破,因为他发现了正方形的对角线和它的一边不可公度.于是,在他们眼中最糟糕的事情出现了,宇宙的和谐性被破坏了.这件事史称"希帕苏斯悖论",也导致了希帕苏斯本人被学派的其他成员淹死.希帕苏斯的发现,第一次揭示了有理数系的本质缺陷,不连续性.它告诉我们有理数虽然稠密,但在数轴上同时也有"空隙",读过实变函数论以后,我们还知道数轴上简直布满了"空隙".打个比方,让针尖随机地掉在数轴上,则针尖落在有理数点的概率为零.这种空隙现在被称为无理数,当这种无理数填充进来以后,就成了连续的实数系.

这样,我们为何要讨论数系的连续性呢?因为现代微积分理论的核心是严密的极限理论,而极限理论则要求数系是连续的.严格的微积分理论主要是由法国数学家柯西借助于极限概念建立起来的,但是极限的基础需要明确的实数概念,极限的运算需要实数的连续性.柯西定义实数是有理数序列的极限,按照其定义,所谓有理数有极限,指预先存在一个确定的数,使它与序列中各数之差愈来愈小.但这个预先存在之数为何物,从何而来,却不得而知,这就产生概念自身的循环.因此必须在不依赖于极限的基础上独立地定义实数.

历史上主要有戴德金用有理数分割方法,康托用有理数基本列方法以及威尔斯特拉斯用无穷十进小数方法来定义实数.他们定义的形式尽管不同,实质上却是等价的.这些构造性实数理论都是先从有理数出发去定义实数,然后证明如此定义的实数具有原先熟知的运算规则,大小关系,阿基米德性质,尤其是连续性.

此外还有一种非构造性的公理化方法,这就是公理化方法的倡行者希尔伯特,将实数应有的基本性质列为一个公理系统,然后将满足公理系统的对象定义为实数.希尔伯特公理化下的实数理论也等价于前述实数理论.

以上是我们开始讲微积分不得不论述的,虽然我们不深入展开.因此,实数由有理数与无理数构成,可用分数形式 $p/q(p,q$ 为整数,$q \neq 0$) 表示的称为有理数.有理数也可用有限十进小数或无限十进循环小数来表示.无限十进不循环小数则称为**无理数**.

例 1　若 m 是素数,则 $\sqrt{m}$ 是无理数.

证明　反证法.假设 $\sqrt{m}$ 是有理数,则 $\sqrt{m} = p/q$,即

$$p^2 = mq^2,$$

但平方数总有偶数个素因数,上式左边有偶数个素因数,右边有奇数个素因数,这与素因数分解的唯一性矛盾,因此上述等式不能成立.证毕.

我们把有限小数也表示成无限小数的形式.为此,对于正有限小数(包括正整数)x,当 $x = a_0, a_1, a_2, \cdots, a_n$ 时,其中 $0 \leqslant a_i \leqslant 9, i = 1, 2, \cdots, n, a_n \neq 0, a_0$ 为非负整数,记

$$x = a_0, a_1, a_2, \cdots, (a_n - 1)999\cdots$$

而当 $x = a_0$ 为正整数时,则记 $x = (a_0 - 1)999\cdots$.

对于负有限小数(包括负整数)y,则先将 $-y$ 表示为无限小数,再在所得无限小数之前加负号,例如 -8 记为 $-7.9999\cdots$;又规定数 0 表示为 $0.0000\cdots$.于是,任何实数都可用一个确定的无限小数来表示.

定义 1　设 $x = a_0.a_1a_2\cdots a_n\cdots$ 为非负实数,称有理数

$$x_n = a_0.a_1a_2\cdots a_n$$

为实数 x 的 **n 位不足近似**,而有理数

$$\bar{x}_n = x_n + \frac{1}{10^n}$$

称为 x 的 **n 位过剩近似**,$n = 0, 1, 2, \cdots$.

对于负实数 $x_n = -a_0.a_1a_2\cdots a_n$,其 n 位不足近似与过剩近似分别规定为

$$x_n = a_0.a_1a_2\cdots a_n - \frac{1}{10^n} \text{ 与 } \bar{x}_n = a_0.a_1a_2\cdots a_n$$

不难看出,实数 x 的不足近似 x_n 当 n 增大时不减,即有 $x_0 \leqslant x_1 \leqslant x_2 \leqslant \cdots$,而过剩近似 $\bar{x}_n$ 当 n 增大时不增,即有 $\bar{x}_0 \geqslant \bar{x}_1 \geqslant \bar{x}_2 \geqslant \cdots$.由以上定义不难得到

命题　设 $x = a_0.a_1a_2\cdots a_n\cdots$ 与 $y = b_0.b_1b_2\cdots b_n\cdots$ 为两个实数,则 $x > y$ 的等价条件是:存在非负整数 n,使得

$$x_n > \bar{y}_n,$$

其中 x_n 表示 x 的 n 位不足近似,$\bar{y}_n$ 表示 y 的 n 位过剩近似.

例 2　设 x、y 为实数,$x < y$.证明:存在有理数 r 使得 $x < r < y$.

证　因为 $x < y$,由命题,存在非负整数 n,使得 $\bar{x}_n < y_n$.令 $r = \frac{1}{2}(\bar{x}_n + y_n)$,则

$$x < \bar{x}_n < r < y_n < y,$$

因此，r 即为所求.

例 3　设 x、y 为实数，$x < y$. 证明：存在无理数 z，使得 $x < z < y$.

证　由例 1 可得存在有理数 r, s，使得 $x < r < s < y$. 由于 $r < s$，所以存在存在非负整数 n，使得 $s - r > 10^{-n}$. 令 $z = r + 10^{-n-1}\sqrt{2}$，可证 z 即为所求.

§1.2　函数概念

函数是数学的一个基本概念，概念的形成有较长的历史过程. 在古代数学中函数依赖的思想没有明显地表达出来，而且不是独立的研究对象. 函数概念的雏形在中世纪开始出现于学者的著作中. 但仅仅在 17 世纪，首先在费马、笛卡尔、牛顿、莱布尼兹的工作中，函数才作为一个独立的概念逐渐定型. 1637 年前后笛卡尔指出了平面上的点与实数对之间的对应关系，这种相互依赖关系孕育了函数的思想. 建立微积分的时候，数学家还没有明确函数的一般定义，绝大部分函数是被当作曲线来研究的. 而函数一词最早出现在莱布尼茨的著作中，用以表示随曲线上的点变动的量. 1718 年，约翰一世伯努利定义函数为"由变量与常量以任何适当方式构成的量"，其中"任何方式"一词，据其自己解说是包括代数式和超越式而言，即目今所说的解析表达式. 1755 年，欧拉在《微分学》中给出函数的定义，即函数都能用解析式表示，这也是当时数学家普遍的看法. 直到 1807 年，傅立叶在研究热解析理论时，用三角级数表示更一般的函数后，函数才与其表达方式逐渐分离. 1837 年，狄利克雷用对应的观点给出了区间上的明确的函数定义，无需函数有解析表达式. 狄利克雷的定义沿用至今，有重要的影响. 函数即映射的定义则由戴德金于 1887 年给出. 19 世纪末，由于康托集合论的影响，使用集合论语言给出函数概念更为抽象的表述，正如我们所采用表达的. 采用这样定义的好处在于其抽象，因而广泛. 我们将来所涉及的变限定积分就是一个函数，而广义函数则是定义在"好"函数空间上的泛函数. 当然现代函数概念很广泛，譬如在公理化体系的概率定义中，概率实际上是一种定义在事件域上满足三条公设的集函数.

定义 1　设 X、Y 是两个给定的集合，f 是某个法则，若对集合 X 的任意元素 x，按照 f 总有集合 Y 中唯一确定的元素 y 与之对应，则称在集合 X 上定义一个**函数（映射）**，记为 $y = f(x)$，称"函数 $y = f(x)$"或"y 是 x 的函数". 元素 x 称为**自变量**，元素 y 称为**因变量**. X 称为**定义域**，$f(X) = \{f(x) \mid x \in X\}$ 称为**值域**.

特别地，当 X、Y 均为实数域的子集时，称函数 $y = f(x)$ 为一元实函数. 平面集合 $C = \{(x, y) \mid y = f(x), x \in X\}$ 称为函数 $y = f(x)$ 的图像.

例 1　在真空中的自由落体运动中，物体从高度为 h 处自由下落，下落的路程 s 与下落时间 t 的关系如下：

$$s = \frac{1}{2}gt^2, \quad t \in [0, \sqrt{2h/g}]$$

例 2 符号函数：

$$y = \text{sgn}x = \begin{cases} -1, & x < 0 \\ 0, & x = 0 \\ +1, & x > 0 \end{cases}$$

例 3 狄利克雷函数

$$D(x) = \begin{cases} 1, & x \in \mathbf{Q} \\ 0, & x \in \mathbf{R} - \mathbf{Q} \end{cases}$$

例 4 开普勒方程

$$y - x - \varepsilon \sin y = 0, \quad 0 < \varepsilon < 1.$$

从天体力学上分析，y 依存于 x 的函数肯定存在，但在数学上写不出它的显式，也称隐函数.

§1.3 函数的几何特性

下面是函数可能具有的某些几何特性，了解这些特性，以便掌握函数的变化规律.

单调性 设函数 $y = f(x)$ 在区间 D 上有定义，若对 $\forall x_1, x_2 \in D, x_1 < x_2$，都有 $f(x_1) \leqslant f(x_2)(f(x_1) \geqslant f(x_2))$，则称函数 $y = f(x)$ 在 D 上单调增加（单调减少）；若有 $f(x_1) < f(x_2)(f(x_1) > f(x_2))$，则称函数 $f(x)$ 在 D 上严格单调增加（严格单调减少）. 单调增加与单调减少函数统称为**单调函数**，使函数 $f(x)$ 单调的区间称为单调区间.

有界性 设函数 $y = f(x)$ 在区间 D 上有定义，若存在正数 M，使得对 $\forall x \in D$，有：$| f(x) | \leqslant M$，则称函数 $f(x)$ 在 D 上**有界**，否则称函数 $f(x)$ 在 D 上**无界**.

如函数 $y = \sin x$ 在 $(-\infty, +\infty)$ 内是有界的；而函数 $y = \dfrac{1}{x}$ 在 $(0, 1]$ 上是无界的.

奇偶性 设函数 $y = f(x)$ 在对称于原点的实数集 D 上有定义，

(1) 若 $f(-x) = f(x)$，则称函数 $f(x)$ 为**偶函数**；

(2) 若 $f(-x) = -f(x)$，则称函数 $f(x)$ 为**奇函数**.

偶函数的图形关于 y 轴对称，奇函数的图形关于坐标原点对称. 例如，$y = x^2$ 在 $(-\infty, +\infty)$ 上是偶函数，而 $y = \sin x$ 在 $(-\infty, +\infty)$ 上是奇函数，如图 1-1 所示.

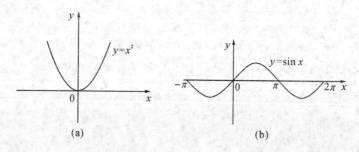

(a)   (b)

图 1-1

定义在实轴上的函数都可以分解成一个偶函数与一个奇函数之和：

$$f(x) = \frac{f(x) + f(-x)}{2} + \frac{f(x) - f(-x)}{2}.$$

周期性　设函数 $y = f(x)$ 在区间 D 上有定义,若存在常数 $T > 0$,使得对 $\forall x \in D$,有：

$$f(x + T) = f(x)$$

则称函数 $f(x)$ 为**周期函数**,T 称为 $f(x)$ 的一个**周期**.若在 $f(x)$ 的所有周期中有一个最小的周期,则称此最小的周期为 $f(x)$ 的**基本周期**,通常一个函数周期是指它的基本周期.

如 $y = \sin x$ 是周期为 2π 的周期函数,而 $y = \tan x$ 是周期为 π 的周期函数.并非所有的周期函数都有最小正周期,例如狄利克雷函数、常数函数.周期函数在长度为周期 T 的两个相邻区间上,函数图形有相同的形状.

例 1　设函数 $f(x)$ 是以 T 为周期的周期函数,求 $f(ax + b)$ 的周期,其中 a, b 为常数,a 为正数.

解　因为 $f(a(x + T/a) + b) = f(ax + T + b) = f(ax + b)$,所以 T/a 是 $f(ax + b)$ 的一个周期.

§1.4　复合函数与反函数

许多客观事物都存在着复合关系,反映到函数中,则表现为变量间的依赖关系,这种关系抽象为复合函数的概念.

定义 1　设 $y = f(u)(u \in U)$,$u = g(x)(x \in X, u = g(x) \in U_1)$,若 $U_1 \subset U$,则称 $y = f(g(x))$,$x \in X$ 为 $y = f(u)$ 和 $u = g(x)$ 的**复合函数**,称 u 为中间变量.通常称 $u = g(x)$ 为内函数,$y = f(u)$ 为外函数,内函数的值域应包含于外函数的定义域中.

例 1　设 $y = f(u) = \sqrt{1 + u}$,$u = g(x) = x^2 - 10$,求 $f[g(x)]$,及其定义域.

解　$y = f[g(x)] = \sqrt{1 + x^2 - 10} = \sqrt{x^2 - 9}$,定义域 x 应满足:$x^2 - 9 \geqslant 0$,即 $x \geqslant 3$ 或 $x \leqslant -3$.

例 2　设 $D(x)$ 是狄利克雷函数,$\mathrm{sgn}\, x$ 是符号函数,则 $D(\mathrm{sgn}\, x) = 1$.

定义 2　函数 $y = f(x)$,$x \in X$,$y \in Y$ 作为一个映射,如果其逆映射存在,则称此逆映射为反函数,记作 $x = f^{-1}(y)$,$y \in Y$.

习惯上用 x 表示自变量,y 表示因变量,所以常把上述反函数改写成 $y = f^{-1}(x)$.如函数 $y = \sqrt[3]{x}$ 是 $y = x^3$ 的反函数,$y = \log_a x (a > 0, a \neq 1)$ 是 $y = a^x (a > 0, a \neq 1)$ 的反函数,而 $y = \arcsin x$ 是 $y = \sin x$,$x \in \left[-\frac{\pi}{2}, \frac{\pi}{2}\right]$ 的反函数.

从函数、反函数定义可知,反函数的定义域是原函数的值域,反函数的值域是原函数的定义域.从图像上看,函数 $y = f(x)$ 与其反函数 $y = f^{-1}(x)$ 的图像关于直线 $y = x$ 对称.

例 3　设 $f(x) = \begin{cases} x - 1, & x < 0 \\ x^2, & x \geqslant 0 \end{cases}$,求 $f^{-1}(x)$.

解　当 $x < 0$ 时,由方程 $y = x - 1$ 解得 $x = y + 1$,$y < -1$;当 $x \geqslant 0$ 时,由方程 $y =$

x^2 解得 $x = \sqrt{y}, y \geqslant 0$. 即,

$$x = f^{-1}(y) = \begin{cases} y+1, & y < -1 \\ \sqrt{y}, & y \geqslant 0 \end{cases}$$

按照习惯记号,将上述 x, y 位置互换即得

$$y = f^{-1}(x) = \begin{cases} x+1, & x < -1 \\ \sqrt{x}, & x \geqslant 0 \end{cases}$$

其图形如图 1-2 中所示.

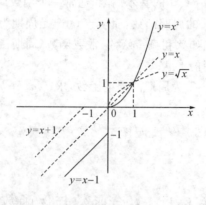

图 1-2

定理 1(反函数存在定理) 若函数 $y = f(x)$ 是严格单调增加(减少)的,则其反函数 $x = f^{-1}(y)$ 存在而且也是严格单调增加(减少)的.

§1.5 初等函数

我们所研究的函数,通常是基于一些最基本的函数,包括常数函数、幂函数、指数函数、对数函数、三角函数和反三角函数.

1) **常数函数** $y = f(x) = C(C$ 为常数$), x \in \mathbf{R}$;

2) **幂函数** $y = f(x) = x^a$,定义域由常数 a 确定,且总包含区间 $(0, +\infty)$;

3) **指数函数** $y = f(x) = a^x (a > 0, a \neq 1), x \in \mathbf{R}$;

4) **对数函数** $y = f(x) = \log_a x (a > 0, a \neq 1), x \in (0, +\infty)$;

5) **三角函数** $y = \sin x, x \in \mathbf{R}; y = \cos x, x \in \mathbf{R}$;

$y = \tan x, x \in \left(k\pi - \dfrac{\pi}{2}, k\pi + \dfrac{\pi}{2} \right), k \in \mathbf{Z}$;

$y = \cot x, x \in (k\pi, k\pi + \pi), k \in \mathbf{Z}$;

6) **反三角函数** $y = \arcsin x, x \in [-1, 1]; y = \arccos x, x \in [-1, 1]$;

$y = \arctan x, x \in \mathbf{R}; \qquad y = \operatorname{arccot} x, x \in \mathbf{R}$.

以上六类函数统称为**基本初等函数**.由基本初等函数经过**有限次**四则运算和复合运算所得到的函数统称为**初等函数**,否则称为非初等函数.

另外,工程数学中常用到**双曲函数**:

$$y = \sinh x = \frac{e^x - e^{-x}}{2}, \quad y = \cosh x = \frac{e^x + e^{-x}}{2},$$

$$y = \tanh x = \frac{e^x - e^{-x}}{e^x + e^{-x}}, \quad y = \coth x = \frac{e^x + e^{-x}}{e^x - e^{-x}},$$

以上四个函数分别称为**双曲正弦、双曲余弦、双曲正切、双曲余切**函数,工程上的悬链线就用双曲余弦函数来表示.

一般来说,分段函数不是初等函数,如前面提到的符号函数.但个别分段函数除外,如绝对值函数 $f(x) = |x|$,它是由 $y = \sqrt{u}, u = x^2$ 复合而成,所以该函数是初等函数.

初等函数乃是拟合自然界万千物质形态、运动,模拟社会与经济量的精密而有效的语言工具.然而初等函数也具有很大的局限性,因为事实说明,在现代自然科学中,物质运动状态基本上不能用初等函数来描述,在数学物理和微分方程中,大量的解不是初等函数可表示的.因此理解并应用抽象的作为映射的函数,成为现代数学科学的首要.

习题 1

1. 求下列函数的定义域:

(1) $f(x) = \ln \dfrac{1-x}{1+x}$ 　　　　(2) $f(x) = \sqrt{\ln(x^2 - 1)}$

(3) $f(x) = \arcsin(2x - 1)$ 　　　　(4) $f(x) = \dfrac{\sqrt{x}}{\sin x}$

2. 讨论下列函数的值域:

(1) $y = \sqrt{2 + x - x^2}$ 　　　　(2) $y = \arccos \dfrac{2x}{1 + x^2}$

3. 求下列复合函数:

(1) $f(x) = \dfrac{1-x}{1+x}$,求 $f(f(x)), f(\dfrac{1}{f(x)})$.

(2) $f(x) = \dfrac{x}{\sqrt{1 + x^2}}$,求 $f(f(x))$.

(3) $f(x) = \sinh x, g(x) = kx + c$,求 $f(g(x))$.

4. 记 $f_n(x) = f(f(\cdots f(x)))$,若 $f(x) = \dfrac{x}{\sqrt{1 + x^2}}$,求 $f_n(x)$.

5. 设 $f(x - \dfrac{1}{x}) = x^2 + x^{-2} + 5$,求 $f(x)$.

6. 若 $f(f(x)) = \dfrac{1 + x}{2 + x}$,求 $f(x)$.

7. 求下列函数的反函数:

(1) $y = \sqrt{4 - x^2}$ 　　　　　　(2) $y = 2\sin \dfrac{x}{3}, \quad x \in [0, \pi]$

(3) $y = \begin{cases} x, & x < 1 \\ x^2, & 1 \leqslant x \leqslant 4 \\ e^x, & x > 4 \end{cases}$

8. 若 $f(x)$ 在其定义域上满足: $f(x) = f(2a - x)$,则称 $f(x)$ 关于直线 $x = a$ 对称. 证明:若 $f(x)$ 关于 $x = a$, $x = b$ 对称,则 $f(x)$ 为一周期函数.

9. 证明下列函数不是周期函数

(1)$y = \sin 2x + \sin \pi x$

(2)$y = \sin x^2$

10. 证明函数

$$y = \frac{x^2}{1 + x^2}$$

在整个实轴上有界,并问有无最大、最小值.

11. 设 $x = t^2$, $y = t^3$,请写出 x, y 的函数关系式,并画出曲线图像.

12. 设一个无盖的圆柱形容器的容积为 V,试将其表面面积表示为底半径的函数.

13. 拟建一个容积为 V 的长方体水池,设它的底为正方形,如果池底所有材料单位面积的造价是四周单位面积造价的 2 倍,试将总造价 y 表示成底边长 x 的函数.

第二章　极限与连续

极限是在研究变量的变化趋势时所引出的一个非常重要的概念,连续、导数、定积分都建立在极限的基础上,因此极限是微积分学的基石.

早在春秋战国时期,《庄子·天下篇》中载有这样一段话"一尺之棰,日取其半,万世不竭".它包含着朴素的极限概念,一尺长的棍子,日取其半,则所剩下的部分为:

$$\frac{1}{2}, \frac{1}{4}, \cdots, \frac{1}{2^n}, \cdots$$

显然,这一数列当 n 无限增大时,尽管永远不会等于 0,但会无限地接近于 0.

三国时代数学家刘徽采取"割圆术",用正多边形的周长近似圆周长,发现正多边形边数越多,所得圆周率越精确.南北朝时期的祖冲之在刘徽基础上,通过计算圆内接正 24576 边形,得到圆周率的值介于 3.1415926 和 3.1415927 之间.这样的过程一直可以继续,所得圆周率也会越来越精确,但不会是圆周率(极限)本身.

莱布尼茨利用积分得到圆周率的准确值,或者说公式:

$$\frac{\pi}{4} = 1 - \frac{1}{3} + \frac{1}{5} - \frac{1}{7} + \cdots$$

但是要明白上述公式本身就需要极限概念.可是历史上严格极限概念的建立要远远地晚于 17 世纪微积分的创立.17 世纪的微积分理论建立于含糊不清的无穷小概念上,无穷小在零与非零之间飘忽不定,陷于逻辑矛盾之中.因为这个缘故,微积分虽然取得巨大成就,却也备受攻击(如贝克莱主教).

下面再举二例.

例 1　求 $\sqrt{2+\sqrt{2+\sqrt{2+\cdots}}}$.

解　数学中对于未知的量,常常设未知数求解方程.因此可设

$$\sqrt{2+\sqrt{2+\sqrt{2+\cdots}}} = x$$

两边平方后可得

$$2+\sqrt{2+\sqrt{2+\sqrt{2+\cdots}}} = x^2$$

根据假设,即得 $2+x = x^2$.因此 $x = 2$.

上例求解过程对于未习高等数学者,可谓巧妙.但是却存在逻辑漏洞,因为用同样的逻辑演绎,对不同情形可得荒谬结论.

例 2　求 $2 \times 2 \times 2 \times \cdots \times 2 \times \cdots$.

解　同样设 $2 \times 2 \times 2 \times 2 \times \cdots \times 2 \times \cdots = x$,则 $2 \times (2 \times 2 \times \cdots \times 2 \times \cdots) = x$,亦即 $2x = x$,故此 $x = 0$.这当然是极荒谬的结论.但问题出在哪里呢?其实这里涉及极限及其存在性的问题.以不存在为存在或以存在为不存在都是荒谬的.所以对于极限,应当建立严格

的定义,避免因直观带来的错误.

§2.1 数列极限

按照一定顺序排列的可列个数,$a_1, a_2, \cdots, a_n, \cdots$ 称为**数列**,记为 $\{a_n\}$,其中 a_n 称为第 n 项或**通项**,n 称为 a_n 的序号.本节考虑当 n 无限增大时,数列 $\{a_n\}$ 变化的趋势.例如,数列 $\{\frac{1}{2^n}\}$ 和数列 $\{1 + (-1)^n \frac{1}{n}\}$,当 n 无限增大时,其变化趋势分别为 0 和 1.现用"$\varepsilon - N$"语言给出严格定义:

定义 1 如果对于任意给定的正数 ε,总存在正整数 N,当 $n > N$ 时,有 $|a_n - A| < \varepsilon$,则称数列 $\{a_n\}$ 收敛,且以 A 为**极限**,记作

$$\lim_{n \to \infty} a_n = A \text{ 或 } a_n \to A (n \to \infty).$$

下面我们从一个例题分析来解释"$\varepsilon - N$"语言,从而加深对这个概念的理解.

设数列 $u_n = 1 + \frac{1}{n}$,不难看出,当 n 无限增大时,u_n 与 1 无限接近.如何刻画这种无限接近呢?

要使得 $|u_n - 1| = \frac{1}{n} < 0.01$,只需找到 $N = 100$,当 $n > 100$ 时,其后所有的项 u_{101},$u_{102}, u_{103}, \cdots$ 与 1 的距离都小于 0.01;要使得 $|u_n - 1| = \frac{1}{n} < 0.001$,可令 $N = 1000$,当 $n > 1000$ 时,其后所有的项 $u_{1001}, u_{1002}, u_{1003}, \cdots$ 与 1 的距离都小于 0.001.

更一般地,对任意给定的 $\varepsilon > 0$,要使 $|u_n - 1| < \varepsilon$ 成立,也即 $\frac{1}{n} < \varepsilon$,只要 $n > \frac{1}{\varepsilon}$ 即可.故可取自然数 $N = [1/\varepsilon]$,当 $n > N$ 时,总有 $|u_n - 1| < \varepsilon$.于是,按分析定义有 $\lim\limits_{n \to \infty} u_n = 1$.

例 1 按定义证明 $\lim\limits_{n \to \infty} \sqrt[n]{n} = 1$.

证 显然 $\sqrt[n]{n} > 1$,故可令 $\sqrt[n]{n} = 1 + x_n, x_n > 0$.因此,

$$n = (1 + x_n)^n = 1 + n x_n + \frac{n(n-1)}{2} x_n^2 + \cdots + x_n^n > 1 + \frac{n(n-1)}{2} x_n^2$$

即得 $x_n < \sqrt{2/n}$.这样,$|\sqrt[n]{n} - 1| = x_n < \sqrt{2/n}$.按照定义要求,对于任意给定的正数 ε,要找相应的正整数 N,使得当 $n > N$ 时,$|\sqrt[n]{n} - 1| < \varepsilon$.因此,通过不等式 $\sqrt{2/n} < \varepsilon$,得 $n > 2/\varepsilon^2$.故取 $N = [2/\varepsilon^2]$,当 $n > N$ 时,$|\sqrt[n]{n} - 1| = x_n < \sqrt{2/n} < \varepsilon$.证毕.

数列极限的几何解释

若 $\lim\limits_{n \to \infty} u_n = A$,那么对于任意给定的正数 ε,总存在一个自然数 N,使得数列 u_n 中第 $N+1$ 项后所有项所表示的点,即 u_{N+1}, u_{N+2}, $u_{N+3} \cdots$ 都落在点 A 的开区间 $(A - \varepsilon, A + \varepsilon)$ 内,此区间称为 A 的 ε-邻域.也就是说,若 $\lim\limits_{n \to \infty} u_n = A$,那么在点 A 的 ε-邻域外,至多只有数列 u_n 的有限项.

数列极限的性质

定理 1(有界性) 若数列 $\{u_n\}$ 收敛,则一定存在 $M > 0$,使得对任意的 n,有 $|u_n| \leqslant M$.

即**收敛数列必有界**.

这是数列收敛的必要条件,如果已知一个数列无界,则它一定不收敛.如 $\{n^2\}$ 是无界数列,所以它是发散的.反之不一定成立,即**数列有界,但不一定收敛**.如数列 $\{1-(-1)^n\}$ 有界但无极限.

定理 2(唯一性)　若数列 $\{u_n\}$ 收敛,则其极限值唯一.

也就是,如果 $\lim\limits_{n\to\infty}u_n=A,\lim\limits_{n\to\infty}u_n=B$,则 $A=B$.

定理 3(保号性)　设 $\lim\limits_{n\to\infty}u_n=A,\lim\limits_{n\to\infty}v_n=B$,且 $A>B$,则一定存在自然数 N,当 $n>N$ 时,有不等式 $u_n>v_n$ 恒成立.

定理 4(夹逼性)　如果数列 x_n,y_n 及 z_n 满足下列条件:

(1) $x_n\leqslant y_n\leqslant z_n$

(2) $\lim\limits_{n\to\infty}x_n=a,\qquad \lim\limits_{n\to\infty}z_n=a$,

那末数列 y_n 的极限存在,且 $\lim\limits_{n\to\infty}y_n=a$.

以上性质可用"$\varepsilon-N$"语言证明,读者可作为练习自行证明.

定理 5　**单调有界数列必有极限**,即单调递增有上界(单调递减有下界)数列必有极限.

定理 6(极限的四则运算)　设 $\lim\limits_{n\to\infty}u_n=A,\lim\limits_{n\to\infty}u_n=B,k$ 为常数,则

1) $\lim\limits_{n\to\infty}ku_n=k\lim\limits_{n\to\infty}u_n=kA$

2) $\lim\limits_{n\to\infty}(u_n\pm v_n)=\lim\limits_{n\to\infty}u_n\pm\lim\limits_{n\to\infty}v_n=A\pm B$

3) $\lim\limits_{n\to\infty}(u_n\cdot v_n)=\lim\limits_{n\to\infty}u_u\cdot\lim\limits_{n\to\infty}v_n=A\cdot B$

4) $\lim\limits_{n\to\infty}\dfrac{u_n}{v_n}=\dfrac{\lim\limits_{n\to\infty}u_n}{\lim\limits_{n\to\infty}v_n}=\dfrac{A}{B}\quad(B\neq0)$

例 2　求下列数列的极限:

$$x_1=\sqrt{2},x_2=\sqrt{2\sqrt{2}},x_3=\sqrt{2\sqrt{2\sqrt{2}}},\cdots$$

解　一般地有递推式,$x_{n+1}=\sqrt{2x_n}$,首先易见,这是一单调递增数列,其次用数学归纳法可证 $x_n<2$.根据定理5,数列极限存在.对递推式两边取极限,得数列极限为2.

例 3　求 $\lim\limits_{n\to\infty}\left(\dfrac{1}{n^2}+\dfrac{2}{n^2}+\cdots+\dfrac{n}{n^2}\right)$.

解　$\lim\limits_{n\to\infty}\left(\dfrac{1}{n^2}+\dfrac{2}{n^2}+\cdots+\dfrac{n}{n^2}\right)=\lim\limits_{n\to\infty}\dfrac{1+2+3+\cdots+n}{n^2}=\lim\limits_{n\to\infty}\dfrac{(1+n)n}{2n^2}=\dfrac{1}{2}$

例 4　求 $\lim\limits_{n\to\infty}\left(\dfrac{1}{\sqrt{n^2+1}}+\dfrac{1}{\sqrt{n^2+2}}+\cdots+\dfrac{1}{\sqrt{n^2+n}}\right)$

解　因为,

$$\dfrac{n}{\sqrt{n^2+n}}<\dfrac{1}{\sqrt{n^2+1}}+\cdots+\dfrac{1}{\sqrt{n^2+n}}<\dfrac{n}{\sqrt{n^2+1}}$$

由夹逼性定理,

$$\lim\limits_{n\to\infty}\left(\dfrac{1}{\sqrt{n^2+1}}+\dfrac{1}{\sqrt{n^2+2}}+\cdots+\dfrac{1}{\sqrt{n^2+n}}\right)=1$$

例 5　求 $\lim\limits_{n\to\infty}\left(\dfrac{\sqrt{1\cdot2}}{n^2+1}+\dfrac{\sqrt{2\cdot3}}{n^2+2}+\cdots+\dfrac{\sqrt{n\cdot(n+1)}}{n^2+n}\right)$

解　一方面,

$$\frac{\sqrt{1\cdot2}}{n^2+1}+\frac{\sqrt{2\cdot3}}{n^2+2}+\cdots+\frac{\sqrt{n\cdot(n+1)}}{n^2+n}<\frac{2+3+\cdots+(n+1)}{n^2+1}\to\frac12$$

另一方面,

$$\frac{\sqrt{1\cdot2}}{n^2+1}+\frac{\sqrt{2\cdot3}}{n^2+2}+\cdots+\frac{\sqrt{n\cdot(n+1)}}{n^2+n}>\frac{1+2+3+\cdots+n}{n^2+n}\to\frac12$$

故此,由夹逼性定理,

$$\lim_{n\to\infty}\left(\frac{\sqrt{1\cdot2}}{n^2+1}+\frac{\sqrt{2\cdot3}}{n^2+2}+\cdots+\frac{\sqrt{n\cdot(n+1)}}{n^2+n}\right)=\frac12$$

例 6　求 $\lim\limits_{n\to\infty}\sqrt n(\sqrt{n+1}-\sqrt n)$

解　$\lim\limits_{n\to\infty}\sqrt n(\sqrt{n+1}-\sqrt n)=\lim\limits_{n\to\infty}\dfrac{\sqrt n}{\sqrt{n+1}+\sqrt n}=\lim\limits_{n\to\infty}\dfrac{1}{1+\sqrt{1+1/n}}=\dfrac12$

§2.2　函数极限

函数极限概念

直观地,函数 $f(x)=1/x$,当 $x\to\infty$ 时,$1/x$ 会无限地趋近于 0,我们称 0 为函数 $f(x)=1/x$ 当 $x\to\infty$ 时的极限.一般地,

定义 1　设 A 为常数,若对任意的 $\varepsilon>0$,存在正数 M,当 $|x|>M$ 时,$|f(x)-A|<\varepsilon$,则称函数 $f(x)$ 当自变量 x 趋于无穷大时以 A 为极限,记作 $\lim\limits_{x\to\infty}f(x)=A$ 或

$$f(x)\to A(x\to\infty).$$

类似地可定义 $\lim\limits_{x\to+\infty}f(x)=A$ 和 $\lim\limits_{x\to-\infty}f(x)=A$.

设 x_0 为有限点,称点集 $\{x\,|\,0<|x-x_0|<\delta\}$ 为点 x_0 的 δ-去心邻域,记为 $U^\circ(x_0,\delta)$. 当 $x\to x_0$ 时函数 $f(x)$ 的极限,我们用"$\varepsilon-\delta$"定义如下

定义 2　设函数 $f(x)$ 在点 x_0 的某个空心邻域内有定义,A 为常数,如果对于任意给定的 $\varepsilon>0$,总存在 $\delta>0$,使得当 $x\in U^\circ(x_0,\delta)$ 时,都有 $|f(x)-A|<\varepsilon$,则称函数 $f(x)$ 当 x 趋于 x_0 时以 A 为极限,记作 $\lim\limits_{x\to x_0}f(x)=A$ 或 $f(x)\to A(x\to x_0)$.

例 1　按极限定义证明 $\lim\limits_{x\to1}\dfrac{\sqrt x-1}{x-1}=\dfrac12$.

证　首先,

$$\left|\frac{\sqrt x-1}{x-1}-\frac12\right|=\left|\frac{x-1}{2(\sqrt x+1)^2}\right|$$

其次,由于 $x\to1$,故无妨限定 $x\in(0,2)$,此时 $(\sqrt x+1)^2>1$,从而

$$\left|\frac{\sqrt x-1}{x-1}-\frac12\right|<\left|\frac{x-1}{2}\right|$$

于是对于任意给定的 $\varepsilon>0$,欲使 $\left|\dfrac{\sqrt x-1}{x-1}-\dfrac12\right|<\varepsilon$,仅需 $\left|\dfrac{x-1}{2}\right|<\varepsilon$. 故此只需取

$\delta = 2\varepsilon$ 即可,得证.

由定义知,函数 $f(x)$ 在点 x_0 的极限只关心 $f(x)$ 在 x_0 点附近的变化趋势等性质,而与 $f(x)$ 在 x_0 点处是否有定义无关.其几何意义见图 2-1,即当 $x \in (x_0-\delta, x_0+\delta)\backslash\{x_0\}$ 时,$f(x)$ 的值都在宽带 $y = A-\varepsilon$ 与 $y = A+\varepsilon$ 之间.

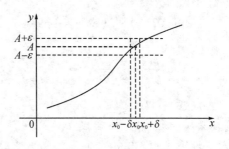

图 2-1

函数 $f(x)$ 在点 x_0 的极限存在,要求 x 从点 x_0 的左右两侧趋于 x_0 时,函数 $f(x)$ 都趋向于同一个常数 A.但有时还需考虑仅从点 x_0 的一侧趋于 x_0 时函数的极限,如函数 $y = \sqrt{x}$ 在 $x_0 = 0$ 处,只能考虑当 $x > 0$ 而趋于 0 时的极限.一般地,若当 x 从点 x_0 的右侧趋于 x_0 时,函数 $f(x)$ 趋向于常数 A,则称 A 为 $f(x)$ 当 x 趋于 x_0 时的**右极限**,记作

$$\lim_{x \to x_0^+} f(x) = A \text{ 或 } f(x) \to A(x \to x_0^+)$$

同样地,若当 x 从点 x_0 的左侧趋于 x_0 时,函数 $f(x)$ 趋向于常数 A,则称 A 为 $f(x)$ 当 x 趋于 x_0 时的**左极限**,记作

$$\lim_{x \to x_0^-} f(x) = A \quad \text{或} \quad f(x) \to A(x \to x_0^-)$$

读者不难用"$\varepsilon-\delta$"语言给出上述左右极限的严格数学定义.显然,函数 $f(x)$ 在点 x_0 的极限存在的充要条件是函数 $f(x)$ 在点 x_0 的左右极限都存在而且相等.

例 2　讨论符号函数 $f(x) = \mathrm{sgn} x$ 在点 $x = 0$ 处的极限.

解　根据左右极限定义,

$$\lim_{x \to 0^+} f(x) = 1, \lim_{x \to 0^-} f(x) = -1$$

因为在点 $x = 0$ 处的左右极限不相等,所以 $f(x)$ 在点 $x = 0$ 处极限不存在.

函数极限的性质与运算

定理 1(唯一性)　若 $\lim\limits_{x \to x_0} f(x) = A, \lim\limits_{x \to x_0} f(x) = B$,则 $A = B$.

定理 2(局部有界性)　若 $\lim\limits_{x \to x_0} f(x) = A$,则存在 x_0 去心邻域 $U^\circ(x_0, \delta)$ 和 $M > 0$,使得对 $\forall x \in U^\circ(x_0, \delta)$,有 $|f(x)| \leqslant M$.

定理 3(保号性)　若 $\lim\limits_{x \to x_0} f(x) = A$,且 $A > 0(A < 0)$,则存在 $\delta > 0$,使得对任意 $x \in U^\circ(x_0, \delta)$,有 $f(x) > 0(f(x) < 0)$.

推论 1　若在 x_0 某邻域 $U^\circ(x_0, \delta)$ 内,有 $f(x) \geqslant 0(f(x) \leqslant 0)$,且 $\lim\limits_{x \to x_0} f(x) = A$,则 $A \geqslant 0(A \leqslant 0)$.

定理 4(夹逼定理)　设 $f(x), g(x), h(x)$ 在去心邻域 $U^\circ(x_0, \delta)$ 内有定义,且满足:

1) 对 $\forall x \in U^0(x_0, \delta)$ 有 $g(x) \leqslant f(x) \leqslant h(x)$

2) $\lim\limits_{x \to x_0} g(x) = \lim\limits_{x \to x_0} h(x) = A$

则　$\lim\limits_{x \to x_0} f(x) = A$.

定理 5(四则运算法则)　若 $\lim\limits_{x \to x_0} f(x) = A, \lim\limits_{x \to x_0} g(x) = B$,则

1) $\lim\limits_{x \to x_0}(f(x) \pm g(x)) = \lim\limits_{x \to x_0}f(x) \pm \lim\limits_{x \to x_0}g(x) = A \pm B$

2) $\lim\limits_{x \to x_0}(f(x) \cdot g(x)) = \lim\limits_{x \to x_0}f(x) \cdot \lim\limits_{x \to x_0}g(x) = A \cdot B$

3) $\lim\limits_{x \to x_0}\dfrac{f(x)}{g(x)} = \dfrac{\lim\limits_{x \to x_0}f(x)}{\lim\limits_{x \to x_0}g(x)} = \dfrac{A}{B} \quad (B \neq 0)$

注意　以上性质我们只以 $x \to x_0$ 方式给出，实际上对任何其他方式，如：$x \to x_0^+$，$x \to x_0^-$，$x \to \infty$，$x \to +\infty$ 都成立.

推论2　若 $\lim\limits_{x \to x_0}f(x) = A$，$c$ 为常数，则 $\lim\limits_{x \to x_0}cf(x) = c\lim\limits_{x \to x_0}f(x)$.

推论3　若 $\lim\limits_{x \to x_0}f(x) = A$，$n \in \mathbf{N}$，则 $\lim\limits_{x \to x_0}(f(x))^n = (\lim\limits_{x \to x_0}f(x))^n = A^n$.

定理6　设函数 $f(\varphi(x))$ 是由函数 $y = f(u)$，$u = \varphi(x)$ 复合而成，如果 $\lim\limits_{x \to x_0}\varphi(x) = u_0$，且在 x_0 的一个去心邻域 $U^{\circ}(x_0, \delta_0)$ 内 $\varphi(x) \neq u_0$，又 $\lim\limits_{u \to u_0}f(u) = A$，则

$$\lim\limits_{x \to x_0}f(\varphi(x)) = A.$$

证　我们对本定理给出证明，借此熟悉极限的数学定义. 因为 $\lim\limits_{u \to u_0}f(u) = A$，所以，对于任意给定的 $\varepsilon > 0$，存在 $\eta > 0$，使得当 $0 < |u - u_0| < \eta$ 时，

$$|f(u) - A| < \varepsilon;$$

又因 $\lim\limits_{x \to x_0}\varphi(x) = u_0$，故对于上述 $\eta > 0$，存在 $\delta_1 > 0$，使得当 $x \in U^{\circ}(x_0, \delta_1)$ 时，都有 $|\varphi(x) - u_0| < \eta$，根据定理条件，在 $U^{\circ}(x_0, \delta_0)$ 内 $\varphi(x) \neq u_0$，所以取 $\delta = \min\{\delta_0, \delta_1\}$，当 $x \in U^{\circ}(x_0, \delta)$ 时，

$$0 < |\varphi(x) - u_0| < \eta$$

因此，$|f(\varphi(x)) - A| < \varepsilon$. 根据定义，有 $\lim\limits_{x \to x_0}f(\varphi(x)) = A$.

注　定理中条件 $\varphi(x) \neq u_0$ 很重要，若无此条件结论可能不成立，如

例3　函数 $g(x) = 0$，$f(u) = \begin{cases} 1, & u = 0 \\ 0, & u \neq 0 \end{cases}$，则

$$\lim\limits_{u \to 0}f(u) = 0, \text{而因为 } f(g(x)) \equiv 1, \text{所以}, \lim\limits_{x \to 0}f(g(x)) = 1.$$

例4　求 $\lim\limits_{x \to \infty}\arcsin\dfrac{1+x}{1-2x}$

解　因为 $\lim\limits_{x \to \infty}\dfrac{1+x}{1-2x} = -\dfrac{1}{2}$，由复合函数求极限原理，$\lim\limits_{x \to \infty}\arcsin\dfrac{1+x}{1-2x} = -\dfrac{\pi}{3}$.

例5　求 $\lim\limits_{x \to 2}\left(\dfrac{1+x}{x-1}\right)^{\frac{1}{x}}$

解　因为 $\left(\dfrac{1+x}{x-1}\right)^{\frac{1}{x}} = e^{\frac{1}{x}\ln\frac{x+1}{x-1}}$，由复合函数求极限原理，$\lim\limits_{x \to 2}\left(\dfrac{1+x}{x-1}\right)^{\frac{1}{x}} = \sqrt{3}$.

例6　$\lim\limits_{x \to 1}\dfrac{x^2 + 2x - 3}{x^2 - 1}$

解　由于分子、分母在 $x = 1$ 的函数值都为 0，说明分子、分母都含有因式 $x - 1$. 注意到，函数在一点的极限值与函数在这一点的函数值无关. 因此，可先消去因式 $x - 1$，然后，运用极限的运算法则进行计算.

$$\lim_{x \to 1} \frac{x^2 + 2x - 3}{x^2 - 1} = \lim_{x \to 1} \frac{(x-1)(x+3)}{(x-1)(x+1)} = \lim_{x \to 1} \frac{x+3}{x+1} = \frac{1+3}{1+1} = 2$$

例 7　求 $\displaystyle\lim_{x \to \infty} \frac{x^2 + 2x - 3}{x^2 - 1}$

解　首先将分子分母的 x 的最高次幂提出,再进行运算.

$$\lim_{x \to \infty} \frac{x^2 + 2x - 3}{x^2 - 1} = \lim_{x \to \infty} \frac{x^2\left(1 + \dfrac{2}{x} - \dfrac{3}{x^2}\right)}{x^2\left(1 - \dfrac{1}{x^2}\right)} = \lim_{x \to \infty} \frac{1 + \dfrac{2}{x} - \dfrac{3}{x^2}}{1 - \dfrac{1}{x^2}} = 1$$

一般地,有如下结论

$$\lim_{x \to \infty} \frac{a_n x^n + a_{n-1} x^{n-1} + \cdots + a_1 x + a_0}{b_m x^m + b_{m-1} x^{m-1} + \cdots + b_1 x + b_0} = \begin{cases} 0, & \text{当 } n < m \\[2mm] \dfrac{a_n}{a_m}, & \text{当 } n = m \\[2mm] \infty, & \text{当 } n > m \end{cases}$$

例 8　求 $\displaystyle\lim_{x \to \infty}\left(\sqrt{x^2 + 1} - \sqrt{x^2 - 1}\right)$

解　先分子有理化,再进行运算.

$$\lim_{x \to \infty}\left(\sqrt{x^2 + 1} - \sqrt{x^2 - 1}\right) = \lim_{x \to \infty} \frac{\left(\sqrt{x^2 + 1} - \sqrt{x^2 - 1}\right)\left(\sqrt{x^2 + 1} + \sqrt{x^2 - 1}\right)}{\sqrt{x^2 + 1} + \sqrt{x^2 - 1}}$$

$$= \lim_{x \to \infty} \frac{2}{\sqrt{x^2 + 1} + \sqrt{x^2 - 1}} = 0$$

例 9　设函数 $f(x) = \begin{cases} 2x^2 + 1, & x > 0 \\ x + b, & x \leqslant 0 \end{cases}$,当 b 取什么值时,$\displaystyle\lim_{x \to 0} f(x)$ 存在?

解　分别求在 $x = 0$ 这点的左(右)极限:

$$\lim_{x \to 0^-} f(x) = \lim_{x \to 0^-}(x + b) = b, \ \lim_{x \to 0^+} f(x) = \lim_{x \to 0^+}(2x^2 + 1) = 1$$

所以当 $b = 1$ 时,$\displaystyle\lim_{x \to 0} f(x)$ 存在.

§2.3　无穷小量与无穷大量

定义 1　若 $\displaystyle\lim_{x \to x_0} f(x) = 0$,则称 $f(x)$ 为当 $x \to x_0$ 时的**无穷小量**(或无穷小).

特别地,零本身看作无穷小量. 此定义中可以将自变量的趋向换成其他任何一种情形 $(x \to x_0^-, x \to x_0^+, x \to \infty, x \to -\infty$ 或 $x \to +\infty)$,结论同样成立.

例 1　指出自变量 x 在怎样的趋向下,下列函数为无穷小量.

$(1) y = \dfrac{1}{x+1};(2) y = x^2 - 1;(3) y = a^x (a > 0, a \neq 1).$

解　(1) 因为 $\displaystyle\lim_{x \to \infty} \frac{1}{x+1} = 0$,所以当 $x \to \infty$ 时,函数 $y = \dfrac{1}{x+1}$ 是一个无穷小量;

(2) 当 $x \to 1$ 或 $x \to -1$ 时,函数 $y = x^2 - 1$ 为无穷小量;

(3) 对于 $a > 1$,因为 $\displaystyle\lim_{x \to -\infty} a^x = 0$,所以当 $x \to -\infty$ 时,$y = a^x$ 为一个无穷小量;而对于

$0 < a < 1$,因为 $\lim\limits_{x \to +\infty} a^x = 0$,所以当 $x \to +\infty$ 时,$y = a^x$ 为一个无穷小量.

函数的极限与无穷小量之间的关系:

容易证明

定理1 $\lim\limits_{x \to x_0} f(x) = A$ 的充分必要条件是:$f(x) = A + \alpha(x)$,其中 $\alpha(x)$ 为 $x \to x_0$ 时的无穷小量.

定理2 若 $\lim\limits_{x \to x_0} f(x) = 0$,$\lim\limits_{x \to x_0} g(x) = 0$,$c$ 为常数,则:

1) $\lim\limits_{x \to x_0} cf(x) = c \lim\limits_{x \to x_0} f(x) = 0$

2) $\lim\limits_{x \to x_0} (f(x) \pm g(x)) = \lim\limits_{x \to x_0} f(x) \pm \lim\limits_{x \to x_0} g(x) = 0$

3) $\lim\limits_{x \to x_0} f(x) = 0$,$h(x)$ 在 $U^\circ(x_0, \delta)$ 内是有界函数,则 $\lim\limits_{x \to x_0} f(x)h(x) = 0$

4) $\lim\limits_{x \to x_0} f(x)g(x) = \lim\limits_{x \to x_0} f(x) \cdot \lim\limits_{x \to x_0} g(x) = 0$(两个无穷小的乘积仍为无穷小).

由定理2可知,当 $x \to 0$ 时,函数 $x\sin\dfrac{1}{x}$ 是无穷小量.

现在考察当 $x \to 0$ 时,函数 $f(x) = \dfrac{1}{x}$ 的变化情况. 在自变量无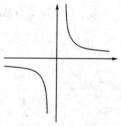

限接近于 0 时,函数值的绝对值 $\left|\dfrac{1}{x}\right|$ 无限增大,或者说 $\left|\dfrac{1}{x}\right|$ 是当 $x \to$

0 时的一个无穷大量.

一般地,

定义2 设函数 $f(x)$ 在 x_0 点的去心邻域 $U^\circ(x_0, h)$ 内有

定义,对于任意给定的正数 G,总存在一个正数 δ,当 $0 < |x - x_0| <$ 图 2-2

δ 时,恒有 $|f(x)| > G$. 则称函数 $f(x)$ 在 x 趋近于 x_0 时为一个**无穷**

大量.

若相应的函数值 $f(x)$(或 $-f(x)$)无限增大,则称函数 $f(x)$ 在 x 趋近于 x_0 时为一个正(或负)无穷大量. 分别记为 $\lim\limits_{x \to x_0} f(x) = \infty$,$\lim\limits_{x \to x_0} f(x) = +\infty$,$\lim\limits_{x \to x_0} f(x) = -\infty$ 等.

易知 $\lim\limits_{x \to 1^+} \dfrac{1}{x-1} = +\infty$,$\lim\limits_{x \to 1^-} \dfrac{1}{x-1} = -\infty$,$\lim\limits_{x \to 1} \dfrac{1}{x-1} = \infty$.

无穷大量描述的是一个函数在自变量的某一趋向下,$|f(x)|$ 无限增大. 同一个函数在自变量的不同趋向下,相应的函数值有不同的变化趋势. 如对函数 $1/x$,当 $x \to 0$ 时,它为无穷大量;当 $x \to 1$ 时,它以 1 为极限. 因此称一个函数为无穷大量时,必须明确指出其自变量的变化趋向,否则毫无意义.

无穷大量与无穷小量之间的关系

定理3 1) 若 $\lim\limits_{x \to x_0} f(x) = 0$,且对 $\forall x \in U^\circ(x_0, \delta)$ $f(x) \neq 0$,则 $\lim\limits_{x \to x_0} \dfrac{1}{f(x)} = \infty$;

2) 若 $\lim\limits_{x \to x_0} f(x) = \infty$,则 $\lim\limits_{x \to x_0} \dfrac{1}{f(x)} = 0$.

定理4 $\lim\limits_{x \to x_0} f(x) = A(A \neq 0)$ 且 $\lim\limits_{x \to x_0} g(x) = \infty$,则 $\lim\limits_{x \to x_0} f(x)g(x) = \infty$.

例2 指出自变量 x 在怎样的趋向下,下列函数为无穷大量.

$(1) y = \dfrac{1}{x-2};$ $(2) y = \log_a x (a > 0, a \neq 1)$

解 (1) 因为 $\lim\limits_{x \to 2}(x-2) = 0$,根据无穷小量与无穷大量之间的关系有 $\lim\limits_{x \to 2}\dfrac{1}{x-2} = \infty$;

(2) 若 $0 < a < 1$,因为当 $x \to 0^+$ 时,$\log_a x \to +\infty$;当 $x \to +\infty$ 时,$\log_a x \to -\infty$,所以当 $x \to 0^+$ 时,函数 $\log_a x$ 为正无穷大量,当 $x \to +\infty$ 时,函数 $\log_a x$ 为负无穷大量.若 $a > 1$,因为当 $x \to 0^+$ 时,$\log_a x \to -\infty$;当 $x \to +\infty$ 时,$\log_a x \to +\infty$.所以当 $x \to 0^+$ 时,函数 $\log_a x$ 为负无穷大量,当 $x \to +\infty$ 时,函数 $\log_a x$ 为正无穷大量.

§2.4 两个重要极限

定理 1 (第一重要极限)$\lim\limits_{x \to 0}\dfrac{\sin x}{x} = 1$

证明 因为函数 $\dfrac{\sin x}{x}$ 是偶函数,所以只需证明 $\lim\limits_{x \to 0^+}\dfrac{\sin x}{x} = 1$.

考虑 $0 < x < \dfrac{\pi}{2}$.如图 2-3,在单位圆中,

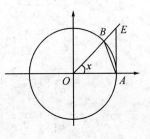

图 2-3

$\triangle OAB$ 的面积 $<$ 扇形 OAB 的面积 $< \triangle OAE$ 的面积,所以有

$$\frac{1}{2}\sin x < \frac{1}{2}x < \frac{1}{2}\tan x$$

从而有

$$\cos x < \frac{\sin x}{x} < 1$$

又因 $\lim\limits_{x \to 0^+}\cos x = 1$,根据夹逼定理,有 $\lim\limits_{x \to 0^+}\dfrac{\sin x}{x} = 1$,所以,

$$\lim_{x \to 0}\frac{\sin x}{x} = 1$$

例 1 求 $\lim\limits_{x \to 0}\dfrac{\sin 3x}{x}$.

解 令 $u = 3x$,则 $x = \dfrac{u}{3}$,当 $x \to 0$ 时,$u \to 0$.所以

$$\lim_{x \to 0}\frac{\sin 3x}{x} = \lim_{u \to 0}\frac{\sin u}{u/3} = 3\lim_{u \to 0}\frac{\sin u}{u} = 3$$

例 2 求 $\lim\limits_{x \to \pi}\dfrac{\sin x}{\pi - x}$

解 通过变量代换,令 $t = \pi - x$,则 $x = \pi - t$,因此,

$$\lim_{x \to \pi}\frac{\sin x}{\pi - x} = \lim_{t \to 0}\frac{\sin(\pi - t)}{t} = \lim_{t \to 0}\frac{\sin t}{t} = 1$$

例 3 求 $\lim\limits_{x \to 0}\dfrac{1 - \cos x}{x^2}$

解　$\lim\limits_{x \to 0} \dfrac{1 - \cos x}{x^2} = \lim\limits_{x \to 0} \dfrac{2\sin^2\left(\dfrac{x}{2}\right)}{x^2} = \dfrac{1}{2}$

例 4　求 $\lim\limits_{x \to 0} \dfrac{\arctan kx}{x}$（$k$ 为非零常数）

解　令 $\arctan kx = u$，则 $kx = \tan u$，因此

$$\lim_{x \to 0} \frac{\arctan kx}{x} = \lim_{u \to 0} \frac{ku}{\tan u} = \lim_{u \to 0} \frac{ku}{\sin u} \cdot \cos u = k$$

定理 2（第二重要极限）　$\lim\limits_{x \to \infty}\left(1 + \dfrac{1}{x}\right)^x = e$

证　首先证明数列 $\lim\limits_{n \to \infty}\left(1 + \dfrac{1}{n}\right)^n$ 存在极限. 令 $a_n = \left(1 + \dfrac{1}{n}\right)^n$，二项式展开得

$$a_n = 1 + n \cdot \frac{1}{n} + \frac{n(n-1)}{2!} \cdot \left(\frac{1}{n}\right)^2 + \cdots + \frac{n(n-1)\cdots(n-k+1)}{k!}\left(\frac{1}{n}\right)^k + \cdots$$

$$+ \frac{n(n-1)\cdots 2 \cdot 1}{n!} \cdot \left(\frac{1}{n}\right)^n$$

$$= 1 + 1 + \frac{1}{2!}\left(1 - \frac{1}{n}\right) + \frac{1}{3!}\left(1 - \frac{1}{n}\right) \cdot \left(1 - \frac{2}{n}\right) + \cdots$$

$$+ \frac{1}{k!}\left(1 - \frac{1}{n}\right) \cdot \left(1 - \frac{2}{n}\right)\cdots\left(1 - \frac{k-1}{n}\right) + \cdots$$

$$+ \frac{1}{n!}\left(1 - \frac{1}{n}\right) \cdot \left(1 - \frac{2}{n}\right)\cdots\left(1 - \frac{n-1}{n}\right) \qquad (1)$$

于是，

$$a_{n+1} = 1 + 1 + \frac{1}{2!}\left(1 - \frac{1}{n+1}\right) + \frac{1}{3!}\left(1 - \frac{1}{n+1}\right) \cdot \left(1 - \frac{2}{n+1}\right) + \cdots$$

$$+ \frac{1}{k!}\left(1 - \frac{1}{n+1}\right) \cdot \left(1 - \frac{2}{n+1}\right)\cdots\left(1 - \frac{k-1}{n+1}\right) + \cdots$$

$$+ \frac{1}{n!}\left(1 - \frac{1}{n+1}\right) \cdot \left(1 - \frac{2}{n+1}\right)\cdots\left(1 - \frac{n-1}{n+1}\right)$$

$$+ \frac{1}{(n+1)!}\left(1 - \frac{1}{n+1}\right) \cdot \left(1 - \frac{2}{n+1}\right)\cdots\left(1 - \frac{n}{n+1}\right)$$

注意到，$1 - \dfrac{k}{n} < 1 - \dfrac{k}{n+1}$，并且 a_{n+1} 比 a_n 多一项，所以 $a_n < a_{n+1}$，即 a_n 是单调递增 数列.

另一方面，由（1）式得

$$a_n < 1 + 1 + \frac{1}{2!} + \frac{1}{3!} + \cdots + \frac{1}{n!} < 1 + 1 + \left(1 - \frac{1}{2}\right) + \left(\frac{1}{2} - \frac{1}{3}\right) + \cdots$$

$$+ \left(\frac{1}{n-1} - \frac{1}{n}\right) < 3$$

所以，a_n 是单调有界数列，$\lim\limits_{n \to \infty} a_n$ 存在. 记此极限为

$$\lim_{n \to \infty}\left(1 + \frac{1}{n}\right)^n = e \qquad (e = 2.718281828459045\cdots).$$

再证明 $\lim\limits_{x \to \infty}\left(1 + \dfrac{1}{x}\right)^x = e$. 当 $x > 0$ 时，令 $n = [x]$（即 x 所包含的最大的整数），则 $n \leqslant$

$x < n+1$,于是 $1 + \dfrac{1}{n+1} < 1 + \dfrac{1}{x} \leqslant 1 + \dfrac{1}{n}$,所以

$$\left(1 + \frac{1}{n+1}\right)^n \leqslant \left(1 + \frac{1}{x}\right)^x \leqslant \left(1 + \frac{1}{n}\right)^{n+1}$$

由夹逼定理,

$$\lim_{x \to +\infty}\left(1 + \frac{1}{x}\right)^x = e$$

当 $x < 0$ 时,令 $y = -x$,

$$\left(1 + \frac{1}{x}\right)^x = \left(1 - \frac{1}{y}\right)^{-y} = \left(\frac{1-y}{y}\right)^{-y} = \left(1 + \frac{1}{y-1}\right)^y = \left(1 + \frac{1}{y-1}\right)^{y-1}\left(1 + \frac{1}{y-1}\right)$$

所以, $\lim\limits_{x \to -\infty}\left(1 + \dfrac{1}{x}\right)^x = \lim\limits_{y \to +\infty}\left(1 + \dfrac{1}{y-1}\right)^{y-1}\left(1 + \dfrac{1}{y-1}\right) = e$,故

$$\lim_{x \to \infty}\left(1 + \frac{1}{x}\right)^x = e \tag{2}$$

在(2)式中,令 $t = \dfrac{1}{x}$,则 $x \to \infty$ 时, $t \to 0$,可得到重要极限的另一形式:

$$\lim_{t \to 0}(1 + t)^{\frac{1}{t}} = e \tag{3}$$

例5　求 $\lim\limits_{x \to \infty}\left(1 + \dfrac{1}{x}\right)^{kx}$

解　$\lim\limits_{x \to \infty}\left(1 + \dfrac{1}{x}\right)^{kx} = \left[\lim\limits_{x \to \infty}\left(1 + \dfrac{1}{x}\right)^x\right]^k = e^k$

例6　求 $\lim\limits_{x \to \infty}\left(\dfrac{2x+1}{2x-1}\right)^x$

解　$\lim\limits_{x \to \infty}\left(\dfrac{2x+1}{2x-1}\right)^x = \lim\limits_{x \to \infty}\left(1 + \dfrac{2}{2x-1}\right)^x$,令 $u = \dfrac{2}{2x-1}$,则 $x = \dfrac{u+2}{2u}$;当 $x \to \infty$ 时, $u \to 0$.所以

$$\lim_{x \to \infty}\left(\frac{2x+1}{2x-1}\right)^x = \lim_{u \to 0}(1+u)^{\frac{u+2}{2u}} = \lim_{u \to 0}(1+u)^{\frac{1}{2}}(1+u)^{\frac{1}{u}} = e$$

例7(连续复利问题)　设有本金 P_0,计息期的利率为 r,计息期数为 t,如果每期结算一次,则 t 期后的本利和为 $A_t = P_0(1+r)^t$. 如果每期结算 m 次,每期的利率为 r/m,则原 t 期后的本利和为 $A_m = P_0\left(1 + \dfrac{r}{m}\right)^{mt}$.如果利息随时计入本金,即立即存入,立即结算(称为连续复利),此时 $m \to \infty$.于是 t 期后的本利和应为

$$\lim_{m \to \infty}P_0\left(1 + \frac{r}{m}\right)^{mt} = P_0\left[\lim_{m \to \infty}\left(1 + \frac{r}{m}\right)^{\frac{m}{r}}\right]^{rt} = P_0 e^{rt}$$

现实世界中的很多现象的数学模型类似于连续复利问题的数学模型,如人口增长、细菌繁殖、物体冷却、放射性元素的衰变问题等.

§2.5　函数的连续性

客观世界的万千现象、运动变化既有渐变又有突变.描述物质的运动状态可以用函数,

表征运动状态的渐变与突变,就是函数的连续与间断.直观上,延绵不断的曲线所对应的函数就是连续函数,若在某点"断裂",则表现为间断的.因此,刻画函数的连续性应是函数的局部性质.

定义 1 如果 $\lim\limits_{x \to x_0} f(x) = f(x_0)$,则称函数 $f(x)$ 在点 x_0 处**连续**,点 x_0 称为 $f(x)$ 的**连续点**.否则,称函数 $f(x)$ 在点 x_0 处不连续或**间断的**,称点 x_0 为 $f(x)$ 的**间断点**.

从上述定义,可知函数 $f(x)$ 在点 x_0 处连续需满足三个条件:

(1) $f(x)$ 在点 x_0 处有定义;

(2) $x \to x_0$ 时,$f(x)$ 有极限;

(3) 此极限值等于 $f(x_0)$.

若上述三个条件中任一个不满足,则 $f(x)$ 在该点一定是间断的.例如

$$f(x) = \frac{1}{x}, \quad g(x) = \mathrm{sgn}x, \quad h(x) = \begin{cases} 1, x \neq 0 \\ 0, x = 0 \end{cases}$$

在 $x_0 = 0$ 处都是间断的,如图 2.4(a)、(b)、(c).

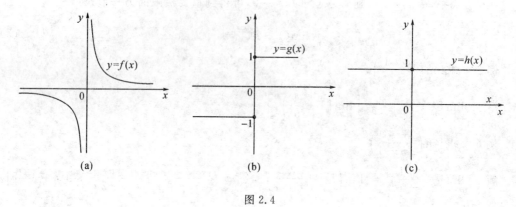

图 2.4

其中 $f(x)$ 在点 $x_0 = 0$ 处没有定义,$g(x)$ 在 $x_0 = 0$ 处没有极限,$h(x)$ 在 $x_0 = 0$ 处的极限值不等于 $h(x_0)$.

定义 2 若函数 $f(x)$ 在开区间 (a,b) 内的每一点处都连续,则称 $f(x)$ 在开区间 (a,b) 内是连续的;若 $f(x)$ 在开区间 (a,b) 内连续,且在区间的左端点 a 处是右连续(即 $\lim\limits_{x \to a^+} f(x) = f(a)$),在区间的右端点 b 处是左连续(即 $\lim\limits_{x \to b^-} f(x) = f(b)$),则称 $f(x)$ 在闭区间 $[a,b]$ 上是连续的.

例 1 试讨论函数

$$f(x) = \begin{cases} x\sin\dfrac{1}{x}, & x \neq 0 \\ 0, & x = 0 \end{cases}$$

连续性.

解 显然只需讨论在点 $x = 0$ 处的连续性.因为 $\lim\limits_{x \to 0} f(x) = 0 = f(0)$,所以 $f(x)$ 在 $x = 0$ 点处连续.因此函数在实轴上连续.

例 2 讨论 $f(x) = \lim\limits_{n \to \infty} \dfrac{1-x^{2n}}{1+x^{2n}} \cdot x$ 的连续性.

解　求极限不难知道

$$f(x) = \begin{cases} x, & |x| < 1 \\ 0, & |x| = 1 \\ -x, & |x| > 1 \end{cases}$$

所以当 $x = \pm 1$ 时间断,在其他点都连续.

关于函数的连续性质,我们有

定理 1　若 $f(x)$ 与 $g(x)$ 在点 $x = x_0$ 处连续,则 $f(x) \pm g(x)$、$f(x) \cdot g(x)$、$\dfrac{f(x)}{g(x)}(g(x_0) \neq 0)$ 在点 $x = x_0$ 处也是连续的.

定理 2(复合函数的连续性)　若函数 $y = f(u)$ 在点 u_0 处连续,函数 $u = g(x)$ 在点 $x = x_0$ 处连续,且 $u_0 = g(x_0)$,则复合函数 $y = f[g(x)]$ 在点 $x = x_0$ 处连续.

基本初等函数在其定义域内都是连续的,所以**初等函数在其定义域区间内都是连续的.**

根据初等函数的连续性,我们可以比较方便地计算其极限.

例 3　求 $\lim\limits_{x \to 1} \arcsin(2x - 1)$

解　$\lim\limits_{x \to 1} \arcsin(2x - 1) = \arcsin \lim\limits_{x \to 1}(2x - 1) = \arcsin 1 = \dfrac{\pi}{2}$

例 4　证明 $\lim\limits_{x \to 0} \dfrac{\ln(1 + x)}{x} = 1$

证明　$\lim\limits_{x \to 0} \dfrac{\ln(1 + x)}{x} = \lim\limits_{x \to 0} \ln(1 + x)^{\frac{1}{x}} = \ln \lim\limits_{x \to 0}(1 + x)^{\frac{1}{x}} = \ln e = 1$

例 5　求 $\lim\limits_{x \to 0} \dfrac{a^x - a^{-x}}{x}$

解　$\lim\limits_{x \to 0} \dfrac{a^x - a^{-x}}{x} = \lim\limits_{x \to 0} \dfrac{a^{2x} - 1}{x \cdot a^x} = \lim\limits_{x \to 0} \dfrac{a^{2x} - 1}{x} \cdot \lim\limits_{x \to 0} \dfrac{1}{a^x} = \lim\limits_{x \to 0} \dfrac{a^{2x} - 1}{x}$

令 $u = a^{2x} - 1$,则当 $x \to 0$ 时,$u \to 0$,

$$\lim\limits_{x \to 0} \dfrac{a^x - a^{-x}}{x} = \lim\limits_{u \to 0} \dfrac{2u \ln a}{\ln(1 + u)} = 2\ln a$$

定理 3(反函数连续性)　严格单调的连续函数必有严格单调的连续反函数.

在许多实际问题中,经常会遇到求函数的最大、最小值问题和求方程的零点问题,下面我们给出闭区间上连续函数的两个重要性质.

定理 4(最大最小值定理)　闭区间上的连续函数一定存在最大值和最小值. 即:若函数 $f(x)$ 在 $[a, b]$ 上连续,则存在 $x_1, x_2 \in [a, b]$,使得对任意 $x \in [a, b]$ 有

$$f(x) \leqslant f(x_1), f(x) \geqslant f(x_2)$$

$f(x_1), f(x_2)$ 分别称为 $f(x)$ 的最大值和最小值,x_1、x_2 分别称为 $f(x)$ 的**最大值点和最小值点.**

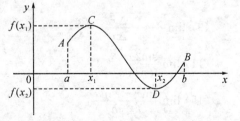

图 2.5

定理 5(介值定理)　若函数 $f(x)$ 在 $[a, b]$ 上连续,且 $f(a) \neq f(b)$,η 为介于 $f(a)$ 与 $f(b)$ 之间的任意一个值,则至少存在一点 $\xi \in [a, b]$,使得 $f(\xi) = \eta$.

其几何意义是,直线 $y = \eta$ 必与连续曲线 $y = f(x)$ 在 $[a,b]$ 内相交,如图 2.6.

特别地,当 $f(a)$ 与 $f(b)$ 异号时,取 $\eta = 0$,就有下面的推论:

推论 1(零点存在定理) 若函数 $f(x)$ 在 $[a,b]$ 上连续,且 $f(a)$ 与 $f(b)$ 异号(即 $f(a) \cdot f(b) < 0$),则至少存在一点 $\xi \in [a,b]$,使得 $f(\xi) = 0$.

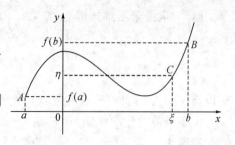

图 2.6

例 6 证明一元三次方程 $ax^3 + bx^2 + cx + d = 0$ 至少有一个实根.

证明 方程等价于 $f(x) = x^3 + b_1 x^2 + c_1 x + d_1 = 0$,于是可知 $f(-\infty) = -\infty$, $f(+\infty) = +\infty$. 从而存在 $\alpha < 0, \beta > 0$,使得 $f(\alpha) < 0, f(\beta) > 0$. 由零点存在定理可知,在 (α, β) 内至少有一个 ξ,使得 $f(\xi) = 0$.

习题 2

1. 设 $\{a_n\}$ 和 $\{b_n\}$ 的极限都不存在,能否断定 $\{a_n + b_n\}$ 和 $\{a_n \cdot b_n\}$ 的极限一定不存在?

2. 设 $\{a_n\}$ 的极限不存在,而 $\{b_n\}$ 的极限存在,能否断定 $\{a_n + b_n\}$ 的极限一定不存在?

3. 用定义证明:

(1) $\lim\limits_{n \to \infty}(\sqrt{n+3} - \sqrt{n}) = 0$

(2) $\lim\limits_{n \to \infty} \sqrt[n]{10000} = 1$

4. 试求极限:

(1) $\lim\limits_{n \to \infty} \dfrac{2n^6 + 100n^5}{n^6 + 2n + 10^{100}}$

(2) $\lim\limits_{n \to \infty}(\sqrt{n+1} - \sqrt{n-1})$

(3) $\lim\limits_{n \to \infty} \sqrt[n]{1 + \ln n}$

(4) $\lim\limits_{n \to \infty} \dfrac{(-2)^n + 5^n}{(-2)^{n+1} + 5^{n+1}}$

(5) $\lim\limits_{n \to \infty} \sqrt[n]{a^n + b^n} \ (0 < a < b)$

(6) $\lim\limits_{x \to 0} \dfrac{\sqrt{x^2 + 1} - 1}{x}$

(7) $\lim\limits_{x \to \infty}(x + \sqrt[3]{1 - x^3})$

(8) $\lim\limits_{x \to 1} \dfrac{\sqrt{x+3} - 2}{\sqrt{x} - 1}$

(9) $\lim\limits_{\Delta x \to 0} \dfrac{\sqrt{x + \Delta x} - \sqrt{x}}{\Delta x}$

(10) $\lim\limits_{x \to 0} x \cdot \left[\dfrac{1}{x} \right]$

(11) $\lim\limits_{x \to 0} \dfrac{\sin 2x}{\tan 4x}$

(12) $\lim\limits_{x \to \infty} x \cdot \sin \dfrac{1}{x}$

(15) $\lim\limits_{x \to a} \dfrac{\sin x - \sin a}{x - a}$

(16) $\lim\limits_{x \to 0} \dfrac{\ln(1 + 2x)}{\arcsin 3x}$

(17) $\lim\limits_{x \to \infty} \left(\dfrac{x}{1+x} \right)^x$

(18) $\lim\limits_{x \to 0} \dfrac{e^{2x} - 1}{x}$

(19) $\lim\limits_{x \to 0} \dfrac{\tan(\sin x)}{\arctan 2x}$

(20) $\lim\limits_{x \to 0} \left(\dfrac{a^x + b^x + c^x}{3} \right)^{\frac{1}{x}} \ (a, b, c > 0)$

5. 有一大富翁拥有一稀世之宝,临死立下遗嘱,要将此物完全平均分给两个儿子,试问应该如何均分这一稀世之宝？

6. 证明:狄利克雷函数处处没有极限.

7. 证明:若 $f(x)$ 在 x_0 处连续,则 $|f(x)|$ 在 x_0 处连续,反之不必.

8. 讨论下列函数在点 $x = 0$ 处的连续性:

$(1) y = \dfrac{1}{x}$

$(2) y = \begin{cases} x^2 + 1, & x \geqslant 0 \\ 0, & x < 0 \end{cases}$

$(3) y = \begin{cases} \dfrac{\sin x}{x}, & x \neq 0 \\ 1, & x = 0 \end{cases}$

9. 试构造一个函数仅仅在两点处连续.

10. 证明方程 $\tan x - 3x = 0$ 有无限多实根.

11. 设 $f(x)$ 在 $[a,b]$ 上连续,$x_1, x_2, \cdots, x_n \in [a,b]$,若有一组正数 $\lambda_1, \lambda_2, \cdots, \lambda_n$,使得 $\sum\limits_{i=1}^{n} \lambda_i = 1$,证明:$\exists \xi \in [a,b]$,使得 $f(\xi) = \sum\limits_{i=1}^{n} \lambda_i f(x_i)$.

12. 设 $f(x)$ 在实轴上有定义,且在 $0,1$ 两点连续,如果对任意一点 x,都有 $f(x) = f(x^2)$,证明:$f(x)$ 是常数.

13. 证明:不存在实轴上的连续函数使得

$$f(f(x)) = e^{-x}$$

14. (1) 一银行账户,以 5% 的利率按连续复利方式盈利,一对父母打算给孩子攒学费,要使在 10 年内攒够 100000 元,问这对父母必须每年存入多少元?

(2) 若这对父母现改为一次存够一总数,用这一总数加上它的盈利作为孩子的将来学费,那么问在 10 年后获得 100000 元的学费,现在必须一次存入多少元?

第三章　　导数与微分

§3.1　　变化率与变化意向

函数的变化率问题,亦即导数问题,在 17 世纪曾被许多数学家探索过.对这一类问题作系统阐述的代表人物是牛顿和莱布尼茨,分别从瞬时速度和曲线切线的斜率引出导数的概念.但历史上费马早在 1636 年左右就成功地求出函数曲线的斜率.以求函数 $y=f(x)=x^2$ 的斜率为例.

费马首先引进"无穷小 E",计算比率

$$\frac{f(x+E)-f(x)}{E}=\frac{(x+E)^2-x^2}{E}=2x+E$$

然后丢掉无穷小 E,即得曲线 $y=x^2$ 的斜率为 $2x$.费马还曾用同样的方法得到光的折射定律.但是分析费马方法的过程我们知道"无穷小 E"变幻莫测,在第一个等式运算中不为零,得最后结果时又为零,这至少在逻辑上不通.此后在牛顿的微积分里也有同样的毛病,为此微积分虽然很成功,却也备受诟病.这样,我们在第二章的极限就显为必要,为微积分立下严格的基础.

变化率问题也反映在物体的运动中,运动的剧烈程度乃是路程相对于时间.经验所认识的最简单运动是匀速直线运动,即任何时刻物体行经距离与所需时间之比 $\frac{\Delta s}{\Delta t}$ 恒为常量,此常量称为速度 v.而对于变速直线运动 $s(t)$,我们尽管不能像匀速运动那样有一恒量速度,但是也需要找到一个恰当量来刻画运动在每一时刻的不同剧烈程度.比较容易理解的概念是平均速度,即在 t_0 时刻,时间有增量 Δt,时间 t 从 t_0 变到 $t_0+\Delta t$,相应的路程从 $s(t_0)$ 变到 $s(t_0+\Delta t)$,从而得到了路程增量 $\Delta s=s(t_0+\Delta t)-s(t_0)$,进一步可得这一时间段内的平均速度 $\frac{\Delta s}{\Delta t}$.然而,由于 Δt 的任意性,我们不知道究竟用哪一个作为 t_0 时刻"速度"的代表.不过经验(实验)告诉我们,当 $\Delta t\to 0$ 时平均速度"越来越"稳定于某个量,这就启发我们用数学的极限概念去定义瞬时速度.若极限 $\lim\limits_{\Delta t\to 0}\frac{\Delta s}{\Delta t}$ 存在,就称此为 t_0 时刻的瞬时速度,记为 $v(t_0)$.因此瞬时速度的概念尽管受经验的启发,但是定义却是超越经验、纯理性的.

我们对运动继续做理性的探索,要问运动之所以能运动的原因.我们认为是因为物体有运动的意向(趋势),也许反过来说更明白,物体若无运动意向,则不会运动.当然我们说运动意向时,绝非要表达物体有自我意识.物体的运动意向是先验的,尚无行动的,也就是通常说的"欲动而未动",这是抽象而实在的.运动意向具有不同程度,这种程度与时间的流逝意向

相比较才有意思. 若记运动意向为 $\mathrm{d}s$,时间流逝意向为 $\mathrm{d}t$,则 $\mathrm{d}s$ 与 $\mathrm{d}t$ 分别是 $\Delta s \to 0$ 与 $\Delta t \to 0$ 的记号,如同增量之间的关系,距离 s 因时间有流逝意向 $\mathrm{d}t$,因而有运动意向 $\mathrm{d}s = s(t + \mathrm{d}t) - s(t)$. 但须注意 $\mathrm{d}s$ 的计算是通过 Δs 与 Δt 的比较得到的,否则会重新滑入"无穷小 E"变幻莫测的矛盾境地. 距离增量 Δs 与时间增量 Δt 都是后验的,先验是后验的基础,而后验是先验的表述. 因此,$v(t) = \dfrac{\mathrm{d}s}{\mathrm{d}t} = \lim\limits_{\Delta t \to 0} \dfrac{\Delta s}{\Delta t}$,$\mathrm{d}s$ 与 $\mathrm{d}t$ 也可写成线性的

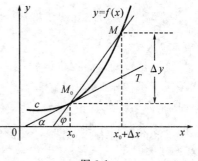

图 3-1

形式:$\mathrm{d}s = v(t)\mathrm{d}t$.

定义 1 设函数 $y = f(x)$ 在点 x_0 的某一邻域内有定义,当自变量 x 在 x_0 处有增量 Δx 且 $x_0 + \Delta x$ 亦在此邻域内时,如果极限

$$\lim_{\Delta x \to 0} \frac{\Delta y}{\Delta x} = \lim_{\Delta x \to 0} \frac{f(x_0 + \Delta x) - f(x_0)}{\Delta x} \tag{1}$$

存在,则称函数 $y = f(x)$ 在点 x_0 处可导,称此极限为函数 $f(x)$ 在点 x_0 处的导数,记作 $f'(x_0)$,$y'\big|_{x=x_0}$,$\dfrac{\mathrm{d}y}{\mathrm{d}x}\Big|_{x=x_0}$ 或 $\dfrac{\mathrm{d}f}{\mathrm{d}x}\Big|_{x=x_0}$.

否则,称函数 $f(x)$ 在点 x_0 处不可导. 如果 $\lim\limits_{\Delta x \to 0} \dfrac{\Delta y}{\Delta x} = \infty$,表明 $f(x)$ 在点 x_0 处不可导,但为叙述方便,我们也称 $f(x)$ 在点 x_0 处的导数为无穷大. 函数 f 通常是一个由 x 组成的具体表达式,当 $\Delta x \to 0$ 时,可将导数改写为下列等价的形式:

$$f'(x_0) = \lim_{x \to x_0} \frac{f(x) - f(x_0)}{x - x_o} \tag{2}$$

例 1 设 $f(x) = \begin{cases} x^2 \sin \dfrac{1}{x}, & x \neq 0 \\ 0, & x = 0 \end{cases}$,求 $f'(0)$

解 $\Delta y = f(\Delta x) - f(0) = \Delta x^2 \sin \dfrac{1}{\Delta x}$,$\dfrac{\Delta y}{\Delta x} = \dfrac{f(\Delta x) - f(0)}{\Delta x} = \Delta x \sin \dfrac{1}{\Delta x}$,

于是,$f'(0) = \lim\limits_{x \to 0} \dfrac{f(\Delta x) - f(0)}{\Delta x} = \lim\limits_{\Delta x \to 0} \Delta x \sin \dfrac{1}{\Delta x} = 0$.

定理 1 函数 $y = f(x)$ 在点 x_0 处有导数 A 的充要条件是

$$\Delta y = A \cdot \Delta x + o(\Delta x) \tag{3}$$

证明 必要性,设 $y = f(x)$ 在点 x_0 有导数 A,即 $\lim\limits_{\Delta x \to 0} \dfrac{\Delta y}{\Delta x} = A$,则由极限与无穷小量的关系,

$$\frac{\Delta y}{\Delta x} = A + \alpha$$

其中 $\lim\limits_{\Delta x \to 0} \alpha = 0$. 于是,$\Delta y = A \cdot \Delta x + \alpha \cdot \Delta x = A \cdot \Delta x + o(\Delta x)$.

充分性,设函数 $y = f(x)$ 在点 x_0 处满足:$\Delta y = A \cdot \Delta x + o(\Delta x)$,其中 A 是一个仅与 x_0 有关而与 Δx 无关的常数. 两边同除 Δx,得

$$\frac{\Delta y}{\Delta x} = A + \frac{o(\Delta x)}{\Delta x}$$

令 $\Delta x \to 0$，对上式两边取极限得 $\lim\limits_{\Delta x \to 0} \dfrac{\Delta y}{\Delta x} = A$. 由导数定义知，函数 $y = f(x)$ 在点 x_0 可导，且 $f'(x_0) = A$.

这一定理的重要性告诉我们，可导函数的本质在于它局部地近乎线性，或增量之间的变化关系近乎按比例. 如同前面运动的讨论，对于变速运动，Δs 并非 Δt 的线性函数，但是 ds 与 dt 却有线性关系，这正是微分关键所在：(可导) 函数可局部线性 (平直) 化. 我们知道，平面上的直线方程是 x 和 y 的一次函数，也称为线性函数. 线性函数是最简单、最容易处理的函数. 对于复杂的函数，数学上常采用线性化的办法，使其简化. 定理 1 给我们提供了线性近似公式.

设函数 $y = f(x)$ 在点 x_0 处可导，则当 $|\Delta x|$ 很小时，有
$$f(x_0 + \Delta x) \approx f(x_0) + f'(x_0)\Delta x \tag{4}$$
若记 $x = x_0 + \Delta x$，则(4)式可写为
$$f(x) \approx f(x_0) + f'(x_0)(x - x_0) \tag{5}$$
特别地，当 $x_0 = 0$ 时，有
$$f(x) \approx f(0) + f'(0)x \tag{6}$$
由(6)可得如下近似公式：

(1) $\sin x \approx x$; 　　　(2) $\arctan x \approx x$; 　　　(3) $\ln(1+x) \approx x$;

(4) $\sqrt[n]{1+x} \approx 1 + \dfrac{1}{n}x$; 　　　(5) $e^x \approx 1 + x$;

定义 2 设函数 $y = f(x)$ 在点 x_0 的某邻域 $U(x_0)$ 内有定义. 对于 x_0 处任意一个增量 Δx，相应地得到函数的增量 $\Delta y = f(x_0 + \Delta x) - f(x_0)$. 如果 Δy 总能表示成(3)，即 $\Delta y = A\Delta x + o(\Delta x)$，其中 A 为只与 x_0 有关而与 Δx 无关的常数，则称函数 $f(x)$ 在点 x_0 处**可微**.

此时变化意向 dy，dx 呈线性关系，即 $dy = Adx = f'(x_0)dx$，我们也称 dx 为**自变量的微分**，dy 为应变量的微分.

由定理 1 可知，可导与可微分对于一元实函数是等价的. 若 $y = f(x)$ 可微分，则 $dy = f'(x)dx$.

例 2 设 $y = x^2\sin(x^3 - 1)$，求 dy

解 因为 $y' = 2x\sin(x^3 - 1) + 3x^4\cos(x^3 - 1)$，则
$$dy = y'dx = [2x\sin(x^3 - 1) + 3x^4\cos(x^3 - 1)]dx.$$
既然导数是一种极限，则由单侧极限的定义，我们可得单侧导数的概念.

定义 3 如果极限
$$\lim_{\Delta x \to 0+} \frac{\Delta y}{\Delta x} = \lim_{x \to x_0+} \frac{f(x) - f(x_0)}{x - x_0} \quad \left(\lim_{\Delta x \to 0-} \frac{\Delta y}{\Delta x} = \lim_{x \to x_0-} \frac{f(x) - f(x_0)}{x - x_0} \right)$$
存在，则称函数 $y = f(x)$ 在点 x_0 右可导(左可导)，其极限值称为函数 $f(x)$ 在点 x_0 处的**右导数**(左导数)，记为 $f'_+(x_0)$(或 $f'_-(x_0)$)，右导数与左导数统称为**单侧导数**.

根据函数极限的性质，我们有

定理 2 函数 $y = f(x)$ 在点 x_0 处可导的充要条件是函数 $y = f(x)$ 在点 x_0 处的左、右导数都存在且相等.

例 2 判定函数 $f(x) = |x|$ 在点 $x = 0$ 处的可导性.

解:经过简单计算 $f'_+(0) = \lim\limits_{x \to 0+} \dfrac{\Delta y}{\Delta x} = 1$，$f'_-(0) = \lim\limits_{x \to 0-} \dfrac{\Delta y}{\Delta x} = -1$.

由定理 2 知，$f(x) = |x|$ 在点 $x = 0$ 处不可导.

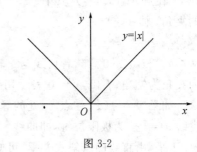

如果函数 $y = f(x)$ 在开区间 (a,b) 内每一点都可导，则称函数 $f(x)$ 在开区间 (a,b) 内可导；如果 $f(x)$ 在开区间 (a,b) 内可导，且 $f'_+(a)$ 与 $f'_-(b)$ 都存在，则称 $f(x)$ 在闭区间 $[a,b]$ 上可导. 若函数 $y = f(x)$ 在区间 I 上可导，则对 I 内每一点 x 都有一个确定的导数值 $f'(x)$ 与之对应，从而定义了一个新函数，称其为 $f(x)$ 的**导函数**，简称导数. 显然，函数 $y = f(x)$ 在点 x_0 处的导数 $f'(x_0)$，就是导函数 $f'(x)$ 在 $x = x_0$ 处的函数值，即

图 3-2

$$f'(x_0) = f'(x) \big|_{x = x_0}$$

例 3 求函数 $y = f(x) = x^n$（n 为正整数）的导函数.

解 因为

$$\begin{aligned}
\Delta y &= f(x + \Delta x) - f(x) = (x + \Delta x)^n - x^n \\
&= nx^{n-1}\Delta x + c_n^2 x^{n-2}(\Delta x)^2 + \cdots + (\Delta x)^n \\
&= nx^{n-1}\Delta x + o(\Delta x)
\end{aligned}$$

故由定理 1，

$$\lim_{\Delta x \to 0} \frac{\Delta y}{\Delta x} = nx^{n-1}$$

更一般地，当 α 为任意实数时，仍成立

$$(x^\alpha)' = \alpha x^{\alpha - 1}$$

例 4 求函数 $y = \sin x, \cos x$ 的导函数

解 因为 $\Delta y = \sin(x + \Delta x) - \sin x = 2\cos(x + \dfrac{\Delta x}{2})\sin\dfrac{\Delta x}{2}$，故

$$\lim_{\Delta x \to 0} \frac{\Delta y}{\Delta x} = \lim_{\Delta x \to 0}\cos(x + \frac{\Delta x}{2}) \lim_{\Delta x \to 0} \frac{\sin\dfrac{\Delta x}{2}}{\dfrac{\Delta x}{2}} = \cos x$$

即 $(\sin x)' = \cos x$. 同理，$(\cos x)' = -\sin x$

例 5 求指数函数 $y = f(x) = a^x (a > 0, a \neq 1)$ 的导数.

解 因为 $\Delta y = a^{x+\Delta x} - a^x = a^x(a^{\Delta x} - 1)$，$\dfrac{\Delta y}{\Delta x} = a^x \dfrac{a^{\Delta x} - 1}{\Delta x}$

利用变量代换及第二重要极限可得 $\lim\limits_{\Delta x \to 0} \dfrac{a^{\Delta x} - 1}{\Delta x} = \ln a$，从而有

$$\lim_{\Delta x \to 0} \frac{\Delta y}{\Delta x} = \lim_{\Delta x \to 0} a^x \frac{a^{\Delta x} - 1}{\Delta x} = a^x \lim_{\Delta x \to 0} \frac{a^{\Delta x} - 1}{\Delta x} = a^x \ln a$$

特别地，当 $a = e$ 时，有 $(e^x)' = e^x$.

由定理 1 和例 2，我们可以得到如下可导与连续的关系

定理 3 若函数 $y = f(x)$ 在点 x_0 处可导，则它在点 x_0 处连续；反之不必.

导数的几何意义

从导数的定义可见，函数 $y = f(x)$ 在点 x_0 处的导数 $f'(x_0)$ 在几何上表示曲线 $y = f(x)$ 在点 $M_0(x_0, y_0)$（其中 $y_0 = f(x_0)$）处的切线斜率 k. 如果 α 表示这条切线与 x 轴正向的夹角，则

$$k = \tan\alpha = f'(x_0)$$

从而，$f'(x_0) > 0$ 意味着切线与 x 轴正向的夹角为锐角；$f'(x_0) < 0$ 意味着切线与 x 轴正向的夹角为钝角；$f'(x_0) = 0$ 表示切线与 x 轴平行.

如果 $y = f(x)$ 在点 x_0 处的导数为无穷大，这时曲线 $y = f(x)$ 的割线以垂直于 x 轴的直线 $x = x_0$ 为极限位置，即曲线 $y = f(x)$ 在点 $M_0(x_0, y_0)$ 处具有垂直于 x 轴的切线 $x = x_0$. 于是，由直线的点斜式方程，可知曲线 $y = f(x)$ 在点 $M_0(x_0, y_0)$ 处不垂直于 x 轴的切线方程为

$$y - y_0 = f'(x_0)(x - x_0) \tag{5}$$

过点 M_0 且与切线垂直的直线叫做曲线 $y = f(x)$ 在点 M_0 处的法线. 如果 $f'(x_0) \neq 0$，则此法线的方程为

$$y - y_0 = -\frac{1}{f'(x_0)}(x - x_0) \tag{6}$$

例 6　求曲线 $y = f(x) = \sqrt[3]{x}$ 在原点处的切线.

解　由于 $\lim\limits_{\Delta x \to 0} \dfrac{f(\Delta x) - f(0)}{\Delta x} = \lim\limits_{\Delta x \to 0} \dfrac{\Delta x^{\frac{1}{3}}}{\Delta x}$

$= \lim\limits_{\Delta x \to 0} \dfrac{1}{(\Delta x)^{\frac{2}{3}}} = +\infty$，即 $f(x) = \sqrt[3]{x}$ 在点 $x = 0$ 处的导数为无穷大. 根据切线的定义，曲线 $y = \sqrt[3]{x}$ 在原点具有垂直于 x 轴的切线（如图 3-3 所示）.

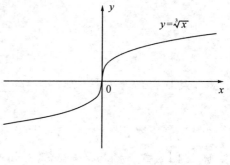

图 3-3

曲线的概念的认识和演绎经过一个漫长的过程. 早在古希腊时期，如阿基米德在《论螺线》中给出了确定螺线在给定点处的切线的方法，阿波罗尼奥斯在《圆锥曲线论》中讨论过圆锥曲线的切线等等，但论述都基于静态的，把切线定义为与曲线只在一点接触且位于曲线一边的直线. 这样的切线定义，对于椭圆、圆等曲线是适用的，但对于较为一般的曲线就不适用了. 由此我们也看到数学史上笛卡尔建立直角坐标将变量（动态）引进数学，对于微积分的贡献.

导数、微分的应用

例 7　设钟摆的周期是 1 秒，在冬季摆长之多缩短 $0.1cm$，试问此钟摆每天至多快几秒？

解　由物理学知，周期与摆长有如下公式：

$$T = 2\pi\sqrt{\frac{l}{g}}$$

已知钟摆周期为 1 秒，故原摆长

$$l_0 = \frac{g}{(2\pi)^2}$$

当摆长的增量 $\Delta l = -0.1cm = -0.001m$ 时,引起周期增量

$$\Delta T = \frac{\mathrm{d}T}{\mathrm{d}l}\Big|_{l=l_0} \cdot \Delta l = \frac{\pi}{\sqrt{g}} \cdot \frac{1}{\sqrt{l_0}}\Delta l = \frac{2\pi^2}{g}\Delta l \approx -0.00002(\text{秒})$$

即每摆周期加快约 0.00002 秒,因此每天加快约 $60 \times 60 \times 24 \times 0.00002 = 1.73(\text{秒})$.

例 8　求 $\tan 31°$ 的近似值

解　令 $f(x) = \tan x$,取 $x_0 = 30° = \dfrac{\pi}{6}$,$x = 31° = \dfrac{\pi}{6} + \dfrac{\pi}{180}$,　$x - x_0 = 1° = \dfrac{\pi}{180}$,

又 $f'(x) = \sec^2 x$,　$f'(x_0) = \sec^2\dfrac{\pi}{6} = \dfrac{4}{3}$,由公式(8),有

$$\tan 31° = \tan\left(\frac{\pi}{6} + \frac{\pi}{180}\right) \approx \tan\frac{\pi}{6} + \sec^2\frac{\pi}{6} \cdot \frac{\pi}{180}$$

已知 $\tan\dfrac{\pi}{6} = \dfrac{1}{\sqrt{3}} \approx 0.57735$;　$\sec^2\dfrac{\pi}{6} \cdot \dfrac{\pi}{180} = \dfrac{4}{3} \cdot \dfrac{\pi}{180} \approx 0.02327$,从而有

$$\tan 31° \approx 0.57735 + 0.02327 = 0.60062$$

查三角函数表得,$\tan 31° = 0.60086$.两者相比误差仅为 0.00024.

§3.2　求导法则

对于一般函数的导数,通常直接用定义来求较为繁琐.本节目的在于在按定义求导基础上进一步提高求导能力,逐步扩充求导公式、法则,以便简便地解决初等函数的求导问题.

导数的四则运算法则

定理 1　设函数 $u = u(x)$ 和 $v = v(x)$ 在点 x 处都可导,则它们的和、差、积、商($v = v(x) \neq 0$)在该点处也分别可导,且其导数运算分别满足以下法则:

1. $(u + v)' = u' \pm v'$ 　　　　　　　　　　　　　　　　　　　　　(1)

2. $(uv)' = u'v + uv'$ 　　　　　　　　　　　　　　　　　　　　　　(2)

3. $\left(\dfrac{u}{v}\right)' = \dfrac{u'v - uv'}{v^2}$ 　$(v \neq 0)$ 　　　　　　　　　　　　　　(3)

在此仅证明法则 2.

证明　令 $y = u(x)v(x)$,当 x 有增量 Δx 时,得乘积函数的增量

$$\begin{aligned}
\Delta y &= u(x + \Delta x)v(x + \Delta x) - u(x)v(x) \\
&= u(x + \Delta x)v(x + \Delta x) - u(x)v(x + \Delta x) + u(x)v(x + \Delta x) - u(x)v(x) \\
&= [u(x + \Delta x) - u(x)]v(x + \Delta x) + u(x)[v(x + \Delta x) - v(x)] \\
&= \Delta u \cdot v(x + \Delta x) + u(x)\Delta v
\end{aligned}$$
(4)

从而增量比为

$$\frac{\Delta y}{\Delta x} = \frac{\Delta u}{\Delta x}v(x + \Delta x) + u(x)\frac{\Delta v}{\Delta x}$$

由于 $u(x)$,$v(x)$ 在点 x 处可导,则由极限的四则运算法则及可导必连续这一性质,有

$$\lim_{\Delta x \to 0}\frac{\Delta y}{\Delta x} = \lim_{\Delta x \to 0}\left(\frac{\Delta u}{\Delta x}v(x + \Delta x) + u(x)\frac{\Delta v}{\Delta x}\right)$$

$$= u'(x) \cdot v(x) + u(x)v'(x)$$

这就是证明了函数 $y = u(x)v(x)$ 在点 x 处是可导的,且 $(uv)' = u'v + uv'$.

例 1　求 $y = 2x^3 + \cos x - \dfrac{1}{x} + 5$ 的导数

解
$$y' = (2x^3)' + (\cos x)' - \left(\frac{1}{x}\right)' + (5)'$$
$$= 6x^2 - \sin x + \frac{1}{x^2}$$

例 2　证明:$(\tan x)' = \sec^2 x$

证明　令 $y = \tan x$,则
$$y' = \left(\frac{\sin x}{\cos x}\right)' = \frac{(\sin x)'\cos x - \sin x(\cos x)'}{\cos^2 x}$$
$$= \frac{\cos^2 x + \sin^2 x}{\cos^2 x} = \frac{1}{\cos^2 x} = \sec^2 x$$

即
$$(\tan x)' = \sec^2 x$$

同理可证:
$$(\cot x)' = \left(\frac{\sin x}{\cos x}\right)' = -\frac{1}{\sin^2 x} = -\csc^2 x$$

复合函数求导法则

定理 2　设 $y = f[\varphi(x)]$ 是由函数 $y = f(u)$ 及 $u = \varphi(x)$ 复合而成,并设函数 $u = \varphi(x)$ 在点 x 可导,$y = f(u)$ 在对应的点 $u = \varphi(x)$ 处可导,则复合函数 $y = f[\varphi(x)]$ 在点 x 处可导,且有

$$\frac{\mathrm{d}y}{\mathrm{d}x} = \frac{\mathrm{d}y}{\mathrm{d}u} \cdot \frac{\mathrm{d}u}{\mathrm{d}x} \tag{4}$$

此式也可写为:
$$y'_x = y'_u u'_x \tag{5}$$
或
$$y'_x = f'(u)\varphi'(x) \tag{6}$$

其中 y'_x 表示 y 对自变量 x 的导数,y'_u(或 $f'(u)$)表示 y 对中间变量 u 的导数,而 u'_x(或 $\varphi'(x)$)表示中间变量 u 对自变量 x 的导数.

证明　由已知条件得 $\mathrm{d}u = \varphi'(x)\mathrm{d}x$,$\mathrm{d}y = f'(u)\mathrm{d}u$,因此,$\mathrm{d}y = f'(u)\varphi'(x)\mathrm{d}x$,写成导数形式即有(6).

复合函数求导公式,好像是一环环相扣的链条,因此常被形象地称为"链式法则".

例 4　求 $y = \sin(x^2 + x + 1)$ 的导数

解　令 $y = \sin u$,$u = x^2 + x + 1$. 因为
$$\frac{\mathrm{d}y}{\mathrm{d}u} = (\sin u)'_u = \cos u, \quad \frac{\mathrm{d}u}{\mathrm{d}x} = (x^2 + x + 1)' = 2x + 1$$

所以
$$\frac{\mathrm{d}y}{\mathrm{d}x} = \frac{\mathrm{d}y}{\mathrm{d}u} \cdot \frac{\mathrm{d}u}{\mathrm{d}x} = \cos u \cdot (2x + 1)$$

将中间变量 u 代回,即在上式右端用 $u = x^2 + x + 1$ 代入,得
$$\frac{\mathrm{d}y}{\mathrm{d}x} = (2x + 1)\cos(x^2 + x + 1)$$

例5　求 $y = (x^2 - \cos x + 7)^{100}$ 的导数

解　令 $y = u^{100}$，$u = x^2 - \cos x + 7$，而 $y'_u = 100u^{99}$，$u'_x = 2x + \sin x$，所以

$$y' = 100u^{99} \cdot (2x + \sin x) = 100(2x + \sin x)(x^2 - \cos x + 7)^{99}$$

例6　设 α 为实数，求幂函数 $y = x^\alpha$ $(x > 0)$ 的导数.

解　因为 $y = x^\alpha = e^{\alpha \ln x}(x > 0)$，可将其看作 $y = e^u$ 与 $u = \alpha \ln x$ 的复合函数，则由复合函数求导法，得

$$y' = (e^{\alpha \ln x})' = e^{\alpha \ln x} \cdot \frac{\alpha}{x} = x^\alpha \cdot \frac{\alpha}{x} = \alpha x^{\alpha - 1}$$

有时复合函数的中间变量有两个或两个以上，复合函数求导的链式法则仍成立. 以两个中间变量为例，设 $y = f(u)$，$u = \varphi(v)$，$v = \psi(x)$，则复合函数 $y = f\{\varphi[\psi(x)]\}$ 的导数为

$$\frac{\mathrm{d}y}{\mathrm{d}x} = \frac{\mathrm{d}y}{\mathrm{d}u} \cdot \frac{\mathrm{d}u}{\mathrm{d}v} \cdot \frac{\mathrm{d}v}{\mathrm{d}x} \qquad \text{或} \qquad y'_x = y'_u \cdot u'_v \cdot v'_x$$

反函数求导法则

定理3　若函数 $y = f(x)$ 在某区间 I_x 内严格单调、可导，且 $f'(x) \neq 0$，则其反函数 $x = \varphi(y)$ 在相应的区间 I_y 内也可导，且

$$\varphi'(y) = \frac{1}{f'(x)} \tag{7}$$

或写成

$$\frac{\mathrm{d}x}{\mathrm{d}y} = 1 \Big/ \frac{\mathrm{d}y}{\mathrm{d}x} \tag{8}$$

证明　由于 $y = f(x)$ 严格单调且可导，则不难证明，反函数 $x = \varphi(y)$ 也严格单调且连续. 因此，当 $\Delta y \neq 0$ 时，$\Delta x \neq 0$，且 $\Delta y \to 0$ 时，$\Delta x \to 0$. 于是反函数 $x = \varphi(y)$ 对 y 的导数为

$$\varphi'(y) = \lim_{\Delta y \to 0} \frac{\Delta x}{\Delta y} = \lim_{\Delta x \to 0} \frac{1}{\dfrac{\Delta y}{\Delta x}} = \frac{1}{f'(x)}$$

例7　求 $y = \arcsin x$ $(-1 < x < 1)$ 的导数.

解　由定理3，当 $x \in (-1, 1)$ 时 y'_x 也存在，且 $y'_x = \dfrac{1}{x'_y}$，因此

$$(\arcsin x)' = \frac{1}{(\sin y)'} = \frac{1}{\cos y} = \frac{1}{\sqrt{1 - \sin^2 y}} = \frac{1}{\sqrt{1 - x^2}}$$

即

$$(\arcsin x)' = \frac{1}{\sqrt{1 - x^2}} \quad (-1 < x < 1)$$

同理可得

$$(\arccos x)' = -\frac{1}{\sqrt{1 - x^2}} \ (-1 < x < 1); \quad (\arctan x)' = \frac{1}{1 + x^2} \ (-\infty < x < +\infty)$$

例8　求 $y = \log_a x$ $(a > 0, a \neq 1)$ 的导数.

解　因为 $y = \log_a x$ $(a > 0, a \neq 1, x > 0)$ 的反函数 $x = a^y (a > 0, a \neq 1)$ 在 $(-\infty, +\infty)$ 内严格单调可导，且 $(a^y)' = a^y \ln a \neq 0$，所以在对应的区间 $(0, +\infty)$ 内，有

$$(\log_a x)' = \frac{1}{(a^y)'} = \frac{1}{a^y \ln a} = \frac{1}{x \ln a}$$

即

$$(\log_a x)' = \frac{1}{x \ln a}$$

特别地,当 $a = e$ 时,有

$$(\ln x)' = \frac{1}{x}$$

例 9　求 $y = \ln|x|$ 的导数

解　$y = \ln|x| = \begin{cases} \ln x, & x > 0 \\ \ln(-x), & x < 0 \end{cases}$

这是个分段函数,因此当 $x > 0$ 时,$y' = (\ln x)' = \frac{1}{x}$;当 $x < 0$ 时,

$$y' = (\ln(-x))' = \frac{1}{-x}(-x)' = \frac{1}{x}$$

综合以上,$y' = (\ln|x|)' = \frac{1}{x} (x \neq 0)$.

由于可微与可导的等价性,函数**微分公式**实则为**求导公式**,列举如下:

(1) $\mathrm{d}(C) = 0 (C$ 为常数)　　　　　(2) $\mathrm{d}(x^a) = ax^{a-1}\mathrm{d}x$

(3) $\mathrm{d}(\sin x) = \cos x \mathrm{d}x$　　　　　　(4) $\mathrm{d}(\cos x) = -\sin x \mathrm{d}x$

(5) $\mathrm{d}(\tan x) = \sec^2 x \mathrm{d}x$　　　　　(6) $\mathrm{d}(\cot x) = -\csc^2 x \mathrm{d}x$

(7) $\mathrm{d}(\sec x)\mathrm{d}x = \sec x \tan x \mathrm{d}x$　　(8) $\mathrm{d}(\csc x) = -\csc x \cot x \mathrm{d}x$

(9) $\mathrm{d}(a^x) = a^x \ln a \mathrm{d}x$　　　　　(10) $\mathrm{d}(e^x) = e^x \mathrm{d}x$

(11) $\mathrm{d}(\log_a x) = \frac{1}{x \ln a}\mathrm{d}x$　　(12) $\mathrm{d}(\ln x) = \frac{1}{x}\mathrm{d}x$

(13) $\mathrm{d}(\arcsin x) = \frac{1}{\sqrt{1-x^2}}\mathrm{d}x$　　(14) $\mathrm{d}(\arccos x) = -\frac{1}{\sqrt{1-x^2}}\mathrm{d}x$

(15) $\mathrm{d}(\arctan x) = \frac{1}{1+x^2}\mathrm{d}x$　　(16) $\mathrm{d}(\text{arccot}x) = -\frac{1}{1+x^2}\mathrm{d}x$

微分的四则运算法则

(1) $\mathrm{d}(u \pm v) = \mathrm{d}u \pm \mathrm{d}v$;

(2) $\mathrm{d}(cu) = c\mathrm{d}u (c$ 为常数$)$;

(3) $\mathrm{d}(uv) = v\mathrm{d}u + u\mathrm{d}v$;

(4) $\mathrm{d}\left(\frac{u}{v}\right) = \frac{v\mathrm{d}u - u\mathrm{d}v}{v^2} \quad (v \neq 0)$

一阶微分形式的不变性

设 $y = f(u)$,$u = \varphi(x)$,现在我们进一步来推导复合函数 $y = f[\varphi(x)]$ 的微分法. 如果 $y = f(u)$,及 $u = \varphi(x)$ 都可微,则 $y = f[\varphi(x)]$ 的微分为

$$\mathrm{d}y = y'_x \mathrm{d}x = f'(u) \cdot \varphi'(x)\mathrm{d}x$$

由于 $\varphi'(x)\mathrm{d}x = \mathrm{d}u$,故 $y = f[\varphi(x)]$ 的微分公式也可写成

$$\mathrm{d}y = f'(u)\mathrm{d}u \quad \text{或} \quad \mathrm{d}y = y'_u \mathrm{d}u$$

由此可见,无论 u 是自变量$(u = x)$还是复合函数的中间变量$(u = \varphi(x))$,函数 $y = f(u)$ 的一阶微分形式总是不变的,即有

$$\mathrm{d}y = f'(u)\mathrm{d}u$$

这一性质称为**微分形式的不变性**.

例 10　求由方程 $e^{xy} + x^2 y - 1 = 0$ 所确定的函数 $y = y(x)$ 的微分

解　对方程 $e^{xy} + x^2 y - 1 = 0$ 两边求微分. 在对方程左端求微分时利用微分形式的不变性,其中有

$$\mathrm{d}(e^{xy}) = e^{xy}\mathrm{d}(xy) = e^{xy}(x\mathrm{d}y + y\mathrm{d}x)$$
$$\mathrm{d}(x^2 y) = 2xy\mathrm{d}x + x^2\mathrm{d}y$$

于是得到

$$(e^{xy} + x)x\mathrm{d}y + (e^{xy} + 2x)y\mathrm{d}x = 0$$

从而有

$$\mathrm{d}y = -\frac{(e^{xy} + 2x)y}{(e^{xy} + x)x}\mathrm{d}x$$

隐函数求导法和对数求导法

变量 y 与 x 的对应规则是由二元方程 $F(x, y) = 0$ 来确定的,我们称这种形式表示的函数为隐函数. 由于隐函数 $y(x)$ 满足恒等式 $F(x, y(x)) \equiv 0$,故可对恒等式关于 x 求导。例如对方程 $e^{xy} + y^2 - 4x = 0$ 求导,可得 $e^{xy}(y + xy') + 2yy' - 4 = 0$,从而解出

$$\frac{\mathrm{d}y}{\mathrm{d}x} = \frac{-ye^{xy} + 4}{xe^{xy} + 2y}$$

例 11　求由方程 $x^2 + xy + y^2 - 4 = 0$ 所确定的曲线 $y = y(x)$ 在点 $M(2, -2)$ 处的切线方程.

解　将方程两边对 x 求导,得 $2x + y + xy' + 2yy' = 0$,即

$$y' = -\frac{2x + y}{x + 2y}$$

于是,$y'|_{M(2,-2)} = -\frac{2x + y}{x + 2y}\Big|_{\substack{x=2 \\ y=-2}} = 1$,故曲线过点 $M(2, -2)$ 的切线方程为 $y = x - 4$.

例 12　求 $y = x^{\cos x}(x > 0)$ 的导数 y'.

解　首先,对函数式两边取自然对数,使之成为隐函数:

$$\ln y = \cos x \ln x \tag{11}$$

然后,按隐函数求导法,对上式两边关于 x 求导,并注意 y 是 x 的函数,有

$$\frac{y'}{y} = -\sin x \ln x + \frac{\cos x}{x}$$

整理后,得

$$y' = y\left(\frac{\cos x}{x} - \sin x \ln x\right)$$

最后,把 $y = x^{\cos x}$ 代入,得

$$y' = x^{\cos x}\left(\frac{\cos x}{x} - \sin x \ln x\right)$$

由参数方程所确定函数的求导法　以 t 为参数的方程

$$\begin{cases} x = \varphi(t), \\ y = \psi(t), \end{cases} t \in [\alpha, \beta] \tag{12}$$

确定 y 与 x 间的函数关系,则称此函数是由参数方程(14)确定的.

设函数 $\varphi(t),\psi(t)$ 都可导,且 $\varphi'(t)\neq 0$,则由可导与可微的等价性,得 $\mathrm{d}x=\varphi'(t)\mathrm{d}t,\mathrm{d}y=\psi'(t)\mathrm{d}t$,又因为 $\varphi'(t)\neq 0$,故 $\mathrm{d}t=\dfrac{1}{\varphi'(t)}\mathrm{d}x$,因此 $\mathrm{d}y=\psi'(t)\dfrac{1}{\varphi'(t)}\mathrm{d}x$,也即

$$\frac{\mathrm{d}y}{\mathrm{d}x}=\frac{\psi'(t)}{\varphi'(t)} \tag{13}$$

例 13 摆线方程

$$\begin{cases} x=a(t-\sin t),\\ y=a(1-\cos t), \end{cases}$$

解　$\dfrac{\mathrm{d}y}{\mathrm{d}x}=\dfrac{a\sin t}{a(1-\cos t)}=\cot\dfrac{t}{2}.$

例 14　若在给定计时系统的每个时刻 t 都知道点在直线上选定的坐标系(数轴)中的坐标 x,则点沿直线的运动就完全确定了,(x,t) 表示时间过程中点的空间位置. 点的运动规律可写成 $x=x(t)$.

假如另有一坐标系 $(\tilde{x},\tilde{t})$ 也描述同一个点的运动. 后一数轴相对于前一数轴以速度 $-v$ 匀速运动. 为简单见,我们认为在两个坐标系中坐标 $(0,0)$ 属于同一个点,或者说,在时刻 $\tilde{t}=0$,点 $\tilde{x}=0$ 恰与 $t=0$ 时的点 $x=0$ 重合. 这两个坐标之间有相互转换关系,其中有经典的伽利略变换

$$\begin{pmatrix}\tilde{x}\\ \tilde{t}\end{pmatrix}=\begin{pmatrix}1 & v\\ 0 & 1\end{pmatrix}\begin{pmatrix}x\\ t\end{pmatrix} \tag{14}$$

现在考察更一般的线性变换

$$\begin{pmatrix}\tilde{x}\\ \tilde{t}\end{pmatrix}=\begin{pmatrix}\alpha & \beta\\ \gamma & \delta\end{pmatrix}\begin{pmatrix}x\\ t\end{pmatrix} \tag{15}$$

其中系数矩阵是非异阵,表示变换可逆.

这样,如果我们知道运动规律 $x=x(t)$,由此可得

$$\begin{pmatrix}\tilde{x}(t)\\ \tilde{t}(t)\end{pmatrix}=\begin{pmatrix}\alpha & \beta\\ \gamma & \delta\end{pmatrix}\begin{pmatrix}x(t)\\ t\end{pmatrix} \tag{16}$$

上式表明,对于同一点,两个不同坐标系之间存在互递的关系.

现在,我们推导不同的坐标系下点的速度关系,根据(16)及求导法则,

$$\tilde{V}(\tilde{t})=\frac{\mathrm{d}\tilde{x}}{\mathrm{d}\tilde{t}}=\frac{\mathrm{d}\tilde{x}/\mathrm{d}t}{\mathrm{d}\tilde{t}\mathrm{d}t}=\frac{\alpha\dfrac{\mathrm{d}x}{\mathrm{d}t}+\beta}{\gamma\dfrac{\mathrm{d}x}{\mathrm{d}t}+\delta}=\frac{\alpha V(t)+\beta}{\gamma V(t)+\delta}$$

或简写成

$$\tilde{V}=\frac{\alpha V+\beta}{\gamma V+\delta} \tag{17}$$

在伽利略变换下,从上式得到 $\tilde{V}=V+v$. 在这种情形下,实际上承认时间是绝对的. 但是,物理试验表明,在真空中,光总以常速 C 传播,而与发光物体的运动状态无关. 这就表示,如果在 $t=\tilde{t}=0$ 在点 $x=\tilde{x}=0$ 处突然闪光,那么时间 t 在坐标系 (x,t) 中光达到的点坐标 x 满足 $x^2=(ct)^2$. 同理,$(\tilde{x})^2=(\tilde{ct})^2$.

一般地,根据某些补充的物理理由,如果 (x,t) 和 $(\tilde{x},\tilde{t})$ 在以(15)相联系的不同坐标系中对应同一事件,则

$$x^2 - c^2 t^2 = \widetilde{x}^2 - c^2 \widetilde{t}^2 \tag{18}$$

将(15)代入(18)得到四个参数 $\alpha, \beta, \gamma, \delta$ 的关系式:

$$\begin{aligned} \alpha^2 - c^2 \gamma^2 &= 1 \\ \alpha\beta - c^2 \gamma\delta &= 0 \\ \beta^2 - c^2 \delta^2 &= -c^2 \end{aligned} \tag{19}$$

这表明四个参数由三个等式联系,独立参数仅为 1 个,设 $\alpha = \cosh\varphi$,则 $\gamma = 1/c\sinh\varphi$,将 α, γ 代入 $\alpha\beta - c^2\gamma\delta = 0$ 得 $\beta = c \cdot \tanh\varphi \cdot \delta$,将 $\beta = c \cdot \tanh\varphi \cdot \delta$ 代入 $\beta^2 - c^2\delta^2 = -c^2$ 得 $\delta = \cosh\varphi$. 因此

$$\widetilde{V} = \frac{\cosh\varphi V + c\sinh\varphi}{1/c\sinh\varphi V + \cosh\varphi} \tag{20}$$

$$\begin{aligned} \widetilde{x} &= \cosh\varphi x + c\sin\varphi t \\ \widetilde{t} &= 1/c\sinh\varphi x + \cosh\varphi t \end{aligned} \tag{21}$$

最后,根据运动规律来确定参数 φ,由于 $\widetilde{x}$ 是以速度 $-v$ 相对于轴 x 运动,因此,轴上点 $\widetilde{x} = 0$ 在系统 (x,t) 中观察具有速度 $-v$. 在(21)中,令 $\widetilde{x} = 0$,得

$$x = -c \cdot \tanh\varphi t$$

所以,$-v = \dfrac{\mathrm{d}x}{\mathrm{d}t}\Big|_{\widetilde{x}=0} = -c \cdot \tanh\varphi$,

于是,$\tanh\varphi = v/c$,将 $\tanh\varphi = v/c$ 分别代入(20),(21)得

$$\widetilde{V} = \frac{V + v}{1 + \dfrac{vV}{c^2}} \tag{22}$$

$$\widetilde{x} = \frac{x + vt}{\sqrt{1 - (v/c)^2}} \tag{23}$$

$$\widetilde{t} = \frac{t + v/c^2 x}{\sqrt{1 - (v/c)^2}} \tag{24}$$

§3.3　高阶导数与高阶微分

设物体运动方程为 $s = s(t)$,则物体运动速度为 $v(t) = s'(t)$,速度在时刻 t_0 的变化率为

$$\lim_{\Delta t \to 0} \frac{v(t_0 + \Delta t) - v(t_0)}{\Delta t} = \lim_{t \to t_0} \frac{v(t) - v(t_0)}{t - t_0}$$

此为物体在时刻 t_0 的加速度. 因此,加速度是速度函数的导数,也就是路程函数 $s(t)$ 的导函数的导数,这就产生了高阶导数的概念.

定义 1　如果函数 $y = f(x)$ 的导函数 $f'(x)$ 在点 x_0 处可导,那末称 $f'(x)$ 在点 x_0 处的导数为 $f(x)$ 在点 x_0 处的二阶导数,记作 $f''(x_0)$,即

$$\lim_{\Delta x \to 0} \frac{f'(x_0 + \Delta x) - f'(x_0)}{\Delta x} = f''(x_0)$$

同时称 $f(x)$ 在点 x_0 为二阶可导.

若 $y = f(x)$ 在区间 I 上每一点都二阶可导,则得到区间上的二阶导数,记作

$$f''(x), y'', 或\frac{\mathrm{d}^2 y}{\mathrm{d}x} \quad , \quad x \in I$$

一般地,可由 $y = f(x)$ 的 $n-1$ 阶导函数定义 $f(x)$ 的 n 阶导函数(或简称 n 阶导数).

二阶及二阶以上的导数称为**高阶导数**,相应地把 $f'(x)$ 称为一阶导数;为叙述方便, $f(x)$ 称为零阶导数,并记为 $f^{(0)}(x)$. 函数 $y = f(x)$ 在点 x_0 处的 n 阶导数,记作

$$f^{(n)}(x_0) \quad , \quad y^{(n)}\big|_{x=x_0} \quad , 或\frac{\mathrm{d}^n y}{\mathrm{d}x^n}\bigg|_{x=x_0}$$

相应地,n 阶导函数记作

$$f^{(n)}(x) \quad , y^{(n)}, 或\frac{\mathrm{d}^n y}{\mathrm{d}x^n}$$

例 1　求幂函数 $y = x^n (n$ 为正整数) 的各阶导数.

解　$y' = nx^{n-1}, y'' = n(n-1)x^{n-2}, \cdots\cdots, y^{(n)} = n!, y^{(n+1)} = y^{(n+2)} = \cdots = 0.$

例 2　求 $y = \sin x$ 的 n 阶导数

解　$y' = \cos x, y'' = -\sin x, y''' = -\cos x,$ 一般地,可得

$$y^{(n)} = \sin^{(n)} x = \sin\left(x + \frac{n\pi}{2}\right)$$

同理可得 $\cos^{(n)} x = \cos\left(x + \frac{n\pi}{2}\right)$.

曲率问题　在工程中,弹性桥梁在荷载作用下产生弯曲变形,设计时需要对桥梁的允许弯曲程度有一定的限制.为了使火车能平稳地运行,火车在转弯的地方,路轨的弯曲程度也有一定的要求,这些都涉及数学的一个描述弯曲程度的概念,曲率.曲线的弯曲程度不仅与其切线方向的变化角度 $\Delta\alpha$ 的大小有关,而且还与所考察的曲线的弧长 Δs 有关,曲线的平均弯曲程度 $\bar{k} = \dfrac{\Delta\alpha}{\Delta S}$,其中 $\Delta\alpha$ 表示曲线段 $\overparen{AB}$ 上切线方向变化的角度,Δs 表示曲线段 $\overparen{AB}$ 的弧长.

定义 2　称极限

$$K = \lim_{B \to A} \left| \frac{\Delta\alpha}{\Delta s} \right| = \left| \frac{\mathrm{d}\alpha}{\mathrm{d}s} \right|$$

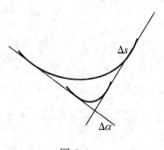

图 3-4

为曲线在 A 点的曲率,称 $\rho = \dfrac{1}{K}$ 为曲线在 A 点的曲率半径.

设曲线的参数方程为

$$\begin{cases} x = \varphi(t) \\ y = \psi(t) \end{cases}$$

记曲线在参数 t 处的切线与 x 轴正向的夹角为 α,则 $\tan\alpha = \dfrac{\mathrm{d}y}{\mathrm{d}x} = \dfrac{y'(t)}{x'(t)}$,因此

$$\alpha = \arctan\frac{y'(t)}{x'(t)}, K = \left| \frac{\mathrm{d}\alpha}{\mathrm{d}s} \right| = \left| \frac{\mathrm{d}\alpha/\mathrm{d}t}{\mathrm{d}s/\mathrm{d}t} \right| = \frac{|y''x' - x''y'|}{(x'^2 + y'^2)^{\frac{3}{2}}}$$

特别地,对于曲线 $y = f(x)$,相应曲率公式为

$$K = \frac{|y''|}{(1 + y'^2)^{\frac{3}{2}}}$$

例3 火车从直道(曲率为零)进入圆弧弯道(曲率为 $1/R$)时,应有一小段缓冲弯道,使得曲率连续地从零变到 $1/R$,保证火车平稳安全地行驶,我国一般采用三次缓冲曲线

$$y = \frac{x^3}{6R\tau}$$

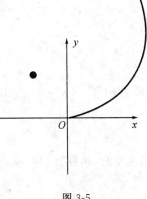

其中 τ 为缓冲弯道的弧长,试解释其原理.

图 3-5

解 设坐标负半轴部分为火车直道在原点处进入缓冲轨道,在 $A(x_0, y_0)$ 处又由缓冲进入圆弧轨道.据曲率公式,缓冲弯道曲率为

$$K = \frac{|y''|}{(1+y'^2)^{\frac{3}{2}}} = \frac{8R^2\tau^2 x}{(4R^2\tau^2 + x^4)^{\frac{3}{2}}}$$

当火车从原点到达 $A(x_0, y_0)$ 点时,曲率从 0 连续变化到

$$K_0 = \frac{|y''|}{(1+y'^2)^{\frac{3}{2}}} = \frac{8R^2\tau^2 x_0}{(4R^2\tau^2 + x_0^4)^{\frac{3}{2}}}$$

一般地 τ 较小,近似于 x_0,且相应于 R 很小,可以估算 $K_0 \sim 1/R$.

高阶导数的运算法则

设函数 $u = u(x)$、$v = v(x)$ 都为 n 阶可导,c 为常数,则函数 $u \pm v$、cu、uv n 阶可导,且有

1. $(u \pm v)^{(n)} = u^{(n)} \pm v^{(n)}$;

2. $(cu)^{(n)} = cu^{(n)}$;

3. $(uv)^{(n)} = \sum_{k=0}^{n} c_n^k u^{(n-k)} v^{(k)}$,其中 $u^{(0)} = u, v^{(0)} = v$.

公式 3 称为莱布尼茨公式,可用数学归纳法证明.

例3 设 $y = x^2 \sin x$,求 $y^{(20)}$

解 令 $u = \sin x, v = x^2$,由例 2 知道

$$(\sin x)^{(20)} = \sin(x + 20 \cdot \frac{\pi}{2}) = \sin x$$

$$(\sin x)^{(19)} = \sin(x + 19 \cdot \frac{\pi}{2}) = -\cos x$$

$$(\sin x)^{(18)} = \sin(x + 18 \cdot \frac{\pi}{2}) = -\sin x$$

因为 $v = x^2$ 的三阶以上导数均为零,所以由莱布尼茨公式有

$$y^{(20)} = \sum_{k=0}^{20} c_n^k u^{(20-k)} v^{(k)}$$

$$= x^2 \sin x + 20 \times 2x \times (-\cos x) + 190 \times 2 \times (-\sin x)$$

$$= x^2 \sin x - 40x\cos x - 380\sin x$$

例4 设 $y = y(x)$ 是由方程 $xy + e^y - 1 = 0$ 所确定的隐函数,求 y'' 及 $y''|_{x=0}$.

解 用隐函数求导法,方程两端对 x 求导,并注意 y 是 x 的函数,得

$$y + xy' + e^y y' = 0 \tag{1}$$

(1)式两端再对 x 求导,并注意 y、y' 均是 x 的函数,得

$$y' + y' + xy'' + e^y(y')^2 + e^y y'' = 0 \tag{2}$$

解出

$$y'' = -\frac{y'(2 + e^y y')}{x + e^y} \tag{3}$$

由(1)解出 $y' = -\dfrac{y}{x + e^y}$，代入(3)式得

$$y'' = -\frac{y(2x + 2e^y - ye^y)}{(x + e^y)^3} \tag{4}$$

当 $x = 0$ 时，由原方程得 $y = 0$，将它们代入(4)式，得

$$y''\big|_{x=0} = -\frac{y(2x + 2e^y - ye^y)}{(x + e^y)^3}\bigg|_x = 0$$

求由参数方程确定的函数的二阶导数，只需注意一阶导函数仍由参数方程表示：

$$\begin{cases} \dfrac{\mathrm{d}y}{\mathrm{d}x} = \dfrac{\psi'(t)}{\varphi'(t)} \\ x = \varphi(t) \end{cases}$$

对上面的参数方程再用参数方程求导法求导，得

$$\frac{\mathrm{d}^2 y}{\mathrm{d}x^2} = \frac{\mathrm{d}}{\mathrm{d}x}\left(\frac{\mathrm{d}y}{\mathrm{d}x}\right) = \frac{\mathrm{d}}{\mathrm{d}t}\left(\frac{\psi'(t)}{\varphi'(t)}\right)\frac{\mathrm{d}t}{\mathrm{d}x} = \frac{\dfrac{\mathrm{d}}{\mathrm{d}x}\left(\dfrac{\psi'(t)}{\varphi'(t)}\right)}{\dfrac{\mathrm{d}x}{\mathrm{d}t}}$$

$$= \frac{\left(\dfrac{\psi'(t)}{\varphi'(t)}\right)'}{\varphi'(t)} = \frac{\psi''(t)\varphi'(t) - \psi'(t)\varphi''(t)}{[\varphi'(t)]^3}$$

高阶微分

对于函数 $y = f(x)$，一阶微分为 $\mathrm{d}y = f'(x)\mathrm{d}x$. 定义二阶微分为

$$\mathrm{d}^2 y = \mathrm{d}(\mathrm{d}y) = f'(x + \mathrm{d}x)\mathrm{d}(x + \mathrm{d}x) - f'(x)\mathrm{d}x.$$

在导出二阶微分公式之前，先对自变量作一番考察. 如同经典时间观念，时间是均匀流逝的，所以有恒常的流逝意向或微分，即 $\mathrm{d}^2 t \equiv 0$. 同理，自变量之所以选择为自变量亦因其恒常的变化意向，或者我们干脆有下面的公设命题.

微分公设命题　x 为自变量，当且仅当 $\mathrm{d}^2 x \equiv \mathrm{d}(x + \mathrm{d}x) - \mathrm{d}x \equiv 0$.

据此命题，$\mathrm{d}^2 y = f'(x + \mathrm{d}x)\mathrm{d}(x + \mathrm{d}x) - f'(x)\mathrm{d}x = f'(x + \mathrm{d}x)\mathrm{d}x - f'(x)\mathrm{d}x$
$$= (f'(x + \mathrm{d}x) - f'(x))\mathrm{d}x = f''(x)\mathrm{d}x^2$$

归纳可证，$\mathrm{d}^n y = f^{(n)}(x)\mathrm{d}x^n$. 由此可见，$n$ 阶导数为何写成 $\dfrac{\mathrm{d}^n y}{\mathrm{d}x^n}$.

现在我们用微分法导出以 t 为参数的方程的二阶导数 $\dfrac{\mathrm{d}^2 y}{\mathrm{d}x^2}$. 对 y 二阶微分有

$$\mathrm{d}^2 y = \mathrm{d}(\psi'(t)\mathrm{d}t) = \psi''(t)\mathrm{d}t^2 + \psi'(t)\mathrm{d}^2 t \tag{5}$$

对 x 一阶、二阶微分，并注意到 x 是自变量，我们有

$$\mathrm{d}x = \varphi'(t)\mathrm{d}t \tag{6}$$
$$0 = \mathrm{d}^2 x = \varphi''(t)\mathrm{d}t^2 + \varphi'(t)\mathrm{d}^2 t \tag{7}$$

即

$$\mathrm{d}^2 t = -\frac{\varphi''(t)}{\varphi'(t)}\mathrm{d}t^2 \tag{8}$$

再将 (6)、(8) 代入 (5) 得

$$\frac{\mathrm{d}^2 y}{\mathrm{d}x^2} = \frac{\psi''(t)\varphi'(t) - \psi'(t)\varphi''(t)}{[\varphi'(t)]^3}$$

微分运算的高阶微分可去原理

设 $\varphi(x)$ 是函数,则称 $\varphi(x)\mathrm{d}x^n$ 是 n 次微分式. 设 $\omega(x)$ 是可微分函数或 n 次微分式,形式定义 $\omega(x)$ 的微分为 $d\omega(x) = \omega(x + \mathrm{d}x) - \omega(x)$. 根据形式定义,不难推出以下性质

性质 1　若 k_1, k_2 为常数,则 $\mathrm{d}(k_1\omega_1 + k_2\omega_2) = k_1\mathrm{d}\omega_1 + k_2\mathrm{d}\omega_2$

性质 2　$\mathrm{d}(\omega_1\omega_2) = \omega_2\mathrm{d}\omega_1 + \omega_1\mathrm{d}\omega_2 + \mathrm{d}\omega_1\mathrm{d}\omega_2$.

定理 4　若 $\omega(x)$ 是 n 次微分式 $\varphi(x)\mathrm{d}x^n$,则 $\mathrm{d}\omega(x) = \varphi'(x)\mathrm{d}x^{n+1}$ 为 $n+1$ 次微分式.

证明　根据性质 2,$\mathrm{d}\omega(x) = \varphi'(x)\mathrm{d}x^{n+1} + \varphi(x)\mathrm{d}(\mathrm{d}x^n) + \mathrm{d}\varphi(x)\mathrm{d}(\mathrm{d}x^n)$. 由于

$$\mathrm{d}(\mathrm{d}x^n) = (\mathrm{d}(x + \mathrm{d}x))^n - \mathrm{d}x^n = 0$$

所以,$\mathrm{d}\omega(x) = \varphi'(x)\mathrm{d}x^{n+1}$.

定理 5　在性质 2 中,实际上成立 $\mathrm{d}(\omega_1\omega_2) = \omega_2\mathrm{d}\omega_1 + \omega_1\mathrm{d}\omega_2$.

证明　设 ω_1 是 m 次微分式 ω_2 是 n 次微分式,则 $\omega_1\omega_2$ 是 $m+n$ 次微分式,根据定理 4,$\mathrm{d}(\omega_1\omega_2)$ 是 $m+n+1$ 次微分式,在性质 2 等式的右边中唯有 $\mathrm{d}\omega_1\mathrm{d}\omega_2$ 是 $m+n+2$ 次微分式,其余都是 $m+n+1$ 次微分式,因此 $\mathrm{d}(\omega_1\omega_2) = \omega_2\mathrm{d}\omega_1 + \omega_1\mathrm{d}\omega_2$.

定理 5 相当于告诉我们在微分的形式运算中,最后的高阶微分是略去的,这好像回到费马的运算,看上去相似,但我们已经有极限作基础了.

例 5　试求三铰拱在垂直于拱轴线的均布荷载作用下的合理拱轴线.

解　由图 3-6(a),荷载为非竖向荷载. 假定拱处于无弯矩状态,根据平衡条件推求合理拱轴线方程. 取一微段为隔离体如图 b. 则 $\sum M_O = 0$,即

$$F_N\rho - (F_N + \mathrm{d}F_N)(\rho + \mathrm{d}\rho) = 0$$

根据定理 5,微分运算中最后高阶微分可去原理,我们得

$$F_N\mathrm{d}\rho + \rho\mathrm{d}F_N = 0,即\ \mathrm{d}(\rho F_N) = 0$$

因此,

$$\rho F_N = C(常数) \tag{9}$$

另一方面,沿径向 $s-s$ 写出投影方程为 $2F_N\sin\dfrac{\mathrm{d}\varphi}{2} - q\rho\mathrm{d}\varphi = 0$,即

$$\frac{F_N}{q\rho} = \frac{\dfrac{\mathrm{d}\varphi}{2}}{\sin\dfrac{\mathrm{d}\varphi}{2}} = 1 \tag{10}$$

因此,

$$F_N = q\rho \tag{11}$$

将 (11) 代入 (9),即得 F_N,ρ 为常数.

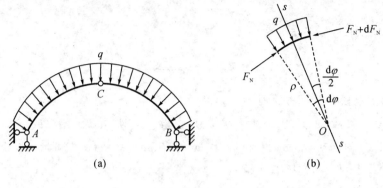

图 3-6

习题 3

1. 根据导数定义求下列函数的导数

$(1)y = 3x^2 - 5$ $(2)y = \sqrt{x}$ $(3)y = \dfrac{1}{1+x}$

2. 设物体绕定轴旋转,在时间间隔 $[0,t](t > 0)$ 转过角度 ϑ. 求物体在 $t = t_0$ 这一瞬时的角速度?

3. 设 $f(x)$ 在 $x = 3$ 处连续,且 $\lim\limits_{x \to 3} \dfrac{f(x)}{x-3} = \dfrac{1}{2}$,求 $f'(3)$.

4. 在抛物线 $y = x^2$ 上取两点:$M_1(1,1)$ 及 $M_2(3,9)$,过此两点作割线 $M_1 M_2$,问:抛物线上哪一点的切线平行于割线 $M_1 M_2$?

5. 讨论下列函数在 $x = 0$ 处的连续性和可导性.

$(1)y = x|x|$ $(2)\begin{cases} x\sin\dfrac{1}{x}, & x \neq 0 \\ 0, & x = 0 \end{cases}$ $(3)y = \begin{cases} x^2, & x \leqslant 0 \\ \sqrt{x}, & x > 0 \end{cases}$

6. 构造一个仅在一点处可导的函数.

7. 求下列函数在指定点的导数:

(1) 设 $f(x) = 3x^4 + 2x^3 + 5$,求 $f'(0), f'(1)$

(2) 设 $f(x) = \dfrac{x}{\cos x}$,求 $f'(0), f'(\pi)$

8. 求下列函数的导数:

$(1)y = (x+1)(x+2)(x+3)$ $(2)y = \dfrac{\tan x}{e^x}$

$(3)y = x^2 \ln x$ $(4)y = e^{-x}\sin 2x$

$(5)y = \dfrac{1 - \ln x}{1 + \ln x}$ $(6)y = (\sqrt{x} + 1)\arctan x$

$(7)y = (x^2 - x + 1)^{2012}$ $(8)y = \ln(\sin(x^2 + x + 1))$

(9) $y = \left(\dfrac{x}{1+x}\right)^x$.

(10) $y = \sqrt{\dfrac{x^2 - x + 1}{\sqrt{x^2 + 4}}}$

(11) $y = \sqrt{x^2 + 1} \cdot e^{x^2}$

(12) $y = \ln \dfrac{\sqrt{x} - 1}{\sqrt{x} + 1}$

(13) $y = x\sqrt{1 - x^2} + \arcsin x$

(14) $y = \sin(e^{2\sqrt{x+1}} + x + 1)$

9. 求下列隐函数 $y = y(x)$ 的导数：

(1) $(2x + y)^3 = x + 5$

(2) $xy - e^x + e^y = 0$

(3) $y = x + \ln y$

(4) $y - x - \varepsilon \sin y = 0$

10. 求下列参数方程所确定的函数 $y = y(x)$ 的导数：

1) $\begin{cases} x = a\cos t \\ y = a\sin t \end{cases}$

2) $\begin{cases} x = \sin t \\ y = \cos 2t \end{cases}$

3) $\begin{cases} x = \dfrac{t}{1+t} \\ y = \dfrac{1-t}{1+t} \end{cases}$

4) $\begin{cases} x = \cos^4 t \\ y = \sin^4 t \end{cases}$

11. 已知 $y = f(\sin^2 x) + f(\cos^2 x)$，求 $y'\left(\dfrac{\pi}{2}\right)$.

12. 求下列函数的微分：

(1) $y = \sqrt{1 - x^2}$

(2) $y = \ln(x + \sqrt{x^2 - a^2})$

(3) $y = e^{\cos(x^3 + x + 1)}$

(4) $y = \dfrac{x^2 + 1}{x + 1}$

(5) $y = \arcsin\sqrt{x + 1}$

(6) $xy = a^2$

13. 求由下列方程所确定的隐函数 $y = y(x)$ 的微分：

(1) $y - x - \ln y = 0$

(2) $xe^y - y + 1 = 0$

(3) $x^2 + y^2 + xy - 4 = 0$

(4) $e^y - xy = 0$

14. 计算下列近似值

(1) $\sqrt[3]{1.03}$

(2) $e^{0.05}$

(3) $\cos 60°20'$

15. 求下列函数的二阶导数：

(1) $y = x^3 + 5x^2 - 2x + 7$

(2) $y = \dfrac{x^2}{\sqrt{1 + x}}$

(3) $y = x^5 \ln x$

(4) $y = x^2 e^{5x}$

(5) $e^y = xy$

(6) $y = e^{-x^2} \arcsin x$

(7) $y^3 + y^2 - 2x = 0$

(8) $xy - \tan(x + y) = 0$

16. 求下列函数的 n 阶导数 $y^{(n)}$：

(1) $y = \dfrac{1}{x}$

(2) $y = xe^x$

(3) $y = \ln(1 + x)$

17. 求下列由参数方程所确定的函数 $y = y(x)$ 的二阶导数：

(1) $\begin{cases} x = at^2 \\ y = bt^3 \end{cases}$ （a, b 为非零常数）

(2) $\begin{cases} x = a\cos^3 t \\ y = a\sin^3 t \end{cases}$ （$a > 0$ 常数）

18. 正午12点,甲船以6km/h的速度向东行驶,已船在甲船的北面16km处以8km/h的速度向南行驶,求下午一点整两船距离的变化速度.

19. 有四个完全相同的钢球,每个重量为W,现将其中三个球平放在水平桌面上,摆成品字形,外围用丝线扎紧,再将第四个球放在前三个球上部,问丝线中的张力多大?

第四章　微分中值定理及其应用

§4.1　微分中值定理

函数的极值性质、函数曲线的几何性态以及复杂的函数极限计算都有赖于微分学的一些基本定理,即微分中值定理.

定义 1　设在点 x_0 的 δ 邻域,恒有 $f(x_0) \leqslant f(x)(f(x_0) \geqslant f(x))$,则称 $f(x_0)$ 为函数 $f(x)$ 的**极小值(极大值)**,称点 x_0 为**极小值点(极大值点)**. 极大值与极小值统称为**极值**,极大值点与极小值点统称为**极值点**.

定理 1(费马定理)　设 x_0 是函数 $f(x)$ 的一个极值点,且 $f(x)$ 在点 x_0 处可导,则 $f'(x_0) = 0$.

证明　仅就极大值情况证明. 由左右导数定义,有

$$f'_-(x_0) = \lim_{x \to x_0-} \frac{f(x) - f(x_0)}{x - x_0}$$

$$f'_+(x_0) = \lim_{x \to x_0+} \frac{f(x) - f(x_0)}{x - x_0}$$

由于 x_0 是函数 $f(x)$ 的一个极大值点,因此在点 x_0 的 δ 邻域,均有 $f(x_0) \geqslant f(x)$. 所以

$$f'_-(x_0) \geqslant 0, f'_+(x_0) \leqslant 0$$

又因为 $f(x)$ 在点 x_0 处可导,故 $f'(x_0) = f'_-(x_0) = f'_+(x_0) = 0$.

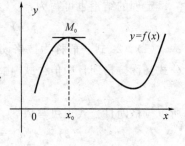

图 4-1

导函数 $f'(x)$ 为零的点称为函数 $f(x)$ 的**驻点**或**稳定点**.

定理 2(罗尔定理)　若函数 $f(x)$ 满足下列条件:

(1) 在闭区间 $[a,b]$ 上连续;

(2) 在开区间 (a,b) 内可导;

(3) $f(a) = f(b)$.

则在 (a,b) 内至少存在一点 ξ,使得 $f'(\xi) = 0$.

证明　据假设 $f(x)$ 在闭区间 $[a,b]$ 上连续,因此在闭区间 $[a,b]$ 上必达最小值 m 与最大值 M. 无妨设 $m < M$,否则,$f(x)$ 在闭区间上将是恒值函数. 那么,m 与 M 中至少有一个与端点值不等,不妨假设 $M \neq f(a) = f(b)$. 于是存在 $\xi \in (a,b)$,使得 $f(\xi) = M$. 又据假设条件 2,函数在开区间 (a,b) 内可导,因此 ξ 必为极大值点,由费马定理,$f'(\xi) = 0$.

罗尔定理的几何意义:在定理所设的条件下,必有 $\xi \in (a,b)$ 使曲线 $y = f(x)$ 在点

$(\xi, f(\xi))$ 处的切线与 x 轴平行即与曲线两个端点 $A(a, f(a))$ 与 $B(b, f(b))$ 的连线 AB 平行. 当然,满足条件的 ξ 可能不止一个(见图 4-2).

定理 3 (拉格朗日中值定理)若函数满足下列条件:

(1) 在闭区间 $[a, b]$ 上连续;

(2) 在开区间 (a, b) 内可导.

则在 (a, b) 内至少存在一点 ξ,使得

$$f'(\xi) = \frac{f(b) - f(a)}{b - a} \qquad (1)$$

图 4-2

证明 构造辅助函数

$$F(x) = f(x) - \frac{f(b) - f(a)}{b - a}(x - a) - f(a)$$

则易验证 $F(x)$ 满足罗尔定理的条件,于是由罗尔定理,存在 $\xi \in (a, b)$,使 $F'(\xi) = 0$. 又

$$F'(x) = f'(x) - \frac{f(b) - f(a)}{b - a}, x \in (a, b);$$

所以

$$f'(\xi) = \frac{f(b) - f(a)}{b - a}$$

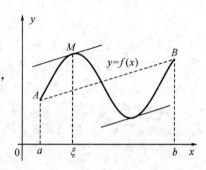

图 4-3

定理的结论也可写为:

$$f(b) - f(a) = f'(\xi)(b - a), \xi \in (a, b) \qquad (2)$$

(1)、(2)式一般称为拉格朗日公式. 由于 ξ 是介于 a 与 b 之间的某一定数,所以拉格朗日公式又称拉格朗日中值公式. 由于 $\xi \in (a, b)$,因而总可找到某个 $\theta \in (0, 1)$,使得

$$\xi = a + \theta(b - a)$$

所以拉格朗日公式也可写成

$$f(b) - f(a) = f'(a + \theta(b - a))(b - a), \quad (0 < \theta < 1) \qquad (3)$$

若记 a 为 x,$b - a$ 为 Δx,则上式又可表示为

$$f(x + \Delta x) - f(x) = f'(x + \theta \Delta x)\Delta x, \quad (0 < \theta < 1) \qquad (4)$$

推论 1 设 $f(x)$ 在 (a, b) 内可导,且 $f'(x) \equiv 0$,则在 (a, b) 内 $f(x)$ 恒为常数.

证明 任取 $x_1, x_2 \in (a, b)$,由拉格朗日中值定理,存在介于 x_1 与 x_2 之间的点 ξ,使

$$f(x_2) - f(x_1) = f'(\xi)(x_2 - x_1) = 0$$

所以 $f(x_2) = f(x_1)$,即 $f(x)$ 在任意两点的函数值都相等,所以 $f(x)$ 在 (a, b) 内恒为常数.

推论 2 设 $f(x), g(x)$ 在 (a, b) 内可导,且 $f'(x) \equiv g'(x)$,则在 (a, b) 内 $f(x)$ 与 $g(x)$ 至多相差一常数.

例 1 证明:$\cos^4 x + \sin^4 x = \dfrac{\cos 4x}{4} + \dfrac{3}{4}$.

证明 容易验证等式两边的导数相等,因此

$$\cos^4 x + \sin^4 x = \frac{\cos 4x}{4} + C$$

将 $x = 0$ 代入上式得 $C = \dfrac{3}{4}$.

定理 4(柯西定理) 设函数 $f(x)$、$g(x)$ 满足如下条件：

(1) 在 $[a,b]$ 上连续；

(2) 在 (a,b) 内可导，且 $g'(x) \neq 0$.

则至少存在一点 $\xi \in (a,b)$，使

$$\frac{f(b) - f(a)}{g(b) - g(a)} = \frac{f'(\xi)}{g'(\xi)} \tag{7}$$

证明 显然 $g(b) \neq g(a)$，否则 $g(x)$ 在 $[a,b]$ 上将满足罗尔定理的三个条件，从而存在 $\eta \in (a,b)$，使 $g'(\eta) = 0$. 这与 $g'(x) \neq 0$ 相矛盾.

类似于拉格朗日中值定理的证明，构造辅助函数

$$\varphi(x) = f(x) - \frac{f(b) - f(a)}{g(b) - g(a)}(g(x) - g(a)) - f(a), \quad x \in [a,b]$$

容易验证，$\varphi(x)$ 在 $[a,b]$ 中满足罗尔定理的三个条件，则必有 $\xi \in (a,b)$，使 $\varphi'(\xi) = 0$. 从而有

$$\varphi'(\xi) = f'(\xi) - \frac{f(b) - f(a)}{g(b) - g(a)}g'(\xi) = 0$$

即得定理结论：

$$\frac{f(b) - f(a)}{g(b) - g(a)} = \frac{f'(\xi)}{g'(\xi)}$$

显然，当 $g(x) = x$ 时，公式(7) 即为拉格朗日公式. 柯西定理也常称为柯西中值定理.

§4.2 函数的多项式局部拟合 —— 泰勒公式

多项式是由加、减和乘法运算构造出来的最简单的一种函数，为人们所熟知. 因此用多项式来逼近一个函数，是很自然的想法. 当函数 $f(x)$ 在点 x_0 可微时，$f(x)$ 有以下一次近似公式

$$f(x) \approx f(x_0) + f'(x_0)(x - x_0) \tag{8}$$

当 $x \to x_0$ 时，其误差为 $(x - x_0)$ 的高阶无穷小量. 但是当 $|x - x_0|$ 并不很小时，误差会较大. 我们希望找到更精确的近似公式，于是将余量 $f(x) - [f(x_0) + f'(x_0)(x - x_0)]$ 与 $(x - x_0)^2$ 再做比较，得

$$\lim_{x \to x_0} \frac{f(x) - [f(x_0) + f'(x_0)(x - x_0)]}{(x - x_0)^2} = \lim_{x \to x_0} \frac{f'(x) - f'(x_0)}{2(x - x_0)} = \frac{1}{2}f''(x_0)$$

这说明 $\dfrac{f(x) - [f(x_0) + f'(x_0)(x - x_0)]}{(x - x_0)^2} - \dfrac{1}{2}f''(x_0)$ 乃是一无穷小量，因此

$$f(x) - [f(x_0) + f'(x_0)(x - x_0)] - \frac{1}{2}f''(x_0)(x - x_0)^2 = o((x - x_0)^2)$$

由以上等式得 $f(x)$ 的二次近似公式

$$f(x) \approx f(x_0) + f'(x_0)(x - x_0) + \frac{1}{2}f''(x_0)(x - x_0)^2 \tag{9}$$

误差为 $o((x-x_0)^2)$. 倘使 $f(x)$ 有足够的光滑性,这个过程可持续进行,将得到越来越精细的近似公式.

带有佩亚诺余项的泰勒公式

定理 5　若函数 $f(x)$ 在点 x_0 存在直至 n 阶导数,则存在点 x_0 的某个邻域,对于任意 x 有

$$f(x) = f(x_0) + f'(x_0)(x-x_0) + \frac{f''(x_0)}{2!}(x-x_0)^2 + \cdots$$

$$+ \frac{f^{(n)}(x_0)}{n!}(x-x_0)^n + o((x-x_0)^n) \tag{10}$$

证明从略.

(10) 式称为函数 $f(x)$ 在点 x_0 处的 **n 阶泰勒公式**,$R_n(x) = o((x-x_0)^n)$ 称为**佩亚诺余项**,所以(10)式又称带有佩亚诺余项的 n 阶泰勒公式.

若在公式(10) 中取 $x_0 = 0$,则有

$$f(x) = f(0) + f'(0)x + \frac{f''(0)}{2!}x^2 + \cdots$$

$$+ \frac{f^{(n)}(0)}{n!}x^n + o((x^n)) \tag{11}$$

公式(11) 也常称为(带有佩亚诺余项的)n 阶麦克劳林(Maclaurin) 公式.

据定理 5,可写出下述基本公式

(1) $e^x = 1 + x + \frac{x^2}{2!} + \cdots + \frac{x^n}{n!} + o(x^n)$

(2) $\sin x = x - \frac{x^3}{3!} + \frac{x^5}{5!} + \cdots + (-1)^{m-1}\frac{x^{2m-1}}{(2m-1)!} + o(x^{2m})$

(3) $\cos x = 1 - \frac{x^2}{2!} + \frac{x^4}{4!} + \cdots + (-1)^m\frac{x^{2m}}{(2m)!} + o(x^{2m+1})$

(4) $\ln(1+x) = x - \frac{x^2}{2} + \frac{x^3}{3} + \cdots + (-1)^{n-1}\frac{x^n}{n} + o(x^n)$

(5) $(1+x)^\alpha = 1 + \alpha x + \frac{\alpha(\alpha-1)}{2!}x^2 + \cdots + \frac{\alpha(\alpha-1)\cdots(\alpha-n+1)}{n!}x^n + o(x^n)$

带有拉格朗日余项的泰勒公式

定理 6(泰勒定理)　若函数 $f(x)$ 在 $[a,b]$ 上存在直至 n 阶连续导函数,在 (a,b) 内存在 $n+1$ 阶导函数,则对任意给定的 x、$x_0 \in [a,b]$,至少存在介于 x 与 x_0 之间的一点 ξ,使得

$$f(x) = f(x_0) + f'(x_0)(x-x_0) + \frac{f''(x_0)}{2!}(x-x_0)^2 + \cdots$$

$$+ \frac{f^{(n)}(x_0)}{n!}(x-x_0)^n + \frac{f^{(n+1)}(\xi)}{(n+1)!}(x-x_0)^{n+1} \tag{12}$$

证明从略.

公式(12) 同样称为 n 阶泰勒公式. 它的余项为

$$R_n = \frac{f^{(n+1)}(\xi)}{(n+1)!}(x-x_0)^{n+1} \tag{13}$$

其中 ξ 介于 x 与 x_0 之间,或 $\xi = x_0 + \theta(x-x_0)$　$(0 < \theta < 1)$ 称为拉格朗日余项.所以(12)式又称为带有拉格朗日余项的泰勒公式.

当 $x_0 = 0$ 时,泰勒公式(12)为:

$$f(x) = f(0) + f'(0)x + \frac{f''(0)}{2!}x^2 + \cdots + \frac{f^{(n)}(0)}{n!}x^n + \frac{f^{(n+1)}(\theta x)}{(n+1)!}x^{n+1} \quad (0 < \theta < 1)$$

(14)

公式(14)也称为(带有拉格朗日余项的) n 阶麦克劳林公式.

据定理 6 我们又有带拉格朗日余项的基本公式

(1) $e^x = 1 + x + \frac{x^2}{2!} + \cdots + \frac{x^n}{n!} + \frac{e^{\theta x}}{(n+1)!}x^{n+1}$

(2) $\sin x = x - \frac{x^3}{3!} + \frac{x^5}{5!} + \cdots + (-1)^{m-1}\frac{x^{2m-1}}{(2m-1)!} + (-1)^m\frac{\cos\theta x}{(2m+1)!}x^{2m+1}$

(3) $\cos x = 1 - \frac{x^2}{2!} + \frac{x^4}{4!} + \cdots + (-1)^m\frac{x^{2m}}{(2m)!} + (-1)^{m+1}\frac{\cos\theta x}{(2m+2)!}x^{2m+2}$

(4) $\ln(1+x) = x - \frac{x^2}{2} + \frac{x^3}{3} + \cdots (-1)^{n-1}\frac{x^n}{n} + (-1)^n\frac{x^{n+1}}{(n+1)(1+\theta x)^{n+1}}$

(5) $(1+x)^\alpha = 1 + \alpha x + \frac{\alpha(\alpha-1)}{2!}x^2 + \cdots + \frac{\alpha(\alpha-1)\cdots(\alpha-n+1)}{n!}x^n$

$\qquad + \frac{\alpha(\alpha-1)\cdots(\alpha-n)}{(n+1)!}(1+\theta x)^{\alpha-n-1}x^{n+1}$

例1 求 $\lim\limits_{x\to 0}\dfrac{\sin x - \ln(1+x)}{x^2}$

解 由函数 $\sin x$ 及 e^x 的麦克劳林公式,有

$$\sin x = x + o(x^2), \ln(1+x) = x - \frac{x^2}{2} + o(x^2)$$

从而

$$\lim_{x\to 0}\frac{\sin x - \ln(1+x)}{x^2} = \lim_{x\to 0}\frac{\frac{x^2}{2} + o(x^2)}{x^2} = \frac{1}{2}$$

例2 计算 e 的值,使其误差不超过 10^{-6}.

解 由 e^x 的泰勒公式,当取 $x = 1$ 时,有

$$e = 1 + 1 + \frac{1}{2!} + \frac{1}{3!} + \cdots + \frac{1}{n!} + \frac{e^\theta}{(n+1)!}(0 < \theta < 1)$$

(15)

余项 $|R_n(1)| = R_n(1) = \dfrac{e^\theta}{(n+1)!} < \dfrac{3}{(n+1)!}$,当 $n = 9$ 时,便有

$$|R_9(1)| = \frac{3}{10!} < \frac{3}{3628800} < 10^{-6}$$

因此,在(15)式中取 $n = 9$,略去 $R_9(1)$,得 e 的近似值,其误差超过 10^{-6},即

$$e \approx 1 + 1 + \frac{1}{2!} + \frac{1}{3!} + \cdots + \frac{1}{9!}$$

$$\approx 2.718285$$

§4.3 不定式极限

在无穷小(大)量阶的比较时,遇到过无穷小(大)量之比的极限.此类极限可能存在,也

可能不存在. 我们将这种类型的极限通称为**不定式极限**, 分别记为 $\dfrac{0}{0}$ 型, 或 $\dfrac{\infty}{\infty}$ 型. 现以导数、微分中值定理为工具研究不定式极限, 这种方法称为洛必达法则.

一、$\dfrac{0}{0}$ 型的洛必达法则

定理 1　设函数 $f(x)$ 和 $g(x)$ 满足:

(1) $\lim\limits_{x \to x_0} f(x) = \lim\limits_{x \to x_0} g(x) = 0$

(2) 在点 x_0 的某个空心邻域 $U^{\circ}(x_0)$ 内两者都可导, 且 $g'(x) \neq 0$

(3) $\lim\limits_{x \to x_0} \dfrac{f'(x)}{g'(x)} = A$　(或 ∞),

则　$\lim\limits_{x \to x_0} \dfrac{f(x)}{g(x)} = \lim\limits_{x \to x_0} \dfrac{f'(x)}{g'(x)} = A$(或 ∞).

证明　补充定义 $f(x_0) = g(x_0) = 0$, 使得 $f(x)$ 和 $g(x)$ 在点 x_0 处连续.

任取 $x \in U^{\circ}(x_0)$, 在区间 $[x_0, x]$(或 $[x, x_0]$)上应用柯西定理, 存在 $\xi \in (x_0, x)$(或 $\xi \in (x, x_0)$), 有

$$\frac{f(x)}{g(x)} = \frac{f(x) - f(x_0)}{g(x) - g(x_0)} = \frac{f'(\xi)}{g'(\xi)}$$

当令 $x \to x_0$ 时, $\xi \to x_0$. 对上式两边取极限,

$$\lim_{x \to x_0} \frac{f(x)}{g(x)} = \lim_{\xi \to x_0} \frac{f'(\xi)}{g'(\xi)} = A(\text{或} \infty)$$

改 ξ 为 x, 即得

$$\lim_{x \to x_0} \frac{f(x)}{g(x)} = \lim_{x \to x_0} \frac{f'(x)}{g'(x)} = A(\text{或} \infty)$$

注　若将定理 1 中的 $x \to x_0$ 换成 $x \to x_0^+$, $x \to x_0^-$, $x \to \pm\infty$, $x \to \infty$, 只要相应地修正条件 (2) 中的邻域, 也可得到与定理 1 同样的结论.

例 1　求 $\lim\limits_{x \to 0} \dfrac{e^x - (1 + 2x)^{\frac{1}{2}}}{\ln(1 + x^2)}$

解　首先利用 $\ln(1 + x^2) \sim x^2$, 得

$$\lim_{x \to 0} \frac{e^x - (1 + 2x)^{\frac{1}{2}}}{\ln(1 + x^2)} = \lim_{x \to 0} \frac{e^x - (1 + 2x)^{\frac{1}{2}}}{x^2} = \lim_{x \to 0} \frac{e^x - (1 + 2x)^{-\frac{1}{2}}}{2x}$$

$$= \lim_{x \to 0} \frac{e^x + (1 + 2x)^{-\frac{3}{2}}}{2} = \frac{2}{2} = 1$$

例 2　求 $\lim\limits_{x \to +\infty} \dfrac{\pi - 2\arctan x}{\sin \dfrac{1}{x}}$

解　这是 $\dfrac{0}{0}$ 型, 用洛必达法则, 得:

$$\lim_{x \to +\infty} \frac{\pi - 2\arctan x}{\sin \dfrac{1}{x}} = \lim_{x \to +\infty} \frac{-\dfrac{2}{1 + x^2}}{\cos \dfrac{1}{x} \left(-\dfrac{1}{x^2}\right)} = \lim_{x \to +\infty} \frac{2x^2}{1 + x^2} \cdot \lim_{x \to +\infty} \sec \frac{1}{x} = 2$$

二、$\dfrac{\infty}{\infty}$ 型的洛必达法则

定理 2　设 $f(x)$ 和 $g(x)$ 满足：

(1) $\lim\limits_{x \to x_0} f(x) = \lim\limits_{x \to x_0} g(x) = \infty$

(2) 在点 x_0 的某空心领域 $U^0(x_0)$ 内两者都可导，且 $g'(x) \neq 0$

(3) $\lim\limits_{x \to x_0} \dfrac{f'(x)}{g'(x)} = A$（或 ∞），则

$$\lim_{x \to x_0} \frac{f(x)}{g(x)} = \lim_{x \to x_0} \frac{f'(x)}{g'(x)} = A（或 \infty）$$

证明从略.

例 3　求 $\lim\limits_{x \to +\infty} \dfrac{e^x}{x^{100}}$

解　$\lim\limits_{x \to +\infty} \dfrac{e^x}{x^{100}} = \lim\limits_{x \to +\infty} \dfrac{e^x}{100 x^{99}} = \cdots = \lim\limits_{x \to +\infty} \dfrac{e^x}{100!} = +\infty$

三、可化为 $\dfrac{0}{0}$ 型或 $\dfrac{\infty}{\infty}$ 型的极限

$\dfrac{0}{0}$ 型或 $\dfrac{\infty}{\infty}$ 型称为基本的不定式，其他类型的不定式如：$0 \cdot \infty$ 型，$\infty - \infty$ 型，∞^0 型，1^{∞} 型，0^0 型，都可以化为 $\dfrac{0}{0}$ 型或 $\dfrac{\infty}{\infty}$ 型.

(1) $0 \cdot \infty$ 型，可化成 $\dfrac{1}{\infty} \cdot \infty$，即 $\dfrac{\infty}{\infty}$ 型，也可化为 $0 \cdot \dfrac{1}{0}$，即 $\dfrac{0}{0}$ 型.

例 4　求 $\lim\limits_{x \to 0^+} x \ln x$

解　这是 $0 \cdot \infty$ 型，$\lim\limits_{x \to 0^+} x \ln x = \lim\limits_{x \to 0^+} \dfrac{\ln x}{\dfrac{1}{x}}$　$\left(\dfrac{\infty}{\infty} \text{型}\right)$. 用洛比达法则得

$$\lim_{x \to 0^+} \frac{\ln x}{\dfrac{1}{x}} = \lim_{x \to 0^+} \frac{\dfrac{1}{x}}{-\dfrac{1}{x^2}} = \lim_{x \to 0^+} (-x) = 0$$

即

$$\lim_{x \to 0^+} x \ln x = 0$$

(2) $\infty - \infty$ 型，它可看为 $\dfrac{1}{0} - \dfrac{1}{0}$ 型，再通分化成 $\dfrac{0}{0}$ 型.

例 5　求 $\lim\limits_{x \to 1} \left(\dfrac{1}{\ln x} - \dfrac{1}{x-1}\right)$

解　这是 $\infty - \infty$ 型，化为 $\dfrac{0}{0}$ 型.

$$\lim_{x \to 1} \left(\frac{1}{\ln x} - \frac{1}{x-1}\right) = \lim_{x \to 1} \frac{x - 1 - \ln x}{(x-1)\ln x}　\left(\frac{0}{0} \text{型}\right)$$

$$= \lim_{x \to 1} \frac{1 - \dfrac{1}{x}}{\ln x + 1 - \dfrac{1}{x}} = \lim_{x \to 1} \frac{x-1}{x \ln x + x - 1} = \lim_{x \to 1} \frac{1}{\ln x + 2} = \frac{1}{2}$$

(3)∞^0 型,1^∞ 型,0^0 型

这三类均为幂指函数的极限. 它们也都可经过适当变换化为 $\frac{0}{0}$ 型或$\frac{\infty}{\infty}$ 型.

例6 $\lim\limits_{x\to 0^+}(\sin x)^{\frac{3}{1+\ln x}}$

解 这是 0^0 型不定式,作恒等变形

$$(\sin x)^{\frac{3}{1+\ln x}} = e^{\frac{3\ln\sin x}{1+\ln x}}$$

因为

$$\lim_{x\to 0^+}\frac{3\ln\sin x}{1+\ln x} = \lim_{x\to 0^+}\frac{\dfrac{3\cos x}{\sin x}}{\dfrac{1}{x}} = \lim_{x\to 0^+}3\cos x\,\frac{x}{\sin x} = 3$$

所以,$\lim\limits_{x\to 0^+}(\sin x)^{\frac{3}{1+\ln x}} = e^3$.

例7 求 $\lim\limits_{x\to+\infty}\dfrac{4x+\cos x}{2x}$

解 本例是$\frac{\infty}{\infty}$ 型,当 $x\to+\infty$ 时,$\dfrac{(4x+\cos x)'}{(2x)'} = \dfrac{4-\sin x}{2}$ 的极限不存在. 但不能由此得出原极限 $\lim\limits_{x\to+\infty}\dfrac{4x+\cos x}{2x}$ 不存在的结论. 事实上,原极限是存在的,

$$\lim_{x\to+\infty}\frac{4x+\cos x}{2x} = \lim_{x\to+\infty}\frac{4+\dfrac{\cos x}{x}}{2} = 2$$

§4.4 函数的性质

函数的单调性

定理1 设函数 $y=f(x)$ 在$[a,b]$上连续,在(a,b) 内可导,则函数 $f(x)$ 在$[a,b]$上单调增加(或单调减少)的充要条件是:

$$f'(x)\geqslant 0(\text{或 } f'(x)\leqslant 0),x\in(a,b).$$

证明: 我们仅就单调增加的情况加以证明.

必要性 设 $f(x)$ 在$[a,b]$上单调增加. $\forall x\in(a,b)$,取 $x+\Delta x\in[a,b]$,则当 $\Delta x>0$ 时,$f(x+\Delta x)-f(x)\geqslant 0$;当 $\Delta x<0$ 时,$f(x+\Delta x)-f(x)\leqslant 0$. 从而不论 $\Delta x>0$ 或 $\Delta x<0$,均有

$$\frac{f(x+\Delta x)-f(x)}{\Delta x}\geqslant 0$$

由于 $f(x)$ 在 x 处可导,则由极限的保号性,有

$$f'(x) = \lim_{\Delta x\to 0}\frac{f(x+\Delta x)-f(x)}{\Delta x}\geqslant 0$$

充分性 设 $f'(x)\geqslant 0,x\in(a,b)$,$\forall x_1,x_2\in[a,b]$,且 $x_1<x_2$,则对函数 $f(x)$ 在 $[x_1,x_2]$ 上应用拉格朗日中值定理,有 $\xi\in(x_1,x_2)\subset(a,b)$,使

$$f(x_2) - f(x_1) = f'(\xi)(x_2 - x_1) \geqslant 0$$

故 $f(x_2) \geqslant f(x_1)$，即 $f(x)$ 在 $[a,b]$ 上单调增加.

推论 1　设函数 $f(x)$ 在 $[a,b]$ 上连续，(a,b) 内可导.如果在 (a,b) 内 $f'(x) > 0$（或 $f'(x) < 0$），则 $f(x)$ 在 $[a,b]$ 上严格单调增加（或严格单调减少）.

注　推论中的 $f'(x) > 0$（或 $f'(x) < 0$），是函数在 $[a,b]$ 上严格单调增加（或严格单调减少）的充分条件，而不是必要条件.如果在 (a,b) 内 $f'(x) \geqslant 0$（或 $f'(x) \leqslant 0$），等号只在有限多个点处成立，则 $f(x)$ 在 $[a,b]$ 上仍严格单调增加（或严格单调减少）.

设函数 $f(x)$ 的定义域为 D，若 $f(x)$ 在区间 $I(I \subset D)$ 上单调增加（或单调减少），则区间 I 称为函数的单调增加（或单调减少）区间；单调增加区间与单调减少区间统称为**单调区间**.

例 1　讨论函数 $f(x) = e^x - x + 2$ 的单调性.

解　函数 $f(x)$ 在其定义域 $(-\infty, +\infty)$ 内有连续导数 $f'(x) = e^x - 1$，因当 $x \in (-\infty, 0)$ 时，$f'(x) < 0$，则 $f(x)$ 在 $(-\infty, 0]$ 上（严格）单调减少；当 $x \in (0, +\infty)$ 时，$f'(x) > 0$，则 $f(x)$ 在 $[0, +\infty)$ 上（严格）单调增加.

一般地，如果函数 $f(x)$ 在定义域上连续，除去有限个导数不存在的点外导数存在且连续，那么只要用驻点及导数不存在的点把函数 $f(x)$ 的定义域划分成若干个子区间，那么就能保证 $f(x)$ 在每个子区间上单调.

例 2　确定函数 $f(x) = 3x - x^3$ 的单调区间.

解　$f(x)$ 的定义域是 $(-\infty, +\infty)$，且 $f(x)$ 在 $(-\infty, +\infty)$ 内具有连续导数 $f'(x) = 3 - 3x^2$.

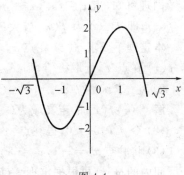

图 4-4

令 $f'(x) = 3(1+x)(1-x) = 0$，得两个驻点：$x_1 = -1$ 及 $x_2 = 1$.驻点 $x_1 = -1$ 及 $x_2 = 1$ 把 $f(x)$ 的定义域 $(-\infty, +\infty)$ 分成三个子区间：$(-\infty, -1)$，$(-1, 1)$ 及 $(1, +\infty)$.于是得函数 $f(x)$ 的单调区间如下表：

x	$(-\infty, -1)$	-1	$(-1,1)$	1	$(1, +\infty)$
$f'(x)$	$-$	0	$+$	$-$	$-$
$f(x)$	↘	-2	↗	2	↘

§4.5　函数的极值

函数极值是函数的一种局部性质，它只是和极值点两侧附近点的函数值相比较而言，并不意味着它是函数在整个定义域内的最大值或最小值.

除了用定义外，如何判定函数的极值？

1. 极值点的必要条件

费马定理告诉我们，可导函数的极值点必是驻点.此外，函数在它的导数不存在的点也可能取得极值.如函数 $f(x) = |x|$，在点 $x = 0$ 处取极小值.

定理 2(极值点的必要条件) 函数的极值点必为函数的驻点或不可导的点.

我们常把 $f(x)$ 的驻点及不可导的点统称为 $f(x)$ 的极值可疑点. 显然, 极值可疑点未必是极值点. 例如: $f(x) = x^3$, $x = 0$ 是驻点, 但不是极值点.

2. 极值点的充分条件

定理 3(第一充分条件) 设函数 $f(x)$ 在 $U(x_0, \delta)$ 内连续, 在 $U^0(x_0, \delta)$ 内可导.

(1) 若当 $x \in (x_0 - \delta, x_0)$ 时, $f'(x) > 0$, 而当 $x \in (x_0, x_0 + \delta)$ 时, $f'(x) < 0$(即 $f'(x)$ 由 "+" 变 "−"), 则函数 $f(x)$ 在点 x_0 处取极大值.

(2) 若当 $x \in (x_0 - \delta, x_0)$ 时, $f'(x) < 0$, 而当 $x \in (x_0, x_0 + \delta)$ 时, $f'(x) > 0$(即 $f'(x)$ 由 "−" 变 "+"), 则函数 $f(x)$ 在点 x_0 处取极小值.

(3) 若当 $x \in U^0(x_0, \delta)$ 时, 恒有 $f'(x) > 0$ 或 $f'(x) < 0$(即 $f'(x)$ 不变号), 则函数 $f(x)$ 在点 x_0 处无极值.

证明 我们仅对(1)给予证明, 其余请读者自行证明.

当 $x \in (x_0 - \delta, x_0)$ 时, $f'(x) > 0$, 则 $f(x)$ 在 $(x_0 - \delta, x_0)$ 内(严格)单调增加, 而 $f(x)$ 在 x_0 连续, 所以 $x \in (x_0 - \delta, x_0)$ 时, 有 $f(x_0) > f(x)$.

同理可知, 当 $x \in (x_0, x_0 + \delta)$ 时有 $f(x_0) > f(x)$. 因此, 对 $\forall x \in U(x_0, \delta)$, 总有 $f(x_0) \geqslant f(x)$, 即 $f(x_0)$ 为 $f(x)$ 极大值.

本定理不要求 $f(x)$ 在点 x_0 处可导, 只要求在点 x_0 处连续, 在点 x_0 的两侧可导. 当然, 若 $f(x)$ 在点 x_0 处取极值, 则 x_0 必须是 $f(x)$ 的驻点或不可导点.

例 3 求函数 $f(x) = x^3 - 3x^2 - 9x + 5$ 的极值.

解 (1) $f(x)$ 的定义域为 $(-\infty, +\infty)$, 且 $f'(x) = 3x^2 - 6x - 9 = 3(x+1)(x-3)$.

(2) 令 $f'(x) = 0$, 得驻点: $x_1 = -1$, $x_2 = 3$.

(3) 将驻点 $x_1 = -1$, $x_2 = 3$ 从小到大插入定义域 $(-\infty, +\infty)$ 内, 列表讨论 $f'(x)$ 在各子区间内的符号, 再根据定理 3 确定极值点和极值.

x	$(-\infty, -1)$	-1	$(-1, 3)$	3	$(3, +\infty)$
$f'(x)$	+	0	−	0	+
$f(x)$	↗	极大值	↘	极小值	↗

(4) 根据上表知, 极大值 $f(-1) = 10$, 极小值 $f(3) = -22$.

用定理 3 判定函数的极值点时, 必须确定导数 $f'(x)$ 在某一点 x_0 左右两侧的符号, 有时比较麻烦. 当函数在驻点处的二阶导数存在时, 有如下极值点的另一判据.

定理 4(第二充分条件) 设函数在点 x_0 存在二阶导数, 且 $f'(x_0) = 0$, $f''(x_0) \neq 0$, 那么

(1) 若 $f''(x_0) > 0$, 则 $f(x)$ 在 x_0 有极小值;

(2) 若 $f''(x_0) < 0$, 则 $f(x)$ 在 x_0 有极大值;

证明 只证明(1). 由二阶导数定义及 $f'(x_0) = 0$、$f''(x_0) > 0$ 知:

$$0 < f''(x_0) = \lim_{x \to x_0} \frac{f'(x) - f'(x_0)}{x - x_0} = \lim_{x \to x_0} \frac{f'(x)}{x - x_0}$$

由极限的保号性, 存在点 x_0 的一个去心邻域 $U^0(x_0, \delta)$, $\forall x \in U^0(x_0, \delta)$ 恒有 $\dfrac{f'(x)}{x - x_0} > 0$, 所以, 当 $x \in (x_0 - \delta, x_0)$ 时, $f'(x) < 0$, 当 $x \in (x_0, x_0 + \delta)$ 时, $f'(x) > 0$. 于是由定

理 3 知，$f(x)$ 在 x_0 取极小值.

例 4　用定理 4 来求例 3 中函数 $f(x) = x^3 - 3x^2 - 9x + 5$ 的极值.

解　函数 $f(x)$ 的定义域为 $(-\infty, +\infty)$，$f'(x) = 3x^2 - 6x - 9 = 3(x+1)(x-3)$，令 $f'(x) = 0$，得驻点：$x_1 = -1, x_2 = 3$. 由于 $f''(x) = 6x - 6 = 6(x-1)$. 因 $f''(-1) = -12 < 0, f''(3) = 12 > 0$，所以由定理 4 知，$f(x)$ 在点 $x = -1$ 处取极大值 $f(-1) = 10$，在 $x = 3$ 处取极小值 $f(3) = -22$.

注　在定理 4 中，当 $f'(x_0) = f''(x_0) = 0$ 时，则不能判断 $f(x)$ 在 x_0 处是否有极值. 如函数 $f(x) = x^3$，有 $f'(0) = f''(0) = 0$，但 $x = 0$ 不是极值点. 而函数 $g(x) = x^4$，有 $g'(0) = g''(0) = 0$，但利用定理 3 可判定 $g(0)$ 是极小值.

函数的最大值和最小值

最优化方法是应用数学的一个重要分支. 求函数的最大值与最小值是最优化问题之一.

从第二章中我们知道，如果函数 $f(x)$ 在闭区间 $[a,b]$ 上连续，则 $f(x)$ 在 $[a,b]$ 上必有最大值和最小值. 下面讨论如何求连续函数 $f(x)$ 在区间 $[a,b]$ 上的最大值和最小值.

函数的最大值和最小值与函数的极大值和极小值是有区别的. 函数的极值是一个局部性的概念；而最大值和最小值则是整体性的概念，很有可能在闭区间 $[a,b]$ 的端点 a 或 b 处取得. 如果最大值和最小值不在区间的端点取得，则必在开区间 (a,b) 内取得，此时，最大值和最小值一定是函数的极值. 因此，函数 $f(x)$ 在闭区间 $[a,b]$ 上的最大（小）值一定是函数 $f(x)$ 在开区间 (a,b) 内的所有极大（小）值和函数在区间端点的函数值中的最大（小）者. 综上所述，求函数 $f(x)$ 在 $[a,b]$ 上的最大值和最小值的方法可归结如下：

第一步，求出函数 $f(x)$ 在 (a,b) 内的所有驻点和不可导的点（此处我们总假设这些点的个数是有限的）：$x_1, x_2, \cdots, x_n$；第二步，算出 $f(x_1), f(x_2), \cdots f(x_n)$ 及区间 $[a,b]$ 端点的函数值 $f(a)$ 和 $f(b)$；第三步，比较 $f(a), f(x_1), f(x_2), \cdots f(x_n), f(b)$ 的大小，其中最大者和最小者分别就是函数 $f(x)$ 在闭区间 $[a,b]$ 上的最大值和最小值.

例 5　求函数 $f(x) = x^4 - 8x^2 + 16$ 在区间 $[-1,3]$ 上的最大值和最小值.

解：$f'(x) = 4x^3 - 16x = 4x(x-2)(x+2)$. 令 $f'(x) = 0$，得 $x_1 = -2, x_2 = 0, x_3 = 2$. 由于 $x_1 = -2$ 不在区间 $[-1,3]$ 上，故只需求出：

$$f(-1) = 9, f(0) = 16, f(2) = 0, f(3) = 25$$

经比较，可知 $f(x)$ 在区间 $[-1,3]$ 上的最大值 $f(3) = 25$，最小值 $f(2) = 0$.

在实际问题中常出现以下情况，函数 $f(x)$ 在区间 I 上连续，在区间 I 的内部只有一个驻点（或不可导的点）；又从实际问题本身可知道在 I 上的函数 $f(x)$ 必定有最大值或最小值，且最大值点或最小值点不应该是区间得端点，那么，这个驻点（或不可导的点）就是所要求的最大值点或最小值点.

例 6　心理学研究表明，小学生对新概念的接受能力 G（即学习兴趣、注意力、理解力的某种度量）随时间 t 的变化规律为：

$$G(t) = -0.1t^2 + 2.6t + 43, t \in [0,30]$$

时间 t 的单位为分. 问 t 为何值时学生学习兴趣增加或减退？何时学习兴趣最大？

解　$G'(t) = -0.2t + 2.6 = -0.2(t-13)$，令 $G'(t) = 0$，得唯一驻点 $t = 13$. 当 $t < 13$ 时，$G'(t) > 0, G(t)$ 单调增加；当 $t > 13$ 时，$G'(t) < 0, G(t)$ 单调减少. 可见，讲课开始后第 13 分钟时小孩子兴趣最大，在此时刻之前学习兴趣递增，在此时刻之后学习兴趣递减.

例7 饮料的圆柱形易拉罐是用铝合金制造的,罐身(侧面和底部)用整块材料拉制而成,顶盖是另装上去的. 为了安全,顶盖的厚度是罐身厚度的三倍. 问:当易拉罐的容积一定时,如何确定它的底半径和高才能使得用料最省?

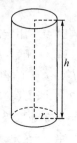

解 如图 4-5 所示. 记易拉罐的容积为 V(常数),底半径为 r,高为 $h = \dfrac{V}{\pi r^2}$. 罐身(侧面和底部)所用铝合金的厚度为 1 个单位,则顶盖的厚度为 3 个单位. 于是,罐身用料为

图 4-5

$$\pi r^2 + 2\pi rh = \pi r^2 + \frac{2V}{r}$$

顶盖的用料为 $3\pi r^2$,整个易拉罐的用料为

$$y = 4\pi r^2 + \frac{2V}{r} \quad (0 < r < +\infty)$$

因此,此问题等价于求上述目标函数在 $(0, +\infty)$ 中的最小值.

$$y' = 2\left(4\pi r - \frac{V}{r^2}\right)$$

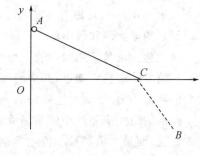

图 4-6

令 $y' = 0$,得 $r_0 = \sqrt[3]{\dfrac{V}{4\pi}}$. 根据实际情况,$r_0$ 即为目标函数的最小值点. 此时,相应的高为

$$h_0 = \frac{V}{\pi r_0^2} = \frac{4\pi r_0^3}{\pi r_0^2} = 4r_0$$

换言之,当它的高为底面直径的 2 倍时用料最省. 用同样的方法可推出,若有盖的圆柱形容器的外表面是用厚薄相同的材料制成的,那么当它的底面直径和高相等的时候用料最省. 许多圆柱形的日常用品,如漱口杯、保暖桶等,都是采用这样比例(或近似这样的比例)设计.

例8 光的折射原理

水下的鱼 B 发出的光线经水平面点 C 折射到人的眼睛 A,要求出光线的折射原理. 如图 4-6 所建立的坐标系,设 $A(0, h_2)$,$C(x, 0)$,$B(l, -h_1)$,又设光线在水、空气中传播的速度分别为 v_1,v_2,入射角、折射角分别为 θ_1,θ_2. 费马采用光线走耗时最小原理,因此耗时函数

$$f(x) = \frac{\sqrt{h_1^2 + (l-x)^2}}{v_1} + \frac{\sqrt{h_2^2 + x^2}}{v_2}$$

求导并令导函数为 0,可得

$$f'(x) = -\frac{l-x}{v_1 \sqrt{h_1^2 + (l-x)^2}} + \frac{x}{v_2 \sqrt{h_2^2 + x^2}} = 0$$

整理上式即有

$$\frac{\sin\theta_1}{\sin\theta_2} = \frac{v_1}{v_2}$$

例9 把一根直径为 d 的圆木锯成截面为矩形的梁. 根据工程试验,矩形梁抗弯截面模量与宽 b 成正比,与高 h 的平方成正比. 问矩形截面的高 h 和宽 b 应如何选择才能使梁的抗弯截面模量最大?

解　根据工程试验,抗弯截面模量 $w = kbh^2 = kb(d^2 - b^2)$,计算 $w'_b = kd^2 - 3kb^2 = 0$,得宽 $b = \frac{\sqrt{3}}{3}d$,因此高 $h = \sqrt{\frac{2}{3}}d$.此时梁的抗弯截面模量最大.

例 10　水利工程中最常采用的渠道为梯形断面,其两侧渠坡的倾斜程度用边坡系数 $m = cot\alpha$ 表示,α 是渠坡线与水平线的夹角,如图.边坡系数 m 的大小可根据土壤种类和护坡情况确定.对于底宽为 b,水深 h,边坡系数为 m 的梯形渠道,其断面水力要素为:水面宽度 $B = b + 2mh$,过水断面面积 $A = (b + mh)h$,湿周 $x = b + 2h\sqrt{1 + m^2}$.在边坡系数 m 和过水断面面积 A 一定的情况下,为使渠道湿周最小,试确定梯形渠道水力最佳断面的条件.

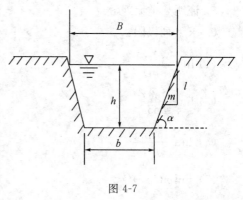

图 4-7

解　首先由梯形渠道过水断面面积公式,解得

$$b = \frac{A}{h} - mh \tag{1}$$

将 b 代入湿周公式,得湿周函数 $x = f(h) = \frac{A}{h} - mh + 2h\sqrt{1 + m^2}$.对函数关于 h 求导并令为 0,得

$$\frac{\mathrm{d}x}{\mathrm{d}h} = -\frac{A}{h^2} - m + 2\sqrt{1 + m^2} = 0$$

因此,

$$h = \frac{\sqrt{A}}{\sqrt{2\sqrt{1 + m^2} - m}} \tag{2}$$

将(2)代入(1),得

$$b = \sqrt{A} \cdot \frac{2(\sqrt{1 + m^2} - m)}{\sqrt{2\sqrt{1 + m^2} - m}} \tag{3}$$

因此,$\frac{b}{h} = 2(\sqrt{1 + m^2} - m)$ 是渠坡系数为 m 的梯形渠道水力最佳断面的条件.

习题 4

1. 利用中值定理证明下列不等式:

(1) $|\sin x_1 - \sin x_2| \leqslant |x_1 - x_2|$　　(2) $\frac{a - b}{a} < \ln \frac{a}{b} < \frac{a - b}{b}, (0 < a < b)$

2. 证明方程 $x^5 - 5x + 1 = 0$ 在 $(0, 1)$ 内有且只有一个根.

3. 证明恒等式:

(1) $2\arctan x + \arctan \frac{2x}{1 + x^2} = \pi \sin x(|x| \geqslant 1)$

(2) $\arcsin x + \arccos x = \dfrac{\pi}{2} (-1 \leqslant x \leqslant 1)$

4. 计算 $\lg 104$，使其误差不超过 $10^{-3}(\lg x = 0.4343\ln x)$.

5. 证明 e 是无理数.

6. 求下列极限：

(1) $\lim\limits_{x\to 0} \dfrac{e^{\frac{x}{2}} - 1}{\sin x}$ 　　　　　　(2) $\lim\limits_{x\to 0} \dfrac{e^x - e^{-x}}{x}$

(3) $\lim\limits_{x\to \pi} \dfrac{\sin 3x}{\tan 5x}$ 　　　　　　(4) $\lim\limits_{x\to \frac{\pi}{2}} \dfrac{\ln\sin x}{(\pi - 2x)^2}$

(5) $\lim\limits_{x\to 0^+} \dfrac{\ln\cot x}{\ln x}$ 　　　　　　(6) $\lim\limits_{x\to +\infty} \dfrac{3x^2 + x\ln x}{3 + 4x + 5x^2}$

(7) $\lim\limits_{x\to 0^+} x(\ln x)^2$ 　　　　　　(8) $\lim\limits_{x\to 0}\left(\dfrac{1}{\sin x} - \dfrac{1}{x}\right)$

(9) $\lim\limits_{x\to 0^+} x^{\sin x}$ 　　　　　　(10) $\lim\limits_{x\to 0^+}\left(\ln\dfrac{1}{x}\right)^x$

(11) $\lim\limits_{x\to 0}(x + e^x)^{\frac{1}{x}}$ 　　　　　(12) $\lim\limits_{x\to 0}\left(\dfrac{a^x + b^x}{2}\right)^{\frac{1}{x}} (a>0, b>0)$

7. 验证下列极限存在，但不能用洛必达法则求出：

(1) $\lim\limits_{x\to \infty} \dfrac{x + \sin x}{x + \cos x}$ 　　　　　(2) $\lim\limits_{x\to 0} \dfrac{x^2\sin\dfrac{1}{x}}{\sin x}$

8. 求下列函数的单调区间与极值点：

(1) $f(x) = 2x^3 - 9x^2 + 12x - 3$ 　　(2) $f(x) = 2x + \dfrac{8}{x} (x>0)$

(3) $f(x) = (x-1)(x+1)^3$ 　　(4) $f(x) = x - \ln(1+x^2)$

(5) $f(x) = x^{\frac{1}{x}} (x>0)$ 　　(6) $f(x) = x^2 e^{-x}$

9. 证明下列不等式：

(1) 当 $x > 0$ 时，$x > \sin x > x - \dfrac{x^3}{6}$

(2) 当 $0 < x < \dfrac{\pi}{2}$ 时，$\sin x + \tan x > 2x$

(3) 当 $x > 0$ 时，$x - \dfrac{x^2}{2} < \ln(1+x) < x$

10. 求下列函数在给定区间上的最大值和最小值：

(1) $f(x) = 2x^3 - 3x^2, (-1 \leqslant x \leqslant 4)$

(2) $f(x) = x^4 - 8x^2 + 2, (-1 \leqslant x \leqslant 3)$

(3) $f(x) = x + \sqrt{1-x}, (-5 \leqslant x \leqslant 1)$

11. 在一块边为 $2a$ 的正方形铁皮上，四角各截去一个边长为 x 的小正方形，用剩下的部分做一个无盖的盒子(见图 4-3-7).试问：当 x 取什么值时，它的容量最大，其值是多少？

12. 欲造一个容积为 $300m^3$ 的圆柱形无盖蓄水池，已知池底的单位面积造价是周围的单位面积造价的两倍.要使水池造价最低，问其底半径与高应是多少？

13. 某商店一种玩具进价为 5 元一只,若以 x 元出售,每天可以卖掉 $25-x$ 只,试问如何定价才能获得最大利润?

14. 要做容积为 V 有盖的圆柱形容器,其外表是用厚薄相同的同一种材料制成.问如何设计才能使用所用料材最省?

15. 求点 $(0,1)$ 到曲线 $y=x^2-x$ 的最短距离.

16. 对某个量 a 作了 n 次测量,所得数据分别为 $a_1,a_2,\cdots,a_n$,取 x 作为量 a 的近似值,试问 x 取何值时才能使 x 与 $a_1,a_2,\cdots,a_n$ 之差的平方和.

第五章　　不定积分

§5.1　原函数与不定积分

在微分学中解决了求已知函数的导数或微分问题,但在实际问题中常遇到逆问题,即已知函数 $f(x)$,要求出函数 $F(x)$,使 $F'(x) = f(x)$ 或 $dF(x) = f(x)dx$.本节主要讨论求出所谓原函数的技巧.

定义 1　设 $f(x)$ 是定义在区间 I 上的函数.若存在函数 $F(x)$,使得对任何 $x \in I$ 均有 $F'(x) = f(x)$,则称 $F(x)$ 是 $f(x)$ 在区间 I 上的一个原函数.

定理 1　若函数 $f(x)$ 在区间 I 上连续,则 $f(x)$ 在 I 上必存在**原函数**.

本定理将在下一章给予证明.

定理 2　设 $F(x)$ 是 $f(x)$ 在区间 I 上的一个原函数,则

1) $F(x) + C$ 也是 $f(x)$ 在 I 上的原函数,其中 C 为任意常数;

2) $f(x)$ 在 I 上任意两个原函数之间,只可能相差一个常数.

定义 2　函数 $f(x)$ 在区间 I 上的全体原函数称为 $f(x)$ 的不定积分,记为 $\int f(x)dx$,

其中 $\int$ 为积分号,$f(x)$ 为被积函数,$f(x)dx$ 为被积表达式,x 为积分变量.

若 $F(x)$ 是 $f(x)$ 的一个原函数,据定理 2 有

$$\int f(x)dx = F(x) + C \tag{1}$$

由定义,可推出不定积分最基本的性质:

$$\left[\int f(x)dx\right]' = f(x) \qquad 或 \ d\int f(x)dx = f(x)dx \tag{2}$$

$$\int F'(x)dx = F(x) + C \quad 或 \quad \int dF(x) = F(x) + C \tag{3}$$

由此可见,微分运算与积分运算是互逆的.我们把"$\int$"看作是对函数进行积分运算的符号,把"d"看作是对函数进行微分运算的符号,那么当 $d\int$ 时,则两者作用相抵消;当 $\int d$ 时,则抵消后相差一个常数.

积分号与微分号均由莱布尼茨首创.莱布尼茨是数学史上最伟大的符号学者,他认为好的符号不仅可以起到速记的作用,更重要的是能够精确、深刻地表达某种概念、方法和逻辑关系,用含义简明的少量符号来表达或比较忠实地描绘事物的内在本质,从而最大限度地减

少人们的思维劳动.

不定积分的几何意义

若 $F(x)$ 是 $f(x)$ 的一个原函数,则称 $y=F(x)$ 的图像为 $f(x)$ 的一条积分曲线. 于是,$f(x)$ 的不定积分 $y=F(x)+C(C$ 为任意常数) 在几何上表示一族积分曲线,称为 $f(x)$ 的积分曲线族. C 取不同的值,对应不同的曲线. 这族曲线中的任一条曲线都可由曲线 $y=F(x)$ 沿 y 轴上下平移而得到. $f(x)$ 正是积分曲线族 $y=F(x)+C$ 在点 x 处的切线斜率. 所以,对应于同一横坐标 $x=x_0$,积分曲线族中各条曲线具有相同的切线斜率 $f(x_0)$,切线彼此平行,如图 5-1 所示.

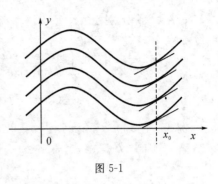

图 5-1

基本积分表

根据不定积分定义和基本求导公式,可以得到下面的基本积分表(其中 C 为任意常数)

(1) $\int 0\mathrm{d}x = C$

(2) $\int x^a\mathrm{d}x = \frac{1}{\alpha+1}x^{\alpha+1}+C, (\alpha \neq -1)$

(3) $\int \frac{1}{x}\mathrm{d}x = \ln|x|+C$

(4) $\int e^x\mathrm{d}x = e^x+C$

(5) $\int a^x\mathrm{d}x = \frac{1}{\ln a}a^x+C$

(6) $\int \sin x\mathrm{d}x = -\cos x+C$

(7) $\int \cos x\mathrm{d}x = \sin x+C$

(8) $\int \sec^2 x\mathrm{d}x = \tan x+C$

(9) $\int \csc^2 x\mathrm{d}x = -\cot x+C$

(10) $\int \frac{\mathrm{d}x}{\sqrt{1-x^2}} = \arcsin x+C$ 或 $-\arccos x+C$

(11) $\int \frac{\mathrm{d}x}{1+x^2} = \arctan x+C$ 或 $-\mathrm{arccot}\,x+C$

以上公式称为**不定积分基本公式**. 现在从一些求导法则去导出相应的不定积分法则,并逐步扩充不定积分公式.

定理 3 设 $f(x)$ 和 $g(x)$ 均存在原函数,k,l 为常数,则 $kf(x)+lg(x)$ 也存在原函数,且有

$$\int (kf(x)+lg(x))\mathrm{d}x = k\int f(x)\mathrm{d}x + l\int g(x)\mathrm{d}x$$

例 1 求 $\int \frac{x^4+1}{x^2+1}\mathrm{d}x$

解 $\displaystyle\int \frac{x^4+1}{x^2+1}dx = \int(x^2-1+\frac{2}{x^2+1})dx = \frac{1}{3}x^3 - x + 2\arctan x + C$

例 2 求 $\displaystyle\int \frac{1}{\sin^2 2x}dx$

解 $\displaystyle\int \frac{1}{\sin^2 2x}dx = \int \frac{\sin^2 x + \cos^2 x}{4\sin^2 x\cos^2 x}dx = \frac{1}{4}\int\left(\frac{1}{\cos^2 x} + \frac{1}{\sin^2 x}\right)dx$

$$= \frac{1}{4}(\tan x - \cot x) + C$$

例 3 已知 $f'(\sin^2 x) = \cos^2 x$，求 $f(x)$.

解 因为 $f'(\sin^2 x) = \cos^2 x = 1 - \sin^2 x$，所以 $f'(x) = 1 - x$，故

$$f(x) = \int(1-x)dx = x - \frac{x^2}{2} + C$$

§5.2 换元积分法和分部积分法

一般来说,求不定积分要比求导数困难得多,而用直接积分法所能计算的不定积分是非常有限的.因此有必要进一步研究不定积分求法.本节所讲的换元积分法和分部积分法是求不定积分的最基本最常用的两种重要方法.

第一换元积分法

定理 1(第一换元积分法) 若 u 是自变量时,有

$$\int f(u)du = F(u) + C \tag{1}$$

则当 u 为 x 的可微函数 $u = \varphi(x)$ 时,有

$$\int f[\varphi(x)]\varphi'(x)dx = \int f[\varphi(x)]d\varphi(x) \xlongequal{u=\varphi(x)} F[\varphi(x)] + C \tag{2}$$

证明 由条件知 $F'(u) = f(u)$,再由微分形式的不变性,有

$$d[F[\varphi(x)]+C] = F'[\varphi(x)]d\varphi(x) = f[\varphi(x)]\varphi'(x)dx$$

从而定理得证.

由定理可知,对于(1)式,无论 u 是自变量,还是可微的中间变量均成立.因此,称此为积分形式不变性,与微分形式不变性相对应.

第一换元积分法事实上是复合函数 $F[\varphi(x)]$ 求导的逆运算,关键是将被积表达式通过引入某个适当中间变量,凑成某个已知函数的微分形式,然后再利用基本积分公式求出积分.因此,这种方法有时也称为**凑微分法**.

例 1 求 $\displaystyle\int \frac{1}{3x+5}dx$

解 $\displaystyle\int \frac{1}{3x+5}dx = \frac{1}{3}\int \frac{1}{3x+5}d(3x+5) = \frac{1}{3}\ln|3x+5| + C$

例 2 求 $\displaystyle\int x\sqrt{4-x^2}\,dx$

解 $\displaystyle\int x\sqrt{4-x^2}\,dx = -\frac{1}{2}\int(4-x^2)^{\frac{1}{2}}d(4-x^2) = -\frac{1}{3}(4-x^2)^{\frac{3}{2}} + C$

例 3 求 $\int \tan x \mathrm{d}x$

解 $\int \tan x \mathrm{d}x = \int \dfrac{\sin x}{\cos x}\mathrm{d}x = -\int \dfrac{\mathrm{d}\cos x}{\cos x} = -\ln \mid \cos x \mid + C$

例 4 求 $\int \dfrac{1}{x\sqrt{1-\ln^2 x}}\mathrm{d}x$

解 $\int \dfrac{1}{x\sqrt{1-\ln^2 x}}\mathrm{d}x = \int \dfrac{1}{\sqrt{1-\ln^2 x}}\mathrm{d}\ln x = \arcsin\ln x + C$

例 5 求 $\int \dfrac{\mathrm{d}x}{\sqrt{a^2-x^2}}$ $\quad (a > 0)$

解 $\int \dfrac{\mathrm{d}x}{\sqrt{a^2-x^2}} = \int \dfrac{\mathrm{d}\left(\dfrac{x}{a}\right)}{\sqrt{1-\left(\dfrac{x}{a}\right)^2}} = \arcsin\dfrac{x}{a} + C$

例 6 求 $\int \dfrac{\mathrm{d}x}{a^2+x^2}$ $\quad (a \neq 0)$

解 $\int \dfrac{\mathrm{d}x}{a^2+x^2} = \dfrac{1}{a}\int \dfrac{\mathrm{d}\left(\dfrac{x}{a}\right)}{1+\left(\dfrac{x}{a}\right)^2} = \dfrac{1}{a}\arctan\dfrac{x}{a} + C$

例 7 求 $\int \dfrac{\mathrm{d}x}{a^2-x^2}$ $\quad (a \neq 0)$

解 $\int \dfrac{\mathrm{d}x}{a^2-x^2} = \dfrac{1}{2a}\int\left(\dfrac{1}{a+x} + \dfrac{1}{a-x}\right)\mathrm{d}x = \dfrac{1}{2a}\left(\int \dfrac{\mathrm{d}(a+x)}{a+x} - \int \dfrac{\mathrm{d}(a-x)}{a-x}\right)$

$= \dfrac{1}{2a}(\ln \mid a+x \mid - \ln \mid a-x \mid) + C = \dfrac{1}{2a}\ln \mid \dfrac{a+x}{a-x} \mid + C$

例 8 求 $\int \sec x \mathrm{d}x$

解 $\int \sec x \mathrm{d}x = \int \dfrac{1}{\cos x}\mathrm{d}x = \int \dfrac{\cos x}{\cos^2 x}\mathrm{d}x = \int \dfrac{\mathrm{d}\sin x}{1-\sin^2 x} = \dfrac{1}{2}\ln \dfrac{1+\sin x}{1-\sin x} + C$

上式最后一个积分用到了例 7 的结果. 最后一式还可写成:

$$\dfrac{1}{2}\ln \dfrac{1+\sin x}{1-\sin x} + C = \ln \mid \dfrac{1+\sin x}{\cos x} \mid + C = \ln \mid \sec x + \tan x \mid + C$$

上述例题中有几个通常也当作基本积分公式使用. 延续前面十一个基本积分公式,得下述续表:

(12) $\int \dfrac{\mathrm{d}x}{\sqrt{a^2-x^2}} = \arcsin\dfrac{x}{a} + C$

(13) $\int \dfrac{\mathrm{d}x}{a^2+x^2} = \dfrac{1}{a}\arctan\dfrac{x}{a} + C$

(14) $\int \dfrac{\mathrm{d}x}{a^2-x^2} = \dfrac{1}{2a}\ln \mid \dfrac{a+x}{a-x} \mid + C$

(15) $\int \sec x \mathrm{d}x = \int \dfrac{1}{\cos x}\mathrm{d}x = \ln \mid \sec x + \tan x \mid + C$

(16) $\int \csc x \mathrm{d}x = \int \dfrac{1}{\sin x} \mathrm{d}x = \ln |\csc x - \cot x| + C$

第二换元积分法

第二换元积分法是通过适当地选取变换：$x = \varphi(t)$，使左端的积分容易计算，从而达到化难为易的目的，最终求出积分.

定理 2（第二换元积分法） 设 $x = \varphi(t)$ 可导，$\varphi'(t) \neq 0$，$t = \varphi^{-1}(x)$ 为其反函数. 若 $F(t)$ 是函数 $f[\varphi(t)]\varphi'(t)$ 的一个原函数，则有

$$\int f(x)\mathrm{d}x = \int f[\varphi(t)]\varphi'(t)\mathrm{d}t = F(t) + C = F[\varphi^{-1}(x)] + C \qquad (3)$$

证明 由复合函数以及反函数求导法则，

$$\frac{\mathrm{d}}{\mathrm{d}x}F(\varphi^{-1}(x)) = \frac{\mathrm{d}F(t)}{\mathrm{d}t} \cdot \frac{\mathrm{d}t}{\mathrm{d}x} = f[\varphi(t)]\varphi'(t) \cdot \frac{1}{\varphi'(t)} = f(x)$$

例 9 求 $\int \dfrac{1}{\sqrt{x} + \sqrt[3]{x}}\mathrm{d}x$

解 令 $t = \sqrt[6]{x}$，即作变量代换：$x = t^6 (t > 0)$，则

$$\int \frac{1}{\sqrt{x} + \sqrt[3]{x}}\mathrm{d}x = \int \frac{6t^5}{t^3 + t^2}\mathrm{d}t = 6\int \frac{t^3 \mathrm{d}t}{1 + t}$$

$$= 6\int (t^2 - t + 1 - \frac{1}{t+1})\mathrm{d}t = 2t^3 - 3t^2 + 6t - 6\ln(1+t) + C$$

$$= 2x^{\frac{1}{2}} - 3x^{\frac{1}{3}} + 6x^{\frac{1}{6}} - 6\ln(1 + x^{\frac{1}{6}}) + C$$

例 10 求 $\int \sqrt{a^2 - x^2}\,\mathrm{d}x \quad (a > 0)$

解 作变换：$x = a\sin t, t \in \left[-\dfrac{\pi}{2}, \dfrac{\pi}{2}\right]$，则

$$\sqrt{a^2 - x^2} = a|\cot x| = a\cos t, t \in \left[-\frac{\pi}{2}, \frac{\pi}{2}\right], \mathrm{d}x = a\cos t \mathrm{d}t$$

因此，

$$\int \sqrt{a^2 - x^2}\,\mathrm{d}x = \int a^2\cos^2 t \mathrm{d}t = a^2\int \frac{1 + \cos 2t}{2}\mathrm{d}t = \frac{a^2}{2}\left(t + \frac{1}{2}\sin 2t\right) + C$$

$$= \frac{a^2}{2}t + \frac{a^2}{2}\sin t\cos t + C$$

最后，还需将变量 t 还原为原来的积分变量 x. 为此由 $x = a\sin t$ 作直角三角形（如图 5-2 所示），由此直角三角形可见：

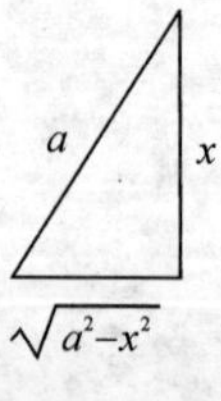

图 5-2 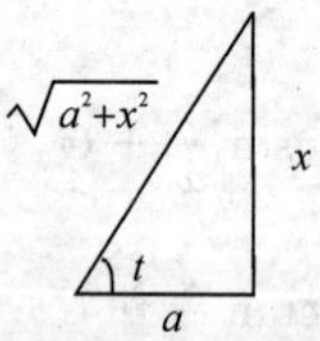 图 5-3

$\sin t = \dfrac{x}{a}, \cos t = \dfrac{\sqrt{a^2 - x^2}}{a}$，又由于 $x = a\sin t$ 在 $\left[-\dfrac{\pi}{2}, \dfrac{\pi}{2}\right]$ 上严格递增，故在 $\left[-\dfrac{\pi}{2}, \dfrac{\pi}{2}\right]$

上存在反函数 $t = \arcsin \dfrac{x}{a}$,于是:

$$\int \sqrt{a^2 - x^2}\,\mathrm{d}x = \frac{a^2}{2}\arcsin\frac{x}{a} + \frac{x}{2}\sqrt{a^2 - x^2} + C$$

例 11　求 $\displaystyle\int \dfrac{\mathrm{d}x}{\sqrt{x^2 + a^2}}\,(a > 0)$

解　令 $x = a\tan t, t \in (-\dfrac{\pi}{2}, \dfrac{\pi}{2})$,则

$$\sqrt{x^2 + a^2} = a\sec t, \mathrm{d}x = a\sec^2 t\,\mathrm{d}t$$

$$\int \frac{\mathrm{d}x}{\sqrt{x^2 + a^2}} = \int \frac{1}{a\sec t}a\sec^2 t\,\mathrm{d}t = \int \sec t\,\mathrm{d}t = \ln|\sec t + \tan t| + C_1$$

照上例方法,由上图 5-3 所示的直角三角形可看出:

$$\tan t = \frac{x}{a}, \sec t = \frac{\sqrt{x^2 + a^2}}{a}$$

于是,$\displaystyle\int \dfrac{\mathrm{d}x}{\sqrt{x^2 + a^2}} = \ln|x + \sqrt{x^2 + a^2}| + C$

例 12　求 $\displaystyle\int \dfrac{\mathrm{d}x}{\sqrt{x^2 - a^2}}$　$(a > 0)$

解　被积函数 $f(x) = \dfrac{1}{\sqrt{x^2 - a^2}}$ 的定义域 $D = (-\infty, -a) \bigcup (a, +\infty)$　$(a > 0)$,因此我们必须分别讨论函数 $f(x)$ 在区间 $I_1 = (a, +\infty)$ 和区间 $I_2 = (-\infty, -a)$ 上的不定积分.

(1) 在区间 $I_1 = (a, +\infty)$ 上的不定积分. 令 $x = a\sec t$　$(0 < t < \dfrac{\pi}{2})$,则

$$\sqrt{x^2 - a^2} = a\tan t, \quad \mathrm{d}x = a\sec t\tan t\,\mathrm{d}t$$

于是,

$$\int \frac{\mathrm{d}x}{\sqrt{x^2 - a^2}} = \int \frac{a\sec t\tan t}{a\tan t}\,\mathrm{d}t = \int \sec t\,\mathrm{d}t = \ln|\sec t + \tan t| + C$$

再由 $x = a\sec t$,得

$$\tan t = \frac{\sqrt{x^2 - a^2}}{a}$$

因此,

$$\int \frac{\mathrm{d}x}{\sqrt{x^2 - a^2}} = \ln\left|\frac{x}{a} + \frac{\sqrt{x^2 - a^2}}{a}\right| + C = \ln|x + \sqrt{x^2 - a^2}| + C$$

(2) 求 $f(x) = \dfrac{1}{\sqrt{x^2 - a^2}}$ 在区间 $I_2 = (-\infty, -a)$ 上的不定积分. 类似于(1),作变换:

$$x = a\sec t, (\frac{\pi}{2} < t < \pi, -\infty < x < -a)$$

可得

$$\int \frac{\mathrm{d}x}{\sqrt{x^2 - a^2}} = \ln|x + \sqrt{x^2 - a^2}| + C$$

综上所述,不论在区间 $(a, +\infty)$ 上还是在区间 $(-\infty, -a)$ 上,都有:

$$\int \frac{\mathrm{d}x}{\sqrt{x^2-a^2}} = \ln|x+\sqrt{x^2-a^2}|+C$$

上述三例都是利用三角函数进行换元. 若被积函数中含有因子 $\sqrt{a^2-x^2}$、$\sqrt{x^2+a^2}$、$\sqrt{x^2-a^2}$,可分别作变换: $x=a\sin t$(或 $x=a\cos t$)、$x=a\tan t$(或 $x=a\cot t$)、$x=a\sec t$(或 $x=a\csc t$),可以去掉根号,往往会使积分简化易求. 这类变换通常称为三角变换.

分部积分法

设函数 $u=u(x), v=v(x)$ 可微,由 $\mathrm{d}(uv)=u\mathrm{d}v+v\mathrm{d}u$,可得:

$$u\mathrm{d}v = \mathrm{d}(uv) - v\mathrm{d}u$$

将上式两边积分,即得

$$\int u\mathrm{d}v = uv - \int v\mathrm{d}u \tag{4}$$

或

$$\int uv'\mathrm{d}x = uv - \int vu'\mathrm{d}x \tag{5}$$

(4) 式和 (5) 式称为分部积分公式. 只要等式右边的积分容易算出,那么左边的积分也就得到结果了. 这种方法称为分部积分法. 显而易见,分部积分法的目的就是化难为易.

例 13　求 $\int x\cos x\mathrm{d}x$

解　令 $u=x, \mathrm{d}v=\cos x\mathrm{d}x$,则

$$\int x\cos x\mathrm{d}x = \int x\mathrm{d}\sin x = x\sin x - \int \sin x\mathrm{d}x = x\sin x + \cos x + C$$

例 14　求 $\int x^3\ln x\mathrm{d}x$

解　$\int x^3\ln x\mathrm{d}x = \int \ln x\mathrm{d}(\frac{x^4}{4}) = \frac{x^4}{4}\ln x - \int \frac{x^4}{4}\cdot\frac{1}{x}\mathrm{d}x = \frac{x^4}{4}\ln x - \frac{x^4}{16} + C$

$$= \frac{x^4}{16}(4\ln x - 1) + C$$

例 15　求 $I = \int e^x\sin x\mathrm{d}x$

解　设 $u=\sin x, \mathrm{d}v=e^x\mathrm{d}x$,则

$$I = \int e^x\sin x\mathrm{d}x = e^x\sin x - \int e^x\sin x\mathrm{d}x = e^x(\sin x - \cos x) - I$$

因此,$I = \frac{1}{2}e^x(\sin x - \cos x) + C$

换元积分法和分部积分法是求不定积分最基本最重要的方法. 有些积分需要综合运用换元积分法和分部积分法方可求得结果.

例 16　求 $\int e^{\sqrt[3]{x}}\mathrm{d}x$

解　令 $\sqrt[3]{x}=t$,即 $x^3=t$,则 $\mathrm{d}x=3t^2\mathrm{d}t$. 于是

$$\int e^{\sqrt[3]{x}}\mathrm{d}x = 3\int t^2 e^t\mathrm{d}t$$

上式右端的积分用两次分部积分法,可得

$$\int t^2 e^t \, dt = e^t (t^2 - 2t + 2) + C$$

代回变量即得

$$\int e^{\sqrt[3]{x}} \, dx = 3e^{\sqrt[3]{x}} (\sqrt[3]{x^2} - 2\sqrt[3]{x} + 2) + C$$

分部积分还常用来导出递推公式.

例 17　求 $I_n = \int \sin^n x \, dx$

解　$I_n = \displaystyle\int \sin^n x \, dx = \int - \sin^{n-1} x \, d\cos x$

$$= - \sin^{n-1} x \cos x + \int (n-1)\cos^2 x \sin^{n-2} x \, dx$$

$$= - \sin^{n-1} x \cos x + (n-1) \int \sin^{n-2} x (1 - \sin^2 x) \, dx$$

$$= - \sin^{n-1} x \cos x + (n-1) I_{n-2} + (n-1) I_n$$

移项即得递推公式:

$$I_n = - \frac{1}{n} \sin^{n-1} x \cos x + \frac{n-1}{n} I_{n-2} \quad (n \geqslant 2)$$

其中

$$I_0 = \int dx = x + C, \quad I_1 = \int \sin x \, dx = - \cos x + C$$

§5.3　有理函数的积分

有理函数是指多项式之比,即 $R(x) = P(x)/Q(x)$,其中 $P(x)$, $Q(x)$ 为既约多项式,利用多项式除法,总可把假分式化为一多项式与真分式之和. 多项式部分可以逐项积分,因此只需讨论真分式的积分法. 由于实系数多项式的复根总是共轭复根成双成对地出现,多项式总可分解为一次和二次质因式之乘积(可能有重因式). 所以先将真分式按分母的因式,用待定系数法分解成若干简单分式之和,再行积分.

例 1　求 $\displaystyle\int \frac{3x-1}{x^2 - 2x - 3} dx$

解　$\displaystyle\int \frac{3x-1}{x^2 - 2x - 3} dx = \int \left(\frac{2}{x-3} + \frac{1}{x+1} \right) dx = 2\ln|x-3| + \ln|x+1| + C$

例 2　求 $\displaystyle\int \frac{1}{x^4 + 1} dx$

解　$\displaystyle\int \frac{1}{x^4 + 1} dx = \int \frac{1}{(x^2 + \sqrt{2}x + 1)(x^2 - \sqrt{2}x + 1)} dx$,令

$$\frac{1}{(x^2 + \sqrt{2}x + 1)(x^2 - \sqrt{2}x + 1)} = \frac{Ax + B}{(x^2 + \sqrt{2}x + 1)} + \frac{Cx + D}{(x^2 - \sqrt{2}x + 1)}$$

通分并消去分母得

$$1 = (Ax + B)(x^2 - \sqrt{2}x + 1) + (Cx + D)(x^2 + \sqrt{2}x + 1)$$
$$= (A + C)x^3 + (\sqrt{2}C - \sqrt{2}A + B + D)x^2 + (A + C)x + B + D$$

比较系数,得 $A = -C = \dfrac{\sqrt{2}}{4}, B = D = \dfrac{1}{2}$. 因此,

$$\int \frac{1}{x^4 + 1} dx = \frac{1}{4} \int \frac{\sqrt{2}x + 2}{(x^2 + \sqrt{2}x + 1)} dx - \frac{1}{4} \int \frac{\sqrt{2}x - 2}{(x^2 - \sqrt{2}x + 1)} dx$$

因为

$$\frac{1}{4} \int \frac{\sqrt{2}x + 2}{(x^2 + \sqrt{2}x + 1)} dx = \frac{1}{4\sqrt{2}} \int \frac{d(x^2 + \sqrt{2}x + 1)}{(x^2 + \sqrt{2}x + 1)} + \frac{1}{4} \int \frac{dx}{(x^2 + \sqrt{2}x + 1)}$$
$$= \frac{1}{4\sqrt{2}} \ln(x^2 + \sqrt{2}x + 1) + \frac{1}{2\sqrt{2}} \int \frac{d(\sqrt{2}x + 1)}{(\sqrt{2}x + 1)^2 + 1}$$
$$= \frac{1}{4\sqrt{2}} \ln(x^2 + \sqrt{2}x + 1) + \frac{1}{2\sqrt{2}} \arctan(\sqrt{2}x + 1)$$

同理,

$$\frac{1}{4} \int \frac{\sqrt{2}x - 2}{(x^2 - \sqrt{2}x + 1)} dx = \frac{1}{4\sqrt{2}} \ln(x^2 - \sqrt{2}x + 1) - \frac{1}{2\sqrt{2}} \arctan(\sqrt{2}x - 1)$$

所以

$$\int \frac{1}{x^4 + 1} dx = \frac{1}{4\sqrt{2}} \ln \frac{(x^2 + \sqrt{2}x + 1)}{(x^2 - \sqrt{2}x + 1)} + \frac{1}{2\sqrt{2}} (\arctan(\sqrt{2}x + 1) + \arctan(\sqrt{2}x - 1)) + C$$

注 并非所有初等函数的不定积分都能"积得出",例如 $\int \sin x^2 dx$, $\int \dfrac{\sin x}{x} dx$, $\int \dfrac{dx}{\sqrt{1 + x^3}}$, $\int \dfrac{dx}{\ln x}$ 等. 虽然这些积分看起来并不复杂,但这些积分却"积不出"来. 在微积分理论历史上,人们曾以为凡初等函数的不定积分总是可以"积得出"的. 到 19 世纪末,挪威数学家李(Lie, M. S.)建立了连续变换群理论并用以研究微分方程以后,人们才知道初等函数的原函数并不都能用初等函数来表示. 当然证明本身十分困难.

习题 5

1. 已知函数 $y = f(x)$ 的导数等于 $e^x - 3\cos x$,且 $y|_{x=0} = -8$,求此函数.

2. 求下列不定积分:

(1) $\int (\dfrac{3}{x} + \sqrt[3]{x} + 5\cos x - 1) dx$ (2) $\int \sec x(\sec x - \tan x) dx$

(3) $\int (\dfrac{2}{\sqrt{1 - x^2}} - \dfrac{4}{1 + x^2}) dx$ (4) $\int \sin 2x \cos 3x \, dx$

(5) $\int x(x + 10)^{2012} dx$ (6) $\int x(x^2 + 1)^{100} dx$

(7) $\int \dfrac{dx}{1 + \cos 2x}$ (8) $\int \dfrac{x}{\sqrt{2 - 3x^2}} dx$

(9) $\displaystyle\int \frac{\mathrm{d}x}{x\ln x\ln\ln x}$

(10) $\displaystyle\int \frac{1}{x^2}\sin\frac{1}{x}\mathrm{d}x$

(11) $\displaystyle\int \frac{1-x}{\sqrt{9-4x^2}}\mathrm{d}x$

(12) $\displaystyle\int \frac{\mathrm{d}x}{x^2+2x+2}$

(13) $\displaystyle\int \frac{\mathrm{d}x}{e^x+e^{-x}}$

(14) $\displaystyle\int \frac{\mathrm{d}x}{e^x+1}$

(15) $\displaystyle\int \frac{x^2-1}{x^4+1}\mathrm{d}x$

(16) $\displaystyle\int \frac{\arctan\sqrt{x}}{\sqrt{x}\,(1+x)}\mathrm{d}x$

(17) $\displaystyle\int \frac{1}{\alpha^2\sin^2 x+\beta^2\cos^2 x}\mathrm{d}x$

(18) $\displaystyle\int \frac{\sin x\cos x}{2+\sin^4 x}\mathrm{d}x$

3. 求下列不定积分：

(1) $\displaystyle\int \frac{x+1}{\sqrt[3]{3x+1}}\mathrm{d}x$

(2) $\displaystyle\int \frac{\mathrm{d}x}{x(\sqrt{x}+\sqrt[3]{x})}$

(3) $\displaystyle\int \frac{\mathrm{d}x}{\sqrt{1+e^x}}$

(4) $\displaystyle\int \frac{x^2}{\sqrt{a^2-x^2}}\mathrm{d}x(a>0)$

(5) $\displaystyle\int \frac{\mathrm{d}x}{x\,\sqrt{x^2-1}}$

(6) $\displaystyle\int \frac{\mathrm{d}x}{\sqrt{(x^2+1)^3}}$

(7) $\displaystyle\int \frac{x\mathrm{d}x}{\sqrt{1+2x}}$

(8) $\displaystyle\int x\,\sqrt{x^4+2x^2+2}\,\mathrm{d}x$

(9) $\displaystyle\int \sqrt{\frac{\ln(x+\sqrt{1+x^2})}{1+x^2}}\mathrm{d}x$

(10) $\displaystyle\int e^{\sqrt{x+1}}\mathrm{d}x.$

4. 求下列不定积分：

(1) $\displaystyle\int x\sin x\mathrm{d}x$

(2) $\displaystyle\int x\ln(1+x^2)\mathrm{d}x$

(3) $\displaystyle\int \arcsin x\mathrm{d}x$

(4) $\displaystyle\int (x^2-2x)e^{-x}\mathrm{d}x$

(5) $\displaystyle\int (\arcsin x)^2\mathrm{d}x$

(6) $\displaystyle\int x\arctan x\mathrm{d}x$

(7) $\displaystyle\int e^{-x}\cos x\mathrm{d}x$

(8) $\displaystyle\int \frac{(\ln x)^2}{x^2}\mathrm{d}x$

(9) $\displaystyle\int \frac{\ln(1+x)}{\sqrt{x}}\mathrm{d}x$

(10) $\displaystyle\int \sqrt{x}\sin\sqrt{x}\,\mathrm{d}x$

(11) $\displaystyle\int \ln(x+\sqrt{1+x^2})\mathrm{d}x$

(12) $\displaystyle\int xe^x\cos x\mathrm{d}x.$

(13) $\displaystyle\int \frac{x^4}{1+x^2}\mathrm{d}x$

(14) $\displaystyle\int \frac{\mathrm{d}x}{x^2(1+x^2)}$

(15) $\displaystyle\int \frac{x^2+7x+12}{x+3}\mathrm{d}x$

(16) $\displaystyle\int \frac{x+2}{x^2-2x+3}\mathrm{d}x$

(17) $\displaystyle\int \frac{x^3}{9+x^2}\mathrm{d}x$

(18) $\displaystyle\int \frac{x^3}{(x-1)^{2012}}\mathrm{d}x$

5. 求 $I_n=\displaystyle\int \frac{\mathrm{d}x}{(x^2+a^2)^n}$ 的一个递推公式.

6. 一辆火车以均速 48m/s 行驶. 当启动刹车系统时,火车以固定的减速度 $-6\mathrm{m/s^2}$ 停下. 问火车需要多少时间才能停下来?自刹车后火车行驶了多少米?

7. 设 $P(x)$ 为 n 次多项式,计算 $\int \dfrac{P(x)}{(x-a)^{n+1}}\mathrm{d}x$.

8. 设 $p+q=kn,k$ 为整数,$R(u,v)$ 为有理函数,证明:

$$\int R\left(x,(x-a)^{\frac{p}{n}}(x-b)^{\frac{q}{n}}\right)\mathrm{d}x$$

为初等函数.

第六章　定积分

§6.1　定积分概念和性质

在实际问题中,对于一密度均匀的物体,若其密度为 ρ,则其质量 m 与 V 即为匀变关系: $m = \rho V$. 对于边界平直的几何形体,欲求其面积或体积,相对也较简单,因为对平直的平面图形总可剖分成有限个三角形,而三角形的面积是容易求出的. 但是对于非规则图形如何求出其面积,如曲边梯形(图 6-1(a)),由连续函数 $y = f(x)(f(x) \geqslant 0)$、$x$ 轴以及直线 $x = a$、$x = b$ 所围成图形的面积.

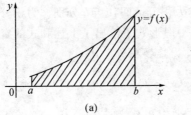
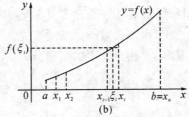

图 6-1

我们可以直代曲近似地计算. 将区间 $[a,b]$ 分割成 n 个小区间,其分点为 $a = x_0 < x_1 < x_2 < \cdots < x_{n-1} < x_n = b$ 记每个小区间 $[x_{i-1}, x_i]$ 的长度为 $\Delta x_i = x_i - x_{i-1}(i = 1,2,\cdots,n)$. 这样,把曲边梯形分割成 n 个小曲边梯形(如图 6-1(b)),记它们的面积分别为 $\Delta S_1, \Delta S_2, \cdots, \Delta S_n$,在每个小区间 $[x_{i-1}, x_i]$ 中任取一点 ξ_i,用高为 $f(\xi_i)$、底为 Δx_i 的小矩形来近似代替同底的小曲边梯形,则 $\Delta S_i \approx f(\xi_i)\Delta x_i(i = 1,2,\cdots,n)$. 将 n 个小矩形的面积累加起来,得到该曲边梯形面积 S 的一个近似值,$S = \sum_{i=1}^{n} \Delta S_i \approx \sum_{i=1}^{n} f(\xi_i)\Delta x_i$. 直观地,当 Δx_i 越小时,和式就越接近 S. 但无论怎样接近,一般地不是 S 本身. 虽然如此,极限论让我们联想到,若要得到 S 的准确值,需要极限过程,只要分割的小区间长度趋于 0,应可获得 S.

再看非匀变的直线运动. 设一物体以速度 $v(t)$ 做变速直线运动,求其在时刻 $t = a$ 到时刻 $t = b$ 之间所经过的路程. 同样地将时间段 $[a,b]$ 分割成 n 个小区间,其分点为 $a = t_0 < t_1 < t_2 < \cdots < t_{n-1} < t_n = b$. 记每个小区间 $[t_{i-1}, t_i]$ 的长度为 $\Delta t_i = t_i - t_{i-1}(i = 1,2,\cdots,n)$. 这样,时间区间 $[a,b]$ 上物体经过的路程 s 就被分割成 n 个小时区 $[t_{i-1}, t_i]$ 上物体经过的路程之和,记小时区上物体经过的路程分别为 $\Delta s_1, \Delta s_2, \cdots, \Delta s_n$. 在每个小区间 $[t_{i-1}, t_i]$ 中任取一时刻 ξ_i,用 $v(\xi_i)$ 近似代替速度 $v(t)(t \in [t_{i-1}, t_i])$,由此得到物体在时刻 $t = t_{i-1}$ 到时刻 t

$= t_i$ 之间所经过的路程 Δs_i 的近似值 $\Delta s_i \approx v(\xi_i) \Delta t_i (i = 1, 2, \cdots, n)$，将 n 个 Δs_i 的近似值加起来，得到所求路程 s 的一个近似值 $s \approx \sum_{i=1}^{n} v(\xi_i) \Delta t_i$. 亦可想见，当 Δt_i 越来越小时，所算出的累加值越接近真实值.

上面两则例子，虽然具体意义不同，但解决问题的方法却相同，都是先将整体的问题分割成局部的问题，然后通过"以直代曲"、"以不变代变"，作近似计算，再进行求和，最后，也是最要紧的一步，作和式的一种极限(第三种极限). 我们知道，将无穷、极限的概念引入数学，这是高等数学的本质与精髓所在. 抽象上述共同特征，给出下述定积分的定义.

定义 1 设函数 $f(x)$ 在区间 $[a,b]$ 上有定义，将 $[a,b]$ 任意分割成 n 个小区间，其分点为 $a = x_0 < x_1 < x_2 < \cdots < x_{n-1} < x_n = b$，记 $\Delta x_i = x_i - x_{i-1}$，$i = 1, 2, \cdots, n$，$\lambda = \max\limits_{1 \leqslant i \leqslant n} \{\Delta x_i\}$ 在每个小区间 $[x_{i-1}, x_i]$ 中任取一点 ξ_i，作和式 $\sum_{i=1}^{n} f(\xi_i) \Delta x_i$. 若当 $\lambda \to 0$ 时，上述和式的极限存在，且此极限值 I 与区间 $[a,b]$ 的分法和点 ξ_i 的取法无关，则称此极限值 I 为函数 $y = f(x)$ 在区间 $[a,b]$ 的**定积分**，记为

$$I = \lim_{\lambda \to 0} \sum_{i=1}^{n} f(\xi_i) \Delta x_i = \int_a^b f(x) \mathrm{d}x$$

也称函数 $y = f(x)$ 在区间 $[a,b]$ 上**可积**，否则称 $f(x)$ 在区间 $[a,b]$ 上不可积. 这里 $f(x)$ 称为被积函数，x 称为积分变量，$[a,b]$ 称为积分区间，a 与 b 分别称为积分**下限**与**上限**.

由于在历史上，由德国数学家黎曼首先在一般形式下给出了上述和式的定义，所以上述和式也称为**黎曼和**，上述意义下的定积分，也称为**黎曼积分**.

根据上述定义，曲边梯形的面积 S 就是函数 $y = f(x)$ 在 $[a,b]$ 上的定积分 $\int_a^b f(x) \mathrm{d}x$；变速直线运动的路程 s 就是函数 $v(t)$ 在 $[a,b]$ 上的定积分，即 $\int_a^b v(t) \mathrm{d}t$.

从定积分的定义可以看出，定积分的值只依赖于被积函数 f 与积分区间 $[a,b]$，而与积分变量的记号无关. 换句话说，若定积分 $\int_a^b f(x) \mathrm{d}x$ 存在，则

$$\int_a^b f(x) \mathrm{d}x = \int_a^b f(t) \mathrm{d}t = \int_a^b f(u) \mathrm{d}u$$

由定义显见，

当 $a > b$ 时，$\int_a^b f(x) \mathrm{d}x = -\int_b^a f(x) \mathrm{d}x$；

当 $a = b$ 时，$\int_a^a f(x) \mathrm{d}x = 0$.

定积分的几何意义 若函数 $y = f(x)$ 在区间 $[a,b]$ 上可积，且 $f(x) \geqslant 0$，则 $\int_a^b f(x) \mathrm{d}x$ 表示曲线 $y = f(x)$ 与直线 $y = 0$(即 x 轴)、$x = a$、$x = b$ 所围成的曲边梯形的面积. 当 $f(x) \leqslant 0$ 时，$-f(x) \geqslant 0$，这样就有，以 $f(x)$ 为曲边的曲边梯形面积 S 为

$$S = \int_a^b [-f(x)] \mathrm{d}x = \lim_{\lambda \to 0} \sum_{i=1}^{n} [-f(\xi_i) \Delta x_i]$$

$$= -\lim_{\lambda \to 0} \sum_{i=1}^{n} f(\xi_i) \Delta x_i = -\int_a^b f(x) \mathrm{d}x$$

即,当 $f(x) \leqslant 0$ 时,定积分 $\int_a^b f(x)\mathrm{d}x$ 为曲边梯形面积的负值(如图 6-2(a)).

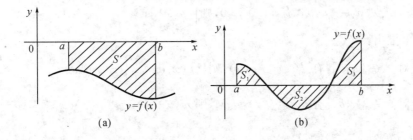

图 6-2

当 $f(x)$ 在区间$[a,b]$上有正负时(如图 6-2(b)),则定积分 $\int_a^b f(x)\mathrm{d}x$ 为由曲线 $y = f(x)$ 与直线 $y = 0$、$x = a$、$x = b$ 所围成的曲边梯形面积的代数和,即在 x 轴上方的面积取正号,在 x 轴下方的面积取负号:

$$\int_a^b f(x)\mathrm{d}x = S_1 - S_2 + S_3$$

定理 1(可积的必要条件)　若函数 $f(x)$ 在闭区间$[a,b]$上可积,则 $f(x)$ 在$[a,b]$上有界.

该定理的逆定理不一定成立. 如狄利克雷函数

$$D(x) = \begin{cases} 1, & x \in \mathbf{Q} \\ 0, & x \in \mathbf{R} - \mathbf{Q} \end{cases}$$

在$[0,1]$上有界但不可积.

定理 2　若函数 $f(x)$ 在闭区间$[a,b]$上连续,则 $f(x)$ 在$[a,b]$上可积.

定理 3　若函数 $f(x)$ 在闭区间$[a,b]$上只有有限个间断点且有界,则 $f(x)$ 在$[a,b]$上可积.

定理 4　若函数 $f(x)$ 在闭区间$[a,b]$上单调,则 $f(x)$ 在$[a,b]$上可积.

定积分的基本性质

用求积分和式极限的方法来计算定积分是不方便的,在很多情况下很难求出定积分的值. 对此,需要寻求计算定积分的有效的、简便的方法.

根据定积分的定义和极限运算法则,可以得到定积分的一些基本性质. 假设下面所考虑的函数在所讨论的区间上都可积.

性质 1　$\int_a^b 1\mathrm{d}x = b - a$

性质 2　$\int_a^b [f(x) \pm g(x)]\mathrm{d}x = \int_a^b f(x)\mathrm{d}x \pm \int_a^b g(x)\mathrm{d}x$

性质 3　$\int_a^b k f(x)\mathrm{d}x = k \int_a^b f(x)\mathrm{d}x$,其中 k 为任意常数.

由性质 2、3,可以得到:

$$\int_a^b \sum_{k=1}^n a_k f_k(x)\mathrm{d}x = \sum_{k=1}^n a_k \int_a^b f_k(x)\mathrm{d}x,\text{其中 } a_k \text{ 为常数},k = 1,2,\cdots,n.$$

性质 4 $\int_a^b f(x)\mathrm{d}x = \int_a^c f(x)\mathrm{d}x + \int_c^b f(x)\mathrm{d}x$,对任意的 c 成立.

性质 5 若对 $x \in [a,b]$,有 $f(x) \geqslant 0$,则 $\int_a^b f(x)\mathrm{d}x \geqslant 0$

由此,可推出:

(1) 若对 $x \in [a,b]$,有 $f(x) \geqslant g(x)$,则 $\int_a^b f(x)\mathrm{d}x \geqslant \int_a^b g(x)\mathrm{d}x$;

(2) 若对 $x \in [a,b]$,有 $m \leqslant f(x) \leqslant M$,则 $m(b-a) \leqslant \int_a^b f(x)\mathrm{d}x \leqslant M(b-a)$;

(3) $\left| \int_a^b f(x)\mathrm{d}x \right| \leqslant \int_a^b |f(x)|\,\mathrm{d}x$.

性质 6（积分中值定理） 设函数 $f(x)$ 在闭区间 $[a,b]$ 上连续,则至少存在一点 $\xi \in [a,b]$,使得

$$\int_a^b f(x)\mathrm{d}x = f(\xi)(b-a)$$

证明 因为 $f(x)$ 在闭区间 $[a,b]$ 上连续,所以 $f(x)$ 在 $[a,b]$ 上有最大值 M 和最小值 m.由性质 5,得 $m(b-a) \leqslant \int_a^b f(x)\mathrm{d}x \leqslant M(b-a)$,即

$$m \leqslant \frac{1}{b-a}\int_a^b f(x)\mathrm{d}x \leqslant M.$$

根据连续函数介值定理,存在一点 $\xi \in [a,b]$,使得

$$\frac{1}{b-a}\int_a^b f(x)\mathrm{d}x = f(\xi)$$

定理得证.

积分中值定理的几何意义 设 $f(x) \geqslant 0$,则 $f(x)$ 在 $[a,b]$ 上的曲边梯形面积等于与该曲边梯形同底、以 $f(\xi)$ 为高的矩形面积（如图 6-3 所

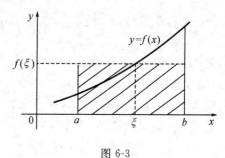

图 6-3

示）.因此,也称 $f(\xi)$ 为曲边梯形的平均高度,称 $\frac{1}{b-a}\int_a^b f(x)\mathrm{d}x$ 为 $f(x)$ 在 $[a,b]$ 上的积分平均值.

§6.2　定积分的计算

不定积分与定积分虽然记号相似,却是两个从完全不同角度引进来的概念,本节将通过一个"桥梁"构建它们之间的联系,并将求定积分的问题转化为求不定积分的问题,从而给出求定积分的一般方法.

以上所提的"桥梁"就是变上限定积分.设 $f(x)$ 在 $[a,b]$ 上可积,$x \in [a,b]$,则称积分

$$\Phi(x) = \int_a^x f(t)\mathrm{d}t, x \in [a,b]$$

为 $f(x)$ 在 $[a,b]$ 上变上限定积分.

定积分由被积函数和积分上下限所决定,既然函数 $f(x)$ 和积分下限已经限定,那么定积分 $\int_a^x f(t)\,\mathrm{d}t$ 就被积分上限 x 唯一确定,即对应于怎样的 x,$\int_a^x f(t)\,\mathrm{d}t$ 的值是唯一确定的,因此是 x 的函数,记为 $\Phi(x)$.当 $f(x) \geqslant 0$ 时,$\Phi(x)$ 在几何上表示右侧直边可以变动的曲边梯形面积(如图 6-4 中的阴影部分).

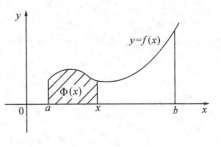

图 6-4

微积分学基本定理

定理 1　若函数 $f(x)$ 在 $[a,b]$ 上连续,则变上限定积分

$$\Phi(x) = \int_a^x f(t)\,\mathrm{d}t, x \in [a,b]$$

在 $[a,b]$ 上可导,且 $\Phi'(x) = f(x)$,即 $\Phi(x)$ 是被积函数 $f(x)$ 在 $[a,b]$ 上的一个原函数.

证　对于 $\forall x \in [a,b]$,及 x 的一个改变量 Δx,设 $x + \Delta x \in [a,b]$,则

$$\Phi(x + \Delta x) - \Phi(x) = \int_a^{x+\Delta x} f(t)\,\mathrm{d}t - \int_a^x f(t)\,\mathrm{d}t = \int_x^{x+\Delta x} f(t)\,\mathrm{d}t$$

利用积分中值定理,

$$\lim_{\Delta x \to 0} \frac{\Phi(x + \Delta x) - \Phi(x)}{\Delta x} = \lim_{\Delta x \to 0} \frac{f(\xi)\Delta x}{\Delta x} = \lim_{\xi \to x} f(\xi) = f(x)$$

其中,ξ 介于 x 与 $x + \Delta x$ 之间,当 $\Delta x \to 0$ 时,$\xi \to x$.

根据导数定义,$\Phi'(x) = f(x)$.

这个定理揭示了导数与定积分这两个定义不相干的概念之间的内在联系,也说明任何连续的函数都存在原函数,而且 $f(x)$ 的变上限定积分 $\Phi(x)$ 就是 $f(x)$ 的一个原函数,所以也称此定理为**原函数存在定理**.利用复合函数求导原理不难得到

$$\frac{\mathrm{d}}{\mathrm{d}x} \int_{a(x)}^{b(x)} f(t)\,\mathrm{d}t = f(b(x))b'(x) - f(a(x))a'(x)$$

例 1　$\dfrac{\mathrm{d}}{\mathrm{d}x} \int_0^x \tan(1 + t^3)\,\mathrm{d}t = \tan(1 + x^3).$

例 2　$\displaystyle\lim_{x \to 0} \frac{\int_1^{\cos x} \mathrm{e}^{-t^2}\,\mathrm{d}t}{x^2} = \lim_{x \to 0} \frac{-\sin x \cdot \mathrm{e}^{-\cos^2 x}}{2x} = \lim_{x \to 0} \frac{-\sin x}{2x} \mathrm{e}^{-\cos^2 x} = -\frac{1}{2e}.$

定理 2(微积分学基本定理)　设函数 $f(x)$ 在 $[a,b]$ 上连续,$F(x)$ 为 $f(x)$ 的一个原函数,则

$$\int_a^b f(x)\,\mathrm{d}x = F(b) - F(a)$$

上述公式也称为**牛顿 — 莱布尼茨(Newton-Leibniz) 公式**.

证　由定理 1,$\int_a^x f(t)\,\mathrm{d}t$ 是 $f(x)$ 的一个原函数,而由定理条件,$F(x)$ 也是 $f(x)$ 的一个原函数,所以

$$\int_a^x f(t)\,\mathrm{d}t - F(x) = C$$

在上式中,令 $x = a$,有 $C = -F(a)$,即

$$\int_a^x f(t)\mathrm{d}t = F(x) - F(a)$$

再令 $x = b$,则得

$$\int_a^b f(t)\mathrm{d}t = F(b) - F(a)$$

上式也记为

$$\int_a^b f(t)\mathrm{d}t = F(x)\ |_a^b$$

微积分学基本公式告诉我们,计算 $f(x)$ 在 $[a,b]$ 上的定积分,只要先求出 $f(x)$ 在 $[a,b]$ 上的任一原函数 $F(x)$,然后再计算它由 a 到 b 的改变量 $F(b) - F(a)$ 即可,从而将计算定积分的问题转化为求不定积分的问题,为定积分的计算提供了一种简便易行的方法.

例 3　计算 $\displaystyle\int_{\frac{1}{2}}^{\frac{2}{3}} \frac{\mathrm{d}x}{\sqrt{x(1-x)}}$

解　$\displaystyle\int_{\frac{1}{2}}^{\frac{2}{3}} \frac{\mathrm{d}x}{\sqrt{x(1-x)}} = 2\int_{1/2}^{2/3} \frac{\mathrm{d}\sqrt{x}}{\sqrt{1-(\sqrt{x})^2}} = 2\arcsin\sqrt{x}\ \Big|_{1/2}^{2/3}$

$$= 2\left(\arcsin\sqrt{\frac{2}{3}} - \arcsin\sqrt{\frac{1}{2}}\right)$$

例 4　计算 $\displaystyle\int_0^\pi |\ 1 - \sin x\ |\ \mathrm{d}x$

解　$\displaystyle\int_0^\pi |\ 1 - \sin x\ |\ \mathrm{d}x = \int_0^\pi \Big|\ \cos\frac{x}{2} - \sin\frac{x}{2}\ \Big|\ \mathrm{d}x$

$$= \int_0^{\frac{\pi}{2}} \left(\cos\frac{x}{2} - \sin\frac{x}{2}\right)\mathrm{d}x + \int_{\frac{\pi}{2}}^\pi \left(\sin\frac{x}{2} - \cos\frac{x}{2}\right)\mathrm{d}x$$

$$= 2\left(\sin\frac{x}{2} + \cos\frac{x}{2}\right)\ |_0^{\frac{\pi}{2}} - 2\left(\cos\frac{x}{2} + \sin\frac{x}{2}\right)\ |_{\frac{\pi}{2}}^\pi = 4(\sqrt{2} - 1)$$

定积分的换元法

定理 3　设函数 $\varphi(t)$ 是 $[\alpha,\beta]$ 上的连续可微函数,值域含有 $[a,b]$,并且 $\varphi(\alpha) = a, \varphi(\beta) = b$. 又设 f 是定义在 φ 的值域上的连续函数,则

$$\int_a^b f(x)\mathrm{d}x = \int_\alpha^\beta f(\varphi(t))\varphi'(t)\mathrm{d}t$$

证明　由于两端的被积函数都连续,因此积分均存在,仅需证明两者相等. 设 $F(x)$ 是 $f(x)$ 的一个原函数,由复合函数求导法则知,$F(\varphi(t))$ 是 $f(\varphi(t))\varphi'(t)$ 的一个原函数,因此,

$$\int_a^b f(x)\mathrm{d}x = F(b) - F(a),$$

$$\int_\alpha^\beta f(\varphi(t))\varphi'(t)\mathrm{d}t = F(\varphi(\beta)) - F(\varphi(\alpha)) = F(b) - F(a)$$

定理得证.

例 5　计算 $\displaystyle\int_{-1}^1 \frac{x\mathrm{d}x}{\sqrt{5-4x}}$

解　设 $\sqrt{5-4x} = t$,即 $x = \dfrac{5-t^2}{4}$,$\mathrm{d}x = -\dfrac{1}{2}t\mathrm{d}t$,当 $x = -1$ 时,$t = 3$;当 $x = 1$ 时,$t = 1$. 因此

$$\int_{-1}^{1}\frac{x\,\mathrm{d}x}{\sqrt{5-4x}}=\int_{3}^{1}\frac{5-t^{2}}{4t}(-\frac{1}{2})t\,\mathrm{d}t=\frac{1}{6}$$

例 6　求椭圆面积,椭圆方程为 $\dfrac{x^{2}}{a^{2}}+\dfrac{y^{2}}{b^{2}}=1$

解　根据图形的对称性,椭圆面积是第一象限内的 4 倍

$$S=4b\int_{0}^{a}\sqrt{1-\frac{x^{2}}{a^{2}}}\,\mathrm{d}x$$

利用换元法,令 $x=a\sin t$,则 $\mathrm{d}x=a\cos t\,\mathrm{d}t$,因此

$$S=4ab\int_{0}^{\frac{\pi}{2}}\cos^{2}t\,\mathrm{d}t=\pi ab$$

§6.3　定积分的应用

定积分是求某种总量的数学模型,它在几何、物理、工程、经济学、社会学等方面都有着广泛而有效的应用.在应用中我们常使用一种叫"积分微元"的方法.

定积分的主要思想,是将整体上非线性的,划分成局部可视为线性的、因此可计算的微过程之总和,即黎曼和 $\sum_{i=1}^{n}f(\xi_{i})\Delta x_{i}$,得到黎曼和仅仅是一种中间过程,因为这仅是一种近似,从计算角度看,仍然是有限计算,无论近似有多好,尚且不是真实值本身.对黎曼和取极限,实现了微量无穷的累加,从而得到真实值,其过程也是一种严密的数学论理.莱布尼茨之所以采取定积分 $\int_{a}^{b}f(x)\mathrm{d}x$ 这样的记号,其实也留下了数学思辩的痕迹.考量这种思辩痕迹,我们得到一种称为微元的方法.重审定积分过程,微小量 $f(\xi_{i})\Delta x_{i}$ 的有限累加,得到黎曼和,当此过程不断加细以致无穷的时候,就是微分的无穷和.此时,微小量 $f(\xi_{i})\Delta x_{i}$ 变成了微分量 $f(x)\mathrm{d}x$,有限的累加转向了微分的无穷和,即定积分,有限离散的连加号也变成"连续无穷"之和的积分号.我们称微分量 $f(x)\mathrm{d}x$ 为积分微元.在实际问题中,有面积微元、体积微元、弧长微元、物理功微元等等.考虑微元区间 $[x,x+\mathrm{d}x]$,在此区间上有积分微元 $f(x)\mathrm{d}x$,因此,要计算的积分式为 $\int_{a}^{b}f(x)\mathrm{d}x$.

平面图形面积

连续曲线 $y=f(x)(f(x)\geqslant 0)$ 和直线 $x=a$、$x=b$ 及 x 轴所围成的图形的面积记为 A,则在微元区间 $[x,x+\mathrm{d}x]$ 上,曲线微段上的高不变,因此面积微元为 $dA=f(x)\mathrm{d}x$,所以 $A=\int_{a}^{b}f(x)\mathrm{d}x$.

例 1　求由曲线 $y=1/2x^{2}$ 与 $y=1/(1+x^{2})$ 所围成的封闭图形的面积.

解　如图 6-5,先定出图形的区间范围,联立方程

$$\begin{cases}y=\dfrac{1}{2}x^{2}\\[2mm]y=\dfrac{1}{1+x^{2}}\end{cases}$$

解得 $x = -1$ 或 $x = 1$，因此

$$A = \int_{-1}^{1} \left(\frac{1}{1+x^2} - \frac{1}{2}x^2 \right) \mathrm{d}x = \frac{\pi}{2} - \frac{1}{3}$$

若平面区域由极坐标 $r = r(\theta)(\alpha \leqslant \theta \leqslant \beta)$ 所给出的扇形，如图 6-6.则可取扇形微元，扇形微元面积为 dA $= 1/2 r^2(\theta) \mathrm{d}\theta$，因此

$$A = \int_{\alpha}^{\beta} \frac{1}{2} r^2(\theta) \mathrm{d}\theta$$

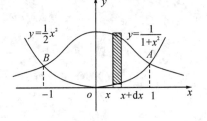

图 6-5

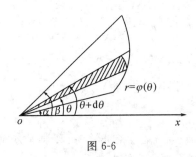

图 6-6

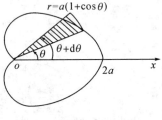

图 6-7

例 2　求心形线 $r = a(1+\cos\theta)(a > 0)$ 所围成的面积(图 6-7).

解　$A = \dfrac{1}{2}a^2 \displaystyle\int_0^{2\pi} (1+\cos\theta)^2 \mathrm{d}\theta = \dfrac{3}{2}\pi a^2.$

曲线弧长　设 $y = f(x)$ 是 $[a,b]$ 上连续可微函数，求函数曲线的弧长积分表达式.在微元区间 $[x, x+\mathrm{d}x]$ 上，考虑微弧段，即可视为直线段，故弧微元为

$$\mathrm{d}s = \sqrt{\mathrm{d}x^2 + \mathrm{d}y^2} = \sqrt{1 + f'^2(x)}\,\mathrm{d}x$$

因此得弧长公式

$$s = \int_a^b \sqrt{1 + f'^2(x)}\,\mathrm{d}x$$

现在推演在极坐标系下的弧长公式.因为直角坐标与极坐标有如下换算关系

$$\begin{cases} x = r(\theta)\cos\theta \\ y = r(\theta)\sin\theta \end{cases}$$

因此

$$\begin{cases} \mathrm{d}x = (r'(\theta)\cos\theta - r(\theta)\sin\theta)\mathrm{d}\theta \\ \mathrm{d}y = (r'(\theta)\sin\theta + r(\theta)\cos\theta)\mathrm{d}\theta \end{cases}$$

将此微分式代入弧微元公式，得

$$\mathrm{d}s = \sqrt{\mathrm{d}x^2 + \mathrm{d}y^2} = \sqrt{r'^2(\theta) + r^2(\theta)}\,\mathrm{d}\theta$$

于是得相应弧长公式

$$s = \int_{\alpha}^{\beta} \sqrt{r'^2(\theta) + r^2(\theta)}\,\mathrm{d}\theta$$

例 3　求例 2 心形线的弧长.

解　由对称性，仅整条弧长是上面部分的两倍

$$s = 2a\int_0^\pi \sqrt{(1+\cos\theta)^2 + \sin^2\theta}\,\mathrm{d}\theta = 4a\int_0^\pi \cos\frac{\theta}{2}\,\mathrm{d}\theta = 8a$$

由截面面积求立体体积

如图 6-8 所示,设 Ω 为一空间立体,它夹在垂直于 x 轴的两平面 $x = a$ 与 $x = b$ 之间 $(a < b)$,已知在 x 点处 $(a \leqslant x \leqslant b)$ 的平面截面面积为 $A(x)$,求位于 $[a,b]$ 上的空间立体 Ω 的体积 V.

根据微元法,将 V 的微元 $\mathrm{d}v = A(x)\mathrm{d}x$ 在区间 $[a,b]$ 上求和,得

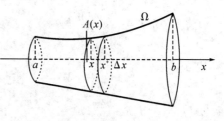

图 6-8

$$V = \int_a^b A(x)\mathrm{d}x$$

特别地,由连续曲线 $y = f(x)$ 和直线 $x = a$、$x = b$ 及 x 轴所围成的曲边梯形绕 x 轴旋转而成的旋转体的体积 V_x(如图 6-9) 为

$$V_x = \pi \int_a^b f^2(x)\mathrm{d}x$$

例 4　求椭圆 $\dfrac{x^2}{a^2} + \dfrac{y^2}{b^2} = 1$ 绕 x 轴旋转一周所形成的椭球的体积 V.

解　由椭圆方程得

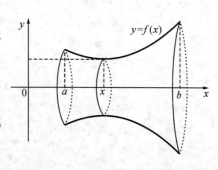

图 6-9

$$y^2 = \frac{b^2}{a^2}(a^2 - x^2)$$

则有

$$V = \pi\int_{-a}^a y^2\,\mathrm{d}x = \pi\int_{-a}^a \frac{b^2}{a^2}(a^2 - x^2)\,\mathrm{d}x$$

$$= 2\pi\frac{b^2}{a^2}\int_0^a (a^2 - x^2)\,\mathrm{d}x = 2\pi\frac{b^2}{a^2}\left(a^2 x - \frac{x^3}{3}\right)\bigg|_0^a = \frac{4}{3}\pi ab^2$$

定积分在物理中的应用

定积分在变速直线运动的路程问题、变力所做的功问题、液体的静压力问题、引力问题、物体的动能问题、物体的转动惯量问题等很多领域都有很好的应用.

例如,考虑变力沿直线所做的功. 我们知道,物体在常力 F 作用下沿力的方向移动距离 s,则力 F 对物体所做的功 W 为

$$W = Fs$$

现设力 $F = F(x)$ 是一个沿力的方向(沿 x 轴正向)而大小与位置 x 有关的变力,求物体由 $x = a$ 移动到 $x = b(a < b)$ 时所做的功 W.同样,运用"微元法",在很小的一个时段 $[x, x + \Delta x](x \in [a,b])$ 内,力 $F(x)$ 所做的功 ΔW 近似为

$$\Delta W \approx F(x)\Delta x$$

根据"微元法"原理,将所有的 ΔW 累加起来,取极限,就有

$$W = \int_a^b F(x)\mathrm{d}x$$

例5 从地面垂直发射质量为 m 的物体,要使得物体飞离地球引力范围,则物体的初速度应该多少?

解 由 $f = -k\dfrac{Mm}{R^2} = -mg$,得 $k = \dfrac{R^2 g}{M}$. 因此,$f(r) = -k\dfrac{Mm}{r^2} = -mg\left(\dfrac{R}{r}\right)^2$

$$W = \int_R^\infty mg\left(\frac{R}{r}\right)^2 dr = mgR = \frac{1}{2}mv_0^2$$

所以,$v_0 = \sqrt{2gR}$.

例6 设有一直径为 $20m$ 的半球形水池,池内贮满水,若要把水抽尽,问至少做多少功?

解 如图 6-10 建立坐标系,即将原点置于球心处,y 轴取在水平面上,x 轴向下(此时 x 表示深度,$x \in [0,10]$). 选取小区间 $[x, x+\Delta x]$,相应的体积 ΔV:

$$\Delta V \approx \pi y^2 \Delta x = \pi(10^2 - x^2)\Delta x = \pi(100 - x^2)\Delta x$$

所以抽出这层水需做的功 ΔW 为

$$\Delta W \approx g\rho \Delta V \cdot x \approx g\pi\rho x(100 - x^2)\Delta x$$

其中 $\rho = 1000(kg/m^3)$ 为水的密度,$g = 9.8(m/s^2)$ 为重力加速度.

根据"微元法"原理,将所有的 ΔW 累加起来,取极限,就有

$$W = \int_0^{10} g\pi\rho(100 - x^2)\,\mathrm{d}x = \left.\left(-g\frac{\pi\rho}{4}(100 - x^2)^2\right)\right|_0^{10} = 2500\pi\rho g\,(J)$$

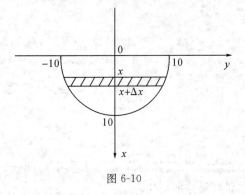

图 6-10

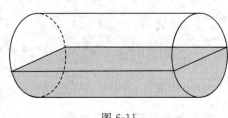

图 6-11

例7 一个横放着的圆柱形水桶,桶内盛有半桶水,设桶的底半径为 R,水的比重为 γ,计算桶的一端面上所受的压力.

解 在端面建立坐标系如上图,小矩形片部分的压力元素为

$$dP = 2\rho g x \sqrt{R^2 - x^2}\,\mathrm{d}x$$

因此端面所受压力为

$$P = \int_0^R 2\rho g x \sqrt{R^2 - x^2}\,\mathrm{d}x$$

$$= -\rho g \int_0^R \sqrt{R^2 - x^2}\,\mathrm{d}(R^2 - x^2) = \frac{2\rho g}{3}R^3$$

例8 某建筑工程打地基时,常需要用汽锤将桩打进土层,汽锤每次击打,都将克服土层对桩的阻力做功. 设土层对桩的阻力大小与被打进地下的深度成正比(比例系数为 k,

$k>0$),汽锤第一次击打将桩打进地下 $a(m)$,根据设计方案,要求汽锤每次击打所做的功与前一次击打所做的功之比为常数 $r(0<r<1)$.求

(1) 汽锤击打桩 3 次后,可将桩打进地下多深?

(2) 若击打次数不限,汽锤至多能将桩打进地下多深?

解　(1) 这是一个定积分中用元素法求做功问题,属于定积分在物理应用问题.据题意知阻力为 kx,其中 x 为汽锤将桩打入地下的深度,设 x_n 表示击打桩 n 次后在地下的深度($n=1,2\cdots$) 所以有

$$W_1 = \int_0^{x_1} kx\,\mathrm{d}x = \frac{1}{2}kx_1^2 = \frac{1}{2}ka^2$$

$$W_2 = \int_{x_1}^{x_2} kx\,\mathrm{d}x = \frac{1}{2}k(x_2^2 - x_1^2) = \frac{1}{2}k(x_2^2 - a^2)$$

由题意可知,$W_2 = rW_1$,因此可得 $x_2^2 = (1+r)a^2$.

$$W_3 = \int_{x_2}^{x_3} kx\,\mathrm{d}x = \frac{1}{2}k(x_3^2 - x_2^2) = \frac{1}{2}k[x_3^2 - (1+r))a^2]$$

又由 $W_2 = r^2 W_1$,得 $x_3 = \sqrt{1+r+r^2}\,a$.

(2) 用归纳法,假设 $x_n = \sqrt{1+r+r^2+\cdots+r^{n-1}}\,a$,则

$$W_{n+1} = \int_{x_n}^{x_{n+1}} kx\,\mathrm{d}x = \frac{1}{2}k(x_{n+1}^2 - x_n^2) = \frac{1}{2}k[x_{n+1}^2 - (1+r+r^2+\cdots+r^{n-1})a^2],$$

同理由 $W_{n+1} = r^n W_1$,可得

$$x_{n+1}^2 - (1+r+r^2+\cdots+r^{n-1})a^2 = r^n a^2$$

因此,

$$\lim_{n\to\infty} x_{n+1} = \sqrt{\frac{1}{1-r}}\,a$$

若击打次数不限,汽锤至多能将桩打进地下 $\sqrt{\dfrac{1}{1-r}}\,a\,(m)$.

例 9　计算纯电阻电路中正弦交流电 $i = I_m \sin\omega t$ 在一个周期上的功率的平均值(简称平均功率).

解　设电阻为 R,则电路中的电压、功率分别为

$$u = iR = I_m R \sin\omega t \qquad P = ui = I_m^2 R \sin^2 \omega t$$

一周期内平均功率为

$$\bar{P} = \frac{1}{2\pi/\omega}\int_0^{2\pi/\omega} I_m^2 R \sin^2 \omega t\,\mathrm{d}t = \frac{I_m^2 R}{2}$$

因此,一周期内平均电流强度为 $\dfrac{I_m}{\sqrt{2}}$.

习题 6

1. 利用定积分的性质证明下列不等式:

(1) $\dfrac{4\pi}{3} \leqslant \displaystyle\int_0^{2\pi} \dfrac{\mathrm{d}x}{1+0.5\cos x} \leqslant 4\pi$

(2) $\dfrac{\sqrt{2}}{10} \leqslant \displaystyle\int_0^1 \dfrac{x^4\,\mathrm{d}x}{\sqrt{1+x^4}} \leqslant \dfrac{1}{5}$

2. 利用定积分求极限：

(1) $\displaystyle\lim_{n\to\infty} \dfrac{1}{n^4}(1 + 2^3 + \cdots + n^3)$

(2) $\displaystyle\lim_{n\to\infty} n\left[\dfrac{1}{(n+1)^2} + \dfrac{1}{(n+2)^2} + \cdots + \dfrac{1}{(n+n)^2}\right]$

(3) $\displaystyle\lim_{n\to\infty} n\left(\dfrac{1}{n^2+1} + \dfrac{1}{(n^2+2)} + \cdots + \dfrac{1}{2n^2}\right)$

(4) $\displaystyle\lim_{n\to\infty} \dfrac{1}{n}\left(\sin\dfrac{\pi}{n} + \sin\dfrac{2\pi}{n} + \cdots + \sin\dfrac{n-1}{n}\right)$

3. 求极限：$\displaystyle\lim_{x\to 0} \dfrac{\displaystyle\int_0^x \cos t^2\,\mathrm{d}t}{x}$

4. 计算下列定积分：

(1) $\displaystyle\int_0^1 x\,\sqrt{3-x^2}\,\mathrm{d}x$ 　　　　　(2) $\displaystyle\int_{-1}^1 \dfrac{x\,\mathrm{d}x}{x^2+x+1}$

(3) $\displaystyle\int_4^9 \dfrac{1}{1+\sqrt{x}}\,\mathrm{d}x$ 　　　　　(4) $\displaystyle\int_{-1}^1 \dfrac{x^2+1}{x^4+1}\,\mathrm{d}x$

(5) $\displaystyle\int_0^1 |1-2x|\,\mathrm{d}x$ 　　　　　(6) $\displaystyle\int_0^\pi \operatorname{sgn}(\cos x)\,\mathrm{d}x$

(7) $\displaystyle\int_0^2 [e^x]\,\mathrm{d}x$ 　　　　　(8) $\displaystyle\int_0^\pi \sqrt{1-\sin x}\,\mathrm{d}x$

5. 设 $f(x) = \begin{cases} x^2, & -1 \leqslant x \leqslant 1 \\ e^x, & 1 < x \leqslant 2 \end{cases}$，求 $\displaystyle\int_0^2 f(x)\,\mathrm{d}x$.

6. 设 $f(x)$ 为连续函数. 证明：

(1) $\displaystyle\int_0^{\frac{\pi}{2}} f(\sin x)\,\mathrm{d}x = \int_0^{\frac{\pi}{2}} f(\cos x)\,\mathrm{d}x$

(2) $\displaystyle\int_0^\pi x f(\sin x)\,\mathrm{d}x = \dfrac{\pi}{2}\int_0^\pi f(\sin x)\,\mathrm{d}x$

7. 证明施瓦茨($Schwarz$)不等式：若 f 和 g 在 $[a,b]$ 上可积，则

$$\left(\int_a^b f(x)g(x)\,\mathrm{d}x\right)^2 \leqslant \int_a^b f^2(x)\,\mathrm{d}x \cdot \int_a^b g^2(x)\,\mathrm{d}x$$

8. 计算下列曲线围成的平面图形的面积：

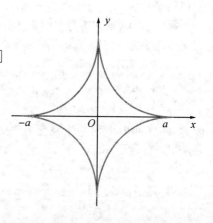

(1) $y = \dfrac{1}{x}, y = x, x = 2$

(2) $y = 3x^2 - 1, y = 5 - 3x$

(3) $y = e^x, y = e, x = 0$

9. 求曲线 $y = \sin 2x\,(0 \leqslant x \leqslant \dfrac{\pi}{2})$ 绕 x 轴旋转一周所形成的旋转体 体积.

10. 如上图是星形曲线：$x^{2/3} + y^{2/3} = a^{2/3}$，求此曲线绕 x 轴旋转一周所形成的旋转体体

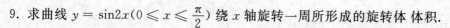

积.

11. 设某日某证券交易所的股票指数的波动按函数 $T = 2000 + 6(t-2)^2$ （$0 \leqslant t \leqslant 4$）确定,求该日的平均指数.

12. 已知某产品的边际收益函数为

$$R'(Q) = 10(10 - Q)e^{-\frac{Q}{10}}$$

其中 Q 为销售量,$R = R(Q)$ 为总收益. 求该产品的总收益函数.

13. 计算第 8 题中星形曲线的长度.

14. 设弹簧在 1N 力的作用下伸长 0.01 米,要使弹簧伸长 0.1 米,需做多少功?

15. 设在 O 点放置一个带电量为 $+q$ 的点电荷,由物理学知,电荷周围电场会对其他带电体产生作用力,今有一单位正电荷被从 A 点沿直线 OA 方向移至 B 点,求电场力对它做的功.

16. 一金属球体浸没于水中,球心在水深 H 处,球体半径为 R,比重为 ω,水的比重为 1,现将球体捞出水面,问至少需要做功多少?

17. 长 10 米的铁索下垂于矿井中,已知铁索每米的质量为 8 千克,问将此铁索提出地面需作多少功?

第七章　向量代数及空间解析几何

§7.1　向量及其线性运算

在几何学、力学、物理学以及日常生活中,我们经常遇到许多量,一类量较为简单,在取定单位后可由一个实数完全确定,如长度、面积、时间、质量、功、温度等,这种只有大小的量称为数量,也称标量或纯量.另一类则较为复杂,除了大小以外还有方向,如位移、力、速度等.我们将这种既有大小又有方向的量称为**向量**,或称**矢量**.在几何上,用带箭头的线条表示向量,箭头表示向量的方向,在选定单位长度后,线条长度代表向量的大小;向量的大小又称为向量的模或长度.

始点为 A,终点为 B 的向量,记作 $\overrightarrow{AB}$,其模记做 $|\overrightarrow{AB}|$.为方便计,也可用 $\vec{a},\vec{b},\vec{c}$,黑体英文小写字母 $\boldsymbol{a}$、$\boldsymbol{b}$ 以及希腊字母 α,β,γ 等标记向量,而用希腊字母 λ,μ,ν 等标记数量.用绝对值记号表示向量的大小.模等于 0 的向量称为**零向量**,记作 0.零向量是唯一一方向不确定的向量.模等于 1 的向量称为**单位向量**.特别地,对非 0 向量 $\alpha,\alpha/|\alpha|$ 是单位向量,称为 α 的**单位化**,常记作 α°.如果两个向量的模与方向相同,则称此两**向量相等**.二向量相等与否,仅取决于它们的模与方向,而与其始点位置无关.几何中研究的正是这种始点可以任意选取,而只由模与方向决定的向量,这样的向量通常称为**自由向量**.与向量 α 模相等但方向相反的向量称为 α 的**反向量**,记作 $-\alpha$.

向量的加法

定义 1　设 $\vec{a}=\overrightarrow{OA},\vec{b}=\overrightarrow{OB}$,以 $\overrightarrow{OA}$ 与 $\overrightarrow{OB}$ 为边作一平行四边形 $OACB$,取对角线向量 $\overrightarrow{OC}$,记 $\vec{c}=\overrightarrow{OC}$,如下图,称 $\vec{c}$ 为 $\vec{a}$ 与 $\vec{b}$ 之和,并记作 $\vec{c}=\vec{a}+\vec{b}$.

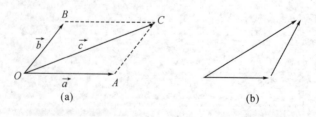

图 7-1

这种用平行四边形的对角线向量来规定两向量之和的方法称作向量加法的**平行四边形法则**.

因为 $\overrightarrow{OB} = \overrightarrow{AC}$，所以 $\overrightarrow{OC} = \overrightarrow{OA} + \overrightarrow{OB} = \overrightarrow{OA} + \overrightarrow{AC}$，由此可得，将两向量的首尾相联，则一向量的首与另一向量的尾的连线就是两向量的和向量. 该方法称作向量加法的**三角形法则**.

据向量的加法的定义，易知向量加法具有下列**运算规律**：

1. 交换律　　　　　　　$\vec{a} + \vec{b} = \vec{b} + \vec{a}$，

2. 结合律　　　　　　　$(\vec{a} + \vec{b}) + \vec{c} = \vec{a} + (\vec{b} + \vec{c}) = \vec{a} + \vec{b} + \vec{c}$

向量的减法

向量的减法是加法的逆运算，定义如下

定义 2　已知向量 $\vec{a}$ 与 $\vec{b}$，若向量 $\vec{c}$ 满足 $\vec{b} + \vec{c} = \vec{a}$，则向量 $\vec{c}$ 称为向量 $\vec{a}$ 与 $\vec{b}$ 的差，记为 $\vec{c} = \vec{a} - \vec{b}$.

向量与数的乘积

定义 3　向量 $\vec{a}$ 与数量 λ 的乘积是一向量，记作 $\lambda\vec{a}$，其模 $|\lambda\vec{a}| = |\lambda||\vec{a}|$，且方向规定如下：当 $\lambda > 0$ 时，向量 $\lambda\vec{a}$ 的方向与 $\vec{a}$ 的方向相同；当 $\lambda = 0$ 时，向量 $\lambda\vec{a}$ 是零向量，当 $\lambda < 0$ 时，向量 $\lambda\vec{a}$ 的方向与 $\vec{a}$ 的方向相反.

通常把上述运算称为向量的**数乘**. 特别地，

$1\vec{a} = \vec{a}, (-1)\vec{a} = -\vec{a}; \lambda\vec{a} = 0 \Leftrightarrow \lambda = 0$ 或 $\vec{a} = 0$.

据向量与数量乘积的定义，可导出数乘运算符合下列**运算规律**：

1. 结合律　　　　　　　$\lambda(\mu\vec{a}) = \mu(\lambda\vec{a}) = (\lambda\mu)\vec{a}$，

2. 分配律　　　　　　　$(\lambda + \mu)\vec{a} = \lambda\vec{a} + \mu\vec{a}; \lambda(\vec{a} + \vec{b}) = \lambda\vec{a} + \lambda\vec{a}$

称互相平行的向量为共线向量，不难得到以下结论

定理 1　若向量 $\vec{b}$ 非零，则向量 $\vec{a}$ 与向量 $\vec{b}$ 共线的充分必要条件是，存在唯一的实数 λ，使得 $\vec{a} = \lambda\vec{b}$.

向量的分解

设 $m_1, m_2, \cdots, m_n$ 为实数，则 $m_1\alpha_1 + m_2\alpha_2 + \cdots + m_n\alpha_n$ 称为 $\alpha_1, \alpha_2, \cdots, \alpha_n$ 的线性组合. 在实际问题中，我们常遇到反问题，即把一个向量分解成 n 个向量之和，也称向量的分解.

空间中平行于同一平面的向量称为**共面向量**，经平行移动后，它们落在同一平面上. 显然，任意两个向量共面. 不难证明（留作习题）

定理 2（向量分解定理）　（1）设 $\vec{a}, \vec{b}$ 不共线，则向量 $\vec{a}, \vec{b}, \vec{c}$ 共面的充分必要条件是 $\vec{c}$ 可以对 $\vec{a}, \vec{b}$ 分解，并且其分解方式唯一.

（2）如果 $\vec{a}, \vec{b}, \vec{c}$ 不共面，则任何向量 $\vec{d}$ 都可以对 $\vec{a}, \vec{b}, \vec{c}$ 分解，并且分解方式唯一.

§7.2　空间直角坐标系及向量的坐标表示

在平面解析几何中，我们建立了平面直角坐标系，并通过平面直角坐标系，把平面上的点与有序数组（即点的坐标 (x, y)）对应起来. 同样，为了把空间的任一点与有序数组对应起来，我们建立空间直角坐标系.

过空间一定点 O，作三条相互垂直的数轴，依次记为 x 轴（横轴）、y 轴（纵轴）、z 轴（竖轴），统称为坐标轴. 它们构成一个空间直角坐标系 $Oxyz$（如下图）.

空间直角坐标系有右手系和左手系两种. 通常采用右手系.

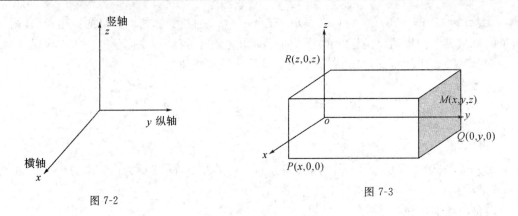

图 7-2   图 7-3

空间点与数组的一一对应

设 M 为空间任意一点,过点 M 分别作垂直于三坐标轴的平面,与坐标轴分别交于 P、Q、R 三点(图 7-3).设这三点在 x 轴、y 轴和 z 轴上的坐标分别为 x、y 和 z.则点 M 唯一确定了一个三元有序数组 (x,y,z);反之,设给定一有序数组 (x,y,z),在 x 轴、y 轴和 z 轴上分别取点 P,Q,R,使得 $OP=x,OQ=y,OR=z$,然后过 P、Q、R 三点分别作垂直于 x 轴、y 轴和 z 轴的平面,这三个平面相交于点 M,即由一个三元有序数组 (x,y,z) 唯一地确定了空间的一个点 M.于是,空间的点 M 和三元有序数组 (x,y,z) 之间建立了一一对应的关系,我们称这个三元有序数组为点 M 的坐标,记为 $M(x,y,z)$,并依次称 x、y 和 z 为点 M 的横坐标、纵坐标和竖坐标.

空间两点间的距离

设 $M_1(x_1,y_1,z_1)$、$M_2(x_2,y_2,z_2)$ 为空间任意两点,过点 M_1、M_2 各作三个分别垂直于三条坐标轴的平面,这六个平面围成一个以 M_1M_2 为对角线的长方体.由立体几何知,长方体的对角线的长度的平方等于它的三条棱的长度的平方和,即

$$|M_1M_2|^2 = |M_1N|^2 + |NS|^2 + |SM_2|^2 = |P_1P_2|^2 + |Q_1Q_2|^2 + |R_1R_2|^2$$
$$= |x_2-x_1|^2 + |y_2-y_1|^2 + |z_2-z_1|^2$$

由此得空间任意两点间的距离公式:

$$|M_1M_2| = \sqrt{(x_2-x_1)^2 + (y_2-y_1)^2 + (z_2-z_1)^2}$$

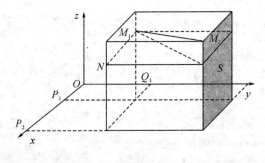

图 7-4

向量的坐标表达式

前面的向量运算更多地囿于几何运算,但建立直角坐标系后,如同笛卡尔创建坐标系的

148

本意,要将我们的思维从几何直观的束缚中解脱出来,进入可运算的理性思维.对某些量可进行代数运算,则是有很大便利的.第一节的定理 2 告诉我们,空间中任一向量可用空间的一组基来分解.为此,我们将采用直角坐标系,利用坐标轴方向进行向量分解.

任给向量 r,对应有点 M,坐标为 (x,y,z),使 $\overrightarrow{OM}=r$.以 OM 为对角线、三条坐标轴为棱作长方体,有

$$r=\overrightarrow{OM}=\overrightarrow{OP}+\overrightarrow{PN}+\overrightarrow{NM}=\overrightarrow{OP}+\overrightarrow{OQ}+\overrightarrow{OR}$$

设 i、j、k 分别为 x 轴、y 轴和 z 轴上正向的单位向量,由于 M 坐标为 (x,y,z) 因此,$\overrightarrow{OP}=x i$,$\overrightarrow{OQ}=y j$,$\overrightarrow{OR}=z k$,所以

$$r=\overrightarrow{OM}=x i+y j+z k$$

上式称为向量 r 在直角坐标系下的坐标表达式,$x i$、$y j$、$z k$ 称为向量 r 沿三坐标轴方向的分向量.

显然,给定向量 r,就确定了点 M 及 $\overrightarrow{OP}=x i$,$\overrightarrow{OQ}=y j$,$\overrightarrow{OR}=z k$ 三个分向量,进而确定了 x、y、z 三个有序数;反之,给定三个有序数 x、y、z 也就确定了向量 r 与点 M.于是点 M、向量 r 与三个有序 x、y、z 之间有一一对应的关系

$$M\leftrightarrow r=\overrightarrow{OM}=x i+y j+z k\leftrightarrow(x,y,z)$$

定义 1　有序数 x、y、z 称为向量 r 在坐标系 $Oxyz$ 中的坐标,记作 $r=(x,y,z)$.

向量的模 $|r|=|OM|=\sqrt{|OP|^2+|OQ|^2+|OR|^2}=\sqrt{x^2+y^2+z^2}$.

为表示向量 $r=\overrightarrow{OM}$ 的方向,将向量 r 与三条坐标轴的夹角 α、β、γ 称为向量 r 的方向角,由这些方向角可确定向量方向.而向量的方向角余弦称为方向余弦.

设 $r=(x,y,z)$,则 $x=|r|\cos\alpha,y=|r|\cos\beta,z=|r|\cos\gamma$.从而 $(\cos\alpha,\cos\beta,\cos\gamma)=\dfrac{1}{|r|}(x,y,z)=\dfrac{r}{|r|}=r^0$.式子表明,以向量 r 的方向余弦为坐标的向量就是与 r 同方向的单位向量.注意到

$$\cos^2\alpha+\cos^2\beta+\cos^2\gamma=1$$

说明三个方向余弦并非相互独立.

例 1　设已知两点 $A(2,2,\sqrt{2})$ 和 B$(1,3,0)$,计算向量 $\overrightarrow{AB}$ 的模、方向余弦和方向角.

解
$$\overrightarrow{AB}=(1-2,3-2,0-\sqrt{2})=(-1,1,-\sqrt{2})$$
$$|\overrightarrow{AB}|=\sqrt{(-1)^2+1^2+(-\sqrt{2})^2}=2$$
$$\cos\alpha=-\frac{1}{2},\cos\beta=\frac{1}{2},\cos\gamma=-\frac{\sqrt{2}}{2}$$
$$\alpha=\frac{2\pi}{3},\beta=\frac{\pi}{3},\gamma=\frac{3\pi}{4}$$

向量的代数运算

设 $a=a_x i+a_y j+a_z k$,$b=b_x i+b_y j+b_z k$,则根据向量加法交换律以及数乘分配律,有
$$a+b=(a_x+b_x)i+(a_y+b_y)j+(a_z+b_z)k$$
$$a-b=(a_x-b_x)i+(a_y-b_y)j+(a_z-b_z)k$$

$$\lambda a = \lambda(a_x i + a_y j + a_z k) = (\lambda a_x)i + (\lambda a_y)j + (\lambda a_z)k$$

设 $a = (a_x, a_y, a_z) \neq 0, b = (b_x, b_y, b_z)$，因为向量 $b \parallel a \Leftrightarrow b = \lambda a$，所以

$$b \parallel a \Leftrightarrow \frac{b_x}{a_x} = \frac{b_y}{a_y} = \frac{b_z}{a_z}$$

例 2　求解以向量为未知元的线性方程组

$$\begin{cases} 5x - 3y = a \\ 3x - 2y = b \end{cases}$$

其中 $a = (2,1,2), b = (-1,1,-2)$.

解　由向量的代数运算，如同解二元一次线性方程组，我们有

$$x = 2a - 3b, y = 3a - 5b$$

以 a、b 的坐标表示式代入，即得

$$x = 2(2,1,2) - 3(-1,1,-2) = (7,-1,10)$$
$$y = 3(2,1,2) - 5(-1,1,-2) = (11,2,16)$$

例 3　已知两点 $A(x_1, y_1, z_1)$ 和 $B(x_2, y_2, z_2)$ 以及实数 $\lambda \neq -1$，在直线 AB 上求一点 M，使

$$\overrightarrow{AM} = \lambda \overrightarrow{MB}$$

解　由于 $\overrightarrow{AM} = \overrightarrow{OM} - \overrightarrow{OA}, \overrightarrow{MB} = \overrightarrow{OB} - \overrightarrow{OM}$，因此，$\overrightarrow{OM} - \overrightarrow{OA} = \lambda(\overrightarrow{OB} - \overrightarrow{OM})$，从而

$$\overrightarrow{OM} = \frac{1}{1+\lambda}(\overrightarrow{OA} + \lambda \overrightarrow{OB}) = (\frac{x_1 + \lambda x_2}{1+\lambda}, \frac{x_1 + \lambda x_2}{1+\lambda}, \frac{x_1 + \lambda x_2}{1+\lambda})$$

这就是点 M 的坐标. 点 M 叫做有向线段 $\overrightarrow{AB}$ 的定比分点.

§7.3　向量的数量积、向量积与混合积

设一物体在常力 F 作用下沿直线从点 M_1 移动到点 M_2，以 s 表示位移 $\overrightarrow{M_1 M_2}$，由物理学知道，力 F 所做的功为

$$W = |F||s|\cos\theta$$

其中 θ 为 F 与 s 的夹角.

当把两个非零向量 a 与 b 的起点放到同一点时，两个向量之间的不超过 π 的夹角称为向量 a 与 b 的夹角，记作 (a,b).

定义 1　对于两个向量 a 和 b，它们的夹角为 θ，乘积 $|a||b|\cos\theta$ 称为向量 a 和 b 的**数量积**，或称内积、点积，记作 $a \cdot b$.

数量积的运算规律及性质：

根据数量积定义，可以证明

(1) 交换律：$a \cdot b = b \cdot a$;

(2) 分配律：$(a + b) \cdot c = a \cdot c + b \cdot c$;

(3) 结合律 $\lambda(a \cdot b) = (\lambda a) \cdot b = a \cdot (\lambda b), (\lambda a) \cdot (\mu b) = \lambda\mu(a \cdot b)$.

例 1　试用向量证明三角形的余弦定理.

证　记 $\overrightarrow{CB} = \boldsymbol{a}, \overrightarrow{CA} = \boldsymbol{b}, \overrightarrow{AB} = \boldsymbol{c}$, 则有 $\boldsymbol{c} = \boldsymbol{a} - \boldsymbol{b}$, 从而

$| \boldsymbol{c} |^2 = (\boldsymbol{a} - \boldsymbol{b}) \cdot (\boldsymbol{a} - \boldsymbol{b}) = \boldsymbol{a} \cdot \boldsymbol{a} + \boldsymbol{b} \cdot \boldsymbol{b} - 2\boldsymbol{a} \cdot \boldsymbol{b} = | \boldsymbol{a} |^2 + | \boldsymbol{b} |^2 - 2 | \boldsymbol{a} | | \boldsymbol{b} | \cos(\boldsymbol{a}, \boldsymbol{b})$.

对于两个非零向量 $\boldsymbol{a}$、$\boldsymbol{b}$, 如果 $\boldsymbol{a} \cdot \boldsymbol{b} = 0$, 则 $\boldsymbol{a} \perp \boldsymbol{b}$; 反之, 如果 $\boldsymbol{a} \perp \boldsymbol{b}$, 则 $\boldsymbol{a} \cdot \boldsymbol{b} = 0$. 注意到零向量与任何向量垂直, 所以有

定理 1　两个向量互相垂直的充分必要条件是 $\boldsymbol{a} \cdot \boldsymbol{b} = 0$.

数量积的坐标表示

设 $\boldsymbol{a} = (a_x, a_y, a_z), \boldsymbol{b} = (b_x, b_y, b_z)$, 则按数量积的运算规律可得

$$\begin{aligned}
\boldsymbol{a} \cdot \boldsymbol{b} &= (a_x \boldsymbol{i} + a_y \boldsymbol{j} + a_z \boldsymbol{k}) \cdot (b_x \boldsymbol{i} + b_y \boldsymbol{j} + b_z \boldsymbol{k}) \\
&= a_x b_x \boldsymbol{i} \cdot \boldsymbol{i} + a_x b_y \boldsymbol{i} \cdot \boldsymbol{j} + a_x b_z \boldsymbol{i} \cdot \boldsymbol{k} + a_y b_x \boldsymbol{j} \cdot \boldsymbol{i} + a_y b_y \boldsymbol{j} \cdot \boldsymbol{j} + a_y b_z \boldsymbol{j} \cdot \boldsymbol{k} \\
&\quad + a_z b_x \boldsymbol{k} \cdot \boldsymbol{i} + a_z b_y \boldsymbol{k} \cdot \boldsymbol{j} + a_z b_z \boldsymbol{k} \cdot \boldsymbol{k}
\end{aligned}$$

注意到 $\boldsymbol{i} \cdot \boldsymbol{j} = \boldsymbol{j} \cdot \boldsymbol{k} = \boldsymbol{k} \cdot \boldsymbol{i} = 0$, 因此,

$$\boldsymbol{a} \cdot \boldsymbol{b} = a_x b_x + a_y b_y + a_z b_z$$

这个公式称为两向量数量积的坐标表达式. 据此公式, 得两向量夹角余弦坐标表示式

$$\cos\theta = \frac{\boldsymbol{a} \cdot \boldsymbol{b}}{| \boldsymbol{a} | | \boldsymbol{b} |} = \frac{a_x b_x + a_y b_y + a_z b_z}{\sqrt{a_x^2 + a_y^2 + a_z^2} \sqrt{b_x^2 + b_y^2 + b_z^2}}.$$

例 2　已知三点 $M(1,1,1)$、$A(2,2,1)$ 和 $B(2,1,2)$, 求 $\angle AMB$.

解　从 M 到 A 的向量记为 $\boldsymbol{a}$, 从 M 到 B 的向量记为 $\boldsymbol{b}$, 则 $\angle AMB$ 就是向量 $\boldsymbol{a}$ 与 $\boldsymbol{b}$ 的夹角, 则 $\boldsymbol{a} = (1,1,0), \boldsymbol{b} = (1,0,1)$, 因为

$$\boldsymbol{a} \cdot \boldsymbol{b} = 1 \times 1 + 1 \times 0 + 0 \times 1 = 1, \quad | \boldsymbol{a} | = \sqrt{1^2 + 1^2 + 0^2} = \sqrt{2}$$

$$| \boldsymbol{b} | = \sqrt{1^2 + 0^2 + 1^2} = \sqrt{2}$$

所以, $\cos\angle AMB = \dfrac{\boldsymbol{a} \cdot \boldsymbol{b}}{| \boldsymbol{a} | | \boldsymbol{b} |} = \dfrac{1}{\sqrt{2} \cdot \sqrt{2}} = \dfrac{1}{2}$, 从而 $\angle AMB = \dfrac{\pi}{3}$.

向量积及其运算规律

如同两向量的数量积, 两向量的向量积概念同样有很强的物理背景, 在研究物体转动问题时, 不但要考虑这物体所受的力, 还要分析这些力所产生的力矩. 设 O 为一根杠杆 L 的支点, 有一个力 $\boldsymbol{F}$ 作用于这杠杆上 P 点处, $\boldsymbol{F}$ 与 $\overrightarrow{OP}$ 的夹角为 θ. 由力学规定, 力 $\boldsymbol{F}$ 对支点 O 的力矩是一向量 $\boldsymbol{M}$, 它的模

$$| \boldsymbol{M} | = | \overrightarrow{OP} | | \boldsymbol{F} | \sin\theta$$

而 $\boldsymbol{M}$ 的方向垂直于 $\overrightarrow{OP}$ 与 $\boldsymbol{F}$ 所决定的平面, $\boldsymbol{M}$ 的指向是的按右手规则从 $\overrightarrow{OP}$ 以不超过 π 的角转向 $\boldsymbol{F}$ 来确定的. 我们依此给出向量积的抽象定义.

定义 2　两个向量 $\boldsymbol{a}$ 与 $\boldsymbol{b}$ 的向量积(外积)是一个向量, 记作 $\boldsymbol{a} \times \boldsymbol{b}$, 它的模是

$$| \boldsymbol{a} \times \boldsymbol{b} | = | \boldsymbol{a} | | \boldsymbol{b} | \sin\theta$$

其中 θ 为 $\boldsymbol{a}$ 与 $\boldsymbol{b}$ 间的夹角, $\boldsymbol{a} \times \boldsymbol{b}$ 的方向与 $\boldsymbol{a}$ 与 $\boldsymbol{b}$ 都垂直, 并且按 $\boldsymbol{a}, \boldsymbol{b}, \boldsymbol{a} \times \boldsymbol{b}$ 的顺序构成右手标架.

根据向量积的定义, 力矩 $\boldsymbol{M}$ 等于 $\overrightarrow{OP}$ 与 $\boldsymbol{F}$ 的向量积, 即 $\boldsymbol{M} = \overrightarrow{OP} \times \boldsymbol{F}$. 由定义可知, 两个不共线向量 $\boldsymbol{a}$ 与 $\boldsymbol{b}$ 的向量积的模, 等于以 $\boldsymbol{a}$ 与 $\boldsymbol{b}$ 为边所构成的平行四边形的面积. 这也是向

量积的几何意义.

定理 2 两向量 a 与 b 共线的充要条件是 $a \times b = 0$.

证 当 a 与 b 共线时,由于 $\sin(a、b) = 0$,所以 $|a \times b| = |a| |b| \sin(a、b) = 0$,从而 $a \times b = 0$;反之,当 $a \times b = 0$ 时,由定义知,$a = 0$,或 $b = 0$,或 $\sin(a、b) = 0$,即 $a \,/\!/\, b$,因零矢量可看成与任意向量都共线,所以总有 $a \,/\!/\, b$,即 a 与 b 共线.

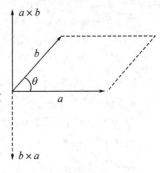

图 7-5

定理 3 向量积满足下面的运算律:

(1) 反交换律 $a \times b = -b \times a$,

(2) 分配律 $(a + b) \times c = a \times c + b \times c$,

$$c \times (a + b) = c \times a + c \times b.$$

(3) 数因子的结合律 $(la) \times b = a \times (lb) = l(a \times b)$ (l 为数).

根据定义,(1)、(3) 是显然的,(2) 可先就 c 是单位向量时证明.

定理 4 设 $a = a_x i + a_y j + a_z k$, $b = b_x i + b_y j + b_z k$,则

$$a \times b = (a_y b_z - a_z b_y)i + (a_z b_x - a_x b_z)j + (a_x b_y - a_y b_x)k$$

证 由向量积的运算律可得

$$\begin{aligned}
a \times b &= (a_x i + a_y j + a_z k) \times (b_x i + b_y j + b_z k) \\
&= a_x b_x i \times i + a_x b_y i \times j + a_x b_z i \times k \\
&\quad + a_y b_x j \times i + a_y b_y j \times j + a_y b_z j \times k \\
&\quad + a_z b_x k \times i + a_z b_y k \times j + a_z b_z k \times k
\end{aligned}$$

由于 $i \times i = j \times j = k \times k = 0, i \times j = k, j \times k = i, k \times i = j$,所以

$$a \times b = (a_y b_z - a_z b_y)i + (a_z b_x - a_x b_z)j + (a_x b_y - a_y b_x)k.$$

为便于记忆,可利用三阶行列式符号将上式形式地写成

$$a \times b = \begin{vmatrix} i & j & k \\ a_x & a_y & a_z \\ b_x & b_y & b_z \end{vmatrix}$$

例 3 已知三角形 ABC 的顶点分别是 A(1,2,3)、B(3,4,5)、C(2,4,7),求此三角形的面积.

解 根据向量积定义,$2S = |\overrightarrow{AB} \times \overrightarrow{AC}|$. 由于 $\overrightarrow{AB} = (2,2,2)$,$\overrightarrow{AC} = (1,2,4)$,因此

$$\overrightarrow{AB} \times \overrightarrow{AC} = \begin{vmatrix} i & j & k \\ 2 & 2 & 2 \\ 1 & 2 & 4 \end{vmatrix} = 4i - 6j + 2k$$

于是,$S_{\triangle ABC} = \dfrac{1}{2} |4i - 6j + 2k| = \dfrac{1}{2} \sqrt{4^2 + (-6)^2 + 2^2} = \sqrt{14}$.

例 4 设刚体以等角速度 ω 绕 l 轴旋转,计算刚体上一点 M 的线速度.

解 刚体绕 l 轴旋转时,我们可以用在 l 轴上的一个向量 ω 表示角速度,它的大小等于角速度的大小,它的方向由右手规则定出:即以右手握住 l 轴,当右手的四个手指的转向与刚体的旋转方向一致时,大拇指的指向就是 ω 的方向.

设点 M 到旋转轴 l 的距离为 a,再在 l 轴上任取一点 O 作向量 $r = \overrightarrow{OM}$,并以 θ 表示 ω 与 r 的夹角,那么

$$a = | \, r \, | \sin\theta$$

设线速度为 v，那么由物理学上线速度与角速度间的关系可知，v 的大小为

$$| \, v \, | = | \, \omega \, | a = | \, \omega \, | | \, r \, | \sin\theta$$

v 的方向垂直于通过 M 点与 l 轴的平面，即 v 垂直于 ω 与 r，又 v 的指向是使 ω、r、v 符合右手规则. 因此有

$$v = \omega \times r$$

三向量的混合积及其几何意义

定义 3　设有三向量 a, b, c，由 $(a \times b) \cdot c$ 所得的数量，称为 a, b, c 的混合积.

利用直角坐标系，我们来演算混合积. 设

$$a = \{x_1, y_1, z_1\}, b = \{x_2, y_2, z_2\}, c = \{x_3, y_3, z_3\}$$

因此

$$a \times b = \begin{vmatrix} y_1 & z_1 \\ y_2 & z_2 \end{vmatrix} i + \begin{vmatrix} z_1 & x_1 \\ z_2 & x_2 \end{vmatrix} j + \begin{vmatrix} x_1 & y_1 \\ x_2 & y_2 \end{vmatrix} k$$

所以

$$(a \times b) \cdot c = \begin{vmatrix} y_1 & z_1 \\ y_2 & z_2 \end{vmatrix} x_3 + \begin{vmatrix} z_1 & x_1 \\ z_2 & x_2 \end{vmatrix} y_3 + \begin{vmatrix} x_1 & y_1 \\ x_2 & y_2 \end{vmatrix} z_3 = \begin{vmatrix} x_1 & y_1 & z_1 \\ x_2 & y_2 & z_2 \\ x_3 & y_3 & z_3 \end{vmatrix}$$

由下图可知，混合积的绝对值是三向量 a, b, c 张成的平行六面体的体积.

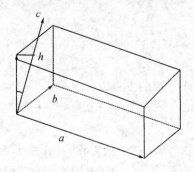

图 7-6

因此，我们获得三个向量共面的坐标表示.

定理 5　三向量 a, b, c 共面的充要条件是它们的混合积为零，即

$$\begin{vmatrix} x_1 & y_1 & z_1 \\ x_2 & y_2 & z_2 \\ x_3 & y_3 & z_3 \end{vmatrix} = 0$$

§7.4　空间中的平面与直线

众所周知，平面是非常经验的几何概念，但要准确地说出何为平面，却也不易. 利用直角坐标系，将平面看成是满足某种特定条件的集合，或者，平面是满足某种方程的三维点集. 这

样的想法便于各种推广.

在空间,通过定点且垂直于已知非零向量的平面是唯一确定的.与一平面垂直的任一非零向量,叫做该平面的**法向量**.

设平面 Π 通过点 $M_0(x_0,y_0,z_0)$,法向量为 $\boldsymbol{n}=(A,B,C)$,我们来建立平面 Π 的方程.

设 $M(x,y,z)$ 是平面 Π 上的任一点.那么向量 $\overrightarrow{M_0M}$ 必与平面 Π 的法线向量 $\boldsymbol{n}$ 垂直,根据两向量垂直的充分必要条件

$$\boldsymbol{n} \cdot \overrightarrow{M_0M} = 0$$

由于 $\boldsymbol{n}=(A,B,C),\overrightarrow{M_0M}=(x-x_0,y-y_0,z-z_0)$,所以

$$A(x-x_0)+B(y-y_0)+C(z-z_0)=0$$

反过来,如果 $M(x,y,z)$ 不在平面 Π 上,那么向量 $\overrightarrow{M_0M}$ 与法向量 $\boldsymbol{n}$ 不垂直,即 $\boldsymbol{n} \cdot \overrightarrow{M_0M} \neq 0$,亦即不在平面 Π 上的点 M 的坐标 x,y,z 不满足此方程.

由此可知,方程 $A(x-x_0)+B(y-y_0)+C(z-z_0)=0$ 就是平面 Π 的方程.这样,由定点和法向量推出的方程叫做平面的点法式方程.

例 1 求过三点 $M_1(2,-1,4)$、$M_2(-1,3,-2)$ 和 $M_3(0,2,3)$ 的平面的方程.

解 我们可以用 $\overrightarrow{M_1M_2} \times \overrightarrow{M_1M_3}$ 作为平面的法线向量 $\boldsymbol{n}$.

因为 $\overrightarrow{M_1M_2}=(-3,4,-6),\overrightarrow{M_1M_3}=(-2,3,-1)$,所以

$$\boldsymbol{n}=\overrightarrow{M_1M_2} \times \overrightarrow{M_1M_3}=\begin{vmatrix} \boldsymbol{i} & \boldsymbol{j} & \boldsymbol{k} \\ -3 & 4 & -6 \\ -2 & 3 & -1 \end{vmatrix}=14\boldsymbol{i}+9\boldsymbol{j}-\boldsymbol{k}$$

根据平面的点法式方程,得所求平面的方程为

$$14(x-2)+9(y+1)-(z-4)=0$$

平面的一般方程

由于平面的点法式方程是 x,y,z 的一次方程,而任一平面都可以用它上面的一点及它的法向量来确定,所以任一平面都用三元一次方程来表示.反过来,设有三元一次方程 $Ax+By+Cz+D=0$. 我们任取满足该方程的一组数 x_0,y_0,z_0,即 $Ax_0+By_0+Cz_0+D=0$.把上述两等式相减,得

$$A(x-x_0)+B(y-y_0)+C(z-z_0)=0$$

这正是通过点 $M_0(x_0,y_0,z_0)$ 且以 $\boldsymbol{n}=(A,B,C)$ 为法向量的平面方程.由于方程 $Ax+By+Cz+D=0$ 与方程 $A(x-x_0)+B(y-y_0)+C(z-z_0)=0$ 同解,所以任一三元一次方程 $Ax+By+Cz+D=0$ 的图形总是一平面.方程 $Ax+By+Cz+D=0$ 称为平面的一般方程,其中 x,y,z 的系数就是该平面的一个法向量 $\boldsymbol{n}$ 的坐标,即 $\boldsymbol{n}=(A,B,C)$.

平面的截距式方程

例 2 设一平面与 x、y、z 轴的交点依次为 $P(a,0,0)$、$Q(0,b,0)$、$R(0,0,c)$ 三点,求这平面的方程(其中 $a \neq 0,b \neq 0,c \neq 0$).

解 设所求平面的方程为 $Ax+By+Cz+D=0$. 因为点 $P(a,0,0)$、$Q(0,b,0)$、$R(0,0,c)$ 都在这平面上,所以点 P、Q、R 的坐标都满足所设方程,即有

$$\begin{cases} aA + D = 0 \\ bB + D = 0 \\ cC + D = 0 \end{cases}$$

由此得 $A = -\dfrac{D}{a}, B = -\dfrac{D}{b}, C = -\dfrac{D}{c}$. 将其代入所设方

程, 得 $-\dfrac{D}{a}x - \dfrac{D}{b}y - \dfrac{D}{c}z + D = 0$, 即

$$\frac{x}{a} + \frac{y}{b} + \frac{z}{c} = 1.$$

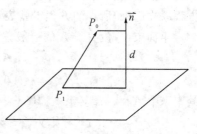

图 7-7

上述方程称平面的**截距式方程**, 而 a、b、c 依次叫做平面在 x、y、z 轴上的截距.

点到平面的距离

已知平面 $\Pi : Ax + By + Cz + D = 0$, 设 $P_0(x_0, y_0, z_0)$ 是平面外一点, 要求 P_0 到这平面的距离. 在平面上任取一点 $P_1(x_1, y_1, z_1)$, 由于平面法向量为 $\boldsymbol{n} = (A, B, C)$, 故 P_0 到这平面的距离为

$$\begin{aligned} d &= \frac{|\overrightarrow{P_1 P_0} \cdot \vec{n}|}{|\vec{n}|} = \frac{|A(x_0 - x_1) + B(y_0 - y_1) + C(z_0 - z_1)|}{\sqrt{A^2 + B^2 + C^2}} \\ &= \frac{|Ax_0 + By_0 + Cz_0 - (Ax_1 + By_1 + Cz_1)|}{\sqrt{A^2 + B^2 + C^2}} \\ &= \frac{|Ax_0 + By_0 + Cz_0 + D|}{\sqrt{A^2 + B^2 + C^2}} \end{aligned}$$

空间直线方程

如同平面, 我们视空间直线亦为空间点集, 从不同角度出发, 可以得到不同表示方式.

点向式　直线 L 过定点 $P_0(x_0, y_0, z_0)$, 且与非零向量 $\boldsymbol{v} = (l, m, n)$ 平行. 设 $P(x, y, z)$ 为直线上任一点, 则 $\overrightarrow{P_0 P}$ 与 $\boldsymbol{v}$ 平行, 因此得直线点向式方程

$$\frac{x - x_0}{l} = \frac{y - y_0}{m} = \frac{z - z_0}{n}$$

此处向量 $\boldsymbol{v}$ 称为直线的方向向量.

参数式　由上式可得直线参数方程

$$\begin{cases} x = x_0 + lt \\ y = y_0 + mt \\ z = z_0 + nt \end{cases}$$

两点式　直线 L 过两定点 $\boldsymbol{P}_1(x_1, y_1, z_1), \boldsymbol{P}_2(x_2, y_2, z_2)$, 此时 $\overrightarrow{P_1 P_2}$ 为直线的方向向量, 由点向式方程即得两点式方程

$$\frac{x - x_1}{x_2 - x_1} = \frac{y - y_1}{y_2 - y_1} = \frac{z - z_1}{z_2 - z_1}$$

一般式　从上面直线表达式看, 直线是空间上一种点集, 其三维坐标受两个线性方程限制. 在平面表示中已知, 三维坐标受一个线性方程限制, 即为平面. 因此, 直线即为两个平面的交集, 或交线. 这与我们的几何直观是一致的. 所以我们可视直线为通过它的两张平面的交, 即应满足方程组

$$\begin{cases} A_1x + B_1y + C_1z + D_1 = 0 \\ A_2x + B_2y + C_2z + D_2 = 0 \end{cases}$$

当然通过直线 L 的平面有无限多个,只要在这无限多个平面中任意选取两个,把它们的方程联立起来,所得的方程组就表示空间直线 L.

平面束　设直线 L 的一般方程为

$$\begin{cases} A_1x + B_1y + C_1z + D_1 = 0 \\ A_2x + B_2y + C_2z + D_2 = 0 \end{cases}$$

其中系数 A_1、B_1、C_1 与 A_2、B_2、C_2 不成比例. 考虑三元一次方程:

$$A_1x + B_1y + C_1z + D_1 + \lambda(A_2x + B_2y + C_2z + D_2) = 0$$

即 $(A_1 + \lambda A_2)x + (B_1 + \lambda B_2)y + (C_1 + \lambda C_1)z + D_1 + \lambda D_2 = 0$,其中 λ 为任意常数. 因为系数 A_1、B_1、C_1 与 A_2、B_2、C_2 不成比例,所以对于任何一个 λ 值,上述方程的系数不全为零,从而它表示一个平面. 对于不同的 λ 值,所对应的平面也不同,而且这些平面都通过直线 L,也就是说,这个方程表示通过直线 L 的一族平面. 另一方面,任何通过直线 L 的平面也一定包含在上述通过 L 的平面族中.

通过定直线的所有平面的全体称为**平面束**.

例 3　求直线 $\begin{cases} x+y+z-1=0 \\ x-y+z+1=0 \end{cases}$ 在平面 $x+y+z=0$ 上的投影直线的方程.

解　设过直线 $\begin{cases} x+y-z-1=0 \\ x-y+z+1=0 \end{cases}$ 的平面束的方程为 $(x+y-z-1)+\lambda(x-y+z+1)=0$,即

$$(1+\lambda)x + (1-\lambda)y + (-1+\lambda)z + (-1+\lambda) = 0$$

其中 λ 为待定的常数. 这平面与平面 $x+y+z=0$ 垂直的条件是

$$(1+\lambda)\times1 + (1-\lambda)\times1 + (-1+\lambda)\times1 = 0$$

解得 $\lambda=-1$. 将 $\lambda=-1$ 代入平面束方程得投影平面的方程为 $2y-2z-2=0$,即 $y-z-1=0$. 所以投影直线的方程为

$$\begin{cases} y-z-1=0 \\ x+y+z=0 \end{cases}$$

§7.5　多元函数、曲面及空间曲线

以前我们讨论的函数都只有一个自变量,但在许多实际问题中,往往要考虑多个变量之间的关系,即要考虑一个变量(因变量)与另外多个变量(自变量)的相互依赖关系.

定义 1 设 D 是 $R^n = \{(x_1, x_2, \cdots, x_n) \mid x_i \in R, i=1,2,\cdots,n\}$ 的一个子集,R 是实数集,f 是一个对应法则,若对 D 中每一点 $x=(x_1, x_2, \cdots, x_n)$,通过法则 f,在 R 中有唯一确定的 y 与此对应,则称 f 是定义在 D 上的一个 n 元函数,记作 $y=f(x)$. 称 x 为自变量,y 为因变量,并称 D 是 f 的定义域,数集 $\{y \mid y=f(x), x \in D\}$ 称为该函数的值域.

称集合 $\{(x,y) \mid y=f(x), x \in D\}$ 为函数 $y=f(x)$ 的图像. 一般地,一元函数的图像表示一条平面曲线,二元函数图像表示空间曲面,多元函数图像则较抽象. 本节要介绍空间

曲面.

定义 2　在空间直角坐标系中,如果曲面 S 上任一点坐标都满足三元函数方程 $F(x,y,z)=0$,而不在曲面上的点的坐标都不满足该方程,则方程 $F(x,y,z)=0$ 称为曲面 S 的方程,而曲面是方程的图像.

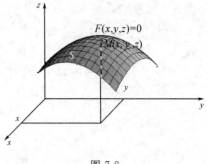

图 7-8

例 1　求球心在点 $M_0(x_0,y_0,z_0)$,半径为 R 的球面方程.

解　设 $M(x,y,z)$ 是球面上任一点,则有 $|M_0M|=R$,由两点间距离公式得

$$\sqrt{(x-x_0)^2+(y-y_0)^2+(z-z_0)^2}=R$$

即 $(x-x_0)^2+(y-y_0)^2+(z-z_0)^2=R^2$.这就是球面上点的坐标所满足的方程.

定义 3　空间曲线为两张曲面的交线,曲线方程由两曲面方程联立表示,即

$$\begin{cases} F(x,y,z)=0 \\ G(x,y,z)=0 \end{cases}$$

在直角坐标系下,空间曲线也可用单参数方程表示.

例 2　螺旋曲线参数方程

$$\begin{cases} x=R\cos\omega t \\ y=R\sin\omega t \\ z=kt \end{cases}$$

柱面

动直线 L 沿给定曲线 C 平行移动所形成的曲面称为柱面.曲线 C 称为柱面的准线,动直线 L 称为柱面的母线.

如果母线是平行于 z 轴的直线,准线 C 是 xOy 平面上的曲线 $F(x,y)=0$,则此柱面的方程就是 $F(x,y)=0$.同样,仅含 y、z 的方程 $F(y,z)=0$ 表示母线平行于 x 轴的柱面;仅含 z、x 的方程 $F(z,x)=0$ 表示母线平行于 y 轴的柱面.

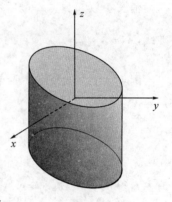

图 7-9

例如,方程 $x^2+y^2=a^2$ 表示一个圆柱面,方程 $\dfrac{x^2}{a^2}+\dfrac{y^2}{b^2}=1,\dfrac{x^2}{a^2}-\dfrac{y^2}{b^2}=1$ 和 $y^2=2px(p>0)$ 分别表示母线平行于轴的椭圆柱面(图 7-9),双曲柱面(图 7-10)和抛物柱面(图 7-11).

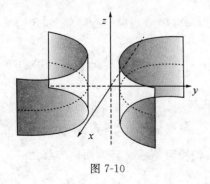

图 7-10

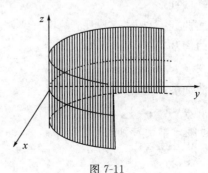

图 7-11

例 3　求准线 C 是 xOy 平面上的曲线 $F(x,y)=0$，母线 L 的方向向量 $\boldsymbol{v}=a\boldsymbol{i}+b\boldsymbol{j}+c\boldsymbol{k}$ 的柱面方程.

解　设 $M(x,y,z)$ 是柱面上任一点，过点 M 的母线与准线交于点 $M_0(x_0,y_0,0)$，由于 M_0M 所在的直线向量与方向向量 $\boldsymbol{v}$ 平行，所以 $x=x_0+at$，$y=y_0+bt$，$z=ct$，消去参数得 $x_0=x-\dfrac{a}{c}z$，$y_0=y-\dfrac{b}{c}z$. 将 x_0,y_0 代入方程 $F(x,y)=0$，得柱面方程

$$F\left(x-\frac{a}{c}z,\ y-\frac{b}{c}z\right)=0$$

锥面

过空间中一定点的动直线，沿定曲线移动所产生的曲面称为**锥面**. 定点称为**锥面的顶点**，定曲线称为**准线**，动直线称为**母线**.

空间直角坐标系下，顶点为 $A(x_0,y_0,z_0)$，准线方程 $\Gamma:\begin{cases}F_1(x,y,z)=0\\F_2(x,y,z)=0\end{cases}$

任取准线上一点 $M_1(x_1,y_1,z_1)$，则过此点的母线方程为

$$\frac{x-x_0}{x_1-x_0}-\frac{y-y_0}{y_1-y_0}=\frac{z-z_0}{z_1-z_0}\quad 且\ F_1(x_1,y_1,z_1)=0,F_2(x_1,y_1,z_1)=0$$

从而消去参数 x_1,y_1,z_1 最后得到一个三元方程 $F(x,y,z)=0$ 这就是以 $\begin{cases}F_1(x,y,z)=0\\F_2(x,y,z)=0\end{cases}$ 为准线，$A(x_0,y_0,z_0)$ 为顶点的锥面方程.

例 4　锥面的顶点在原点，且准线为 $\begin{cases}\dfrac{x^2}{a^2}+\dfrac{y^2}{b^2}=1\\z=c\end{cases}$，求锥面的方程.

解　设 $M(x,y,z)$ 是锥面上任一点，$M_1(x_1,y_1,z_1)$ 为直线 OM 与准线相交的点，则，

$$\frac{x}{x_1}=\frac{y}{y_1}=\frac{z}{z_1}=t,\ z_1=c$$

消去 t，得 $x_1=\dfrac{c}{z}x$，$y_1=\dfrac{c}{z}y$，将此代入 $\dfrac{x^2}{a^2}+\dfrac{y^2}{b^2}=1$，有锥面方程为

$$\frac{c^2x^2}{a^2z^2}+\frac{c^2y^2}{b^2z^2}=1$$

或写作 $\dfrac{x^2}{a^2}+\dfrac{y^2}{b^2}-\dfrac{z^2}{c^2}=0$.

旋转曲面

平面曲线 C 绕同一平面上的定直线 L 旋转一周所成的曲面称为旋转曲面，定直线 L 称为旋转曲面的轴.

设在 yOz 平面上有一已知曲线 $C:F(y,z)=0$，将这条曲线绕 z 轴旋转一周，下面来求此旋转曲面的方程.

设 $M_1(0,y_1,z_1)$ 为曲线 C 上的任一点，那么有 $F(y_1,z_1)=0$. 当曲线 C 绕 z 轴旋转时，点 M_1 也绕 z 轴旋转到另一点 $M(x,y,z)$，这时 $z=z_1$ 保持不变，且点 M 到 z 轴的距离为 $|y_1|=\sqrt{x^2+y^2}$，即得 $y_1=\pm\sqrt{x^2+y^2}$. 因此，我们得到所求旋转曲面的方程为：

$$F(\pm\sqrt{x^2+y^2},z)=0$$

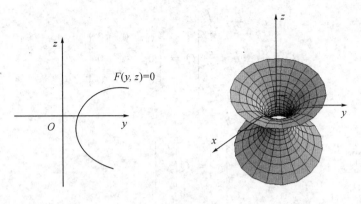

图 7-12

同理,曲线 C 绕 y 轴旋转一周所成的旋转曲面的方程为 $F(y, \pm\sqrt{x^2+z^2}) = 0$.

例 5　将 xOz 坐标平面上的双曲线 $\dfrac{x^2}{a^2} - \dfrac{z^2}{c^2} = 1$ 分别绕 x 轴和 z 轴旋转一周,求所生成的旋转曲面的方程.

解　绕 x 轴旋转:将方程中的 z 用 $\pm\sqrt{y^2+z^2}$ 代替,得旋转曲面(旋转双曲面)的方程

$$\frac{x^2}{a^2} - \frac{y^2+z^2}{c^2} = 1$$

同理,所给双曲线绕 z 轴旋转一周形成的旋转曲面的方程为

$$\frac{x^2+y^2}{a^2} - \frac{z^2}{c^2} = 1$$

§7.6　二次曲面

三元二次方程

$$ax^2 + by^2 + cz^2 + dxy + eyz + fzx + gx + hy + jz + k = 0$$

所表示的曲面称为**二次曲面**.其基本类型有椭球面、抛物面、双曲面、锥面,适当选取直角坐标系可得它们的标准方程.化上述方程为标准型,关键一步是通过刚性变换消去混合项部分.这里我们需要线性代数这个工具.将方程的左边二次项部分写成矩阵形式

$$(x,y,z)\begin{pmatrix} a & \dfrac{d}{2} & \dfrac{f}{2} \\[2mm] \dfrac{d}{2} & b & \dfrac{e}{2} \\[2mm] \dfrac{f}{2} & \dfrac{e}{2} & c \end{pmatrix}\begin{pmatrix} x \\ y \\ z \end{pmatrix}$$

中间矩阵是实对称阵,因此可以用正交矩阵将其对角化,设此正交阵为 Q,则

$$Q^{\mathrm{T}}\begin{bmatrix} a & \dfrac{d}{2} & \dfrac{f}{2} \\ \dfrac{d}{2} & b & \dfrac{e}{2} \\ \dfrac{f}{2} & \dfrac{e}{2} & c \end{bmatrix}Q = \begin{bmatrix} \lambda_1 & 0 & 0 \\ 0 & \lambda_2 & 0 \\ 0 & 0 & \lambda_3 \end{bmatrix}$$

作刚性变换

$$\begin{bmatrix} x \\ y \\ z \end{bmatrix} = Q\begin{bmatrix} x' \\ y' \\ z' \end{bmatrix}$$

则

$$(x,y,z)\begin{bmatrix} a & \dfrac{d}{2} & \dfrac{f}{2} \\ \dfrac{d}{2} & b & \dfrac{e}{2} \\ \dfrac{f}{2} & \dfrac{e}{2} & c \end{bmatrix}\begin{bmatrix} x \\ y \\ z \end{bmatrix} = \lambda_1 x'^2 + \lambda_2 y'^2 + \lambda_3 z'^2$$

这种变换实际上为一旋转. 最后至多做一平移, 即可得到标准型方程.

研究二次曲面特性的基本方法: **截痕法**. 下面仅就几种常见标准型的特点进行介绍.

1. 椭球面(图 7-13)

$$\frac{x^2}{a^2} + \frac{y^2}{b^2} + \frac{z^2}{c^2} = 1 \quad (a > 0, b > 0, c > 0)$$

(1) 有界曲面, $|x| \leqslant a$, $|y| \leqslant b$, $|z| \leqslant c$

(2) 与坐标面的交线: 椭圆

$$\begin{cases} \dfrac{x^2}{a^2} + \dfrac{y^2}{b^2} = 1 \\ z = 0 \end{cases}, \begin{cases} \dfrac{y^2}{b^2} + \dfrac{z^2}{c^2} = 1 \\ x = 0 \end{cases}, \begin{cases} \dfrac{x^2}{a^2} + \dfrac{z^2}{c^2} = 1 \\ y = 0 \end{cases};$$

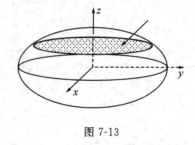

图 7-13

(3) 截痕: 与平面 $z = h(|h| < c)$ 的交线为椭圆:

$$\begin{cases} \dfrac{x^2}{a^2\left(1 - \dfrac{h^2}{c^2}\right)} + \dfrac{y^2}{b^2\left(1 - \dfrac{h^2}{c^2}\right)} = 1 \\ z = h \end{cases}$$

其余情况也一样.

(4) 当 $a = b$ 时为旋转椭球面; 当 $a = b = c$ 时为球面.

2. 椭圆抛物面(图 7-14)

$$\frac{x^2}{2p} + \frac{y^2}{2q} = z(pq > 0)$$

我们考虑 $p > 0, q > 0$ 时情况.

(1) 平面 $z = h > 0$ 与曲面相交, 得椭圆截线

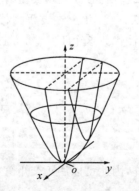
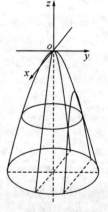

图 7-14

$$\begin{cases} \dfrac{x^2}{2ph} + \dfrac{y^2}{2qh} = 1 \\ z = h \end{cases}$$

(2) 平面 $x = x_0$，$y = y_0$ 与曲面相交，得抛物线截线

(3) $\begin{cases} \dfrac{x_0^2}{2p} + \dfrac{y^2}{2q} = z \\ x = x_0 \end{cases}$ 　　 $\begin{cases} \dfrac{x^2}{2p} + \dfrac{y_0^2}{2q} = z \\ y = y_0 \end{cases}$

(4) 曲面开口向上，最低点为原点；$p < 0$，$q < 0$ 时曲面开口向下.

3. 双曲抛物面(鞍形曲面)(图 7-15)

$$-\frac{x^2}{2p} + \frac{y^2}{2q} = z\,(p,q\ \text{同号})$$

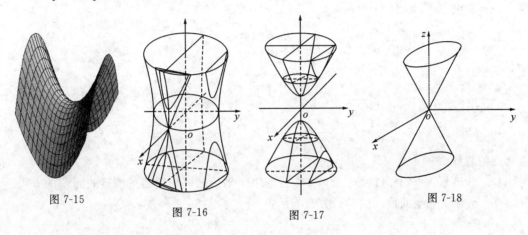

图 7-15　　图 7-16　　图 7-17　　图 7-18

4. 单叶双曲面(图 7-16)

$$\frac{x^2}{a^2} + \frac{y^2}{b^2} - \frac{z^2}{c^2} = 1 \quad (a > 0, b > 0, c > 0)$$

5. 双叶双曲面(图 7-17)

$$\frac{x^2}{a^2} + \frac{y^2}{b^2} - \frac{z^2}{c^2} = -1$$

6. 椭圆锥面(图 7-18)

$$\frac{x^2}{a^2} + \frac{y^2}{b^2} - \frac{z^2}{c^2} = 0$$

习题 7

1. (1) 设 $\vec{a}$，$\vec{b}$ 不共线，证明向量 $\vec{a}$，$\vec{b}$，$\vec{c}$ 共面的充分必要条件是 $\vec{c}$ 可以对 $\vec{a}$，$\vec{b}$ 分解，并且其分解方式唯一.

(2) 如果 $\vec{a}$，$\vec{b}$，$\vec{c}$ 不共面，证明任何向量 $\vec{d}$ 都可以对 $\vec{a}$，$\vec{b}$，$\vec{c}$ 分解，并且分解方式唯一.

2. 用向量加法证明梯形两腰中点连线平行于上、下两底边且等于它们长度和的一半.

3. 用向量证明三角形的三条高交于一点.

4. 一艘船从 A 点出发以 $2\sqrt{3}\,\text{km/h}$ 的速度向垂直于对岸的方向行驶,同时河水的流速为 $2\,\text{km/h}$,求船的实际航行的速度的大小与方向(用与流速间的夹角表示).

5. 设 $|\vec{a}|=2$,$|\vec{b}|=5$,且 $\vec{a}\perp\vec{b}$,求 $|(\vec{a}+2\vec{b})\times(3\vec{a}-\vec{b})|$

6. 已知三矢量 $\boldsymbol{a}=3\boldsymbol{i}+p\boldsymbol{j}-\boldsymbol{k}$,$\boldsymbol{b}=-\boldsymbol{i}+4\boldsymbol{j}+\boldsymbol{k}$,$\boldsymbol{c}=2\boldsymbol{i}+5\boldsymbol{j}+\boldsymbol{k}$ 共面,求 p.

7. 已知三个不共面的向量 $\{1,0,1\}$,$\{2,-1,3\}$,$\{4,3,0\}$,求它们所做的四面体的体积.

8. 对任意四个向量 $\alpha,\beta,\gamma,\delta$,证明拉格朗日恒等式

$$(\alpha\times\beta)\cdot(\gamma\times\delta)=\begin{vmatrix}\alpha\cdot\gamma & \alpha\cdot\delta\\ \beta\cdot\gamma & \beta\cdot\delta\end{vmatrix}$$

9. 如果 α,β,γ 不共面,则 $\beta\times\gamma,\gamma\times\alpha,\alpha\times\beta$ 也不共面,并且是右手系.

10. 求两平面 $x-y+2z-6=0$ 和 $2x+y+z+1=0$ 的夹角.

11. 求点 $(2,1,1)$ 到平面 $x+y-z+1=0$ 的距离.

12. 证明原点到平面 $\dfrac{x}{a}+\dfrac{y}{b}+\dfrac{z}{c}=1$ 的距离 d 满足:

$$\frac{1}{d^2}=\frac{1}{a^2}+\frac{1}{b^2}+\frac{1}{c^2}$$

13. 求两平行平面 $x-2y+2z-5=0$,$x-2y+2z+4=0$ 之间的距离.

14. 已知直线 $L_1:\dfrac{x-1}{-1}=\dfrac{y-3}{2}=\dfrac{z+2}{1}$ 和 $L_2:\dfrac{x-2}{1}=\dfrac{y+1}{2}=\dfrac{z-1}{2}$,求与 L_1,L_2 垂直相交的直线 L 的方程.

15. 求 xOy 平面上曲线 $x-2y^2+2=0$ 绕 x 轴旋转一周所得的旋转曲面 S 的方程.

16. 给出下列空间曲线的参数方程表示:

(1) $\begin{cases}x^2+y^2+z^2=a^2\\ x+z=0\end{cases}$; (2) $\begin{cases}x^2+y^2=a^2\\ x+y+z=0\end{cases}$

17. 求下面空间曲线在各坐标平面的投影曲线

$$\begin{cases}(x-1)^2+y^2+(z-2)^2=16\\ x^2+y^2+z^2=9\end{cases}$$

18. 证明:$\dfrac{x^2}{a^2}+\dfrac{y^2}{b^2}-\dfrac{z^2}{c^2}=0$ 是一锥面.

第八章 多元函数微分学

从本章开始,我们要将一元函数的微积分理论推广到多元函数上,多元函数保留了一元函数的许多性质,但由于自变量从一个增加到多个,产生了某些新的内容,尤其某些极限、微分内容是一元函数中所没有的.为叙述的方便,我们将着重讨论二元函数,在掌握了二元函数的有关理论、方法后,我们可以毫无困难地推广到一般的多元函数中去.

§8.1 多元函数的极限与连续

一元函数的定义域是实数轴上的点集,而二元函数的定义域则是平面点集.故此,我们首先介绍平面点集一些基本的概念.

定义1 设 $P_0(x_0, y_0)$ 为平面上一定点,称点集 $\{(x, y) \mid (x-x_0)^2 + (y-y_0)^2 < \delta\}$ 为 P_0 的 $\delta-$ 邻域,记为 $U(P_0, \delta)$,简记为 $U(P_0)$;称点集 $\{(x, y) \mid 0 < (x-x_0)^2 + (y-y_0)^2 < \delta\}$ 为 P_0 的 $\delta-$ 去心邻域,记为 $U^0(P_0, \delta)$.

设 E 是一个平面点集,如果存在 P_0 的某邻域 $U(P_0)$,使得 $U(P_0) \subset E$,则称 P_0 是 E 的内点.E 的全体内点构成的集合称为 E 的内部,记作 int$E$.如果存在 P_0 的某邻域 $U(P_0)$,使得 $U(P_0) \bigcap E = \varnothing$,就称 P_0 是 E 的外点.如果对 P_0 的任何邻域,其中既有 E 的点,又有非 E 中的点,就称 P_0 是 E 的边界点.E 的边界点全体称为 E 的边界,记作 ∂E.如果 E 的点都是 E 的内点,就称 E 是**开集**.如果对 P_0 的任一去心邻域,都含有 E 中一个点,就称 P_0 是 E 的**聚点**.若 E 的所有聚点都属于 E,就称 E 是**闭集**.设 E 是一个开集,并且 E 中任何两点 P_1 和 P_2 之间都可以用有限条直线段所组成的折线连接起来,而这条折线全部含在 E 中,就称 E 是**区域**.简言之,区域即为连通开集.一个区域连同它的边界称为**闭区域**.

例1 函数 $f(x, y) = \sqrt{1-x^2} + \sqrt{1-y^2}$ 的定义域为 $\{(x, y): |x| \leqslant 1, |y| \leqslant 1\}$,是一正方形闭区域;函数 $z = \dfrac{1}{\sqrt{1-x^2-y^2}}$ 的定义域是单位开圆盘.

二元函数的极限

定义2 设二元函数 $f(P)$ 在 $D \subset R^2$ 有定义,P_0 是 D 的一个聚点,A 是一确定的常数.若对 $\forall \varepsilon > 0, \exists \delta > 0$,当 $P \in U^0(P_0, \delta) \bigcap D$ 时,有

$$|f(P) - A| < \varepsilon$$

则称函数 $f(P)$ 在点 P_0 存在极限 A,记为 $\lim\limits_{P \to P_0} f(P) = A$ 或

$$\lim_{(x,y) \to (x_0, y_0)} f(x, y) = A \text{ 或 } \lim_{\substack{x \to x_0 \\ y \to y_0}} f(x, y) = A$$

这个极限也常常叫做**二重极限**.

例2 按定义证明函数

$$f(x,y) = \begin{cases} x\sin\dfrac{1}{y} + y\sin\dfrac{1}{x}, & xy \neq 0, \\ 0, & xy = 0. \end{cases} \quad (x,y) \neq (0,0)$$

在原点 $(0,0)$ 的极限是 0.

证明 $|f(x,y) - 0| = \begin{cases} \left| x\sin\dfrac{1}{y} + y\sin\dfrac{1}{x} \right|, & xy \neq 0 \\ 0, & xy = 0 \end{cases}$

对 $\forall \varepsilon > 0$，取 $\delta = \dfrac{\varepsilon}{2}$，当 $0 < \sqrt{x^2 + y^2} < \delta$ 时，

$$|f(x,y) - 0| \leqslant \left| x\sin\frac{1}{y} + y\sin\frac{1}{x} \right| \leqslant |x| + |y| < 2\delta = \varepsilon$$

按定义，函数 $f(x,y)$ 在原点 $(0,0)$ 的极限是 0.

在二重极限的定义中，点 $P(x,y)$ 沿不同的道路和不同的方式（连续或离散等）趋向于点 $P_0(x_0,y_0)$，极限都是 A. 否则，函数 $f(x,y)$ 在点 $P_0(x_0,y_0)$ 不存在极限.

例3 证明函数 $f(x,y) = \dfrac{x^2 y}{x^4 + y^2}$ $((x,y) \neq (0,0))$ 在原点 $(0,0)$ 不存在极限.

证明 当动点 $P(x,y)$ 沿着 x 轴 $(y=0)$ 和 y 轴 $(x=0)$ 趋近于原点 $(0,0)$ 时，极限都是 0. 当动点 $P(x,y)$ 沿着通过原点 $(0,0)$ 的抛物线 $y = x^2$ 趋近于原点 $(0,0)$ 时，

$$\lim_{\substack{x \to 0 \\ y = x^2}} f(x,y) = \lim_{x \to 0} \frac{x^2 \cdot x^2}{x^4 + (x^2)^2} = \frac{1}{2}$$

于是，函数 $f(x,y)$ 在原点 $(0,0)$ 不存在极限.

二元函数极限与一元函数有类似的局部有界性，极限保序性，四则运算等性质.

定义3 若当 $x \to a$ 时（y 看作常数），函数 $f(x,y)$ 存在极限，设

$$\lim_{x \to a} f(x,y) = \phi(y)$$

当 $y \to b$ 时，$\phi(y)$ 也存在极限，设

$$\lim_{y \to b} \phi(y) = \lim_{y \to b} \lim_{x \to a} f(x,y) = B$$

则称 B 是函数 $f(x,y)$ 在点 $P(a,b)$ 的**累次极限**.

同样可定义另一个不同次序的累次极限，即

$$\lim_{x \to a} \lim_{y \to b} f(x,y) = C$$

二重极限与累次极限之间的关系

1) 两个累次极限都存在，且相等，但二重极限可能不存在.

2) 二重极限存在，但是两个累次极限可能都不存在.

定理1 若函数 $f(x,y)$ 在点 $P_0(x_0,y_0)$ 的二重极限与累次极限（首先 $y \to y_0$，其次 $x \to x_0$）都存在，则

$$\lim_{\substack{x \to x_0 \\ y \to y_0}} f(x,y) = \lim_{x \to x_0} \lim_{y \to y_0} f(x,y)$$

证明 设 $\lim\limits_{\substack{x \to x_0 \\ y \to y_0}} f(x,y) = A$，$\lim\limits_{x \to x_0} \lim\limits_{y \to y_0} f(x,y) = B$.

由二重极限的定义，对 $\forall \varepsilon > 0$，$\exists \delta > 0$，当 $0 < (x - x_0)^2 + (y - y_0)^2 < \delta$ 时，有

$$|f(x,y)-A| < \varepsilon \tag{1}$$

由累次极限的定义知，对 $\forall x: 0 < |x-x_0| < \delta$，极限 $\lim\limits_{y \to y_0} f(x,y)$ 存在，设

$$\lim_{y \to y_0} f(x,y) = \phi(x)$$

从而，有 $\lim\limits_{x \to x_0} \lim\limits_{y \to y_0} f(x,y) = \lim\limits_{x \to x_0} \phi(x) = B.$

对不等式 (1) 取极限 $(y \to y_0)$，有

$$\lim_{y \to y_0} |f(x,y)-A| \leqslant \varepsilon, \text{即} \qquad |\phi(x)-A| \leqslant \varepsilon$$

因此 $\lim\limits_{x \to x_0} |\phi(x)-A| \leqslant \varepsilon$，即 $|B-A| \leqslant \varepsilon$. 由 ε 的任意性，$A=B$.

二元函数的连续性

定义 4　设二元函数 $f(P)$ 在区域 $D \subset R^2$ 有定义，若

$$\lim_{P \to P_0} f(P) = f(P_0)$$

则称函数 $f(P)$ 在点 P_0 **连续**.

若二元函数 $f(P)$ 在点 P_0 不连续，则称 P_0 是 $f(P)$ 的**间断点**. 若二元函数 $f(P)$ 在区域 D 任意点都连续，则称 $f(P)$ 为区域 D 上的连续函数.

二元连续函数的性质

定理 2　若函数 $u = \phi(x,y), v = \psi(x,y)$ 在点 $P_0(x_0,y_0)$ 连续，并且二元函数 $f(u,v)$ 在点 $(u_0,v_0) = [\phi(x_0,y_0), \psi(x_0,y_0)]$ 连续，则复合函数 $f[\phi(x,y), \psi(x,y)]$ 在点 $P_0(x_0,y_0)$ 连续.

有界闭区域上的连续函数，如同闭区间上的一元函数有有界性定理、最小最大值定理、介值定理、零点存在定理等.

由 x 和 y 的基本初等函数经过有限次的四则运算和复合所构成的可用一个式子表示的二元函数称为二元初等函数. 一切二元初等函数在其定义区域内是连续的. 这里定义区域是指包含在定义域内的区域或闭区域. 利用这个结论，当要求某个二元初等函数在其定义区域内一点的极限时，只要算出函数在该点的函数值即可.

习题 8-1

1. 证明点列 $\{P_n(x_n,y_n)\}$ 收敛于 $P_0(x_0,y_0)$ 的充要条件是 $\lim\limits_{n \to \infty} x_n = x_0, \lim\limits_{n \to \infty} y_n = y_0$.

2. 求下列函数的定义域

$(1) f(x,y) = \sqrt{x^2+y^2-4}$　　　　$(2) f(x,y) = \dfrac{\arcsin(3-x^2-y^2)}{\sqrt{x-y^2}}$

$(3) f(x,y,z) = \dfrac{\ln(1-x^2-y^2-z^2)}{x^2+y^2+z^2}$　　$(4) f(x,y) = \sqrt{x^2-4} + \sqrt{1-y^2}$

3. 求下列极限

$(1) \lim\limits_{(x,y) \to (0,0)} \dfrac{\sqrt{xy+1}-1}{xy}$　　　　$(2) \lim\limits_{(x,y) \to (0,2)} \dfrac{\sin(xy)}{x}$

$(3) \lim\limits_{(x,y) \to (\infty,\infty)} \dfrac{x^2+y^2}{x^4+y^4}$　　　　$(4) \lim\limits_{(x,y) \to (+\infty,+\infty)} (x^{10}+y^{10}) e^{-x-y}$

4. 求下列函数在原点处的重极限与累次极限：

$(1) f(x,y) = \dfrac{x^2}{x^2+y^2}$ 　　　　　　$(2) f(x,y) = (x+y)\sin\dfrac{1}{x}\sin\dfrac{1}{y}$

$(3) f(x,y) = \dfrac{e^x - e^y}{\sin xy}$ 　　　　　　$(4) f(x,y) = \dfrac{x^2 y}{x^2 + y^4}$

5. 给出整个平面上无处存在极限的函数的例子.

6. 设函数

$$f(x,y) = \begin{cases} \dfrac{x^3}{y}, & y \neq 0 \\ 0, & y = 0 \end{cases}$$

证明 $f(x,y)$ 在点 $(0,0)$ 处沿任何方向的方向导数存在，但 $f(x,y)$ 在 $(0,0)$ 处不连续.

§8.2　多元函数的偏导数与全微分

定义 1　设函数 $z = f(x,y)$ 在点 (x_0,y_0) 的某一邻域内有定义，如果

$$\lim_{\Delta x \to 0} \frac{f(x_0 + \Delta x, y_0) - f(x_0, y_0)}{\Delta x}$$

存在，则称此极限为函数 $z = f(x,y)$ 在点 (x_0,y_0) 处对 x 的偏导数，记为

$$\frac{\partial z}{\partial x}\bigg|_{\substack{x=x_0\\y=y_0}}, \quad \frac{\partial f}{\partial x}\bigg|_{\substack{x=x_0\\y=y_0}}, \quad z'_x\bigg|_{\substack{x=x_0\\y=y_0}} \quad \text{或} \quad f'_x(x_0,y_0)$$

类似地，函数 $z = f(x,y)$ 在点 (x_0,y_0) 处对 y 的偏导数

$$\lim_{\Delta y \to 0} \frac{f(x_0, y_0 + \Delta y) - f(x_0, y_0)}{\Delta y}$$

记为

$$\frac{\partial z}{\partial y}\bigg|_{\substack{x=x_0\\y=y_0}}, \quad \frac{\partial f}{\partial y}\bigg|_{\substack{x=x_0\\y=y_0}}, \quad z'_y\bigg|_{\substack{x=x_0\\y=y_0}} \quad \text{或} \quad f'_y(x_0,y_0)$$

上述定义表明，在求多元函数对某个自变量的偏导数时，只需把其余自变量看作常数，然后直接利用一元函数的求导公式及复合函数求导法则来计算之.

例 2　求 $z = x^y$ 的偏导数.

解　$\dfrac{\partial z}{\partial x} = y x^{y-1}, \dfrac{\partial z}{\partial y} = x^y \ln x.$

例 3　已知理想气体的状态方程为 $pV = RT$（R 为常数），求证：$\dfrac{\partial p}{\partial V} \cdot \dfrac{\partial V}{\partial T} \cdot \dfrac{\partial T}{\partial p} = -1.$

证　因为 $p = \dfrac{RT}{V}, \dfrac{\partial p}{\partial V} = -\dfrac{RT}{V^2}; V = \dfrac{RT}{p}, \dfrac{\partial V}{\partial T} = \dfrac{R}{p}; T = \dfrac{pV}{R}, \dfrac{\partial T}{\partial p} = \dfrac{V}{R};$

所以，$\dfrac{\partial p}{\partial V} \cdot \dfrac{\partial V}{\partial T} \cdot \dfrac{\partial T}{\partial p} = -\dfrac{RT}{V^2} \cdot \dfrac{R}{p} \cdot \dfrac{V}{R} = -\dfrac{RT}{pV} = -1.$

上例说明偏导数的记号是一个整体记号，不能看作分子分母之商.

在一元函数微分学中，我们知道，如果函数在某点存在导数，则它在该点必定连续.但对多元函数而言，即使函数的各个偏导数存在，也不能保证函数在该点连续.

例 4　试证函数

$$f(x,y)=\begin{cases}\dfrac{xy}{x^2+y^2},&(x,y)\neq(0,0)\\[3mm]0,&(x,y)=(0,0)\end{cases}$$
的偏导数 $f_x(0,0)$，$f_y(0,0)$ 存在，但 $f(x,y)$ 在 $(0,0)$
点不连续

证　在点 $(0,0)$ 的偏导数为

$$f'_x(0,0)=\lim_{\Delta x\to0}\frac{f(0+\Delta x,0)-f(0,0)}{\Delta x}=\lim_{\Delta x\to0}\frac{0}{\Delta x}=0$$

$$f'_y(0,0)=\lim_{\Delta y\to0}\frac{f(0,0+\Delta y)-f(0,0)}{\Delta y}=\lim_{\Delta x\to0}\frac{0}{\Delta y}=0$$

即偏导数 $f'_x(0,0)$，$f'_y(0,0)$ 存在. 但

$$\lim_{\substack{x\to0\\y=kx}}f(x,y)=\lim_{x\to0}\frac{kx^2}{(1+k^2)x^2}=\frac{k}{1+k^2}$$

故函数在点 $(0,0)$ 处不连续.

偏导数的几何意义

设曲面的方程为 $z=f(x,y)$，$M_0(x_0,y_0,$ $f(x_0,y_0))$ 是该曲面上一点，过点 M_0 作平面 $y=y_0$，截此曲面得一条曲线，其方程为

$$\begin{cases}z=f(x,y_0)\\y=y_0\end{cases}$$

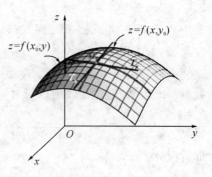

图 8-1

则偏导数 $f'_x(x_0,y_0)$ 表示上述曲线在点 M_0 处的切线 M_0T_x 对 x 轴正向的斜率（如下图所示）. 同理，偏导数 $f'_y(x_0,y_0)$ 就是曲面被平面 $x=x_0$ 所截得的曲线在点 M_0 处的切线 M_0T_y 对 y 轴正向的斜率.

高阶偏导数

设函数 $z=f(x,y)$ 在区域 D 内具有偏导数

$$\frac{\partial z}{\partial x}=f'_x(x,y),\frac{\partial z}{\partial y}=f'_y(x,y)$$

则在 D 内 $f'_x(x,y)$ 和 $f'_y(x,y)$ 都是 x、y 的函数. 如果这两个偏导函数的偏导数存在，则称它们是函数 $z=f(x,y)$ 的二阶偏导数. 按照对变量求导次序的不同，共有下列四个二阶偏导数：

$$\frac{\partial}{\partial x}\left(\frac{\partial z}{\partial x}\right)=\frac{\partial^2z}{\partial x^2}=f''_{xx}(x,y),\frac{\partial}{\partial y}\left(\frac{\partial z}{\partial x}\right)=\frac{\partial^2z}{\partial x\partial y}=f''_{xy}(x,y)$$

$$\frac{\partial}{\partial x}\left(\frac{\partial z}{\partial y}\right)=\frac{\partial^2z}{\partial y\partial x}=f''_{yx}(x,y),\frac{\partial}{\partial y}\left(\frac{\partial z}{\partial y}\right)=\frac{\partial^2z}{\partial y^2}=f''_{yy}(x,y)$$

其中第二、第三两个偏导数称为混合偏导数.

类似地，可以定义三阶、四阶、… 以及 n 阶偏导数. 我们把二阶及二阶以上的偏导数统称为**高阶偏导数**.

关于混合偏导数我们有以下重要定理

定理 1　如果函数 $z = f(x,y)$ 的两个二阶混合偏导数 $\dfrac{\partial^2 z}{\partial y \partial x}$ 及 $\dfrac{\partial^2 z}{\partial x \partial y}$ 在点 $P_0(x_0, y_0)$ 处连续，则 $\dfrac{\partial^2 z}{\partial y \partial x}(x_0, y_0) = \dfrac{\partial^2 z}{\partial x \partial y}(x_0, y_0)$.

上述定理中的连续性要求是必要的，读者可以证明下列函数在原点处的二阶混合偏导数不相等.

$$f(x,y) = \begin{cases} \dfrac{x^3 y}{x^2 + y^2}, & (x,y) \neq (0,0) \\ 0, & (x,y) = (0,0) \end{cases}$$

全微分

定义 2　如果函数 $z = f(x,y)$ 在点 (x,y) 的全增量

$$\Delta z = f(x + \Delta x, y + \Delta y) - f(x,y)$$

可以表示为

$$\Delta z = A \Delta x + B \Delta y + o(\rho) \tag{1}$$

其中 A，B 不依赖于 $\Delta x, \Delta y$ 而仅与 x, y 有关，$\rho = \sqrt{(\Delta x)^2 + (\Delta y)^2}$，则称函数 $z = f(x,y)$ 在点 (x,y) 可微分.

由可微定义知，当 $\Delta x, \Delta y$ 都趋于零时，Δz 也趋向零，因此可微函数必连续. 如同一元函数，视 $\mathrm{d}z$ 为 Δz 趋向于零时的记号，称为**函数微分**. 则由（1）得

$$\frac{\mathrm{d}z}{\sqrt{\mathrm{d}x^2 + \mathrm{d}y^2}} = A \frac{\mathrm{d}x}{\sqrt{\mathrm{d}x^2 + \mathrm{d}y^2}} + B \frac{\mathrm{d}y}{\sqrt{\mathrm{d}x^2 + \mathrm{d}y^2}}$$

即有微分式

$$\mathrm{d}z = A \mathrm{d}x + B \mathrm{d}y \tag{2}$$

可微分的定义表明全增量是近乎自变量变化量的线性组合，而函数的微分就是自变量微分的线性组合. 由此，我们看到如何从非线性进入线性的，这中间有从有限跨入无限的过程.

定理 2（必要条件）　如果函数 $z = f(x,y)$ 在点 (x,y) 处可微分，则该函数在点 (x,y) 的偏导数 $\dfrac{\partial z}{\partial x}, \dfrac{\partial z}{\partial y}$ 必存在，且 $z = f(x,y)$ 在点 (x,y) 处的全微分

$$\mathrm{d}z = \frac{\partial z}{\partial x} \mathrm{d}x + \frac{\partial z}{\partial y} \mathrm{d}y \tag{3}$$

对于多元函数而言，偏导数存在并不一定可微. 因为函数的偏导数仅描述了函数在一点处沿坐标轴的变化率，而全微分描述了函数沿各个方向的变化情况. 但如果对偏导数再加些条件，就可以保证函数的可微性.

定理 3（充分条件）　如果函数 $z = f(x,y)$ 的偏导数 $\dfrac{\partial z}{\partial x}, \dfrac{\partial z}{\partial y}$ 在点 (x,y) 连续，则函数在该点处可微分.

上述关于二元函数全微分的论述可以完全类似地推广到三元及以上的多元函数中去. 例如，三元函数 $u = f(x,y,z)$ 的全微分可表为

$$du = \frac{\partial u}{\partial x}dx + \frac{\partial u}{\partial y}dy + \frac{\partial u}{\partial z}dz$$

习题 8-2

1. 求下列函数的各自变量的偏导数：

(1)$u = \sin \dfrac{y}{x}$

(2)$u = x^{y+z}$

(3)$u = \ln(x^2 + y^2 + z^2 + 1)$

(4)$u = x \mid y \mid + y \mid x \mid$

2. 求下列函数的所有二阶偏导数：

(1)$u = xy\sin z$

(2)$u = \arctan \dfrac{y}{x}$

(3)$u = x^y$

(4)$u = e^{xyz}$

3. 设 $u = \begin{vmatrix} f_1(x) & f_2(x) & f_3(x) \\ g_1(y) & g_2(y) & g_3(y) \\ h_1(z) & h_2(z) & h_3(z) \end{vmatrix}$，求 $\dfrac{\partial^3 u}{\partial x \partial y \partial z}$.

4. 求下列函数的全微分：

(1)$z = 4xy^3 + 5x^2 y^6$

(2)$u = x + \sin \dfrac{y}{2} + e^{yz}$

5. 若函数 $f(x,y,z)$ 对任意正实数 t 满足关系 $f(tx,ty,tz) = t^n f(x,y,z)$，则称 $f(x,y,z)$ 为 n 次奇次函数. 设 $f(x,y,z)$ 可微，试证明 $f(x,y,z)$ 为 n 次齐次函数的充要条件是

$$x\frac{\partial f}{\partial x} + y\frac{\partial f}{\partial y} + z\frac{\partial f}{\partial z} = nf(x,y,z)$$

§8.3 复合函数与隐函数微分法

在一元函数中，复合函数求导的链式法则提供了一个十分基本的运算工具. 当求多元复合函数的偏导函数时，我们也需要建立相应法则，为叙述方便，以下定理仅限于 2 个中间变量和 2 个自变量的情形.

定理 1 设 $z = f(u,v), u = u(x,y), v = v(x,y)$ 构成复合函数 $z = f[u(x,y),v(x,y)]$，若 $u = u(x,y), v = v(x,y)$ 在点 (x_0,y_0) 处的偏导数都存在，$z = f(u,v)$，在点 (u_0,v_0) 处可微分($u_0 = u(x_0,y_0), v_0 = v(x_0,y_0)$)，则复合函数 $z = f[u(x,y), \quad v(x,y)]$ 在点 (x_0,y_0) 处的偏导数存在，且

$$\frac{\partial z}{\partial x} = \frac{\partial z}{\partial u}\frac{\partial u}{\partial x} + \frac{\partial z}{\partial v}\frac{\partial v}{\partial x} \tag{1}$$

$$\frac{\partial z}{\partial y} = \frac{\partial z}{\partial u}\frac{\partial u}{\partial y} + \frac{\partial z}{\partial v}\frac{\partial v}{\partial y} \tag{2}$$

证明 设 $\Delta u = u(x_0 + \Delta x, y_0) - u(x_0,y_0), \Delta v = v(x_0 + \Delta x, y_0) - v(x_0,y_0)$ 由于

$z = f(u,v)$ 在点(u_0,v_0)处可微,所以

$$\Delta z = f(u(x_0 + \Delta x, y_0), v(x_0 + \Delta x, y_0)) - f(u(x_0,y_0), v(x_0,y_0))$$

$$= \frac{\partial z}{\partial u} \Delta u + \frac{\partial z}{\partial v} \Delta v + o(\sqrt{\Delta u^2 + \Delta v^2})$$

由于 $u = u(x,y), v = v(x,y)$ 在点(x_0,y_0)处的偏导数都存在,所以

$$\frac{\partial z}{\partial x} = \lim_{\Delta x \to 0} \frac{\Delta z}{\Delta x} = \frac{\partial z}{\partial u} \frac{\Delta u}{\Delta x} + \frac{\partial z}{\partial v} \frac{\Delta v}{\Delta x} + \frac{\sqrt{\Delta u^2 + \Delta v^2}}{\Delta x} \cdot \frac{o(\sqrt{\Delta u^2 + \Delta v^2})}{\sqrt{\Delta u^2 + \Delta v^2}}$$

$$= \frac{\partial z}{\partial u} \frac{\partial u}{\partial x} + \frac{\partial z}{\partial v} \frac{\partial v}{\partial x}$$

同理可得(2).

如下图所示:

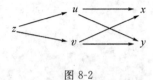

图 8-2

例 1　试确定 a 和 b,利用线性变换 $s = x + ay$, $t = x + by$ 将方程

$$\frac{\partial^2 u}{\partial x^2} + 4 \frac{\partial^2 u}{\partial x \partial y} + 3 \frac{\partial^2 u}{\partial y^2} = 0$$

化为$\frac{\partial^2 u}{\partial s \partial t} = 0$.

解　$\dfrac{\partial u}{\partial x} = \dfrac{\partial u}{\partial s} \dfrac{\partial s}{\partial x} + \dfrac{\partial u}{\partial t} \dfrac{\partial t}{\partial x} = \dfrac{\partial u}{\partial s} + \dfrac{\partial u}{\partial t}$, $\quad \dfrac{\partial u}{\partial y} = \dfrac{\partial u}{\partial s} \dfrac{\partial s}{\partial y} + \dfrac{\partial u}{\partial t} \dfrac{\partial t}{\partial y} = a \dfrac{\partial u}{\partial s} + b \dfrac{\partial u}{\partial t}$

$$\frac{\partial^2 u}{\partial x^2} = \frac{\partial}{\partial x} \left(\frac{\partial u}{\partial s} + \frac{\partial u}{\partial t} \right) = \frac{\partial^2 u}{\partial s^2} \frac{\partial s}{\partial x} + \frac{\partial^2 u}{\partial s \partial t} \frac{\partial t}{\partial x} + \frac{\partial^2 u}{\partial t \partial s} \frac{\partial s}{\partial x} + \frac{\partial^2 u}{\partial t^2} \frac{\partial t}{\partial x}$$

$$= \frac{\partial^2 u}{\partial s^2} + 2 \frac{\partial^2 u}{\partial s \partial t} + \frac{\partial^2 u}{\partial t^2}$$

$$\frac{\partial^2 u}{\partial x \partial y} = \frac{\partial}{\partial y} \left(\frac{\partial u}{\partial s} + \frac{\partial u}{\partial t} \right) = \frac{\partial^2 u}{\partial s^2} \frac{\partial s}{\partial y} + \frac{\partial^2 u}{\partial s \partial t} \frac{\partial t}{\partial y} + \frac{\partial^2 u}{\partial t \partial s} \frac{\partial s}{\partial y} + \frac{\partial^2 u}{\partial t^2} \frac{\partial t}{\partial y}$$

$$= a \frac{\partial^2 u}{\partial s^2} + (a+b) \frac{\partial^2 u}{\partial s \partial t} + b \frac{\partial^2 u}{\partial t^2}$$

$$\frac{\partial^2 u}{\partial y^2} = \frac{\partial}{\partial y} \left(a \frac{\partial u}{\partial s} + b \frac{\partial u}{\partial t} \right) = a^2 \frac{\partial^2 u}{\partial s^2} + 2ab \frac{\partial^2 u}{\partial s \partial t} + b^2 \frac{\partial^2 u}{\partial t^2}$$

因此,$\dfrac{\partial^2 u}{\partial x^2} + 4 \dfrac{\partial^2 u}{\partial x \partial y} + 3 \dfrac{\partial^2 u}{\partial y^2}$

$$= (1 + 4a + 3a^2) \frac{\partial^2 u}{\partial s^2} + (2 + 4a + 4b + 6ab) \frac{\partial^2 u}{\partial s \partial t} + (1 + 4b + 3b^2) \frac{\partial^2 u}{\partial t^2}$$

令 $1 + 4a + 3a^2 = 0, 1 + 4b + 3b^2 = 0$,得 $a = -\dfrac{1}{3}$ 或 $a = -1$;$b = -1$ 或 $b = -\dfrac{1}{3}$.

故可取 $a = b = -1$,此时方程$\dfrac{\partial^2 u}{\partial x^2} + 4 \dfrac{\partial^2 u}{\partial x \partial y} + 3 \dfrac{\partial^2 u}{\partial y^2} = 0$ 化简为$\dfrac{\partial^2 u}{\partial s \partial t} = 0$.

在多元函数的复合求导中,为了简便起见,常采用以下记号:

$$f'_1 = \frac{\partial f(u,v)}{\partial u}, f'_2 = \frac{\partial f(u,v)}{\partial v}, f''_{12} = \frac{\partial^2 f(u,v)}{\partial u \partial v}, \cdots$$

这里下标 1 表示对第一个变量 u 求偏导数,下标 2 表示对第二个变量 v 求偏导数,同理有 $f''_{11}, f''_{22}, \cdots$ 等等.

设函数 $z = f(u,v), u = u(t), v = v(t)$ 构成复合函数 $z = f[u(t), v(t)]$

$$\frac{dz}{dt} = \frac{\partial z}{\partial u}\frac{du}{dt} + \frac{\partial z}{\partial v}\frac{dv}{dt} \tag{3}$$

公式(3)中的导数 $\dfrac{dz}{dt}$ 称为全导数. 如下图所示:

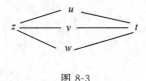

图 8-3

例 2　设 $w = f(x+y+z, xyz)$, f 具有二阶连续偏导数,求 $\dfrac{\partial w}{\partial x}, \dfrac{\partial^2 w}{\partial x \partial z}$.

解　令 $u = x+y+z, v = xyz$,则

$$\frac{\partial w}{\partial x} = f'_1 + yzf'_2$$

$$\frac{\partial^2 w}{\partial x \partial z} = \frac{\partial}{\partial z}(f'_1 + yzf'_2) = \frac{\partial f'_1}{\partial z} + yf'_2 + yz\frac{\partial f'_2}{\partial z}$$

因为 f'_1, f'_2 仍然是 u, v 的函数,所以

$$\frac{\partial f'_1}{\partial z} = f''_{11} + xyf''_{12}, \frac{\partial f'_2}{\partial z} = f''_{21} + xyf''_{22}$$

于是,$\dfrac{\partial^2 w}{\partial x \partial z} = f''_{11} + y(x+z)f''_{12} + xy^2zf''_{22} + yf''_2$.

全微分形式的不变性与高阶微分公式

根据复合函数求导的链式法则,可得到重要的全微分形式不变性.以二元函数为例,设

$$z = f(u,v), \quad u = u(x,y), \quad v = v(x,y)$$

是可微函数,则由全微分定义和链式法则,有

$$dz = \frac{\partial z}{\partial x}dx + \frac{\partial z}{\partial y}dy = \left(\frac{\partial z}{\partial u}\cdot\frac{\partial u}{\partial x} + \frac{\partial z}{\partial v}\cdot\frac{\partial v}{\partial x}\right)dx + \left(\frac{\partial z}{\partial u}\cdot\frac{\partial u}{\partial y} + \frac{\partial z}{\partial v}\cdot\frac{\partial v}{\partial y}\right)dy$$

$$= \frac{\partial z}{\partial u}\left(\frac{\partial u}{\partial x}dx + \frac{\partial u}{\partial y}dy\right) + \frac{\partial z}{\partial v}\left(\frac{\partial v}{\partial x}dx + \frac{\partial v}{\partial y}dy\right)$$

$$= \frac{\partial z}{\partial u}du + \frac{\partial z}{\partial v}dv$$

由此可见,尽管现在的 u、v 是中间变量,但全微分 dz 与 x、y 是自变量时的表达式在形式上完全一致.这个性质称为**全微分形式不变性**.适当应用这个性质,会收到很好的效果.

如同一元函数,所谓自变量,乃是其二阶微分为零,即若 x, y 是自变量,则 $d^2x = d^2y \equiv 0$.因此对于函数 $z = f(x,y)$,我们有

$$d^2z = d\left(\frac{\partial f}{\partial x}dx + \frac{\partial f}{\partial y}dy\right) = d\left(\frac{\partial f}{\partial x}\right)dx + d\left(\frac{\partial f}{\partial y}\right)dy$$

$$= \frac{\partial^2 f}{\partial x^2}\mathrm{d}x^2 + 2\frac{\partial^2 f}{\partial x \partial y}\mathrm{d}x\mathrm{d}y + \frac{\partial^2 f}{\partial y^2}\mathrm{d}y^2 = \left(\frac{\partial}{\partial x}\mathrm{d}x + \frac{\partial}{\partial y}\mathrm{d}y\right)^2 f$$

一般地,有下列高阶微分公式

$$d^n z = (\frac{\partial}{\partial x}\mathrm{d}x + \frac{\partial}{\partial y}\mathrm{d}y)^n f$$

隐函数微分法

定理 2 设函数 $F(x,y,z)$ 在点 (x_0,y_0,z_0) 的某一邻域内具有连续的偏导数,且 $F(x_0,y_0,z_0) = 0$,$F_z(x_0,y_0,z_0) \neq 0$,则方程 $F(x,y,z) = 0$ 在点 (x_0,y_0,z_0) 的某一邻域内恒能唯一确定一个连续且具有连续偏导数的函数 $z = f(x,y)$,它满足条件 $z_0 = f(x_0,y_0)$,并有

$$\frac{\partial z}{\partial x} = -\frac{F_x}{F_z}, \frac{\partial z}{\partial y} = -\frac{F_y}{F_z}$$

例 3 设 $z^3 - 3xyz = 1$ 确定隐函数 $z = z(x,y)$,求 $\frac{\partial z}{\partial x}, \frac{\partial z}{\partial y}, \frac{\partial^2 z}{\partial x \partial y}$.

解 我们对方程全微分,$3z^2\mathrm{d}z - 3(xy\mathrm{d}z + xz\mathrm{d}y + yz\mathrm{d}x) = 0$,即

$$(z^2 - xy)\mathrm{d}z = yz\mathrm{d}x + xz\mathrm{d}y$$

所以

$$\frac{\partial z}{\partial x} = \frac{yz}{z^2 - xy}, \quad \frac{\partial z}{\partial y} = \frac{xz}{z^2 - xy}$$

$$\frac{\partial^2 z}{\partial x \partial y} = \frac{\partial}{\partial y}\left(\frac{\partial z}{\partial x}\right) = \frac{\partial}{\partial y}\left(\frac{yz}{z^2 - xy}\right) = \frac{\left(z + y\frac{\partial z}{\partial y}\right)(z^2 - xy) - \left(2z\frac{\partial z}{\partial y} - x\right)yz}{(z^2 - xy)^2}$$

将 $\frac{\partial z}{\partial y} = \frac{xz}{z^2 - xy}$ 代入上式得

$$\frac{\partial^2 z}{\partial x \partial y} = \frac{z(z^4 - 2xyz^2 - x^2y^2)}{(z^2 - xy)^3}$$

习题 8-3

1. 设 $z = e^u \sin v$,而 $u = xy$,$v = x + y$,求 $\frac{\partial z}{\partial x}$ 和 $\frac{\partial z}{\partial y}$.

2. 求 $z = (3x^2 + y^2)^{4x+2y}$ 的一阶偏导数.

3. 设 $u = f(x,y,z) = e^{x^2+y^2+z^2}$,$z = x^2\sin y$,求 $\frac{\partial u}{\partial x}$ 和 $\frac{\partial u}{\partial y}$.

4. 利用一阶全微分形式的不变性求函数 $u = \frac{x}{x^2 + y^2 + z^2}$ 的偏导数.

5. 已知 $e^{-xy} - 2z + e^z = 0$,求 $\frac{\partial z}{\partial x}$ 和 $\frac{\partial z}{\partial y}$.

6. 已知 $z = z(x,y)$,由方程 $yz^3 + xe^z + 1 = 0$ 确定,试求 $\frac{\partial^2 z}{\partial x^2}\Big|_{\substack{x=0 \\ y=1}}$

7. 求由方程 $\frac{x}{z} = \ln\frac{z}{y}$ 所确定的隐函数 $z = f(x,y)$ 的偏导数 $\frac{\partial z}{\partial x}, \frac{\partial z}{\partial y}$.

8. 设方程 $x+y+z=e^z$ 确定了隐函数 $z=z(x,y)$，求 $\frac{\partial^2 z}{\partial x^2},\frac{\partial^2 z}{\partial x\partial y},\frac{\partial^2 z}{\partial y^2}$.

9. 设 $\frac{x}{z}=\phi\left(\frac{y}{z}\right)$，其中 ϕ 为可微函数，求 $x\frac{\partial z}{\partial x}+y\frac{\partial z}{\partial y}$.

10. 设 $xu-yv=0,yu+xv=1$，求 $\frac{\partial u}{\partial x},\frac{\partial u}{\partial y},\frac{\partial v}{\partial x},\frac{\partial v}{\partial y}$.

11. 设函数 $z=z(x,y)$ 满足方程组 $f(x,y,z,t)=0,g(x,y,z,t)=0$，求 $\mathrm{d}z$.

§8.4　方向导数与梯度

前面我们学习的偏导数是函数在坐标轴方向上的变化率，下面我们讨论函数沿任一射线方向的变化率. 以三元函数 $u=f(x,y,z)$ 为例我们给出如下定义：

定义 1　设三元函数 $u=f(x,y,z)$ 在点 $P_0(x_0,y_0,z_0)$ 的一个邻域 $U(P_0)\subset R^3$ 中有定义，l 为从点 P_0 出发的一条射线，$P(x,y,z)$ 是 l 上一点，且包含于 $U(P_0)$，记 $\rho=d(P_0,P)$，若极限

$$\lim_{\rho\to 0}\frac{f(P)-f(P_0)}{\rho}$$

存在，则称此极限为函数 $u=f(x,y,z)$ 在点 $P_0(x_0,y_0,z_0)$ 沿方向 l 的**方向导数**，记为 $\frac{\partial f}{\partial l}\big|_{P_0}$.

方向导数与偏导数有如下关系：

定理 1　如果 $u=f(x,y,z)$ 在点 $P_0(x_0,y_0,z_0)$ 可微，那么 $f(x,y,z)$ 在点 $P_0(x_0,y_0,z_0)$ 沿任意方向 l 的方向导数存在，若 l 的单位向量为 $\{\cos\alpha,\cos\beta,\cos\gamma\}$，则

$$\frac{\partial f}{\partial l}\big|_{P_0}=\frac{\partial f}{\partial x}\big|_{P_0}\cos\alpha+\frac{\partial f}{\partial y}\big|_{P_0}\cos\beta+\frac{\partial f}{\partial z}\big|_{P_0}\cos\gamma$$

证　因为 $f(x,y,z)$ 在点 $P_0(x_0,y_0,z_0)$ 可微，

$$\frac{\partial f}{\partial l}\big|_{P_0}=\lim_{\rho\to 0}\frac{f(x_0+\rho\cos\alpha,y_0+\rho\cos\beta,z_0+\rho\cos\gamma)-f(x_0,y_0,z_0)}{\rho}$$

$$=\lim_{\rho\to 0}\frac{1}{\rho}\left(\frac{\partial f}{\partial x}\big|_{P_0}\rho\cos\alpha+\frac{\partial f}{\partial y}\big|_{P_0}\rho\cos\beta+\frac{\partial f}{\partial z}\big|_{P_0}\rho\cos\gamma+0(\rho)\right)$$

$$=\frac{\partial f}{\partial x}\big|_{P_0}\cos\alpha+\frac{\partial f}{\partial y}\big|_{P_0}\cos\beta+\frac{\partial f}{\partial z}\big|_{P_0}\cos\gamma$$

定义 2　向量 $\left(\frac{\partial f}{\partial x},\frac{\partial f}{\partial y},\frac{\partial f}{\partial z}\right)$ 称为函数 $f(x,y,z)$ 在点 P 的**梯度**，记为 $\mathrm{grad}f$.

这样，方向导数实际上梯度与单位向量的点积

$$\frac{\partial f}{\partial l}=\mathrm{grad}f\cdot\vec{l^0}=|\mathrm{grad}f|\cdot\cos\theta$$

由此我们得到清晰的几何观念，沿着梯度方向的方向导数最大，最大值为梯度的模，此时函数值增长最快；反之，沿着梯度相反方向，函数值减少得最快.

例 1　已知函数 $u=x^2+2y^2+3z^2$，求函数在点 $(1,1,1)$ 的梯度.

解　$\mathrm{grad}f=(2x,4y,6z)$，故 $\mathrm{grad}f\big|_{(1,1,1)}=(2,4,6)$.

例 2 求函数 $u = x + y + z$ 在球面 $x^2 + y^2 + z^2 = 1$ 上点 (x_0, y_0, z_0) 处,沿球面在该点的外法线方向的方向导数.

解　记 $F(x, y, z) = x^2 + y^2 + z^2 - 1$,易知法向量 $\vec{n} = (F_x, F_y, F_z) = (2x, 2y, 2z)$ 指向球面的外侧. 于是

$$\vec{n}\big|_{(x_0, y_0, z_0)} = (2x_0, 2y_0, 2z_0), \quad \vec{n}^0\big|_{(x_0, y_0, z_0)} = (x_0, y_0, z_0)$$

又 $\operatorname{grad} u\big|_{(x_0, y_0, z_0)} = \left(\dfrac{\partial u}{\partial x}, \dfrac{\partial u}{\partial y}, \dfrac{\partial u}{\partial z}\right)\bigg|_{(x_0, y_0, z_0)} = (1, 1, 1)$,所以

$$\frac{\partial u}{\partial n}\bigg|_{(x_0, y_0, z_0)} = x_0 + y_0 + z_0$$

习题 8-4

1. 设 $\vec{n}$ 是曲面 $2x^2 + 3y^2 + z^2 = 6$ 在 $P(1, 1, 1)$ 处的指向外侧的法向量,求函数 $u = \dfrac{1}{z}(6x^2 + 8y^2)^{\frac{1}{2}}$ 在此处方向 $\vec{n}$ 的方向导数.

2. 设 $f(x, y, z) = x^2 + y^2 + z^2$,求 $\operatorname{grad} f(1, -1, 2)$.

3. 求函数 $u = x^2 + 2y^2 + 3z^2 + 3x - 2y$ 在点 $(1, 1, 2)$ 处的梯度,并问在哪些点处梯度为零?

4. 求函数 $u = xy^2 + z^3 - xyz$ 在点 $P_0(1, 1, 1)$ 处沿哪个方向的方向导数最大?最大值是多少.

5. 设函数 $u = x + y + z$ 及球面 $x^2 + y^2 + z^2 = 1$,求球面上一点 $M(x_0, y_0, z_0)$,使 u 在 M 沿球面的外法线方向的方向导数最大,并求最大值.

5. 试求数量场 $\dfrac{m}{r}$ 所产生的梯度场,其中常数 $m > 0$,$r = \sqrt{x^2 + y^2 + z^2}$.

§8.5　曲线的切线与曲面的切平面

设空间的曲线 C 的参数方程为

$$\begin{cases} x = x(t) \\ y = y(t), t \in (\alpha, \beta). \\ z = z(t) \end{cases}$$

设 $t_0, t \in (\alpha, \beta)$,$A(x(t_0), y(t_0), z(t_0))$、$B(x(t), y(t), z(t))$ 为曲线上两点,A、B 的连线 AB 称为曲线 C 的割线,当 $B \to A$ 时,若割线 AB 趋于一条直线,则此直线称为曲线 C 在点 A 的切线.

如果 $x = x(t)$,$y = y(t)$,$z = z(t)$ 对于 t 的导数都连续且不全为零(即空间的曲线 C 为光滑曲线),则曲线在点 A 切线是存在的. 因为割线的方程为

$$\frac{x - x(t_0)}{x(t) - x(t_0)} = \frac{y - y(t_0)}{y(t) - y(t_0)} = \frac{z - z(t_0)}{z(t) - z(t_0)}$$

也可以写为

$$\frac{x-x(t_0)}{\dfrac{x(t)-x(t_0)}{t-t_0}} = \frac{y-y(t_0)}{\dfrac{y(t)-y(t_0)}{t-t_0}} = \frac{z-z(t_0)}{\dfrac{z(t)-z(t_0)}{t-t_0}}$$

当 $B \to A$ 时,$t \to t_0$,割线的方向向量的极限为 $\{x'(t_0), y'(t_0), z'(t_0)\}$,此即为切线的方向向量,所以切线方程为

$$\frac{x-x(t_0)}{x'(t_0)} = \frac{y-y(t_0)}{y'(t_0)} = \frac{z-z(t_0)}{z'(t_0)}.$$

过点 $A(x(t_0), y(t_0), z(t_0))$ 且与切线垂直的平面称为空间的曲线 C 在点 $A(x(t_0), y(t_0), z(t_0))$ 的法平面,法平面方程为

$$x'(t_0)(x-x_0) + y'(t_0)(y-y_0) + z'(t_0)(z-z_0) = 0$$

例 1　求曲线 $x = a\cos\theta, y = a\sin\theta, z = b\theta$ 在点 $(-a, 0, b\pi)$ 处的切线方程.

解　当 $\theta = \pi$ 时,曲线过点 $(-a, 0, b\pi)$,曲线在此点的切线方向向量为

$$\{-a\sin\theta, a\cos\theta, b\}|_{\theta=\pi} = \{0, -a, b\}$$

所以曲线的切线方程为

$$\frac{x+a}{0} = \frac{y}{-a} = \frac{z-b\pi}{b}$$

空间曲面的切平面与法线

设若曲面 S 的一般方程为 $F(x, y, z) = 0$,$P_0(x_0, y_0, z_0)$ 为曲面 S 上一点,$F(x, y, z)$ 在点 P_0 可微分,且 $F_x'^2 + F_y'^2 + F_z'^2 \neq 0$,称曲面在点 P_0 可微. 我们要求曲面 S 在点 P_0 处的切平面. 首先什么叫切平面,在此我们比较几何化地定义切平面.

定义 1　设 π 是过 P_0 的一张平面,$P(x, y, z)$ 是曲面 S 上的点,如果

$$\lim_{P \to P_0} \frac{d(P, \pi)}{|PP_0|} = 0$$

则称 π 是 S 在点 P_0 处的切平面.

定理 2　若曲面 $F(x, y, z) = 0$ 在点 P_0 可微,则曲面在 P_0 的切平面 π 为

$$F_x'(x_0, y_0, z_0)(x-x_0) + F_y'(x_0, y_0, z_0)(y-y_0) + F_z'(x_0, y_0, z_0)(z-z_0) = 0$$

证明　在点 P_0 处微分该曲面方程 $F(x, y, z) = 0$,得

$$F_x'(x_0, y_0, z_0)\mathrm{d}x + F_y'(x_0, y_0, z_0)\mathrm{d}y + F_z'(x_0, y_0, z_0)\mathrm{d}z = 0$$

由微分的意义,我们有

$$F_x'(x_0, y_0, z_0)(x-x_0) + F_y'(x_0, y_0, z_0)(y-y_0) + F_z'(x_0, y_0, z_0)(z-z_0) = o(\rho)$$

其中 $\rho = \sqrt{(x-x_0)^2 + (y-y_0)^2 + (z-z_0)^2}$.

由点到平面距离公式,

$$d(P, \pi) = \frac{|F_x'(x_0, y_0, z_0)(x-x_0) + F_y'(x_0, y_0, z_0)(y-y_0) + F_z'(x_0, y_0, z_0)(z-z_0)|}{\sqrt{F_x'^2 + F_y'^2 + F_z'^2}}$$

$$= \frac{o(\rho)}{\sqrt{F_x'^2 + F_y'^2 + F_z'^2}}$$

因此

$$\lim_{P \to P_0} \frac{d(P, \pi)}{|PP_0|} = 0$$

例 2　求曲面 $z = y + \ln \dfrac{x}{z}$ 在点 $(1,1,1)$ 的切平面方程.

解　曲面方程为 $F(x,y,z) = y + \ln \dfrac{x}{z} - z = 0$, 易得 $\vec{n} = (1,1,-2)$, 因此切面方程为

$$(x-1) + (y-1) - 2(z-1) = 0$$

习题 8-5

1. 求曲线 $x = a\cos a\cos t, y = a\sin a\cos t, z = a\sin t$ 在点 $t = t_0$ 处的切线和法平面方程.

2. 求曲线 $\begin{cases} x^2 + y^2 + z^2 = 6 \\ x + y + z = 0 \end{cases}$ 在点 $(1,-2,1)$ 处的切线和法平面方程.

3. 求曲面 $z = \arctan \dfrac{y}{x}$ 在点 $(1,1,\pi/4)$ 的切平面和法线方程.

4. 证明曲面 $xyz = a^3 (a > 0)$ 上任意一点的切平面与坐标面形成的四面体体积为定值.

5. 证明曲面 $z = xf\left(\dfrac{y}{x}\right)$ 上任意一点的切平面过一定点.

§8.6　多元函数的极值及其应用

定义 1　设函数 $z = f(x,y)$ 在点 (x_0,y_0) 的某一邻域内有定义, 对于该邻域内异于 (x_0,y_0) 的任意一点 (x,y), 如果 $f(x,y) \leqslant f(x_0,y_0) (f(x,y) \geqslant f(x_0,y_0),)$ 则称函数在 (x_0,y_0) 有极大值 (极小值). 极大值、极小值统称为极值. 使函数取得极值的点称为极值点.

定理 1(必要条件)　设函数 $z = f(x,y)$ 在点 (x_0,y_0) 具有偏导数, 且在点 (x_0,y_0) 处有极值, 则它在该点的偏导数必然为零, 即

$$f'_x(x_0,y_0) = 0, \quad f'_y(x_0,y_0) = 0 \tag{1}$$

与一元函数的情形类似, 对于多元函数, 凡是能使一阶偏导数同时为零的点称为函数的驻点.

定理 2(充分条件)　设函数 $z = f(x,y)$ 在点 (x_0,y_0) 的某邻域内有直到二阶的连续偏导数, 又 $f'_x(x_0,y_0) = 0, \quad f'_y(x_0,y_0) = 0.$ 令

$f''_{xx}(x_0,y_0) = A, \quad f''_{xy}(x_0,y_0) = B, \quad f''_{yy}(x_0,y_0) = C, \Delta(x_0,y_0) = AC - B^2.$

(1) 当 $\Delta(x_0,y_0) > 0$ 时, 函数 $f(x,y)$ 在 (x_0,y_0) 处有极值, 且当 $A > 0$ 时有极小值; $A < 0$ 时有极大值.

(2) 当 $\Delta(x_0,y_0) < 0$ 时, 函数 $f(x,y)$ 在 (x_0,y_0) 处没有极值.

(3) 当 $\Delta(x_0,y_0) = 0$ 时, 函数 $f(x,y)$ 在 (x_0,y_0) 处可能有极值, 也可能没有极值.

例 1　求函数 $f(x,y) = x^3 + y^3 - 3xy$ 的局部极值.

解　解方程组 $\begin{cases} f'_x(x,y) = 3x^2 - 3y = 0 \\ f'_y(x,y) = 3y^2 - 3x = 0 \end{cases}$

得两驻点 $(0,0)$ 和 $(1,1)$. 计算二阶偏导得

$$f''_{xx}(x,y) = 6x, \quad f''_{xy}(x,y) = -3, \quad f''_{yy}(x,y) = 6y$$

因为 $\Delta(0,0) = -9 < 0$，所以 $(0,0)$ 不是极值点；$\Delta(1,1) = 27 > 0$，$f''_{xx}(1,1) = 6 > 0$，所以 $(1,1)$ 是局部极小值点.

多元函数的最大值与最小值

根据闭区域连续函数的最值原理，函数一定能取到最大值和最小值. 最值或在区域内部，或在边界取到. 当在内部取到时，则最值一定是驻点或偏导数不存在点. 因此我们只需在驻点、偏导数不存在点以及边界点中找最值. 在通常遇到的实际问题中，根据问题的性质，可以判断出函数的最大值（最小值）一定在 D 的内部取得，而函数在 D 内只有一个驻点，则可以肯定该驻点处的函数值就是函数在 D 上的最大值（最小值）.

例 2　设 D 是由两根坐标轴以及直线 $x+y = 2\pi$ 围成的三角形区域，求函数 $z = f(x,y) = \sin x + \sin y - \sin(x+y)$ 在区域 D 上的最大值与最小值.

解　由方程组 $\begin{cases} z'_x(x,y) = \cos x - \cos(x+y) = 0 \\ z'_y(x,y) = \cos y - \cos(x+y) = 0 \end{cases}$

解得驻点 $\left(\dfrac{2\pi}{3}, \dfrac{2\pi}{3}\right)$，$f\left(\dfrac{2\pi}{3}, \dfrac{2\pi}{3}\right) = \dfrac{3\sqrt{3}}{2}$；在边界上函数 $f(x,y)$ 均取值为零. 因此函数在三角形区域上最大值为 $3\sqrt{3}/2$，最小值为零.

例 3　求 $z = \dfrac{x+y}{x^2+y^2+1}$ 的最值.

解　由方程组

$$\begin{cases} z'_x(x,y) = \dfrac{x^2+y^2+1-2x(x+y)}{(x^2+y^2+1)^2} = 0 \\[3mm] z'_y(x,y) = \dfrac{x^2+y^2+1-2y(x+y)}{(x^2+y^2+1)^2} = 0 \end{cases}$$

得两驻点 $\left(\dfrac{\sqrt{2}}{2}, \dfrac{\sqrt{2}}{2}\right)$ 和 $\left(-\dfrac{\sqrt{2}}{2}, -\dfrac{\sqrt{2}}{2}\right)$. 因为函数在全平面有定义，所以只有无穷远处为其边界，显见无穷远处极限为 0. 而

$$z\left(\frac{\sqrt{2}}{2}, \frac{\sqrt{2}}{2}\right) = \frac{\sqrt{2}}{2}, \quad z\left(-\frac{\sqrt{2}}{2}, -\frac{\sqrt{2}}{2}\right) = -\frac{\sqrt{2}}{2}$$

因此最大值为 $\dfrac{\sqrt{2}}{2}$，最小值为 $-\dfrac{\sqrt{2}}{2}$.

条件极值拉格朗日乘数法

前面所讨论的极值问题，对于函数的自变量一般只要求落在定义域内，并无其他限制条件，这类极值我们称为**无条件极值**. 但在实际问题中，常会遇到对函数的自变量还有附加条件的极值问题. 对自变量有附加条件的极值称为**条件极值**.

设二元函数 $f(x,y)$ 和 $\varphi(x,y)$ 在区域 D 内有一阶连续偏导数，则求 $z = f(x,y)$ 在 D 内满足条件 $\varphi(x,y) = 0$ 的极值问题，可以转化为求拉格朗日函数

$$L(x,y,\lambda) = f(x,y) + \lambda\varphi(x,y)$$

（其中 λ 为某一常数）的无条件极值问题.

下面我们介绍求函数 $z = f(x,y)$ 在条件 $\varphi(x,y) = 0$ 的极值的拉格朗日乘数法.

（1）作拉格朗日函数

$$L(x,y,\lambda) = f(x,y) + \lambda\varphi(x,y)$$

其中 λ 称为拉格朗日乘数；

（2）由方程组

$$\begin{cases} L'_x = f'_x(x,y) + \lambda\varphi'_x(x,y) = 0 \\ L'_y = f'_y(x,y) + \lambda\varphi'_y(x,y) = 0 \\ L'_\lambda = \varphi(x,y) = 0 \end{cases}$$

解出 x,y,λ,其中 x,y 就是所求条件极值的可能的极值点.

注 拉格朗日乘数法只给出函数取极值的必要条件,因此按照这种方法求出来的点是否为极值点,还需要加以讨论.不过在实际问题中,往往可以根据问题本身的性质来判定所求的点是否为极值点.

例 4 设计一个容量为 v 的无盖长方体水箱,试问水箱的长宽高各多少,使得所用材料最省？

解 设长宽高分别为 x,y,z,据题意,作拉格朗日函数

$$L(x,y,z,\lambda) = 2(xz + yz) + xy + \lambda(xyz - v)$$

解方程组

$$\begin{cases} L'_x = 2z + y + \lambda yz = 0 \\ L'_y = 2z + x + \lambda xz = 0 \\ L'_z = 2(x + y) + \lambda xy = 0 \\ L'_\lambda = xyz - v = 0 \end{cases}$$

解得 $x = y = 2z = \sqrt[3]{2v}$.

例 5 制造一个无盖的长方体水槽,已知它的底部造价为每平方米 180 元,侧面每平方米 60 元,设计总造价为 2160 元.问怎样设计长、宽、高才能使水槽的容积最大？

解 设长宽高分别为 x,y,z(米).根据题意,在条件 $180xy + 120(xz + yz) - 2160 = 0$ 下求 xyz 的最大值,作拉格朗日函数

$$L(x,y,z,\lambda) = xyz + \lambda(180xy + 120(xz + yz) - 2160)$$

解方程组

$$\begin{cases} L'_x = yz + \lambda(180y + 120z) = 0 \\ L'_y = xz + \lambda(180x + 120z) = 0 \\ L'_z = xy + \lambda(120x + 120y) = 0 \\ L'_\lambda = 180xy + 120(xz + yz) - 2160 = 0 \end{cases}$$

得 $x = y = 2, z = 3$.

最小二乘法

在实践活动中,人们常需要从一组统计数据 (x_i, y_i) 中寻求变量 x,y 间函数关系.我们一般先在直角坐标系中画出对应于 (x_i, y_i) 的点 A_i,观察这些点的分布情况.如果这些点分布于一条直线附近,则认为变量之间是线性关系,拟合函数用 $y = ax + b$.这些点一般不能

都在这条直线上,因此 y_i 与 $ax_i + b$ 总有误差,记 $\delta_i = ax_i + b - y_i$. 有两种方法使总体误差最小,一种是使得 $\sum_{i=1}^{n} |\delta_i|$ 最小,另一种使得 $\sum_{i=1}^{n} \delta_i^2$ 最小. 我们一般采用第二种方法,最小二乘法.

记 $S(a,b) = \sum_{i=1}^{n} (ax_i + b - y_i)^2$,欲使 $S(a,b)$ 最小,a,b 应满足

$$\begin{cases} \dfrac{\partial S}{\partial a} = \sum_{i=1}^{n} 2(y_i - ax_i - b)(-x_i) = 0 \\ \dfrac{\partial S}{\partial b} = \sum_{i=1}^{n} 2(y_i - ax_i - b)(-1) = 0 \end{cases}$$

从方程组中可解得

$$a = \frac{\sum (x_i - \bar{x})(y_i - \bar{y})}{\sum (x_i - \bar{x})^2}, \quad b = \bar{y} - a\bar{x}$$

例 6 测得铜导线在温度 $T_i(\text{℃})$ 时的电阻 $R_i(\Omega)$ 如下表,求电阻 R 与温度 T 的近似函数关系.

i	0	1	2	3	4	5	6
$T_i(\text{℃})$	19.1	25.0	30.1	36.0	40.0	45.1	50.0
$R_i(\Omega)$	76.30	77.80	79.25	80.80	82.35	83.90	85.10

解 画出散点图(图 8-4),可见测得的数据接近一条直线,故取拟合函数为
$$R = aT + b$$
依照上述求解 a,b 公式得 $a = 0.921, b = 70.572$. 故得 R 与 T 的拟合直线为 $R = 0.921T + 70.572$

利用上述关系式,可以预测不同温度时铜导线的电阻值. 例如,由 $R = 0$ 得 $T = -242.5$,即预测温度 $T = -242.5\text{℃}$ 时,铜导线无电阻.

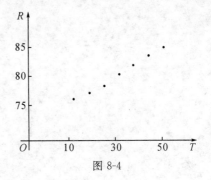

图 8-4

习题 8-6

1. 求函数 $f(x,y) = (x^2 + y^2)^2 - 2(x^2 - y^2)$ 的极值.

2. 求函数 $z = xy$ 在条件 $x + y = 1$ 下的极值.

3. 抛物面 $z = x^2 + y^2$ 被平面 $x + y + z = 1$ 截成一个椭圆,求这个椭圆到原点的最长与最短距离.

4. 某工厂生产两种产品 A 与 B,出售单价分别为 10 元与 9 元,生产 x 单位的产品 A 与生产 y 单位的产品 B 的总费用是:
$$400 + 2x + 3y + 0.01(3x^2 + xy + 3y^2)(\text{元})$$

求取得最大利润时,两种产品的产量各多少?

5. 设 F 是平面曲线,$M_\delta(F)$ 是用长度 δ 的两脚规去截分 F 所得的步长数,一般说来有关系式

$$M_\delta(F) \sim c\delta^{-s}$$

如果测量得一列 $\{M_\delta(F), \delta\}_{i=1}^n$ 的数据,试给出一种方法定出恰当的常数 c 和分形维数 s 的值.

第九章　　多元函数积分学

§9.1　二重积分

本章所论的多重积分以及第一类曲线、曲面积分,本质上与一元定积分没有差别,都是一种和式极限,所区别的是各自积分的范围不一样,求解技巧各有不同.但总体仍然是逐步通过定积分求得.

定义 1　设 $f(x,y)$ 是有界闭区域 D 上的有界函数.将闭区域 D 任意分成 n 个小闭区域 $\Delta\sigma_1,\Delta\sigma_2,\cdots,\Delta\sigma_n$,其中 $\Delta\sigma_i$ 表示第 i 个小闭区域,也表示它的面积,在每个 $\Delta\sigma_i$ 上任取一点 (ξ_i,η_i),作和 $\sum\limits_{i=1}^{n}f(\xi_i,\eta_i)\Delta\sigma_i$,如果当各小闭区域的直径中的最大值 λ 趋近于零时,这和式的极限存在,则称此极限为函数 $f(x,y)$ 在闭区域 D 上的二重积分,记为 $\iint\limits_{D}f(x,y)\mathrm{d}\sigma$,即

$$\iint\limits_{D}f(x,y)\mathrm{d}\sigma = \lim_{\lambda\to0}\sum_{i=1}^{n}f(\xi_i,\eta_i)\Delta\sigma_i \tag{1}$$

其中 $f(x,y)$ 称为被积函数,$f(x,y)\mathrm{d}\sigma$ 称为被积表达式,$\mathrm{d}\sigma$ 称为面积微元,x 和 y 称为积分变量,D 称为积分区域.

可以证明,如果函数 $f(x,y)$ 在区域 D 上连续,则 $f(x,y)$ 在区域 D 上是可积的.根据定义,如果函数 $f(x,y)$ 在区域 D 上可积,则二重积分的值与对积分区域的分割方法无关,因此,在直角坐标系中,常用平行于 x 轴和 y 轴的两组直线来分割积分区域 D,则除了包含边界点的一些小闭区域外,其余的小闭区域都是矩形闭区域.设矩形闭区域 $\Delta\sigma_i$ 的边长为 Δx_i 和 Δy_j,于是 $\Delta\sigma_i = \Delta x_i \Delta y_j$.故在直角坐标系中,面积微元 $\mathrm{d}\sigma$ 可记为 $\mathrm{d}x\mathrm{d}y$.即 $\mathrm{d}\sigma = \mathrm{d}x\mathrm{d}y$.进而把二重积分记为 $\iint\limits_{D}f(x,y)\mathrm{d}x\mathrm{d}y$,这里我们把 $\mathrm{d}x\mathrm{d}y$ 称为直角坐标系下的面积微元.

二重积分的性质

类似于一元函数的定积分,二重积分也有与定积分类似性质.

性质 1　$\iint\limits_{D}kf(x,y)\mathrm{d}\sigma = k\iint\limits_{D}f(x,y)\mathrm{d}\sigma$,$k$ 为非零常数;

性质 2　$\iint\limits_{D}\{f(x,y)\pm g(x,y)\}\mathrm{d}\sigma = \iint\limits_{D}f(x,y)\mathrm{d}\sigma \pm \iint\limits_{D}g(x,y)\mathrm{d}\sigma$;

性质 3　若 $D = D_1 + D_2$,且 $D_1\bigcap D_2 = \phi$(除边沿部分外),则

$$\iint\limits_{D}f(x,y)\mathrm{d}\sigma = \iint\limits_{D_1}f(x,y)\mathrm{d}\sigma + \iint\limits_{D_2}f(x,y)\mathrm{d}\sigma$$

性质 4 若 $f(x,y) \geqslant g(x,y), (x,y) \in D,$ 则 $\iint_D f(x,y) \mathrm{d}\sigma \geqslant \iint_D g(x,y) \mathrm{d}\sigma;$

性质 5 若 $m \leqslant f(x,y) \leqslant M, (x,y) \in D,$ 则

$$m\sigma \leqslant \iint_D f(x,y) \mathrm{d}\sigma \leqslant M\sigma \qquad (\sigma \text{ 是 } D \text{ 的面积})$$

性质 6(中值定理) 若 $f(x,y)$ 在有界闭区域 D 上连续,则存在 $(\xi, \eta) \in D,$ 使得

$$\iint_D f(x,y) \mathrm{d}\sigma = f(\xi, \eta)\sigma \qquad (\sigma \text{ 是 } D \text{ 的面积})$$

例 1 比较积分 $\iint_D (x+y)\mathrm{d}\sigma$ 与 $\iint_D (x+y)^3 \mathrm{d}\sigma$ 的大小, $D = \{(x,y) \mid (x-2)^2 + (y-1)^2 = 2\}.$

解 当 $(x,y) \in D$ 时,总有 $x + y \geqslant 1,$ 故 $\iint_D (x+y)\mathrm{d}\sigma \leqslant \iint_D (x+y)^3 \mathrm{d}\sigma$

在直角坐标系下二重积分的计算

二重积分的计算方法,其基本思想是将二重积分化为两次定积分来计算.本节先在直角坐标系下讨论二重积分的计算.

区域分类

X- 型区域:$\{(x,y) \mid a \leqslant x \leqslant b, \varphi_1(x) \leqslant y \leqslant \varphi_2(x)\},$ 函数 $\varphi_1(x), \varphi_2(x)$ 在区间 $[a,b]$ 上连续.这种区域的特点是:穿过区域且平行于 y 轴的直线与区域的边界相交不多于两个交点.

Y- 型区域:$\{(x,y) \mid c \leqslant y \leqslant d, \psi_1(y) \leqslant x \leqslant \psi_2(y)\},$ 函数 $\psi_1(x), \psi_2(x)$ 在区间 $[c,d]$ 上连续.这种区域的特点是:穿过区域且平行于 x 轴的直线与区域的边界相交不多于两个交点.

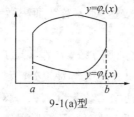

9-1(a)型

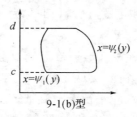

9-1(b)型

图 9-1

设 $f(x,y)$ 是 $X-$型区域 D 上的连续非负函数,则二重积分就是 D 上以曲面 $z = f(x,y)$ 为顶的曲顶柱体体积,下面要计算体积 $V = \iint_D f(x,y)\mathrm{d}\sigma.$

对任意 $x \in [a,b],$ 过 x 点作垂直于 x 轴的平面,平面与曲顶柱体有一截面,设截面面积为 $A(x),$ 由于截面是一曲边梯形,所以由定积分计算有

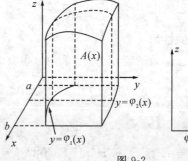
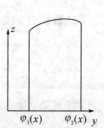

图 9-2

$$A(x) = \int_{\varphi_1(x)}^{\varphi_2(x)} f(x,y)\mathrm{d}y$$

根据平行截面面积已知的立体体积的计算公式,曲顶柱体的体积为

$$V = \int_a^b A(x)\mathrm{d}x = \int_a^b \left[\int_{\varphi_1(x)}^{\varphi_2(x)} f(x,y)\mathrm{d}y\right]\mathrm{d}x \tag{2}$$

上式右端积分通常记作

$$\int_a^b \mathrm{d}x \int_{\varphi_1(x)}^{\varphi_2(x)} f(x,y)\mathrm{d}y$$

称为二次积分,或累次积分.

当 $f(x,y)$ 未必是非负函数时,只要令 $F(x,y) = f(x,y) - m$,其中 m 是 $f(x,y)$ 在 D 上的最小值,对非负函数 $F(x,y)$ 作以上讨论即得.

类似地,如果积分区域 D 为 $Y-$ 型区域:

$$\{(x,y) \mid c \leqslant y \leqslant d, \quad \psi_1(y) \leqslant x \leqslant \psi_2(y)\}$$

则有

$$\iint_D f(x,y)\mathrm{d}x\mathrm{d}y = \int_c^d \mathrm{d}y \int_{\psi_1(y)}^{\psi_2(y)} f(x,y)\mathrm{d}x \tag{3}$$

特别地,当区域 D 为矩形区域 $\{(x,y) \mid a \leqslant x \leqslant b, \quad c \leqslant y \leqslant d\}$ 时,有

$$\iint_D f(x,y)\mathrm{d}x\mathrm{d}y = \int_a^b \mathrm{d}x \int_c^d f(x,y)\mathrm{d}y = \int_c^d \mathrm{d}y \int_a^b f(x,y)\mathrm{d}x$$

例2　计算积分 $\iint_D 3x^2 y\mathrm{d}\sigma$,其中 D 由曲线 $x = y^2 - 1$ 与 $x - y = 1$ 围成.

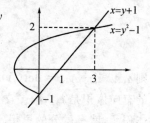

图 9-3

解　视 D 为 Y 型域,则 D:$\begin{cases} -1 \leqslant y \leqslant 2 \\ y^2 - 1 \leqslant x \leqslant y + 1 \end{cases}$

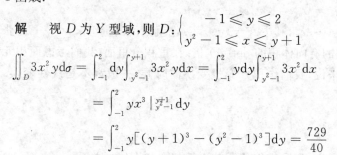

$$\iint_D 3x^2 y\mathrm{d}\sigma = \int_{-1}^2 \mathrm{d}y \int_{y^2-1}^{y+1} 3x^2 y\mathrm{d}x = \int_{-1}^2 y\mathrm{d}y \int_{y^2-1}^{y+1} 3x^2 \mathrm{d}x$$

$$= \int_{-1}^2 yx^3 \Big|_{y^2-1}^{y+1} \mathrm{d}y$$

$$= \int_{-1}^2 y[(y+1)^3 - (y^2-1)^3]\mathrm{d}y = \frac{729}{40}$$

有时利用被积函数的奇偶性及积分区域 D 的对称性,化简二重积分的计算.为应用方便,我们总结如下

1. 如果积分区域 D 关于 y 轴对称,则

(1) 当 $f(-x,y) = -f(x,y)((x,y) \in D)$ 时,有

$$\iint_D f(x,y)\mathrm{d}x\mathrm{d}y = 0$$

(2) 当 $f(-x,y) = f(x,y)((x,y) \in D)$ 时,有

$$\iint_D f(x,y)\mathrm{d}x\mathrm{d}y = 2\iint_{D_1} f(x,y)\mathrm{d}x\mathrm{d}y$$

其中 $D_1 = \{(x,y) \mid (x,y) \in D, x \geqslant 0\}$.

2. 如果积分区域 D 关于 x 轴对称,则

(1) 当 $f(x,-y) = -f(x,y)((x,y) \in D)$ 时,有

$$\iint\limits_{D} f(x,y)\mathrm{d}x\mathrm{d}y = 0$$

（2）当 $f(x,-y) = f(x,y)((x,y) \in D)$ 时,有

$$\iint\limits_{D} f(x,y)\mathrm{d}x\mathrm{d}y = 2\iint\limits_{D_2} f(x,y)\mathrm{d}x\mathrm{d}y$$

其中 $D_2 = \{(x,y) \mid (x,y) \in D, y \geqslant 0\}$.

例3 计算 $\iint\limits_{D} y[1+xf(x^2+y^2)]\mathrm{d}x\mathrm{d}y$,其中积分区域 D 由曲线 $y = x^2$ 与 $y = 1$ 所围成.

解 令 $g(x,y) = xyf(x^2+y^2)$,如右图,因为 D 关于 y 轴对称,且 $g(-x,y) = -g(x,y)$ 故 $\iint\limits_{D} yxf(x^2+y^2)\mathrm{d}x\mathrm{d}y = 0$,因此

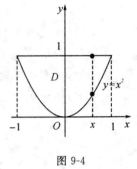

图 9-4

$$I = \iint\limits_{D} y\mathrm{d}x\mathrm{d}y = \int_{-1}^{1}\mathrm{d}x\int_{x^2}^{1} y\mathrm{d}y = \frac{1}{2}\int_{-1}^{1}(1-x^4)\mathrm{d}x = \frac{4}{5}$$

坐标变换下的面积、体积微元变化系数

我们现在要用到微分思想以及线性代数的知识.在线性代数里面,我们曾经得到这样的结论:若 $\alpha_1,\alpha_2,\cdots,\alpha_n$ 与 $e_1,e_2,\cdots,e_n$ 有如下线性变换关系

$$\alpha_1 = a_{11}e_1 + a_{12}e_2 + \cdots + a_{1n}e_n$$

$$\alpha_2 = a_{21}e_1 + a_{22}e_2 + \cdots + a_{2n}e_n$$

$$\cdots\cdots$$

$$\alpha_n = a_{n1}e_1 + a_{n2}e_2 + \cdots + a_{nn}e_n$$

则 $\alpha_1\Lambda\alpha_2\Lambda\cdots\Lambda\alpha_n = \det(A)e_1\Lambda e_2\Lambda\cdots\Lambda e_n$,其中 $A = (a_{ij})_{n\times n}$. 也就是说向量组 $\alpha_1,\alpha_2,\cdots,\alpha_n$ 张成的有向体积是 $e_1,e_2,\cdots,e_n$ 张成的有向体积的 $\det(A)$ 倍.在重积分里面,我们考虑面积元与体积元,就有微分的思想.整体来说,我们作积分变量变换的时候,一般都不是线性变换.以二元函数为例

$$\begin{cases} x = x(u,v) \\ y = y(u,v) \end{cases},$$

虽然上述变换未必是线性变换,但是它们的微分之间却有如下线性关系

$$\begin{cases} \mathrm{d}x = \dfrac{\partial x}{\partial u}\mathrm{d}u + \dfrac{\partial x}{\partial v}\mathrm{d}v \\[2mm] \mathrm{d}y = \dfrac{\partial y}{\partial u}\mathrm{d}u + \dfrac{\partial y}{\partial v}\mathrm{d}v \end{cases}$$

因此面积微元之间相差一个行列式的绝对值,即

$$\mathrm{d}x\mathrm{d}y = \left\| \begin{matrix} \dfrac{\partial x}{\partial u} & \dfrac{\partial x}{\partial v} \\[2mm] \dfrac{\partial y}{\partial u} & \dfrac{\partial y}{\partial v} \end{matrix} \right\| \mathrm{d}u\mathrm{d}v$$

这个行列式称为雅可比行列式.以后三重积分变量变换时,也用到雅可比行列式.

在极坐标系下二重积分的计算

注意到直角坐标与极坐标之间的转换关系为

$$x = r\cos\theta, y = r\sin\theta$$

通过计算雅可比行列式,可得到极坐标系下的面积微元 $d\sigma = r dr d\theta$,从而就得到在直角坐标系与极坐标系下二重积分转换公式为

$$\iint\limits_{D} f(x,y)\mathrm{d}x\mathrm{d}y = \iint\limits_{D} f(r\cos\theta, r\sin\theta) r \mathrm{d}r \mathrm{d}\theta \tag{4}$$

1. 如果积分区域 D 介于两条射线 $\theta = \alpha, \theta = \beta$ 之间,而对 D 内任一点 (r, θ),其极径总是介于曲线 $r = \phi_1(\theta)$,$r = \phi_2(\theta)$ 之间,则区域 D 的积分限为

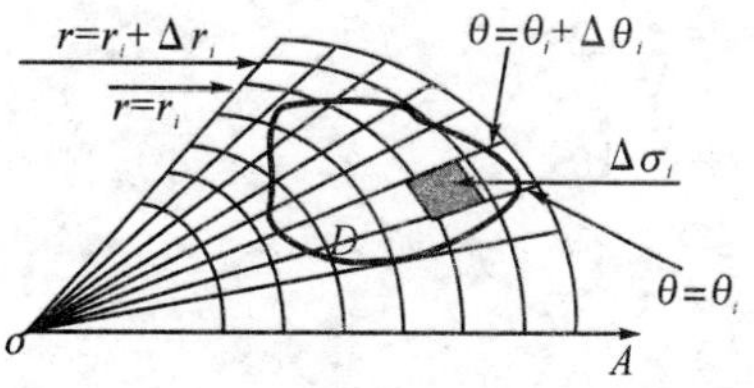

图 9-5

$$\alpha \leqslant \theta \leqslant \beta, \quad \phi_1(\theta) \leqslant r \leqslant \phi_2(\theta)$$

于是

$$\iint\limits_{D} f(x,y)\mathrm{d}x\mathrm{d}y = \iint\limits_{D} f(r\cos\theta, r\sin\theta) r \mathrm{d}r \mathrm{d}\theta$$

$$= \int_{\alpha}^{\beta} \mathrm{d}\theta \int_{\phi_1(\theta)}^{\phi_2(\theta)} f(r\cos\theta, r\sin\theta) r \mathrm{d}r \tag{5}$$

2. 如果积分区域 D 是曲边扇形,则可以把它看作是第一种情形中当 $\phi_1(\theta) = 0, \phi_2(\theta) = \phi(\theta)$ 的特例,此时,区域 D 的积分限: $\alpha \leqslant \theta \leqslant \beta, \quad 0 \leqslant r \leqslant \phi(\theta)$.

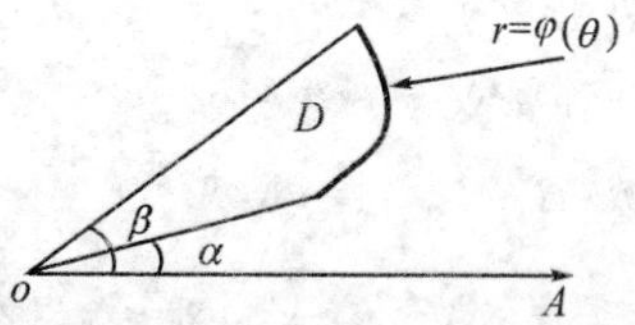

于是

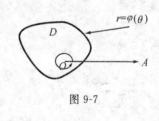

图 9-6

$$\iint\limits_{D} f(x,y)\mathrm{d}x\mathrm{d}y = \int_{\alpha}^{\beta} \mathrm{d}\theta \int_{0}^{\phi(\theta)} f(r\cos\theta, r\sin\theta) r \mathrm{d}r \tag{6}$$

3. 如果极点位于积分区域 D 的内部,则可以把它看作是第二种情形中当 $\alpha = 0, \beta = 2\pi$ 的特例,此时,区域 D 的积分限: $0 \leqslant \theta \leqslant 2\pi, \quad 0 \leqslant r \leqslant \phi(\theta)$.

于是

图 9-7

$$\iint\limits_{D} f(x,y)\mathrm{d}x\mathrm{d}y = \int_{0}^{2\pi} \mathrm{d}\theta \int_{0}^{\phi(\theta)} f(r\cos\theta, r\sin\theta) r \mathrm{d}r \tag{7}$$

例 4 计算 $\iint\limits_{D} \sqrt{4 - x^2 - y^2}\, \mathrm{d}\sigma$,其中 D 是由圆 $x^2 + y^2 = 2x$ 所围成的区域.

解 把 D 的边界曲线 $x^2 + y^2 = 2x$ 化成极坐标方程,$r = 2\cos\theta$. 然后将积分区域 D 用不等式组表示成

$$\begin{cases} -\dfrac{\pi}{2} \leqslant \theta \leqslant \dfrac{\pi}{2} \\ 0 \leqslant r \leqslant 2\cos\theta \end{cases}$$

于是

$$\iint\limits_{D} \sqrt{4 - x^2 - y^2}\, \mathrm{d}\sigma = \iint\limits_{D} \sqrt{4 - r^2}\, r \mathrm{d}r \mathrm{d}\theta = \int_{-\pi/2}^{\pi/2} \Big[\int_{0}^{2\cos\theta} \sqrt{4 - r^2}\, r \mathrm{d}r \Big] \mathrm{d}\theta$$

$$= \frac{16}{3} \int_{0}^{\pi/2} (1 - \sin^3\theta)\, \mathrm{d}\theta = \frac{8}{9}(3\pi - 4)$$

例 5 求曲线 $(x^2 + y^2)^2 = 3x^3$ 围成的图形的面积.

解 根据曲线的方程,有 $x \geqslant 0$,且曲线关于 y 轴对称,故只需要讨论 $y \geqslant 0$ 即第一象限部分的面积即可. 将曲线的方程极坐标化,$r^4 = 3r^3\cos^3\theta$,

即曲线的极坐标方程为

$$r = 3\cos^3\theta,$$

所求积分限为：$0 \leqslant \theta \leqslant \dfrac{\pi}{2}, 0 \leqslant r \leqslant 3\cos^3\theta$. 因此

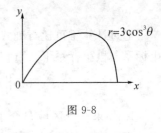

图 9-8

$$A = 2\iint_D \mathrm{d}\sigma = 2\iint_D r\mathrm{d}r\mathrm{d}\theta = 2\int_0^{\frac{\pi}{2}} \mathrm{d}\theta \int_0^{3\cos^3\theta} r\mathrm{d}r = 2\int_0^{\frac{\pi}{2}} \left[\frac{1}{2}r^2\right]_0^{3\cos^3\theta} \mathrm{d}\theta$$

$$= \int_0^{\frac{\pi}{2}} 9\cos^6\theta\mathrm{d}\theta = 9 \cdot \frac{5}{6} \cdot \frac{3}{4} \cdot \frac{1}{2} \cdot \frac{\pi}{2} = \frac{45\pi}{32}$$

§9.2　三重积分

设 Ω 为一空间物体，密度为 $\rho = \rho(x,y,z)$，如同定积分、二重积分所用的和式极限方法，所求物体质量为 $M = \lim\limits_{\lambda \to 0}\sum\limits_{i=1}^{n}\rho(\xi_i,\eta_i,\zeta_i)\Delta V_i$. 一般地，我们有下述三重积分概念

定义 1　设函数 $f(x,y,z)$ 是有界闭域 Ω 上的有界函数. 将 Ω 任意分割成 n 个小的区域：$\Delta V_1, \Delta V_2, \cdots, \Delta V_n$，（$\Delta V_i$ 既表示第 i 个小区域也表示第 i 个小区域的体积）；任取 $(\xi_i, \eta_i, \zeta_i) \in \Delta V_i, i = 1, 2, \cdots n$；作和 $\sum\limits_{i=1}^{n}f(\xi_i,\eta_i,\zeta_i)\Delta V_i$；记 $\lambda = \max\{\Delta V_i$ 的直径$\}$，若极限 $\lim\limits_{\lambda \to 0}\sum\limits_{i=1}^{n}f(\xi_i,\eta_i,\zeta_i)\Delta V_i$ 存在，称极限值为函数 $f(x,y,z)$ 在区域 Ω 上的三重积分，记作 $\lim\limits_{\lambda \to 0}\sum\limits_{i=1}^{n}f(\xi_i,\eta_i,\zeta_i)\Delta V_i = \iiint\limits_{\Omega}f(x,y,z)\mathrm{d}v$. 其中 $f(x,y,z)$ 被积函数，Ω 积分区域，$\mathrm{d}v$ 体积微元，x,y,z 积分变量.

若 $\iiint\limits_{\Omega}f(x,y,z)\mathrm{d}v$ 存在，当直角坐标系中的坐标平面网分割区域 Ω 时，除去边沿部分外，其内部的小区域均为长方体，其体积为 $\Delta V_i = \Delta x_i\Delta y_i\Delta z_i$，所以体积微元 $\mathrm{d}v = \mathrm{d}x\mathrm{d}y\mathrm{d}z$，

$$\iiint\limits_{\Omega}f(x,y,z)\mathrm{d}v = \iiint\limits_{\Omega}f(x,y,z)\mathrm{d}x\mathrm{d}y\mathrm{d}z$$

三重积分的计算

1. 投影法

设 Ω 是空间的有界闭区域

$$\Omega = \left\{(x,y,z) \mid z_1(x,y) \leqslant z \leqslant z_2(x,y), (x,y) \in D\right\}$$

其中 D 是 Ω 在 $x-y$ 平面上投影的区域，则

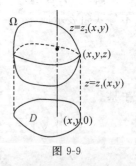

图 9-9

$$\iiint\limits_{\Omega}f(x,y,z)\mathrm{d}v = \iint\limits_{D}\mathrm{d}x\mathrm{d}y\int_{z_1(x,y)}^{z_2(x,y)}f(x,y,z)\mathrm{d}z$$

$$= \int_a^b\mathrm{d}x\int_{y_1(x)}^{y_2(x)}\mathrm{d}y\int_{z_1(x,y)}^{z_2(x,y)}f(x,y,z)\mathrm{d}z$$

若空间区域在 xoy 面上的投影区域 D 为 Y 型区域，即

$$D: \begin{cases} c \leqslant y \leqslant d \\ x_1(y) \leqslant x \leqslant x_2(y) \end{cases}$$

则 $\iiint\limits_{\Omega} f(x,y,z)\mathrm{d}v = \iint\limits_{D}\mathrm{d}\sigma \int_{z_1(x,y)}^{z_2(x,y)} f(x,y,z)\mathrm{d}z = \int_c^d \mathrm{d}y \int_{x_1(y)}^{x_2(y)}\mathrm{d}x \int_{z_1(x,y)}^{z_2(x,y)} f(x,y,z)\mathrm{d}z.$

当然区域也可向其他两张坐标平面作投影,在此不一一罗列.

例 1　将三重积分 $I = \iiint\limits_{\Omega} f(x,y,z)\mathrm{d}v$ 化为三次积分,其中积分区域 Ω 由平面 $\dfrac{x}{a} + \dfrac{y}{b} + \dfrac{z}{c} = 1$ 与三个坐标面围成 $(a > 0, b > 0, c > 0)$.

解　用投影法,将 Ω 向 xoy 面投影,投影区域如图示.

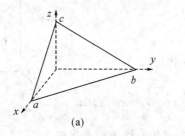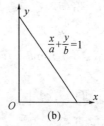

(a)　　　　(b)

图 9-10

由于区域 $\Omega: 0 \leqslant z \leqslant c(1 - \dfrac{x}{a} - \dfrac{y}{b})$,$(x,y) \in D: 0 \leqslant y \leqslant b(1 - \dfrac{x}{a})$,$0 \leqslant x \leqslant a$,所以

$$I = \iiint\limits_{\Omega} f(x,y,z)\mathrm{d}v = \iint\limits_{D}\mathrm{d}\sigma \int_0^{c(1 - \frac{x}{a} - \frac{y}{b})} f(x,y,z)\mathrm{d}z$$

$$= \int_0^a \mathrm{d}x \int_0^{b(1 - \frac{x}{a})}\mathrm{d}y \int_0^{c(1 - \frac{x}{a} - \frac{y}{b})} f(x,y,z)\mathrm{d}z$$

2. 截面法

设 $\Omega = \left\{ (x,y,z) \,\middle|\, \alpha \leqslant z \leqslant \beta, (x,y) \in D_z \right\}$,其中 D_z 为 Ω 与高为 z 的平面相截的区域,则

$$\iiint\limits_{\Omega} f(x,y,z)\mathrm{d}v = \int_\alpha^\beta \mathrm{d}z \iint\limits_{D_z} f(x,y,z)\mathrm{d}x\mathrm{d}y$$

例 2　计算 $\iiint\limits_{\Omega} (\dfrac{x^2}{a^2} + \dfrac{y^2}{b^2} + \dfrac{z^2}{c^2})\mathrm{d}x\mathrm{d}y\mathrm{d}z$,其中 Ω 由曲面 $\dfrac{x^2}{a^2} + \dfrac{y^2}{b^2} + \dfrac{z^2}{c^2} = 1$ 所围的区域.

解　用截面法,先计算 $\iiint\limits_{\Omega} \dfrac{z^2}{c^2}\mathrm{d}x\mathrm{d}y\mathrm{d}z$.

因为 $D_z: \dfrac{x^2}{a^2} + \dfrac{y^2}{b^2} \leqslant 1 - \dfrac{z^2}{c^2}$,$D_z$ 的面积为 $\pi ab (1 - \dfrac{z^2}{c^2})$.

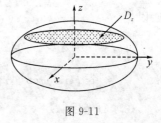

图 9-11

$$\iiint\limits_{\Omega} \frac{z^2}{c^2}\mathrm{d}x\mathrm{d}y\mathrm{d}z = \int_{-c}^c \mathrm{d}z \iint\limits_{D_z} \frac{z^2}{c^2}\mathrm{d}x\mathrm{d}y = \int_{-c}^c \frac{z^2}{c^2}(1 - \frac{z^2}{c^2})\mathrm{d}z = \frac{4}{15}\pi abc$$

同理,$\iiint\limits_{\Omega} \dfrac{x^2}{a^2}\mathrm{d}x\mathrm{d}y\mathrm{d}z = \iiint\limits_{\Omega} \dfrac{y^2}{b^2}\mathrm{d}x\mathrm{d}y\mathrm{d}z = \dfrac{4}{15}\pi abc$,所以

$$\iiint\limits_{\Omega} (\frac{x^2}{a^2} + \frac{y^2}{b^2} + \frac{z^2}{c^2}) \mathrm{d}x\mathrm{d}y\mathrm{d}z = \frac{4}{5}\pi abc$$

柱坐标系下三重积分

在直角坐标与柱面坐标之间有如下换算关系:

$$x = r\cos\theta, y = r\sin\theta, z = z$$

经计算雅可比行列式,得体积元 $\mathrm{d}v = r\mathrm{d}r\mathrm{d}\theta\mathrm{d}z$,因此

$$\iiint\limits_{\Omega} f(x,y,z)\mathrm{d}v = \iiint\limits_{\Omega} f(r\cos\theta, r\sin\theta, z) r\mathrm{d}r\mathrm{d}\theta\mathrm{d}z$$

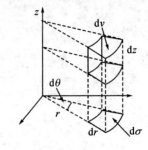

图 9-12

设空间区域 Ω 在 xoy 面上的投影区域为

$$D: \begin{cases} \alpha \leqslant \theta \leqslant \beta \\ \phi_1(\theta) \leqslant r \leqslant \phi_2(\theta) \end{cases}$$

则柱坐标系下的三次积分为:

$$\iiint\limits_{\Omega} f(r\cos\theta, r\sin\theta, z) r\mathrm{d}r\mathrm{d}\theta\mathrm{d}z$$

$$= \int_{\alpha}^{\beta} \mathrm{d}\theta \int_{\phi_1(\theta)}^{\phi_2(\theta)} r\mathrm{d}r \int_{z_1(r,\theta)}^{z_2(r,\theta)} f(r\cos\theta, r\sin\theta, z)\mathrm{d}z$$

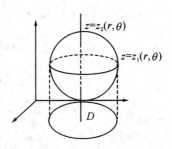

图 9-13

例 3 将三重积分 $\iiint\limits_{\Omega} f(x^2 + y^2, z)\mathrm{d}v$ 化为柱坐标系下的

三次积分,其中 Ω 为介于 $z = 1$、$z = 2$ 之间的圆柱:$x^2 + y^2 \leqslant a^2$.

解 Ω 在 xoy 坐标面上的投影区域 $D: x^2 + y^2 \leqslant a^2$,且 $\forall(x, y) \in D$,均有 $1 \leqslant z \leqslant 2$,以及 $D: \begin{cases} 0 \leqslant r \leqslant a \\ 0 \leqslant \theta \leqslant 2\pi \end{cases}$

$$\iiint\limits_{\Omega} f(x^2 + y^2, z)\mathrm{d}v = \iiint\limits_{\Omega} f(r^2, z) r\mathrm{d}r\mathrm{d}\theta\mathrm{d}z$$

$$= \int_0^{2\pi} \mathrm{d}\theta \int_0^a r\mathrm{d}r \int_1^2 f(r^2, z) r\mathrm{d}z$$

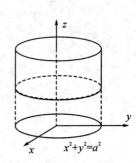

图 9-14

3. 球坐标系中三重积分的计算

变换 T

$$\begin{cases} x = r\sin\varphi\cos\theta \\ y = r\sin\varphi\sin\theta \\ z = r\cos\varphi \end{cases} \begin{cases} r \geqslant 0 \\ 0 \leqslant \varphi \leqslant \pi \\ 0 \leqslant \theta \leqslant 2\pi \end{cases}$$

计算雅可比行列式,得体积微元

$$\mathrm{d}v = r^2\sin\varphi\mathrm{d}r\mathrm{d}\varphi\mathrm{d}\theta$$

所以

$$\iiint\limits_{\Omega} f(x,y,z)\mathrm{d}v$$

$$= \iiint\limits_{\Omega} f(r\sin\varphi\cos\theta, r\sin\varphi\sin\theta, r\cos\varphi) r^2\sin\varphi\mathrm{d}r\mathrm{d}\varphi\mathrm{d}\theta$$

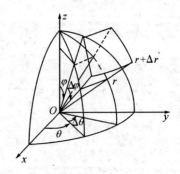

图 9-15

在球面坐标中:

$r = $ 常数,是以原点为中心的球面

$\theta = $ 常数,是过 z 轴的半平面.

$\varphi = $ 常数,是以原点为顶点,以 z 轴为中心轴的圆锥面.

当 $\Omega = \{(r,\varphi,\theta) \mid r_1(\varphi,\theta) \leqslant r \leqslant r_2(\varphi,\theta), \varphi_1(\theta) \leqslant \varphi \leqslant \varphi_2(\theta), \alpha \leqslant \theta \leqslant \beta\}$ 时,

$$\iiint_\Omega f(x,y,z)\mathrm{d}v$$

$$= \int_{\theta_1}^{\theta_2}\mathrm{d}\theta\int_{\varphi_1(\theta)}^{\varphi_2(\theta)}\mathrm{d}\varphi\int_{r_1(\varphi,\theta)}^{r_2(\varphi,\theta)}f(r\sin\varphi\cos\theta,r\sin\varphi\sin\theta,r\cos\varphi)r^2\sin\varphi\mathrm{d}r.$$

例 4　求由圆锥体 $z \geqslant \sqrt{x^2+y^2}\cot\beta$ 和球体 $x^2+y^2+(z-a)^2 \leqslant a^2$ 所确定的立体体积,其中 $\beta \in (0,\frac{\pi}{2})$ 和 $a > 0$ 为常数.

解　球面方程 $x^2+y^2+(z-a)^2 = a^2$ 在球坐标系下表为 $r = 2a\cos\varphi$,

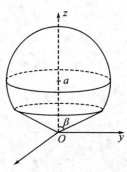

圆锥面 $z = \sqrt{x^2+y^2}\cot\beta$ 在球坐标系下表示为 $\varphi = \beta$,因此

$$\Omega = \{(r,\varphi,\theta) \mid 0 \leqslant r \leqslant 2a\cos\varphi, \beta \leqslant \varphi \leqslant \frac{\pi}{2}, 0 \leqslant \theta \leqslant 2\pi\}$$

所以

$$v = \iiint_\Omega \mathrm{d}v = \int_0^{2\pi}\mathrm{d}\theta\int_\beta^{\frac{\pi}{2}}\mathrm{d}\varphi\int_0^{2a\cos\varphi}r^2\sin\varphi\mathrm{d}r$$

$$= \frac{4}{3}\pi a^3(1-\cos^4\beta)$$

图 9-16

例 5　计算 $\iiint_\Omega \sqrt{x^2+y^2+z^2}\mathrm{d}x\mathrm{d}y\mathrm{d}z$,其中 Ω 由曲面 $x^2+y^2+z^2 = z$ 所围的区域

解　用球坐标

$$\iiint_\Omega \sqrt{x^2+y^2+z^2}\mathrm{d}x\mathrm{d}y\mathrm{d}z = \int_0^{2\pi}\mathrm{d}\theta\int_0^{\frac{\pi}{2}}\mathrm{d}\varphi\int_0^{\cos\varphi}\rho^3\sin\varphi\mathrm{d}\rho$$

$$= 2\pi\cdot\frac{1}{4}\int_0^{\frac{\pi}{2}}\cos^4\varphi\sin\varphi\mathrm{d}\varphi = \frac{\pi}{2}\left[-\frac{\cos^5\varphi}{5}\right]\Bigg|_0^{\frac{\pi}{2}} = \frac{\pi}{10}$$

§9.3　在物理上的应用

1. 重心问题　设有 n 个离散的质点 (x_i,y_i),质量为 $m_i, i = 1,2,\cdots n$,其重心坐标为:

$$\overline{x} = \frac{\sum_{i=1}^n x_i m_i}{\sum_{i=1}^n m_i}, \overline{y} = \frac{\sum_{i=1}^n y_i m_i}{\sum_{i=1}^n m_i}, \overline{z} = \frac{\sum_{i=1}^n z_i m_i}{\sum_{i=1}^n m_i}$$

对于空间区域 Ω,其密度函数为 $\rho(x,y,z)$,我们可以先将 Ω 离散化,应用微积分思想,不难求得重心为

$$\bar{x} = \frac{\iiint\limits_{\Omega} x\rho(x,y,z)\mathrm{d}v}{\iiint\limits_{\Omega} \rho(x,y,z)\mathrm{d}v}; \bar{y} = \frac{\iiint\limits_{\Omega} y\rho(x,y,z)\mathrm{d}v}{\iiint\limits_{\Omega} \rho(x,y,z)\mathrm{d}v}; \bar{z} = \frac{\iiint\limits_{\Omega} z\rho(x,y,z)\mathrm{d}v}{\iiint\limits_{\Omega} \rho(x,y,z)\mathrm{d}v}$$

例 1 求位于 $x^2 + y^2 - 4y \leqslant 0$ 与 $x^2 + y^2 - 2y \geqslant 0$ 之间的均匀薄片的重心.

解 由条件,$\bar{x} = 0$,且 $A = \pi 2^2 - \pi 1^2 = 3\pi$,

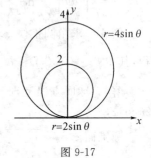

$$\iint_D y\mathrm{d}\sigma = \iint_D r\sin\theta \cdot r\mathrm{d}r\mathrm{d}\theta$$

$$= \int_0^\pi \sin\theta\mathrm{d}\theta \int_{2\sin\theta}^{4\sin\theta} r^2\mathrm{d}r$$

$$= \frac{1}{3}\int_0^\pi (64\sin^3\theta - 8\sin^3\theta)\sin\theta\mathrm{d}\theta$$

$$= \frac{56}{3}\int_0^\pi \sin^4\theta\mathrm{d}\theta = \frac{112}{3}\int_0^{\frac{\pi}{2}} \sin^4\theta\mathrm{d}\theta$$

$$= \frac{112}{3} \cdot \frac{3}{4} \cdot \frac{1}{2} \cdot \frac{\pi}{2} = 7\pi$$

图 9-17

所以 $\bar{y} = \dfrac{7\pi}{3\pi} = \dfrac{7}{3}$,重心坐标为:$\left(0, \dfrac{7}{3}\right)$.

例 2 求椭圆锥面 $\dfrac{x^2}{a^2} + \dfrac{y^2}{b^2} = \dfrac{z^2}{c^2}$ 和平面 $z = c$ 围成的物体的重心(密度恒为 1).

解 设重心坐标$(\bar{x}, \bar{y}, \bar{z})$,物体所占空间区域如下图.

由对称性可知 $\bar{x} = 0, \bar{y} = 0$

$$\bar{z} = \frac{\iiint\limits_{\Omega} z\mathrm{d}x\mathrm{d}y\mathrm{d}z}{\iiint\limits_{\Omega} \mathrm{d}x\mathrm{d}y\mathrm{d}z}$$

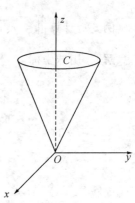

由锥体体积公式可知$\iiint\limits_{\Omega} \mathrm{d}x\mathrm{d}y\mathrm{d}z = \dfrac{\pi abc}{3}$,

令 $x = ar\cos\theta, y = br\sin\theta, z = ct$,则

图 9-18

$$\iiint\limits_{\Omega} z\mathrm{d}x\mathrm{d}y\mathrm{d}z = abc^2\int_0^{2\pi}\mathrm{d}\theta\int_0^1 r\mathrm{d}r\int_r^1 t\,\mathrm{d}t$$

$$= 2\pi abc^2\int_0^1 \frac{r(1-r^2)}{2}\mathrm{d}r = \frac{\pi abc^2}{4}$$

因此,重心坐标 $\bar{x} = 0, \bar{y} = 0, \bar{z} = \dfrac{3c}{4}$.

2. 转动惯量

转动惯量是对物体在转动过程中的惯性大小的度量. 点质量 m 绕着轴线 L 转动,如果点与轴线的距离为 d,则转动惯量为 $I = d^2 m$. 现在考察一密度为 $\rho(x,y,z)$ 的空间物体 Ω 绕着轴线 L 转动的转动惯量 I_Ω. 我们可用微元法,取 Ω 的微元 $\mathrm{d}\Omega$,其空间位置 $P(x,y,z)$ 处,离轴线距离为 $d(P,L)$,质量微元为 $\mathrm{d}m = \rho(P)\mathrm{d}\Omega$,用微积分思想,则有

$$I_\Omega = \iiint_\Omega \mathrm{d}^2(P,L)\rho(P)\mathrm{d}\Omega$$

例3 求半径为 a,高为 h 的圆柱体对于过其中心并且平行于母线的轴的转动惯量($\rho = 1$).

解 建立坐标系如图,过中心且平行于母线的轴即为 z 轴

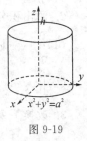

$$I_z = \iiint_\Omega (x^2 + y^2)\rho(x,y,z)\mathrm{d}v = \iiint_\Omega (x^2 + y^2)\mathrm{d}v$$

$$= \iiint_\Omega r^3 \mathrm{d}r\mathrm{d}\theta\mathrm{d}z = \int_0^{2\pi}\mathrm{d}\theta\int_0^a r^3\mathrm{d}r\int_0^h \mathrm{d}z = 2\pi \cdot \frac{a^4}{4} \cdot h = \frac{1}{2}\pi a^4 h$$

图 9-19

3. 引力问题

例4 求密度为 ρ_0 的均匀半球体对于在其中心的一单位质量的质点的引力.

解 设球半径为 R,建立坐标系如图,由对称性,$F_x = F_y = 0$;

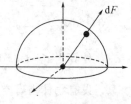

$$|\mathrm{d}\vec{F}| = \mathrm{d}F = k\frac{m\mathrm{d}M}{r^2} = k\frac{\rho_0\mathrm{d}v}{x^2 + y^2 + z^2}$$

图 9-20

所以 $\mathrm{d}F$ 在 z 方向力的分量为 $\mathrm{d}F_z = \cos\gamma\mathrm{d}F$,由于

$$\vec{n} = \{x,y,z\}, \quad \vec{n}^0 = \frac{1}{|\vec{n}|}\vec{n} = \frac{1}{\sqrt{x^2 + y^2 + z^2}}\{x,y,z\}$$

因此

$$\cos\gamma = \frac{z}{\sqrt{x^2 + y^2 + z^2}}; \quad \mathrm{d}F_z = \cos\gamma\mathrm{d}F = \frac{zk\rho_0\mathrm{d}v}{(x^2 + y^2 + z^2)^{\frac{3}{2}}}$$

从而

$$F_z = k\rho_0\iiint_\Omega \frac{z\mathrm{d}v}{(x^2 + y^2 + z^2)^{\frac{3}{2}}}$$

$$= k\rho_0\iiint_\Omega \frac{r\cos\varphi}{r^3}r^2\sin\varphi\mathrm{d}r\mathrm{d}\theta\mathrm{d}\varphi = k\rho_0\iiint_\Omega \cos\varphi\sin\varphi\mathrm{d}r\mathrm{d}\theta\mathrm{d}\varphi$$

$$= k\rho_0\int_0^{2\pi}\mathrm{d}\theta\int_0^{\frac{\pi}{2}}\mathrm{d}\varphi\int_0^R \cos\varphi\sin\varphi\mathrm{d}r$$

$$= k\rho_0\{2\pi \cdot \frac{1}{2} \cdot R\} = k\rho_0\pi R$$

习题 9

1. 计算下列二重积分:

(1) $\iint_D (x^2 + y^2)\mathrm{d}\sigma$,其中 $D = \{(x,y) \mid |x| \leqslant 1, |y| \leqslant 1\}$;

(2) $\iint_D (3x + 2y)\mathrm{d}\sigma$,其中 D 是由两坐标轴及直线 $x + y = 2$ 所围成的闭区域;

(3) $\iint_D (x^3 + 3x^2 y + y^2)\mathrm{d}\sigma$,其中 $D = \{(x,y) \mid 0 \leqslant x \leqslant 1, 0 \leqslant y \leqslant 1\}$;

(4) $\iint\limits_{D} x\cos(x+y)\mathrm{d}\sigma$,其中 D 是顶点分别为 $(0,0)$,$(p,0)$,和 (p,p) 的三角形闭区域.

2. 画出积分区域,并计算下列二重积分:

(1) $\iint\limits_{D} x\sqrt{y}\,\mathrm{d}\sigma$,其中 D 是由两条抛物线 $y=\sqrt{x}$,$y=x^2$ 所围成的闭区域;

(2) $\iint\limits_{D} xy^2\mathrm{d}\sigma$,其中 D 是由圆周 $x^2+y^2=4$ 及 y 轴所围成的右半闭区域;

3. 改换下列二次积分的积分次序:

(1) $\int_0^1\mathrm{d}y\int_0^y f(x,y)\mathrm{d}x$ \qquad (2) $\int_0^2\mathrm{d}y\int_{y^2}^{2y} f(x,y)\mathrm{d}x$

(3) $\int_0^1\mathrm{d}y\int_{-\sqrt{1-y^2}}^{\sqrt{1-y^2}} f(x,y)\mathrm{d}x$ \qquad (4) $\int_1^2\mathrm{d}x\int_{2-x}^{\sqrt{2x-x^2}} f(x,y)\mathrm{d}y$

4. 计算 $\iiint\limits_{\Omega} xy^2z^3\mathrm{d}x\mathrm{d}y\mathrm{d}z$,其中 Ω 由曲面 $z=xy$,$y=x$,$x=1$,$z=0$ 所围的区域

5. 设有物体占有空间 $V:0\leqslant x\leqslant 1,0\leqslant y\leqslant 1,0\leqslant z\leqslant 1$,在点 (x,y,z) 的密度是 $\rho(x,y,z)=x+y+z$,求该物质量.

6. 计算 $\iiint\limits_{V}\dfrac{\mathrm{d}x\mathrm{d}y\mathrm{d}z}{(1+x+y+z)^3}$,$V$ 是平面 $x=0$,$y=0$,$z=0$,$x+y+z=1$ 所围成的四面体.

7. 计算 $\iiint\limits_{V} xyz\mathrm{d}x\mathrm{d}y\mathrm{d}z$,$V$ 是球面 $x^2+y^2+z^2=1$ 及坐标面所围成的第一卦限内的闭区域.

8. 计算 $\iiint\limits_{V} z\mathrm{d}x\mathrm{d}y\mathrm{d}z$,其中 V 是曲面 $z=\sqrt{2-x^2-y^2}$ 及 $z=x^2+y^2$ 所围成的闭区域.

9. 计算 $\iiint\limits_{V}(x^2+y^2)\mathrm{d}v$,其中 V 是 $x^2+y^2=2z$ 及平面 $z=2$ 所围成的闭区域.

10. 计算 $\iiint\limits_{V}(x^2+y^2+z^2)\mathrm{d}v$,其中 V 是球面 $x^2+y^2+z^2=1$ 所围成的闭区域.

11. 计算 $\iiint\limits_{V} z\mathrm{d}v$,$V$ 是由不等式 $x^2+y^2+(z-a)^2\leqslant a^2$,$x^2+y^2\leqslant z^2$ 所围成的闭区域.

12. 设地球半径为 R,求地球对球外一点 A 的引力.

第十章　　曲线积分与曲面积分

§10.1　　曲线积分

第一类曲线积分

定义 1　设函数 $f(P) = f(x,y,z)$ 是定义在以 A,B 为端点的空间光滑曲线 Γ 上的有界函数. 在 Γ 上任意插入一点列 $M_1, M_2, \cdots, M_{n-1}$ 把 Γ 分成 n 个小弧段. 设第 i 个小弧段的长度为 Δs_i. 又在第 i 段上任意取一点 $P_i(\xi_i, \eta_i, \zeta_i)$,作和 $\sum_{i=1}^{n} f(P_i)\Delta s_i$,如果当各小弧段长度的最大值 $\lambda \to 0$ 时,这和的极限总存在,且此极限与分法分点选取无关,则称此极限为函数 $f(P)$ 沿曲线 Γ 的第一类曲线积分,记作

$$\int_{\Gamma} f(P)\mathrm{d}s = \lim_{\lambda \to 0} \sum_{i=1}^{n} f(\xi_i, \eta_i, \zeta_i)\Delta s_i$$

如果曲线以参数形式写出,则据积分思想,不难写出求第一类曲线积分的公式

$$\int_{\Gamma} f(x,y,z)\mathrm{d}s = \int_{\alpha}^{\beta} f[x(t),y(t),z(t)]\sqrt{x'^2(t)+y'^2(t)+z'^2(t)}\,\mathrm{d}t$$

例 1　设 Γ 为螺旋线 $x = a\cos t, y = a\sin t, z = kt$ 上相应于 t 从 0 到 2π 的一段弧,弧上的密度为 $\rho(x,y,z) = x^2 + y^2 + z^2$,求这段弧的质量.

解　$m = \int_{\Gamma} \rho\mathrm{d}s = \int_{\Gamma}(x^2+y^2+z^2)\mathrm{d}s$

$= \int_0^{2\pi}\left[(a\cos t)^2+(a\sin t)^2+(kt)^2\right]\cdot\sqrt{(-a\sin t)^2+(a\cos t)^2+k^2}\,\mathrm{d}t$

$= \int_0^{2\pi}(a^2+k^2t^2)\sqrt{a^2+k^2}\,\mathrm{d}t = \sqrt{a^2+k^2}\left[a^2t+\dfrac{k^2}{3}t^3\right]_0^{2\pi}$

$= \dfrac{2\pi}{3}\sqrt{a^2+k^2}(3a^2+4\pi^2k^2)$

第二类曲线积分

引例　力场 $\vec{F}(x,y,z) = (P(x,y,z),Q(x,y,z),R(x,y,z))$ 沿曲线 L 从点 A 到点 B 所做的功. 用微元法,在点 (x,y,z) 处有位移微元 $\overrightarrow{\mathrm{d}s} = i\mathrm{d}x+j\mathrm{d}y+k\mathrm{d}z$ 因此功的微元 $\mathrm{d}W = \vec{F}\cdot\overrightarrow{\mathrm{d}s}$,得

$$W = \int_{\widehat{AB}}\vec{F}\cdot\overrightarrow{\mathrm{d}s} = \int_{\widehat{AB}}P(x,y,z)\mathrm{d}x+Q(x,y,z)\mathrm{d}y+R(x,y,z)\mathrm{d}z$$

第二型曲线积分的定义

定义 2 设 $P(x,y,z),Q(x,y,z),R(x,y,z)$ 定义在光滑或逐段光滑曲线 L 上,将 L 沿确定方向从起点 A 开始用分点 $A_i(x_i,y_i,z_i)$ 分成 n 个有向弧段 $\overparen{A_iA_{i+1}}$. 记 $\Delta x_i = x_{i+1} - x_i$,在每一弧段 $\overparen{A_iA_{i+1}}$ 上任取一点 (ξ_i,η_i,ζ_i),作和式

$$\sigma = \sum_{i=1}^{n}(P(\xi_i,\eta_i,\zeta_i)\Delta x_i + Q(\xi_i,\eta_i,\zeta_i)\Delta y_i + R(\xi_i,\eta_i,\zeta_i)\Delta z_i)$$

记 $\lambda = \max_i\{|A_iA_{i+1}|\}$,若当 $\lambda \to 0$ 时,和 σ 有极限 I,且极限与 L 的分法、与点 (ξ_i,η_i,ζ_i) 的选择无关,则称 I 为向量值函数

$$\vec{f}(x,y,z) = (P(x,y,z),Q(x,y,z),R(x,y,z))$$

沿有向曲线 L 的第二类曲线积分,记为

$$I = \int_L P(x,y,z)\mathrm{d}x + Q(x,y,z)\mathrm{d}y + R(x,y,z)\mathrm{d}z$$

注 第二类曲线积分是与沿曲线的方向有关的.这是第二类曲线积分的一个很重要性质,也是它区别于第一类曲线积分的一个特征.

两类曲线积分之间的关系

设 $L = \overparen{AB}$ 为空间一条逐段光滑有定向的曲线,$\vec{f}(x,y,z) = (P(x,y,z),Q(x,y,z),R(x,y,z))$ 在 L 上连续,又设 $\cos\alpha,\cos\beta,\cos\gamma$ 为点 (x,y,z) 处从 A 到 B 方向的切线的方向余弦.因为

$$\vec{\mathrm{d}s} = (\cos\alpha,\cos\beta,\cos\gamma)\mathrm{d}s = (\mathrm{d}x,\mathrm{d}y,\mathrm{d}z)$$

所以

$$\int_{\overparen{AB}} P(x,y,z)\mathrm{d}x + Q(x,y,z)\mathrm{d}y + R(x,y,z)\mathrm{d}z$$

$$= \int_{\overparen{AB}} [P(x,y,z)\cos\alpha + Q(x,y,z)\cos\beta + R(x,y,z)\cos\gamma]\mathrm{d}s$$

上述等式表面第二型曲线积分有第一型曲线积分的表达形式,不过一般地不用这个公式来计算.

第二类曲线积分的计算

设光滑曲线 $\overparen{AB}$ 自身不相交,其参数方程为:

$$x = x(t),\quad y = y(t),\quad z = z(t)\quad (t_0 \leqslant t \leqslant T)$$

当参数 t 从 t_0 单调地增加到 T_0 时,曲线从点 A 按一定方向连续地变到点 B,则

$$\int_L P(x,y,z)\mathrm{d}x + Q(x,y,z)\mathrm{d}y + R(x,y,z)\mathrm{d}z$$

$$= \int_{t_0}^{T_0} \{P[x(t),y(t),z(t)]x'(t) + Q[x(t),y(t),z(t)]y'(t)$$

$$+ R[x(t),y(t),z(t)]z'(t)\}\mathrm{d}t$$

例 2 计算曲线积分

$$I = \oint_L (z-y)\mathrm{d}x + (x-z)\mathrm{d}y + (x-y)\mathrm{d}z$$

其中 L 是曲线 $\begin{cases} x^2 + y^2 = 1 \\ x - y + z = 2 \end{cases}$,从 Z 轴正向往负向看 L 的方向是顺时针方向.

解 曲线 L 是圆柱面 $x^2 + y^2 = 1$ 和平面 $x - y + z = 2$ 的交线,是一个椭圆周,它的参

数方程可取 $x=\cos\theta,y=\sin\theta,z=2-x+y=2-\cos\theta+\sin\theta$,根据题意规定 L 的定向,则 θ 从 2π 变到 0,于是

$$I=\int_{2\pi}^{0}\left[(2-\cos\theta)(-\sin\theta)+(-2+2\cos\theta-\sin\theta)\cos\theta+(\cos\theta-\sin\theta)(\sin\theta+\cos\theta)\right]\mathrm{d}\theta$$

$$=-\int_{2\pi}^{0}\left[2(\sin\theta+\cos\theta)-2\cos2\theta-1\right]\mathrm{d}\theta=-2\pi$$

例3 设在空间中一质点受力作用,力的方向指向原点,大小与质点到平面 Oxy 的距离成反比(比例系数为 k).若质点沿直线从点 $M(a,b,c)$ 移动到点 $N(2a,2b,2c)(c>0)$,求力所做的功.

解 由题意知:$\vec{F}=-\dfrac{k}{z}\vec{r},\vec{r}=\dfrac{(x,y,z)}{\sqrt{x^2+y^2+z^2}}$

直线 MN 的参数方程是:$\begin{cases}x=a(1+t),\\ y=b(1+t),0\leqslant t\leqslant1,\\ z=c(1+t),\end{cases}$ 因此力所作的功是

$$W=\int_{MN}\vec{F}\cdot\vec{\mathrm{d}s}=-k\int_{MN}\frac{x\mathrm{d}x+y\mathrm{d}y+z\mathrm{d}z}{z\ \sqrt{x^2+y^2+z^2}}$$

$$=-\frac{k\ \sqrt{a^2+b^2+c^2}}{c}\int_0^1\frac{\mathrm{d}t}{1+t}=-\frac{k\ \sqrt{a^2+b^2+c^2}}{c}\ln2$$

例4 试解释在地球重力场下,物体运动时重力对物体所做的功与物体离地心距离有关,而与所走的路径无关.

解 以地心为坐标原点建立直角坐标系,物体的位置用向量 $\vec{r}$ 表示,从从点 $A(\vec{r_1})$ 运动到点 $B(\vec{r_2})$,物体所受重力为 $-G\dfrac{Mm}{r^3}\vec{r}$,在位移微元 $\mathrm{d}\vec{r}$ 下重力做功微元

$$\mathrm{d}w=-G\frac{Mm}{r^3}\vec{r}\cdot\mathrm{d}\vec{r}=-\frac{1}{2}G\frac{Mm}{r^3}\mathrm{d}(\vec{r}\cdot\vec{r})=-G\frac{Mm}{r^2}\mathrm{d}r$$

因此

$$w=\int_{AB}\mathrm{d}w=\int_{r_1}^{r_2}-G\frac{Mm}{r^2}\mathrm{d}r=GMm\left(\frac{1}{r_2}-\frac{1}{r_1}\right)$$

上式说明重力做功与路径无关.特别地,当物体非常接近地面时,

$$w=GMm\left(\frac{1}{r_2}-\frac{1}{r_1}\right)=G\frac{Mm}{r_1r_2}(r_1-r_2)\simeq-G\frac{Mm}{R^2}h=-mgh$$

其中 $h=r_2-r_1$.

格林公式

关于平面区域上的二重积分和它的边界曲线上的曲线之间的关系有一个十分重要的定理,它的结论就是格林公式.设 xy 平面上有界闭区域 D 的边界由一条或几条光滑曲线围成,边界曲线 L 的正向规定为它的左侧是区域 D.若与上述方向相反,称为负方向,记为 $-L$.

定理1 设 xy 平面上有界闭区域 D 的边界曲线为 L,当沿 L 正定向移动时区域 D 在 L 的左边,函数 $P(x,y),Q(x,y)$ 在 D 上有连续的一阶偏导数,则

$$\iint\limits_{D}(\frac{\partial Q}{\partial x}-\frac{\partial P}{\partial y})\mathrm{d}x\mathrm{d}y=\oint_L P\mathrm{d}x+Q\mathrm{d}y$$

定理1的证明留给有兴趣的同学.从例4,我们可以看到某些曲线积分与路径无关.现在

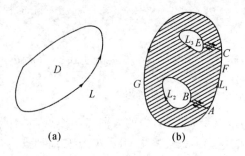

图 10-1

我们利用格林公式进一步考察平面上曲线积分与路径无关的几个等价条件.

定理2 设 $P(x,y), Q(x,y)$ 在单连通区域 D 内有一阶连续偏导数,则下面四条件彼此等价

1) 对 D 内任意曲线 L,$\int_L P(x,,y)\mathrm{d}x + Q(x,y)\mathrm{d}x$ 与路径无关;

2) D 内任意逐段光滑闭曲线 C,都有 $\oint_C P(x,y)\mathrm{d}x + Q(x,y)\mathrm{d}y = 0$;

3) $P(x,y)\mathrm{d}x + Q(x,y)\mathrm{d}y = \mathrm{d}u(x,y)$ 成立;

4) D 内处处有 $\dfrac{\partial Q}{\partial x} = \dfrac{\partial P}{\partial y}$.

例 5 求 $I = \int_L (e^x \sin y - b(x+y))\mathrm{d}x + (e^x \cos y - ax)\mathrm{d}y$,其中 a, b 为正的常数,L 为从点 $(2a,0)$ 沿曲线 $y = \sqrt{2ax - x^2}$ 到点 $(0,0)$ 的弧.

解 用格林公式,但 L 不是封闭曲线,故补上一段 L_1,它为从 $(0,0)$ 沿 $y=0$ 到 $(2a,0)$ 的有向直线.这样 $L \cup L_1$ 构成封闭曲线,为逆时针方向.

令 $P = e^x \sin y - b(x+y), Q = e^x \cos y - ax$,于是

$$I = \int_{L \cup L_1} P\mathrm{d}x + Q\mathrm{d}y - \int_{L_1} P\mathrm{d}x + Q\mathrm{d}y = I_1 - I_2$$

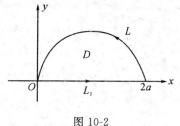

图 10-2

根据格林公式

$$I_1 = \int_{L \cup L_1} P\mathrm{d}x + Q\mathrm{d}y = \iint_D \left(\frac{\partial Q}{\partial x} - \frac{\partial P}{\partial y}\right)\mathrm{d}x\mathrm{d}y$$

$$= \iint_D (b-a)\mathrm{d}x\mathrm{d}y = \frac{\pi}{2}a^2(b-a)$$

另外,在 L_1 上,$y = 0, \mathrm{d}y = 0$,故 $I_2 = \int_{L_1} P\mathrm{d}x + Q\mathrm{d}y = \int_0^{2a} (-bx)\mathrm{d}x = -2a^2 b$,

于是

$$I = I_1 - I_2 = \left(\frac{\pi}{2} + 2\right)a^2 b - \frac{\pi}{2}a^3$$

例 6 计算积分 $\oint_L \dfrac{x\mathrm{d}y - y\mathrm{d}x}{4x^2 + y^2}$,其中 L 是以 $(1,0)$ 为圆心,$R > 1$ 为半径的圆周,取逆时针方向.

解 令 $P = \dfrac{-y}{4x^2 + y^2}$，$Q = \dfrac{x}{4x^2 + y^2}$. 当 $(x, y) \neq (0, 0)$ 时，$\dfrac{\partial Q}{\partial x} = \dfrac{\partial P}{\partial y}$. 因此，不能在 L 的

内部区域用格林公式

设法用曲线 C 在 L 的内部又包含原点在 C 的内部，这样在 C 与 L 围成的二连通区域内可以用格林公式. 取曲线 C：

$$\begin{cases} x = \dfrac{\delta}{2}\cos\theta \\ y = \delta\sin\theta \end{cases} \quad \delta < (R-1)$$

其中 θ 从 2π 到 0 为顺时针方向，令 C 与 L 围成区域为 D（二连通区域），根据格林公式

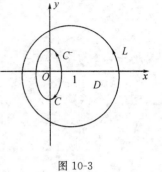

图 10-3

$$0 = \iint\limits_{D}\left(\frac{\partial Q}{\partial x} - \frac{\partial P}{\partial y}\right)dxdy = \int_{L} Pdx + Qdy + \int_{C} Pdx + Qdy,$$

于是

$$I = \int_{L} Pdx + Qdy = -\int_{C} Pdx + Qdy = \int_{C^-} Pdx + Qdy$$

用 C 的参数公式代入后，得

$$I = \int_0^{2\pi} \frac{\delta^2}{2}\Big/\delta^2\, d\theta = \pi$$

§10.2 曲面积分

第一型曲面积分

物质曲面 S 上点 $P(x, y, z)$ 的面密度为 $\rho(x, y, z)$，可以用微元法求出曲面 S 的质量.

定义 1 设 S 是三维空间中光滑或逐片光滑的曲面块，函数 $f(x, y, z)$ 在曲面 S 上有定义，用曲面 S 上的曲线网将曲面 S 分成 n 个小曲面块：$S_1, S_2, \cdots, S_n$，用 $\Delta\sigma_k$ 表示第 k 个小曲面块的面积 $(k = 1, 2, \cdots, n)$，在第 k 个小曲面块 S_k 上任取一点 $P_k(\xi_k, \eta_k, \zeta_k)$，作和 $\sum\limits_{k=1}^{n} f(P_k)\Delta\sigma_k$. 令 $\lambda = \max\{d(S_1), d(S_2), \cdots, d(S_n)\}$. 若 $\lambda \to 0$ 时，和 $\sum\limits_{k=1}^{n} f(\xi_k, \eta_k, \zeta_k)\Delta\sigma_k$ 存在极限 L，且与分法以及 $P_k(\xi_k, \eta_k, \zeta_k)(k = 1, 2, \cdots, n)$ 的取法无关，则称 L 是函数 $f(x, y, z)$ 在曲面 S 上的第一型曲面积分. 记为 $\iint\limits_{S} f(x, y, z)d\sigma$，即

$$\iint\limits_{S} f(x, y, z)d\sigma = \lim_{\lambda \to 0} \sum_{k=1}^{n} f(\xi_k, \eta_k, \zeta_k)\Delta\sigma_k = L$$

其中 $d\sigma$ 是曲面 S 的面积微元.

第一型曲面积分的计算

我们希望上述的面积分是可计算的，并用以往熟知的二重积分表示出来，微分思想与代数知识在这里仍然是有力的工具. 若曲面 S 有显式表达式 $z = f(x, y)$，$(x, y) \in D$，其中 D 是有界闭区域. 那么我们首先将 xoy 平面上的 D 用平行于坐标轴 x, y 的平行网线将 D 分割，将这些平行线沿 z 轴竖起，则在曲面 S 上形成网线，将曲面分割. 那么关键要求出 D 上的面

积微元 $dxdy$ 所对应的曲面 S 上的面积微元 $d\sigma$. 我们知道,在微分的思想里,$d\sigma$ 所在的就是一片"微平面",它往 xoy 平面上的投影就是 $dxdy$. 由基本的几何知识知道,它们之间相差一个余弦. 曲面上点 (x,y,z) 所在的单位法向量是

$$\frac{(-z'_x,-z'_y,1)}{\sqrt{1+z'^2_x+z'^2_y}}$$

因此 $d\sigma=\sqrt{1+z'^2_x+z'^2_y}dxdy$,所以

$$\iint\limits_{S}f(x,y,z)d\sigma=\iint\limits_{D}f[x,y,z(x,y)]\sqrt{1+z'^2_x+z'^2_y}dxdy$$

这样,第一型曲面积分实质上可以用二重积分来计算.

若曲面 S 以参数形式表示,$x=x(u,v),y=y(u,v),z=z(u,v),(u,v)\in D$. 我们要给出 $f(x,y,z)$ 在 S 上的第一型曲面积分的参数表示. 以下只列出思路,详细过程由读者自己完成. 我们要将积分变量由 x,y 转换成 u,v. 将 $x=x(u,v),y=y(u,v),z=z(u,v)$ 微分后,可将关于 x,y 的函数 $\sqrt{1+z'^2_x+z'^2_y}$ 转换成 u,v 的函数,而 $dxdy=|J|dudv$,其中 J 是雅可比行列式,亦是关于 u,v 的函数. 这样,代入即得公式

$$\iint\limits_{S}f(x,y,z)d\sigma=\iint\limits_{D}f[x(u,v),y(u,v),z(u,v)]\sqrt{EG-F^2}dudv$$

其中 $E=x'^2_u+y'^2_u+z'^2_u,F=x'_ux'_v+y'_uy'_v+z'_uz'_v,G=x'^2_v+y'^2_v+z'^2_v$.

以上思路可以看出笛卡尔在创建坐标系中所蕴涵的思想,将直观的几何转化为纯粹理性的代数运算. 无怪乎牛顿感叹自己无非是站在巨人的肩膀上而已,当然牛顿的谦卑丝毫不影响他的伟大.

第二型曲面积分

如同第二类曲线积分要规定曲线的方向,第二类曲面积分也要规定曲面的法线方向. 但此处我们遇到曲面是否可定向的问题.

设 M_0 为 S 上任一点,L 为 S 上任一经过点 M_0,且不超出 S 边界的闭曲线. 又设 M 为动点,在 M_0 处与 M_0 有相同的法线方向. 若当 M 从 M_0 出发沿 L 连续变动,回到 M_0 时,如果 M 的法线方向与 M_0 的一致,则称 S 是**双侧曲面**,或**可定向曲面**;否则为**单侧曲面**. 如牟比乌斯带就是一单侧曲面.

对于双侧曲面,曲面可分上下侧,左右侧,前后侧. 设法向量为 $\vec{n}=\pm(\cos\alpha,\cos\beta,\cos\gamma)$,则上侧法线方向对应第三个分量大于 0,即选"+"号时,应有法线方向与 Z 轴正向成锐角. 类似确定其余各侧的法线方向,闭合曲面分内侧和外侧.

定义 2 设 P,Q,R 是定义在双侧曲面 S 上的函数,在 S 所指定的一侧作分割 T,它 S 把分为 n 个小曲面,分割的细度 $\lambda=\max\limits_{1\leqslant i\leqslant n}\{|S_i|\}$,以 $\Delta S_{i_{yz}},\Delta S_{i_{zx}},\Delta S_{i_{xy}}$ 分别表示 S_i 在三个坐标面上的投影区域的面积,它们的符号由 S_i 的方向决定. 如 S_i 的法线正向与 z 轴正向成锐角,S_i 在 xy 平面的投影区域的面积 $\Delta S_{i_{xy}}$ 为正. 反之,S_i 的法线正向与 z 轴正向成钝角,它在 xy 平面的投影区域的面积 $\Delta S_{i_{xy}}$ 为负. 在各个小曲面上任取一点 (ξ_i,η_i,ζ_i),若

$$\lim\limits_{\lambda\to0}\sum_{i=1}^{n}P(\xi_i,\eta_i,\zeta_i)\Delta S_{i_{yz}}+\lim\limits_{\lambda\to0}\sum_{i=1}^{n}Q(\xi_i,\eta_i,\zeta_i)\Delta S_{i_{zx}}+\lim\limits_{\lambda\to0}\sum_{i=1}^{n}R(\xi_i,\eta_i,\zeta_i)\Delta S_{i_{xy}}\ 存在,$$

且与曲面 S 的分割和 (ξ_i,η_i,ζ_i) 在 S_i 上的取法无关,则称此极限为函数 P,Q,R 在曲面 S 所指定的一侧上的第二型曲面积分,记作

$$\iint_S P(x,y,z)\mathrm{d}y\mathrm{d}z + Q(x,y,z)\mathrm{d}z\mathrm{d}x + R(x,y,z)\mathrm{d}x\mathrm{d}y$$

或

$$\iint_S P(x,y,z)\mathrm{d}y\mathrm{d}z + \iint_S Q(x,y,z)\mathrm{d}z\mathrm{d}x + \iint_S R(x,y,z)\mathrm{d}x\mathrm{d}y$$

据此定义,可以计算流体经曲面的流量,如流体速度场 $\vec{A}(P)=(A_x(P),A_y(P),A_z(P))$,则通过曲面 S 的流量为

$$Q = \iint_S A_x(x,y,z)\mathrm{d}y\mathrm{d}z + \iint_S A_y(x,y,z)\mathrm{d}z\mathrm{d}x + \iint_S A_z(x,y,z)\mathrm{d}x\mathrm{d}y$$

第二型曲面积分的性质与记号

(1) 若 $\iint_S P_i(x,y,z)\mathrm{d}y\mathrm{d}z + Q_i(x,y,z)\mathrm{d}z\mathrm{d}x + R_i(x,y,z)\mathrm{d}x\mathrm{d}y(i=1,2,\cdots k)$ 存在,则

$$\iint_S (\sum_{i=1}^k c_i P_i(x,y,z))\mathrm{d}y\mathrm{d}z + (\sum_{i=1}^k c_i Q_i(x,y,z))\mathrm{d}z\mathrm{d}x + (\sum_{i=1}^k c_i R_i(x,y,z))\mathrm{d}x\mathrm{d}y$$

$$= \sum_{i=1}^k c_i \iint_S P_i(x,y,z)\mathrm{d}y\mathrm{d}z + Q_i(x,y,z)\mathrm{d}z\mathrm{d}x + R_i(x,y,z)\mathrm{d}x\mathrm{d}y$$

其中 $c_i(i=1,2,\cdots k)$ 是常数.

(2) 若曲面 S 由两两无公共内点的曲面 $S_1,S_2,\cdots,S_k$ 所组成,且 $\iint_{S_i} P\mathrm{d}y\mathrm{d}z + Q\mathrm{d}z\mathrm{d}x + R\mathrm{d}x\mathrm{d}y$ 存在,则有

$$\iint_S P\mathrm{d}y\mathrm{d}z + Q\mathrm{d}z\mathrm{d}x + R\mathrm{d}x\mathrm{d}y = \sum_{i=1}^k \iint_{S_i} P\mathrm{d}y\mathrm{d}z + Q\mathrm{d}z\mathrm{d}x + R\mathrm{d}x\mathrm{d}y$$

(3) 第二型曲面积分与曲面的方向有关,设 S^{-1} 与 S 表示相同的曲面,但方向相反,则

$$\iint_S f(x,y,z)\mathrm{d}y\mathrm{d}z = -\iint_{S^{-1}} f(x,y,z)\mathrm{d}y\mathrm{d}z$$

(4) $\iint_S A_x(x,y,z)\mathrm{d}y\mathrm{d}z + \iint_S A_y(x,y,z)\mathrm{d}z\mathrm{d}x + \iint_S A_z(x,y,z)\mathrm{d}x\mathrm{d}y$ 通常简写为

$$\iint_S A_x(x,y,z)\mathrm{d}y\mathrm{d}z + A_y(x,y,z)\mathrm{d}z\mathrm{d}x + A_z(x,y,z)\mathrm{d}x\mathrm{d}y$$

(5) 第一型曲面积分和第二型曲面积分的关系:

$$\iint_S A_x(x,y,z)\mathrm{d}y\mathrm{d}z + A_y(x,y,z)\mathrm{d}z\mathrm{d}x + A_z(x,y,z)\mathrm{d}x\mathrm{d}y$$

$$= \iint_S [A_x(x,y,z)\cos\alpha + A_y(x,y,z)\cos\beta + A_z(x,y,z)\cos\gamma]\mathrm{d}S$$

其中 $\vec{n}=(\cos\alpha,\cos\beta,\cos\gamma)$ 是曲面 S 在点 $P(x,y,z)$ 的法线正方向.

(6) 当曲面 S 是闭曲面时,第二型曲面积分 $\iint_S f(x,y,z)\mathrm{d}y\mathrm{d}z$ 常记为 $\oiint_S f(x,y,z)\mathrm{d}y\mathrm{d}z$.

第二型曲面积分的计算

定理2 设有三维空间中光滑或逐片光滑的双侧曲面 $S:z=z(x,y),(x,y)\in D$,其中 D 是有界闭区域,函数 $f(x,y,z)$ 在曲面 S 上连续,则 $f(x,y,z)\mathrm{d}x\mathrm{d}y$ 在曲面 S 的第二型曲面积分存在,且

$$\iint\limits_S f(x,y,z)\mathrm{d}x\mathrm{d}y = \pm\iint\limits_D f(x,y,z(x,y))\mathrm{d}x\mathrm{d}y$$

其中符号"±"由曲面 S 的正侧外法线与 z 轴正向的夹角余弦的符号决定.若以 S 的上侧为正侧,则有

$$\iint\limits_S f(x,y,z)\mathrm{d}x\mathrm{d}y = \iint\limits_D f(x,y,z(x,y))\mathrm{d}x\mathrm{d}y$$

证 由第二型曲面积分和二重积分的定义即可证得.

类似地,对光滑曲面 $S:x=x(y,z),(y,z)\in D_{yz}$,在其前侧上的积分

$$\iint\limits_S P(x,y,z)\mathrm{d}y\mathrm{d}z = \iint\limits_{D_{yz}} P(x(y,z),y,z)\mathrm{d}y\mathrm{d}z$$

对光滑曲面 $S:y=y(x,z),(x,y)\in D_{zx}$ 在其右侧上的积分

$$\iint\limits_S Q(x,y,z)\mathrm{d}z\mathrm{d}x = \iint\limits_{D_{zx}} Q(x,y(z,x),z)\mathrm{d}z\mathrm{d}x$$

注 计算积分 $\iint\limits_S P(x,y,z)\mathrm{d}y\mathrm{d}z + Q(x,y,z)\mathrm{d}z\mathrm{d}x + R(x,y,z)\mathrm{d}x\mathrm{d}y$ 时,通常分开来计算三个积分

$$\iint\limits_S P(x,y,z)\mathrm{d}y\mathrm{d}z, \iint\limits_S Q(x,y,z)\mathrm{d}z\mathrm{d}x, \iint\limits_S R(x,y,z)\mathrm{d}x\mathrm{d}y$$

为此,分别把曲面 S 投影到 YZ 平面,ZX 平面和 XY 平面上化为二重积分进行计算.投影域的侧由曲面 S 的方向决定.

例1 计算积分 $\iint\limits_S xyz\mathrm{d}x\mathrm{d}y$,其中 S 是球面 $x^2+y^2+z^2=1$ 在 $x\geqslant 0,y\geqslant 0$ 部分,取球面外侧.

解 曲面 S 在第一、五卦限部分的方程分别为

$$S_1:z_1=\sqrt{1-x^2-y^2}, \quad S_2:z_2=-\sqrt{1-x^2-y^2}$$

它们在 xy 平面上的投影区域都是单位圆在第一象限的部分. 所以

$$\iint\limits_S xyz\mathrm{d}x\mathrm{d}y = \iint\limits_{S_1} xyz\mathrm{d}x\mathrm{d}y + \iint\limits_{S_2} xyz\mathrm{d}x\mathrm{d}y$$

$$= \iint\limits_{D_{xy}} xy\sqrt{1-x^2-y^2}\mathrm{d}x\mathrm{d}y - \iint\limits_{D_{xy}} xy(-\sqrt{1-x^2-y^2})\mathrm{d}x\mathrm{d}y = 2\iint\limits_{D_{xy}} xy\sqrt{1-x^2-y^2}\mathrm{d}x\mathrm{d}y$$

$$= 2\int_0^{\frac{\pi}{2}}\mathrm{d}\theta\int_0^1 r^3\cos\theta\sin\theta\sqrt{1-r^2}\,\mathrm{d}r = \frac{2}{15}$$

§10.3　高斯公式及其应用

定理1(高斯公式)　设 Ω 是由分块光滑曲面 S 围成的单连通有界闭区域,曲面的方向取外侧,函数 P,Q,R 在 Ω 上有连续的一阶偏导数,则

$$\iiint\limits_{\Omega}\left(\frac{\partial P}{\partial x}+\frac{\partial Q}{\partial y}+\frac{\partial R}{\partial z}\right)\mathrm{d}v=\iint\limits_{S}P\mathrm{d}y\mathrm{d}z+Q\mathrm{d}z\mathrm{d}x+R\mathrm{d}x\mathrm{d}y$$

$$=\iint\limits_{S}[P\cos\alpha+Q\cos\beta+R\cos\gamma]\mathrm{d}S$$

其中 $\cos\alpha,\cos\beta,\cos\gamma$ 为 S 在点 (x,y,z) 处的法向量的方向余弦.

例1　设流体流速为 $\boldsymbol{A}=(2x+3z)\boldsymbol{i}-(xz+y)\boldsymbol{j}+(y^2+2z)\boldsymbol{k}$,求流经 Σ 的流量,其中 Σ 是以点 $(3,-1,2)$ 为球心的单位球面,流向外侧.

解　由题意,$P=2x+3z$,　$Q=-(xz+y)$,　$R=y^2+2z$,

$$\Phi=\oiint\limits_{\Sigma}P\mathrm{d}y\mathrm{d}z+Q\mathrm{d}z\mathrm{d}x+R\mathrm{d}x\mathrm{d}y$$

$$=\iiint\limits_{\Omega}(\frac{\partial P}{\partial x}+\frac{\partial Q}{\partial y}+\frac{\partial R}{\partial z})\mathrm{d}v=\iiint\limits_{\Omega}(2-1+2)\mathrm{d}v=\iiint\limits_{\Omega}3\mathrm{d}v=4\pi$$

例2　利用高斯公式推证阿基米德原理:浸没在液体中所受液体的浮力方向铅直向上,大小等于这物体所排开的液体的重力.

证明　取液面为 xOy 面,z 轴沿铅直向下,设液体的密度为 ρ,在物体表面 Σ 上取元素 $\mathrm{d}S$ 上一点,并设 Σ 在点 (x,y,z) 处的外法线的方向余弦为 $\cos\alpha,\cos\beta,\cos\gamma$,则 $\mathrm{d}S$ 所受液体的压力在坐标轴 x,y,z 上的分量分别为

$$-\rho z\cos\alpha\mathrm{d}S,\ -\rho z\cos\beta\mathrm{d}S,\ -\rho z\cos\gamma\mathrm{d}S$$

Σ 所受的压力利用高斯公式进行计算得

$$F_x=\oiint\limits_{\Sigma}-\rho z\cos\alpha\mathrm{d}S=\iiint\limits_{\Omega}0\mathrm{d}v=0$$

$$F_y=\oiint\limits_{\Sigma}-\rho z\cos\beta\mathrm{d}S=\iiint\limits_{\Omega}0\mathrm{d}v=0$$

$$F_z=\oiint\limits_{\Sigma}-\rho z\cos\gamma\mathrm{d}S=\iiint\limits_{\Omega}-\rho\mathrm{d}v\mathrm{d}v=-\rho\iiint\limits_{\Omega}\mathrm{d}v=-\rho\,|\,\Omega\,|$$

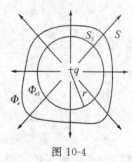

图 10-4

其中 $|\Omega|$ 为物体的体积.因此在液体中的物体所受液体的压力的合力,其方向铅直向上,大小等于这物体所排开的液体所受的重力,即阿基米德原理得证.

例3　**电场强度通量**　设 q 为正点电荷,则在离点电荷 r 处,电场强度为

$$\vec{E}=\frac{q}{4\pi\varepsilon_0 r^2}\vec{e}_r$$

其中 $\vec{e}_r$ 为径向单位向量,通过任意包含点电荷的闭合曲面 S 的电场强度通量为:

$$\Phi_e=\oiint\limits_{S}\vec{E}\cdot\mathrm{d}\vec{S}=\oint\limits_{S}\frac{q}{4\pi\varepsilon_0 r^2}\cdot\mathrm{d}\vec{S}\cdot\vec{e}_r$$

$$= \frac{q}{4\pi\varepsilon_0} \oint_s \frac{1}{r^2} \left(\frac{x}{r}, \frac{y}{r}, \frac{z}{r}\right) \cdot (\cos\alpha, \cos\beta, \cos\gamma) \mathrm{d}S$$

$$= \frac{q}{4\pi\varepsilon_0} \oint_s \frac{x}{r^3}\cos\alpha \mathrm{d}S + \frac{y}{r^3}\cos\beta \mathrm{d}S + \frac{z}{r^3}\cos\gamma \mathrm{d}S$$

设 S_1 为包含 q 且包含于 S 的球面,方向也取外侧,则据高斯定理,

$$\oint_{S-S_1} \frac{x}{r^3}\cos\alpha \mathrm{d}S + \frac{y}{r^3}\cos\beta \mathrm{d}S + \frac{z}{r^3}\cos\gamma \mathrm{d}S = \iiint_{\Omega} \left(\frac{\partial}{\partial x}\left(\frac{x}{r^3}\right) + \frac{\partial}{\partial y}\left(\frac{y}{r^3}\right)\right) + \frac{\partial}{\partial z}\left(\frac{z}{r^3}\right)\right) \mathrm{d}v$$

因为

$$\frac{\partial}{\partial x}\left(\frac{x}{r^3}\right) = \frac{r^2 - 3x^2}{r^5}, \frac{\partial}{\partial x}\left(\frac{y}{r^3}\right) = \frac{r^2 - 3y^2}{r^5}, \frac{\partial}{\partial x}\left(\frac{z}{r^3}\right) = \frac{r^2 - 3z^2}{r^5}$$

所以,

$$\oint_{S-S_1} \frac{x}{r^3}\cos\alpha \mathrm{d}S + \frac{y}{r^3}\cos\beta \mathrm{d}S + \frac{z}{r^3}\cos\gamma \mathrm{d}S = 0$$

即

$$\oint_S \frac{x}{r^3}\cos\alpha \mathrm{d}S + \frac{y}{r^3}\cos\beta \mathrm{d}S + \frac{z}{r^3}\cos\gamma \mathrm{d}S = \oint_{S_1} \frac{x}{r^3}\cos\alpha \mathrm{d}S + \frac{y}{r^3}\cos\beta \mathrm{d}S + \frac{z}{r^3}\cos\gamma \mathrm{d}S$$

也即

$$\Phi_e = \oint_S \vec{E} \cdot \mathrm{d}\vec{S} = \oint_{S_1} \vec{E} \cdot \mathrm{d}\vec{S} = \oint \frac{q}{4\pi\varepsilon_0 r^2} \mathrm{d}S = \frac{q}{\varepsilon_0}$$

在点电荷 $q_1, q_2, q_3, \cdots q_n$ 电场中,据叠加原理,任一点场强为

$$\vec{E} = \vec{E}_1 + \vec{E}_2 + \vec{E}_3 + \cdots + \vec{E}_n$$

通过某一闭合曲面电场强度通量为:

$$\Phi_e = \oint_s \vec{E} \cdot \mathrm{d}\vec{S} = \oint_s (\vec{E}_1 + \vec{E}_2 + \vec{E}_3 + \cdots + \vec{E}_n) \cdot \mathrm{d}\vec{S}$$

$$= \oint_s \vec{E}_1 \cdot \mathrm{d}\vec{S} + \oint_s \vec{E}_2 \cdot \mathrm{d}\vec{S} + \oint_s \vec{E}_3 \cdot \mathrm{d}\vec{S} + \cdots + \oint_s \vec{E}_n \cdot \mathrm{d}\vec{S} = \frac{1}{\varepsilon_0} \sum_S q$$

即 $\Phi_e = \oint_s \vec{E} \cdot \mathrm{d}\vec{S} = \frac{1}{\varepsilon_0} \sum_S q$. 这个公式也称为静电场高斯公式.

例 4　无限长均匀带电圆柱面,半径为 R,电荷面密度为 $\sigma > 0$,求柱面内外任一点场强.

解　由题意知,柱面产生的电场具有轴对称性,场强方向由柱面轴线向外辐射,并且任意以柱面轴线为轴的圆柱面上各点 $\vec{E}$ 值相等.

1) 带电圆柱面内任一点场强. 以 OO' 为轴,过 P_1 点做以 r_1 为半径高为 h 的圆柱高斯面,上底为 S_1,下底为 S_2,侧面为 S_3,据高斯公式,

$$\oint_s \vec{E} \cdot \mathrm{d}\vec{S} = \int_{s_1} \vec{E} \cdot \mathrm{d}\vec{S} + \int_{s_2} \vec{E} \cdot \mathrm{d}\vec{S} + \int_{s_3} \vec{E} \cdot \mathrm{d}\vec{S} = \frac{1}{\varepsilon_0} \sum_S q$$

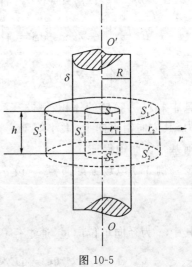

图 10-5

显见上式前二项积分为零,故

$$\oint_s \vec{E} \cdot \mathrm{d}\vec{S} = \int_{s_3} E\mathrm{d}S = E\int_{s_3} \mathrm{d}S = E \cdot 2\pi r_1 h = \frac{1}{\varepsilon_0}\sum_S q = 0$$

所以 $E = 0$.

2) 带电柱面外任一点场强.

以 OO' 为轴,过 P_2 点做半径为 r_2 高为 h 的圆柱形高斯面,上底、下底及侧面如图,由高斯公式,类似于 1) 讨论,我们有

$$E \cdot 2\pi r_2 h = \frac{1}{\varepsilon_0} \cdot \sigma 2\pi Rh$$

因此 $E = \dfrac{\sigma \cdot 2\pi R}{2\pi\varepsilon_0 r_2}$,若记 λ 为单位长柱面的电荷 $\sigma \cdot 2\pi R$,则 $E = \dfrac{\lambda}{2\pi\varepsilon_0 r_2}$.

定理 5(斯托克斯公式)　设 L 是逐段光滑有向闭曲线,S 是以 L 为边界的分块光滑有向曲面,L 的正向与 S 的侧(取法向量的指向)符合右手法则,函数 $P(x,y,z)$,$Q(x,y,z)$,$R(x,y,z)$ 在包含 S 的一个空间区域内有连续的一阶偏导数,则有

$$\oint_L P\mathrm{d}x + Q\mathrm{d}y + R\mathrm{d}z = \iint_S \begin{vmatrix} \mathrm{d}y\mathrm{d}z & \mathrm{d}z\mathrm{d}x & \mathrm{d}x\mathrm{d}y \\ \dfrac{\partial}{\partial x} & \dfrac{\partial}{\partial y} & \dfrac{\partial}{\partial z} \\ P & Q & R \end{vmatrix}$$

$$= \iint_S \left(\frac{\partial R}{\partial y} - \frac{\partial Q}{\partial z}\right)\mathrm{d}y\mathrm{d}z + \left(\frac{\partial P}{\partial z} - \frac{\partial R}{\partial x}\right)\mathrm{d}z\mathrm{d}x + \left(\frac{\partial Q}{\partial x} - \frac{\partial P}{\partial y}\right)\mathrm{d}x\mathrm{d}y$$

也可用第一类曲面积分

$$\oint_L P\mathrm{d}x + Q\mathrm{d}y + R\mathrm{d}z = \iint_S \begin{vmatrix} \cos\alpha & \cos\beta & \cos\gamma \\ \dfrac{\partial}{\partial x} & \dfrac{\partial}{\partial y} & \dfrac{\partial}{\partial z} \\ P & Q & R \end{vmatrix}\mathrm{d}S$$

散度和旋度

设 $\vec{F} = (P(x,y,z), Q(x,y,z), R(x,y,z))$,则

$$\mathrm{div}\vec{F} = \frac{\partial P}{\partial x} + \frac{\partial Q}{\partial y} + \frac{\partial R}{\partial z}$$

称为 $\vec{F}$ 的**散度**.

利用散度高斯公式可写成

$$\iiint_\Omega \mathrm{div}\vec{F}\mathrm{d}v = \iint_S \vec{F} \cdot \vec{n_0}\mathrm{d}S$$

其中 $\vec{n_0} = (\cos\alpha, \cos\beta, \cos\gamma)$ 为外侧单位法向量.

称 $\mathrm{rot}\vec{F} = \begin{vmatrix} \vec{i} & \vec{j} & \vec{k} \\ \dfrac{\partial}{\partial x} & \dfrac{\partial}{\partial y} & \dfrac{\partial}{\partial z} \\ P & Q & R \end{vmatrix} = \left(\dfrac{\partial R}{\partial y} - \dfrac{\partial Q}{\partial z}\right)\vec{i} + \left(\dfrac{\partial P}{\partial z} - \dfrac{\partial R}{\partial x}\right)\vec{j} + \left(\dfrac{\partial Q}{\partial x} - \dfrac{\partial P}{\partial y}\right)\vec{k}$

为 $\vec{F}$ 的**旋度**.

斯托克斯公式可写成

$$\oint_L \vec{F} \cdot d\vec{r} = \iint_S (rot\vec{F}) \cdot \vec{n_0}\, dS$$

其中 $d\vec{r} = (dx, dy, dz)$，$\vec{n_0} = (\cos\alpha, \cos\beta, \cos\gamma)$.

习题 10

1. 求向径 $\vec{r}$ 穿过曲面 $z = 1 - \sqrt{x^2 + y^2}\,(0 \leqslant z \leqslant 1)$ 的流量.

2. 一均匀带电球面，半径为 R，电荷为 $+q$，求球面内外任一点场强.

3. 设无限大均匀带电平面，电荷面密度为 $+\sigma$，求平面外任一点场强.

第三篇　线性规划

线性规划的雏形最早出现在 1823 年傅里叶的工作中,后来一些著名的学者,如里昂惕夫($W.\ Leontief$)在 1933 年,冯诺依曼($von\ Neumann$)在 1928、1937 年都有过相关工作. 不过完整的模型、理论和算法是丹齐格($G.\ B.\ Dantzig$)为解决二次大战中的后勤供应问题而产生的,如同 1983 年美国科学、工程和公共事务政策委员会所写的一段关于线性规划的影响与贡献:线性规划是为解决二次大战中的后勤供应问题而产生的,单纯形方法的提出及其在初期成功的应用,使得能用线性规划解决的问题的类型先是缓慢地,但接着就是急速地增加.线性规划成为几乎所有的商业活动、工业生产和军事行动的一部分. 由于在设计和操作过程中应用了线性规划,已经节约了亿万美元.

线性规划是运筹学中研究较早、发展较快、应用广泛、方法较成熟的一个重要分支,它是辅助人们进行科学管理的一种数学方法. 在经济管理、交通运输、工农业生产等经济活动中,提高经济效果一般通过两种途径:一是技术方面的改进,例如改善生产工艺,使用新设备和新型原材料;二是生产组织与计划的改进,即合理安排人力物力资源.线性规划所研究的是:在一定条件下,合理安排人力物力等资源,使经济效果达到最好.一般地,求线性目标函数在线性约束条件下的最大值或最小值的问题,统称为线性规划问题.《经济大词典》定义线性规划:一种具有确定目标,而实现目标的手段又有一定限制,且目标和手段之间的函数关系是线性的条件下,从所有可供选择的方案中求解出最优方案的数学方法.

第一章　线性规划模型

§1.1　若干模型

例 1　某农户有耕地 20 公顷,可采用甲乙两种种植方式.甲种植方式每公顷需投资 2800 元,每公顷投工 6 个工日,可获收入 10000 元,乙方式每公顷需投资 1500 元,劳动 15 个工日,可获收入 12000 元,该户共有可用资金 42000 元、240 个劳动工日.问如何安排甲乙两种方式的生产,可使总收入最大?

解　设甲种植方式 x_1 公顷,乙种植方式 x_2 公顷,总收入 S 元.按照题意,求

$$\max S = 10000x_1 + 12000x_2$$

使得

$$\begin{cases} 2800x_1 + 1500x_2 \leqslant 42000 \\ 6x_1 + 15x_2 \leqslant 240 \\ x_1 + x_2 \leqslant 20, \\ x_1, x_2 \geqslant 0 \end{cases}$$

例 2　营养学家指出,成人良好的日常饮食应该至少提供 0.075kg 的碳水化合物,0.06kg 的蛋白质,0.06kg 的脂肪,1kg 食物 A 含有 0.105kg 碳水化合物,0.07kg 蛋白质,0.14kg 脂肪,花费 28 元;而 1 食物 B 含有 0.105kg 碳水化合物,0.14kg 蛋白质,0.07kg 脂肪,花费 21 元.为了满足营养专家指出的日常饮食要求,同时使花费最低,需要同时食用食物 A 和食物 B 多少 kg?

解　设每天食用 x_1 kg 食物 A 和 x_2 kg 食物 B,总成本为 z 元,那么根据题意,求

$$\min z = 28x_1 + 21x_2$$

使得

$$\begin{cases} 0.105x_1 + 0.10x_2 \geqslant 0.075 \\ 0.07x_1 + 0.14x_2 \geqslant 0.06 \\ 0.14x_1 + 0.07x_2 \geqslant 0.06 \\ x_1, x_2 \geqslant 0 \end{cases}$$

例 3　某班有男同学 30 人,女同学 20 人,星期天去植树,根据经验,一天男同学平均每人挖坑 20 个,或栽树 30 棵,或给 25 棵树浇水;女同学平均每人挖坑 10 个,或栽树 20 棵,或给 15 棵树浇水.问应怎样安排,才能使植树(包括挖坑、栽树、浇水)最多?

解　设男同学中挖坑、栽树、浇水的人数分别为 x_{11}, x_{12}, x_{13};女同学中挖坑、栽树、浇水的人数分别为 x_{21}, x_{22}, x_{23},S 为植树棵树.由题意,求 x_{ij},使得满足约束条件:

$$\begin{cases} x_{11} + x_{12} + x_{13} \leqslant 30, \\ x_{21} + x_{22} + x_{23} \leqslant 20, \\ 20x_{11} + 10x_{21} = 30x_{12} + 20x_{22} = 25x_{13} + 15x_{23}, \\ x_{ij} \geqslant 0, \qquad x_{ij} \in \mathbf{Z} \end{cases}$$

并使目标函数 $S = 20x_{11} + 10x_{21}$ 的值最大,即求 $\max S = 20x_{11} + 10x_{21}$

例 4　用工安排问题　某工场从星期一到星期日,每天需要工作人员数如下;

星期	一	二	三	四	五	六	日
人员数	17	13	15	19	14	16	11

该工场规定每位工作人员连续工作 5 天,休息 2 天,试问应如何雇用工作人员使雇用总数最少?

解　设 x_i 为从星期 i 开始工作的人数,$i = 1, 2, \cdots 7$ 由题意,求

$$\min z = x_1 + x_2 + x_3 + x_4 + x_5 + x_6 + x_7$$

$$s.t. \begin{cases} x_1 + \qquad\qquad x_4 + x_5 + x_6 + x_7 \geqslant 17 \\ x_1 + x_2 + \qquad\qquad x_5 + x_6 + x_7 \geqslant 13 \\ x_1 + x_2 + x_3 + \qquad\qquad x_6 + x_7 \geqslant 15 \\ x_1 + x_2 + x_3 + x_4 + \qquad\qquad x_7 \geqslant 19 \\ x_1 + x_2 + x_3 + x_4 + x_5 \qquad\qquad \geqslant 14 \\ \qquad x_2 + x_3 + x_4 + x_5 + x_6 \qquad \geqslant 16 \\ \qquad\qquad x_3 + x_4 + x_5 + x_6 + x_7 \geqslant 11 \\ x_i \geqslant 0, \quad x_i \in \mathbf{Z}, \quad i = 1,2,\cdots,7. \end{cases}$$

例5 某商店制订某商品 7－12 月进货售货计划. 已知商店仓库容量不得超过 500 件，6 月底已存货 200 件，以后每月初进货一次. 假设各月份某商品买进售出单价如下表，问各月进货售货各多少，使得总收入最多？

月份	7	8	9	10	11	12
买进(元)	28	24	25	27	23	23
售出(元)	29	24	26	28	22	25

解 设 7－2 月各月初进货数量为 x_i 件. 各月售货数量为 y_i 件 $(i = 1,2,\cdots 6)$，z 为总收入. 由题意，求

$$\max z = 29y_1 + 24y_2 + 26y_3 + 28y_4 + 22y_5 + 25y_6 - (28x_1 + 24x_2 + 25x_3 + 27x_4 + 23x_5 + 23x_6) \quad s.t.$$

$$\begin{cases} y_1 \leqslant 200 + x_1 \leqslant 500 \\ y_2 \leqslant 200 + x_1 - y_1 + x_2 \leqslant 500 \\ y_3 \leqslant 200 + x_1 - y_1 + x_2 - y_2 + x_3 \leqslant 500 \\ y_4 \leqslant 200 + x_1 - y_1 + x_2 - y_2 + x_3 - y_3 + x_4 \leqslant 500 \\ y_5 \leqslant 200 + x_1 - y_1 + x_2 - y_2 + x_3 - y_3 + x_4 - y_4 + x_5 \leqslant 500 \\ y_6 \leqslant 200 + x_1 - y_1 + x_2 - y_2 + x_3 - y_3 + x_4 - y_4 + x_5 - y_5 + x_6 \leqslant 500 \\ x_i \geqslant 0, \quad y_i \geqslant 0, \quad x_i \in \mathbf{Z}, \quad y_i \in \mathbf{Z}, (i = 1,2,\cdots,6). \end{cases}$$

例6 运输问题 设某产品有 m 个产地 $A_1, A_2, \cdots, A_m$，n 个销地 $B_1, B_2, \cdots, B_n$. 每单位产品从产地 A_i 运往销地 B_j 的运费为 C_{ij}. 已知产地 A_i 的产量为 $a_i (i = 1,\cdots,m)$，销地 B_j 的需求量为 $b_j (j = 1,\cdots,n)$，满足 $\sum a_i \geqslant \sum b_j$ 试问应如何安排运输. 使保证供给，且使运费最省.

解 设由 A_i 运往 B_j 的产品为 x_{ij} 单位. 由题意求

$$\min z = \sum_{i=1}^{m} \sum_{j=1}^{n} c_{ij} x_{ij}$$

$$s.t. \begin{cases} \displaystyle\sum_{i=1}^{m} x_{ij} \geqslant b_j, j = 1,2,\cdots,n \\ \displaystyle\sum_{j=1}^{n} x_{ij} \leqslant a_i, i = 1,2,\cdots,m \\ x_{ij} \geqslant 0, i = 1,2,\cdots,m, j = 1,2,\cdots,n \end{cases}$$

§1.2　线性规划模型的基本结构

由第一节的线性规划数学模型,我们看到它的基本结构由以下三个部分构成:

1. 决策变量 —— 未知数.它是通过模型计算来确定的决策因素.又分为实际变量和计算变量,计算变量又分松弛变量和人工变量等.

2. 目标函数 —— 经济目标的数学表达式.目标函数是求变量的线性函数的极大值和极小值这样一个极值问题.

3. 约束条件 —— 实现目标的制约因素,由线性表达式给出,包括:生产资源的限制(客观约束条件)、生产数量、质量要求的限制(主观约束条件)、特定技术要求和非负限制.

决策变量、约束条件、目标函数是线性规划的三要素.

两则典型形式　线性规划问题基本上可以归结为两种形式:

(A)
$$\max z = \sum_{j=1}^{n} c_j x_j$$

$$\text{s. t.} \begin{cases} \sum_{j=1}^{n} a_{ij} x_j \leqslant b_i, i = 1, 2, \cdots, m \\ x_j \geqslant 0, j = 1, 2, \cdots, n \end{cases}$$

(B)
$$\min z = \sum_{j=1}^{n} c_j x_j$$

$$\text{s. t.} \begin{cases} \sum_{j=1}^{n} a_{ij} x_j \geqslant b_i, i = 1, 2, \cdots, m \\ x_j \geqslant 0. j = 1, 2, \cdots, n \end{cases}$$

矩阵表示

令 $C = (c_1, c_2, \cdots, c_n), x = (x_1, x_2, \cdots, x_n)^{\mathrm{T}}, b = (b_1, b_2, \cdots, b_m)^{\mathrm{T}}, A = (a_{ij})_{m \times n} = (\alpha_1, \alpha_2, \cdots, \alpha_n)$,则(A)问题可表示为:

$$\max z = Cx$$

$$\text{s. t.} \begin{cases} Ax \leqslant b \\ x \geqslant 0 \end{cases}$$

也可表示为

$$\max z = Cx$$

$$\text{s. t.} \begin{cases} \sum_{i=1}^{n} \alpha_i x_i \leqslant b \\ x_i \geqslant 0, \quad i = 1, 2, \cdots n \end{cases}$$

同样可以用矩阵表示(B)问题.如同上面的例子所显示,线性规划的模型形式不完全一样,其中(A)与(B)是典型的两类.

§1.3　线性规划标准形式及化标准形的方法

线性规划问题的标准形式应具备如下几点：

(1) 目标函数是求最大值(也可定为求最小值)；

(2) 在约束条件中，除了变量的非负约束外，其他所有约束条件均用等式表示；

(3) 每个约束条件的常数项均是非负的($b_i \geqslant 0$)；

(4) 所有未知量受非负限制.

实际上，任一线性规划问题可以等价地转化为标准型，方法如下：

1. 目标函数的转换. 如原问题求 $\min z$，则等价于求 $\max(-z)$.

2. 约束条件的转换

在约束条件中，如果有"$\leqslant$"的非严格不等式限制，则可以通过引入松弛变量，化为等式限制，如第 i 个约束条件为

$$\sum_{j=1}^{n} a_{ij}x_j \leqslant b_i$$

引进 $x_{n+i} \geqslant 0$ 使得

$$\sum_{j=1}^{n} a_{ij}x_j + x_{n+i} = b_i$$

成立，此时称 x_{n+i} 为**松弛变量**.

如果在约束条件中有"$\geqslant$"的非严格不等式限制，则可以通过引入剩余变量，化为等式限制，如

$$\sum_{j=1}^{n} a_{ij}x_j \geqslant b_i$$

引进 $x_{n+i} \geqslant 0$，使得

$$\sum_{j=1}^{n} a_{ij}x_j - x_{n+i} = b_i$$

其中引进的新变号 x_{n+i} 称为**剩余变量**.

3. 若常数 b_i 为负数时可将该约束条件的两边同乘以 -1，则右边常数 b_i 变为正数 $-b_i$.

4. 变量的非负约束. 若某个变量 $x_j \geqslant l_j (\leqslant l_j)$. 则可令 $y_j = x_j - l_j (l_j - x_j)$. y_j 就是一个非负变量. 如果 x_j 没有非负限制，称为**自由变量**. 自由变量可用

$$\begin{cases} x_j = u_j - v_j \\ u_j, v_j \geqslant 0 \end{cases}$$

来代替.

综上所述，线性规划的**标准形式**为：$\max Cx$

$$\text{s. t. } \begin{cases} Ax = b \\ x \geqslant 0 \end{cases}$$

其中约束条件决定了可行解域 D.

所谓线性规划问题的**可行解**是指，满足规划中所有约束条件及非负约束的决策变量的

一组取值,仅与约束条件有关而与目标函数值的大小无关.**可行(解)域**是由所有可行解构成的集合.根据线性规划的基本理论,任一个线性规划问题的可行域,都是一个有限或无限的凸多边形.线性规划的**最优解**是指,使目标函数值达到最优(最大或最小)的可行解.一个线性规划问题可以是有解的,也可能是无解的,最优解的个数可能是唯一的,也可能是有无穷多个,即决策变量有许多组不同的取值,都使目标函数达到同一个最优值.

§1.4 线性规划图解法

例 1 求 $z = 3x + 5y$ 的最大值和最小值,使 x、y 满足约束条件

$$\begin{cases} 5x + 3y \leqslant 15 \\ y \leqslant x + 1 \\ x - 5y \leqslant 3 \end{cases}$$

解 满足约束条件的区域为如右图所示的三角形区域,视 z 为参数,则方程 $z = 3x + 5y$ 表示平面上的平行线族.当直线经过点 $A(1.5, 2.5)$ 时,z 达最大值,

$$z_{max} = 3 \times 1.5 + 5 \times 2.5 = 17$$

当直线经过点 $B(-2, -1)$ 时,z 达最小值,

$$z_{min} = 3 \times (-2) + 5 \times (-1) = -11.$$

例 2 某工厂用两种不同原料生产同一产品,若采用甲种原料,每吨成本 1000 元,运费 500 元,可得产品 90 千克;若采用乙种原料,每吨成本 1500 元,运费 400 元,可得产品 100 千克.今预算每日原料总成本不得超过 6000 元,运费不得超过 2000 元,问此工厂每日采用甲、乙两种原料各多少千克,才能使产品的日产量最大?

解 设此工厂每日需甲种原料 x 吨,乙种原料 y 吨,则可得产品 $z = 90x + 100y$(千克).由题意,求 $\max z = 90x + 100y$,

$$\text{s.t.} \begin{cases} 1000x + 1500y \leqslant 6000 \\ 500x + 400y \leqslant 2000 \\ x \geqslant 0, y \geqslant 0 \end{cases}$$

即

$$\begin{cases} 2x + 3y \leqslant 12 \\ 5x + 4y \leqslant 20 \\ x \geqslant 0, y \geqslant 0 \end{cases}$$

上述不等式组表示的平面区域如图所示,阴影部分(含边界)即为可行域.

作直线 $l: 90x + 100y = 0$,并作平行于直线 l 的一组直线与可行域相交,其中有一条直线经过可行域上的 M 点,且与直线 l 的距离最大,此时目标函数达到最大值.这里 M 点是直线 $2x + 3y = 12$ 和 $5x + 4y$

= 20 的交点,容易解得 $M(\frac{12}{7}, \frac{20}{7})$,此时 z 取到最大值:

$$90 \times \frac{12}{7} + 100 \times \frac{20}{7} = 440$$

习题 1

1. 某工厂要生产两种新产品:门和窗.经测算,每生产一扇门需要在车间 1 加工 1 小时、在车间 3 加工 3 小时;每生产一扇窗需要在车间 2 和车间 3 加工 2 小时.而车间 1 每周可用于生产这两种新产品的时间为 4 小时、车间 2 为 12 小时、车间 3 为 18 小时.又知每生产一扇门需要钢材 5 公斤,每生产一扇窗需要钢材 3 公斤,该厂现可为这批新产品提供钢材 45 公斤.每扇门的利润为 300 元,每扇窗的利润为 500 元.而且根据市场调查得到的这两种新产品的市场需求状况可以确定,按当前的定价可确保所有新产品都能销售出去.问该工厂如何安排这两种新产品的生产计划,能使总利润为最大?试建立线性规划数学模型.

2. 某工厂生产甲、乙两种产品,分别经过 A、B、C 三种设备加工.已知生产单位产品所需要的台时数、设备的现有加工能力及每件产品的利润情况如下表:

	甲	乙	设备能力(台时)
A	1	1	120
B	10	4	640
C	4	2	260
单位产品利润(元)	10	6	

请建立线性规划数学模型,用以制定该厂获得利润最大的生产计划;用图解法求解该数学模型.

3. 要将两种大小不同的钢板截成 A、B、C 三种规格,每张钢板可同时截得三种规格的小钢板的块数如下表所示:

规格类型 / 钢板类型	A 规格	B 规格	C 规格
第一种钢板	2	1	1
第二种钢板	1	2	3

今需要 A、B、C 三种规格的成品分别为 15、18、27 块,问各截这两种钢板多少张可得所需三种规格成品,且使所用钢板张数最少?

4. 某农户计划用 12 公顷耕地生产玉米,大豆和地瓜,可投入 48 个劳动日,资金 36000 元.生产玉米 1 公顷,需 6 个劳动日,资金 3600 元,可获净收入 20000 元;生产 1 公顷大豆,需 6 个劳动日,资金 2400 元,可获净收入 15000 元;生产 1 公顷地瓜需 2 个劳动日,资金 1800 元,可获净收入 10000 元,问怎样安排才能使总的净收入最高.请建立数学模型并用图解法解之.

5. 某工厂生产甲乙丙三种铝合金产品,生产每单位产品甲需用铝和铁分别是 3 公斤和 2 公斤;生产单位产品乙需用铝和铁分别是 1 公斤和 3 公斤;生产单位产品丙需用铝和铁分别是 1 公斤和 2 公斤.已知生产每单位产品甲乙丙分别能获利 5 元、4 元、3 元,而工厂能提供的原材料铝 840 公斤,铁 700 公斤,试问如何安排生产才能获得最大利润?

6. 某工厂生产甲、乙两种产品,已知生产甲产品 1 吨,需要煤 9 吨,需电 4 度,工作日 3 个(一个工人劳动一天等于一个工作日),生产乙种产品 1 吨,需要用煤 4 吨,需电 5 度,工作日 12 个,又知甲产品每吨售价 7 万元,乙产品每吨售价 12 万元,且每天供煤最多 360 吨,供电最多 200 度,全员劳动人数最多 300 人,问每天安排生产两种产品各多少吨,才能使日产值最大,最大产值是多少?

7. 某养鸡场有一万只鸡,用动物饲料和谷类饲料混合喂养.每天每只鸡吃混合饲料 0.5 公斤,其中动物饲料所占的比例不得多于 2/5,动物饲料每公斤 2 元,谷类饲料每公斤 1.6 元.饲料公司每周只保证供应谷类饲料 25000 公斤,问饲料怎样混合才能使成本最低.

8. 某工厂生产 n 种产品 $A_1, \cdots, A_n$,其中单件产品的利润分别为 $c_1, c_2, \cdots, c_n$.每种产品都需要经过 $B_1, B_2, \cdots, B_m$ 的加工(无次序)限制.其中单件产品 A_j 在 B_i 上的所需加工的时间为 a_{ij}.在计划期内.设备 B_i 有效工作时间为 b_i.问如何安排生产.使所得利润最大?

9. 将下列线性规划问题转化为标准形式:

(1) $\max z = x_1 + 3x_2$

s. t. $\begin{cases} 2x_1 + 3x_2 \leqslant 8 \\ -x_1 + x_2 \leqslant 1 \\ x_1 + 4x_2 \leqslant 10 \\ x_i \geqslant 0, i = 1, 2 \end{cases}$

(2) $\min z = 5x_1 + 3x_2$

s. t. $\begin{cases} 3x_1 + x_2 \geqslant 3 \\ 4x_1 + 3x_2 \geqslant 6 \\ x_1 + 2x_2 \leqslant 3 \\ x_1, x_2 \geqslant 0 \end{cases}$

(3) $\min z = -5x_1 + 20x_2 + 4x_3$

s. t. $\begin{cases} 4x_1 - 2x_2 - x_3 \leqslant 100 \\ 5x_1 + 4x_2 - 3x_3 \geqslant -50 \\ x_1 + 6x_2 + x_3 \leqslant 300 \\ x_1, x_2, x_3 \geqslant 0 \end{cases}$

(4) $\min z = x_1 + 3x_2 + 4x_3$

s. t. $\begin{cases} x_1 - x_2 - x_3 \geqslant -7 \\ -5x_1 + 4x_2 - 3x_3 = 14 \\ |x_1 - 6x_2 - 2x_3| \leqslant 30 \\ x_1, x_2, x_3 \geqslant 0 \end{cases}$

第二章 单纯形

§2.1 凸 集

在线性规划的几何理论中,重要的概念有凸集、多面凸集、方向与极方向等,下面将逐一地给出定义.

定义 1 设 X 是 R^n 的点集. x_1 和 x_2 是 X 上任意两点,如对 $\forall \lambda \in [0,1]$,都有

$$\lambda x_1 + (1-\lambda)x_2 \in X,$$

则称 X 为**凸集**. 这里 $\lambda x_1 + (1-\lambda)x_2$ 称为 x_1 和 x_2 的**凸组合**.

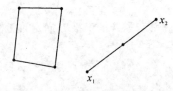

定义 2 x 是 X 的**顶点**或**极点**,当且仅当不存在 $x_1, x_2 \in X$ 及 $\lambda \in (0,1)$,使得

$$x = \lambda x_1 + (1-\lambda)x_2$$

成立.

定义 3 集合 $\{x \mid \alpha x = b\}$ 称为 R^n 的**超平面**.

定义 4 集合 $\{x_0 + \lambda d \mid \lambda \geqslant 0\}$ 称为以 x_0 为顶点,以 d 为方向的**射线**.

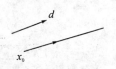

定义 5 已知一个凸集,x_0 是其上任一点,若存在非零向量 d,使得 $\{x_0 + \lambda d \mid \lambda \geqslant 0\}$ 也属于该凸集,则称 d 是凸集的一个**方向**.

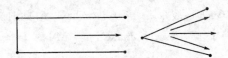

定义 6 设 d 是凸集的一个方向,若不存在两个方向 d_1 和 d_2,使得 $d = \lambda_1 d_1 + \lambda_2 d_2$,其中 $\lambda_1, \lambda_2 > 0$,则称 d 为**极方向**.

如右图,d_1 和 d_2 是极方向.

定义 7 设 $\alpha_1, \alpha_2, \cdots, \alpha_k$ 是一组向量,集合

$$C = \left\{ \sum_{i=1}^{k} \lambda_i \alpha_i \,\middle|\, \lambda_i \geqslant 0, i = 1, 2, \cdots, k \right\}$$

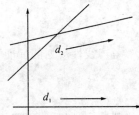

称为由 $\alpha_1, \alpha_2, \cdots, \alpha_k$ 组合成的**凸锥**.

定义 8 有限个半空间的交集 $\{x \mid Ax \leqslant b, x \in \mathbf{R}^n\}$ 称为**多面体**,其中 $A = (a_{ij})_{m \times n}, b = (b_1, b_2, \cdots, b_m)^{\mathrm{T}}$;若 $b = 0$,则 $\{x \mid Ax \leqslant 0, x \in \mathbf{R}^n\}$ 称为**多面**

椎体.

定理 1　多面体 $X = \{x \mid Ax \leqslant b, x \in \mathbf{R}^n\}$ 是凸集.

证明　设 x_1 和 x_2 是 X 上任意两点,则 $Ax_1 \leqslant b, Ax_2 \leqslant b$,因此对 $\forall \lambda \in [0,1]$,都有
$$A(\lambda x_1 + (1-\lambda)x_2) = \lambda Ax_1 + (1-\lambda)Ax_2 \leqslant b$$

所以 $\lambda x_1 + (1-\lambda)x_2 \in X, X$ 是凸集.

因此,多面体也称为**多面凸集**.

定理 2　设 $X = \{x \mid Ax = b, x \geqslant 0\}$ 有界,则存在有限个顶点 $x_1, x_2, \cdots, x_k, x \in X$ 的充分必要条件是,存在 $\lambda_1, \cdots, \lambda_k \geqslant 0, \sum_{i=1}^{k} \lambda_i = 1$,使得 $x = \sum_{i=1}^{k} \lambda_i x_i$.

定理 3　设 $X = \{x \mid Ax = b, x \geqslant 0\}$ 无界,则存在有限个顶点 $x_1, x_2, \cdots, x_k$ 及有有限个极方向 $d_1, d_2, \cdots, d_h, x \in X$ 的充分必要条件是存在 $\lambda_1, \cdots \lambda_k \geqslant 0, \sum_{i=1}^{k} \lambda_i = 1$,以及 $\mu_1 \cdots, \mu_h \geqslant 0$.使得 $x = \sum_{i=1}^{k} \lambda_i x_i + \sum_{j=1}^{h} \mu_j d_j$.

定理 4(最优极方向定理)　线性规划问题
$$\max z = Cx$$
$$\text{s. t.} \begin{cases} Ax = b \\ x \geqslant 0 \end{cases}$$

有有限最优值的充要条件是:对可行域 D 的所有极方向 d,都有 $Cd \leqslant 0$.

证　必要性.用反证法,假设存在某个极方向 d_k,有 $Cd_k > 0$.由定理 3,存在有限个顶点 $x_1, x_2, \cdots, x_k$ 及有有限个极方向 $d_1, d_2, \cdots, d_h$,对于可行域 D 内的点 x,

$$x = \sum_{i=1}^{k} \lambda_i x_i + \sum_{j=1}^{h} \mu_j d_j$$

当 $j \neq k$ 时,令 $\mu_j = 0$,而让 $\mu_k \to +\infty$,则 $Cx \to +\infty$.矛盾.

充分性.由充分性条件,对可行域 D 的所有极方向 d,都有 $Cd \leqslant 0$.同样,由定理 3 有

$$Cx = \sum_{i=1}^{k} \lambda_i Cx_i + \sum_{j=1}^{h} \mu_j Cd_j$$

由于 $Cd_j \leqslant 0 (j = 1, \cdots, h)$,故令 $\mu_j = 0, j = 1, \cdots, h$.此时,只需找顶点 x_s,使

$$Cx_s = \max_j Cx_j = M$$

那么当 $x = x_s$,即 $\lambda_i = 0 (i \neq s), \lambda_s = 1$ 时,Cx_s 取到有限的最优值.

§2.2　最值求解讨论

考虑线性规划的标准型问题:
$$\max z = Cx$$
$$\text{s. t.} \begin{cases} Ax = b \\ x \geqslant 0 \end{cases}$$

利用定理 2 和定理 3,我们针对可行域 $D = \{x \mid Ax = b, x \geqslant 0\}$ 有界或无界两种情形进行讨论.

(1) 有界情形

设可行域 D 有界,则由定理2,对于任意 $x \in D$,必存在顶点 $x_1, x_2, \cdots, x_k$,以及 $\lambda_i \geqslant 0$ ($\sum\limits_{i=1}^{k} \lambda_i = 1$) 使得 $x = \lambda_1 x_1 + \lambda_2 x_2 + \cdots + \lambda_k x_k$,其中

$$x = \begin{pmatrix} x^1 \\ x^2 \\ \vdots \\ x^n \end{pmatrix}, \ x_i = \begin{pmatrix} x_i^1 \\ x_i^2 \\ \vdots \\ x_i^n \end{pmatrix}$$

由于 Cx 是线性函数,故

$$Cx = C\left(\sum_{i=1}^{k} \lambda_i x_i\right) = \sum_{i=1}^{k} \lambda_i Cx_i$$

要求 $z = Cx$ 达到最大,问题导致求顶点 x_n,使

$$\max\{Cx_1, Cx_2, \cdots Cx_k\} = M = Cx_h,$$

取 $x = x_h$,即 $\lambda_h = 1$,其余 $\lambda_i = 0 (i \neq h)$ 时,则 Cx 达到最大.

于是找使 Cx 取最大的问题变成求凸多面体 $\{x \mid Ax = b, x \geqslant 0\}$ 的顶点中使 Cx 达到最大的点 x_h.

(2) 无界情形

对于 $x \in D$,由定理3,存在有限个顶点 $x_1, x_2, \cdots x_k$,及有限个极方向 $d_1, d_2, \cdots, d_h$,使

$$x = \sum_{i=1}^{k} \lambda_i x_i + \sum_{j=1}^{h} \mu_j d_j$$

因此,

$$Cx = \sum_{i=1}^{k} \lambda_i Cx_i + \sum_{j=1}^{h} \mu_j Cd_j$$

(i) 若存在 $Cd_j > 0$,则问题无解或有无穷大解.

(ii) 若对 $\forall j, Cd_j \leqslant 0$,则可选取 $\mu_j = 0$,依题意,只需求 $\max\limits_i \{Cx_i\}$. 若记

$$\max_i \{Cx_i\} = M = Cx_h$$

则 $x = x_h$ 使得线性规划问题取得最大值.

以上的总结是:通过求顶点值,求得最优解.但这个方法的缺点是繁琐.

§2.3　单纯形法基础

现在我们来讨论线性规划问题:

$$\max z = Cx$$
$$\text{s. t.} \begin{cases} Ax \leqslant b \\ x \geqslant 0 \end{cases}$$

其中 $A = (a_{ij})_{m \times n}$.

通过引进松弛变量 $x_{n+1}, x_{n+2}, \cdots, x_{n+m}$ 后,一般说来,此时可行解域的顶点共有 $n+m$ 个坐标,其中 n 个为零,m 个非零.非零坐标的变量称为**基变量**,坐标为零对应的变量称为**非基**

变量. 此时,约束条件等价地变化为

$$Ax = b, A = (a_{ij})_{m \times (m+n)}$$

注　这里的系数矩阵 A 已经不同于原有的系数矩阵,只是为了方便,仍记为 A. 设 x 分为基变量部分和非基变量部分,即

$$x = \begin{bmatrix} x_B \\ x_N \end{bmatrix}$$

相应地,目标函数系数向量 C 也分为基变量对应的系数 C_B 和非基变量的系数 C_N,系数矩阵 A 也分为两部分,即 $C = (C_B, C_N), A = (B, N)$. 这样,约束条件 $Ax = b$ 可写为

$$(B, N) \begin{bmatrix} x_B \\ x_N \end{bmatrix} = b$$

即 $Bx_B + Nx_N = b$,或

$$x_B = B^{-1}b - B^{-1}Nx_N = B^{-1}b - \sum_{j \in N} B^{-1}\alpha_j x_j \tag{1}$$

将 (1) 代入目标函数

$$\begin{aligned} z = C_B x_B + C_N x_N &= C_B(B^{-1}b - B^{-1}Nx_N) + C_N x_N \\ &= C_B B^{-1}b + (C_N - C_B B^{-1}N)x_N \\ &= C_B B^{-1}b + \sum_{j \in N}(c_j - C_B B^{-1}\alpha_j)x_j \end{aligned} \tag{2}$$

若令 $x_N = 0$,则目标函数值为

$$z = C_B B^{-1}b \tag{3}$$

因此,对于 max 型问题,在 (2) 中若某个非基变量 x_j 前的系数有 $c_j - C_B B^{-1}\alpha_j > 0$,则当非基变量 x_j 从零增加时,直观上目标函数 z 应有所增加,可见此时 $C_B B^{-1}b$ 并非最大值(严格证明见后面的定理 2).

如果对 $\forall j \in N, c_j - C_B B^{-1}\alpha_j = c_j - z_j \leqslant 0$,则 $C_B B^{-1}b$ 就是最大值,或说已达最优状态. 所以在 $c_j - C_B B^{-1}\alpha_j > 0$ 的情形下,x_j 不应作为非基变量,而因作为基变量,才能使目标函数值增加. 那么当 x_j 进入基变量的时候,原先作为基变量的其中一个必须退出. 针对 $c_j - C_B B^{-1}\alpha_j > 0$ 的情形,我们有以下两个定理,是构成寻找退出基的基础.

定理 1　若存在 j,使得 $c_j - C_B B^{-1}\alpha_j > 0$,而向量 $B^{-1}\alpha_j \leqslant 0$,则原问题无界.

证　令 $d = \begin{bmatrix} -B^{-1}\alpha_j \\ 0 \end{bmatrix} + e_j$,首先可证 d 是可行域上的一个方向. 因为,若 x_0 是可行域上任一点,即 $Ax_0 = b$,对于任意 $\lambda \geqslant 0, A(x_0 + \lambda d) = b + \lambda Ad$. 而

$$Ad = (B, N) \begin{bmatrix} -B^{-1}\alpha_j \\ 0 \end{bmatrix} + Ae_j = 0$$

所以,$A(x_0 + \lambda d) = b$,即 d 是可行域上的一个方向.

其次,$C(x_0 + \lambda d) = Cx_0 + \lambda Cd$,而

$$Cd = (C_B, C_N) \begin{bmatrix} -B^{-1}\alpha_j \\ 0 \end{bmatrix} + c_j = c_j - C_B B^{-1}\alpha_j > 0$$

所以,当 $\lambda \to +\infty$ 时,$C(x_0 + \lambda d) = Cx_0 + \lambda Cd \to +\infty$. 故此,原问题无界.

定理 2　若 $c_j - C_B B^{-1}\alpha_j > 0$,而 $B^{-1}\alpha_j$ 中至少有一个正分量,则能找到基本可行解 $\hat{x}$,使

$C\hat{x} > C_B B^{-1} b$，从而使优化过程得以继续.

证　只需具体找出 $\hat{x}$，本定理的证明是构造性的. 为简便计，记 $B^{-1}b = \bar{b}$ 以及

$$B^{-1}\alpha_j = \bar{\alpha}_j = \begin{pmatrix} \bar{a}_{1j} \\ \bar{a}_{2j} \\ \vdots \\ \bar{a}_{mj} \end{pmatrix}$$

设

$$\beta = \min\left\{ \frac{\bar{b}_i}{\bar{a}_{ij}} \mid \bar{a}_{ij} > 0, i = 1, 2, \cdots, m \right\} = \frac{\bar{b}_r}{\bar{a}_{rj}} > 0 \tag{4}$$

这是因为 $\bar{b} = B^{-1}b$ 是可行解. 又令

$$\hat{x} = \begin{pmatrix} \bar{b} - \beta\bar{\alpha}_j \\ 0 \end{pmatrix} + \beta e_j \quad (\hat{x} \geqslant 0, \hat{x} \neq 0) \tag{5}$$

可证 $\hat{x}$ 即为所求.

注　在约束方程 $Bx_B + Nx_N = b$ 中，若令 $x_N = 0$，则 $x_B = B^{-1}b$，称 $x = (B^{-1}b \quad 0)^{\mathrm{T}}$ 是约束方程的一个**基本解**. 或若 ξ 是 $Ax = b$ 的解，且 ξ 的非零分量所对应的系数列向量线性无关时，称 ξ 为基本解. 既是基本解又是可行解的称为**基本可行解**.

定理 2 续证　上述所给出的 $\hat{x}$ 是可行解，这是因为

$$A\hat{x} = (B \quad N) \begin{pmatrix} B^{-1}b - \beta B^{-1}\alpha_j \\ 0 \end{pmatrix} + A\beta e_j = b - \beta\alpha_j + \beta\alpha_j = b,$$

又根据 β 的构造，易见

$$\bar{b} - \beta\bar{\alpha}_j = \begin{pmatrix} \bar{b} - \beta\bar{\alpha}_{1j} \\ \bar{b} - \beta\bar{\alpha}_{2j} \\ \vdots \\ \bar{b} - \beta\bar{\alpha}_{mj} \end{pmatrix} \geqslant 0$$

所以，$\hat{x}$ 是可行解.

其次，可证 $\hat{x}$ 是基本可行解.

记 $B = (\alpha_1 \alpha_2 \cdots \alpha_m)$，则 $\hat{x}$ 所对应的列向量为 $\alpha_1, \alpha_2, \cdots, \alpha_{r-1}, \alpha_j, \alpha_{r+1}, \cdots, \alpha_m$. 用反证法可证明上述 m 个线性无关. 否则，α_j 可由其余 $m-1$ 个线性表出，即

$$\alpha_j = \sum_{i \neq j} y_i \alpha_i \tag{6}$$

又因为 $\bar{\alpha}_j = B^{-1}\alpha_j$，故

$$\alpha_j = B\bar{\alpha}_j = (\alpha_1 \alpha_2 \cdots \alpha_m) \begin{pmatrix} \bar{a}_{1j} \\ \vdots \\ \bar{a}_{mj} \end{pmatrix} = \sum_{i=1}^{m} \bar{a}_{ij} \alpha_i \tag{7}$$

（7）减去（6）得

$$\bar{a}_{rj}\alpha_r + \sum_{i \neq r} (\bar{a}_{ij} - y_i)\alpha_i = 0 \tag{8}$$

由于 $\bar{a}_{rj} > 0$（根据 β 的构造），上式说明 $\alpha_1, \alpha_2, \cdots, \alpha_m$ 线性相关，矛盾. 这样证明了 $\hat{x}$ 是基本可行解.

最后,计算目标函数值

$$C\hat{x} = (C_B \quad C_N)\begin{bmatrix} \bar{b} - \beta\bar{\alpha}_j \\ 0 \end{bmatrix} + \beta Ce_j = C_B\bar{b} - \beta C_B\bar{\alpha}_j + \beta x_j$$

$$= C_B B^{-1}b + \beta(c_j - C_B B^{-1}\alpha_j) > C_B B^{-1}b$$

说明了解 $\hat{x}$ 优化了原有的解,过程得以继续. 证毕.

关于 $\hat{x}, \beta$ 选取的补充说明　　因为

$$Bx_B + Nx_N = b \tag{9}$$

当 $x_N = 0$ 时,$x_B = B^{-1}b = \bar{b} \geqslant 0$ 为可行解,故选取初始基变量要留意. 但由于 x_N 中的 x_j 要进入,即 x_j 取值要从零升为 $\beta > 0$. 如何选取 β,须受(9)节制,此时 x_B 中某个变量要退出,若记此退出的变量为 x_r,则 x_r 要由原先取值为正变为取值零. 这样(9)转变为

$$B\tilde{x}_B + \beta\alpha_j = b \tag{10}$$

即

$$\tilde{x}_B = B^{-1}b - \beta B^{-1}\alpha_j = \bar{b} - \beta\bar{\alpha}_j = \begin{bmatrix} \bar{b}_1 - \beta\bar{a}_{1j} \\ \bar{b}_2 - \beta\bar{a}_{2j} \\ \vdots \\ \bar{b}_m - \beta\bar{a}_{mj} \end{bmatrix}$$

我们的目标要使 β 尽可能大,但须保证 $\tilde{x}_B \geqslant 0$. 因此,可选

$$\beta = \min\left\{ \frac{\bar{b}_i}{\bar{a}_{ij}} \,\Big|\, \bar{a}_{ij} > 0, i = 1, \cdots, m \right\} = \frac{\bar{b}_r}{\bar{a}_{rj}} > 0$$

所以,此时选取 $\hat{x} = \begin{pmatrix} \tilde{x}_B \\ 0 \end{pmatrix} + \beta e_j = \begin{bmatrix} \bar{b} - \beta\bar{\alpha}_j \\ 0 \end{bmatrix} + \beta e_j$.

§2.4　单纯形表及其求解优化方法

根据以上理论推导,给出下面可程序操作的单纯形表格.

单纯形表格 1.

x_B	c_B	x / c / b	x_1 c_1	x_2 c_1	$\cdots$	x_j c_j	$\cdots$	x_{n+m} c_{n+m}	β
x_{B1}	c_{B1}	b_1	a_{11}	a_{12}	$\cdots$	a_{1j}	$\cdots$	$a_{1,n+m}$	b_1/a_{1j}
x_{B2}	c_{B2}	b_2	a_{21}	a_{22}	$\cdots$	a_{2j}	$\cdots$	$a_{2,n+m}$	b_2/a_{2j}
$\vdots$	$\vdots$	$\vdots$	$\vdots$	$\vdots$	$\cdots$	$\vdots$	$\cdots$	$\vdots$	$\vdots$
x_{Bk}	c_{Bk}	b_k	a_{k1}	a_{k2}	$\cdots$	a_{kj}	$\cdots$	$a_{k,n+m}$	b_k/a_{kj}
$\vdots$	$\vdots$	$\vdots$	$\vdots$	$\vdots$	$\cdots$	$\vdots$	$\cdots$	$\vdots$	$\vdots$
x_{Bm}	c_{Bm}	b_m	a_{m1}	a_{m2}	$\cdots$	a_{mj}	$\cdots$	$a_{m,n+m}$	b_m/a_{mj}
		z_0	$c_1 - z_1$	$c_2 - z_2$	$\cdots$	$c_j - z_j$	$\cdots$	$c_{n+m} - z_{n+m}$	

计算过程:(1) 计算 z_0 以及 $\zeta_j = c_j - z_j$,ζ_j 称为**检验数**.

$$z_0 = c_{B_1}b_1 + c_{B_2}b_2 + \cdots + c_{B_m}b_m,$$

$$z_j = c_{B_1}a_{1j} + c_{B_2}a_{2j} + \cdots + c_{B_m}a_{mj},$$

$$j = 1, 2, \cdots, n+m$$

(2) 如果所有 $c_j - z_j \leqslant 0$，则达最大值. 否则，存在 j 使 $c_j - z_j > 0$，则 x_j 作为进入基.

(3) 若 $\beta = \min\limits_i\{b_i/a_{ij} \mid a_{ij} > 0\} = b_k/a_{kj}$，则 x_k 是退出基.

(4) 利用 a_{kj} 作为主元素进行消元

$$b_k^{(1)} = b_k/a_{kj}, a_{ki}^{(1)} = a_{ki}/a_{kj}, i = 1, 2, \cdots, n+m$$

$$b_i^{(1)} = b_i - \frac{b_k}{a_{kj}}a_{ij}, i = 1, \cdots, k-1, k+1, \cdots, m$$

$$a_{il}^{(1)} = a_{il} - \frac{a_{kl}}{a_{kj}}a_{ij}, i = 1, \cdots, k-1, k+1, \cdots, m+n$$

$$l = 1, 2, \cdots, j-1, j+1, \cdots, m+n$$

表 2

x_B	c_B	b ╲ $\frac{x}{c}$	x_1	x_2	$\cdots$	x_j	$\cdots$	x_{n+m}	β
			c_1	c_1	$\cdots$	c_j	$\cdots$	c_{n+m}	
x_{B1}	c_{B1}	$b_1^{(1)}$	$a_{11}^{(1)}$	$a_{12}^{(1)}$	$\cdots$	0	$\cdots$	$a_{1,n+m}^{(1)}$	
x_{B2}	c_{B2}	$b_2^{(1)}$	$a_{21}^{(1)}$	$a_{22}^{(1)}$	$\cdots$	0	$\cdots$	$a_{2,n+m}^{(1)}$	
$\vdots$	$\vdots$	$\vdots$	$\vdots$	$\vdots$	$\cdots$	$\vdots$	$\cdots$	$\vdots$	
x_j	c_j	$b_k^{(1)}$	$a_{k1}^{(1)}$	$a_{k2}^{(1)}$	$\cdots$	1	$\cdots$	$a_{k,n+m}^{(1)}$	
$\vdots$	$\vdots$	$\vdots$	$\vdots$	$\vdots$	$\cdots$	$\vdots$	$\cdots$	$\vdots$	
x_{Bm}	c_{Bm}	$b_m^{(1)}$	$a_{m1}^{(1)}$	$a_{m2}^{(1)}$	$\cdots$	0	$\cdots$	$a_{m,n+m}^{(1)}$	
		$z_0^{(1)}$	$c_1 - z_1^{(1)}$	$c_2 - z_2^{(1)}$	$\cdots$	$c_j - z_j^{(1)}$	$\cdots$	$c_{n+m} - z_{n+m}^{(1)}$	

表中最后一行数据 $c_\ell - z_\ell^{(1)}$ 当然可以按照定义一一算出，但是可以证明：

$$c_\ell - z_\ell^{(1)} = c_\ell - z_\ell - \frac{a_{k\ell}}{a_{kj}}(c_j - z_j)$$

因为按上述运算规则，

$$z_\ell^{(1)} = c_{B_1}\left(a_{1\ell} - \frac{a_{k\ell}}{a_{kj}}a_{1j}\right) + c_{B_2}\left(a_{2\ell} - \frac{a_{k\ell}}{a_{kj}}a_{2j}\right) + c_j\frac{a_{k\ell}}{a_{kj}} + \cdots + c_{B_m}\left(a_{m\ell} - \frac{a_{k\ell}}{a_{kj}}a_{mj}\right)$$

$$= z_\ell + \frac{a_{k\ell}}{a_{kj}}(c_j - z_j)$$

所以

$$c_\ell - z_\ell^{(1)} = c_\ell - z_\ell - \frac{a_{k\ell}}{a_{kj}}(c_j - z_j)$$

上式表示最后一行也只需要用第 k 行 a_{kj} 作为主元素消元而得，这样运算起来非常方便.

例 1　求解线性规划问题

$$\max z = x_1 + 3x_2$$

$$\text{s.t.} \begin{cases} 2x_1 + 3x_2 \leqslant 8 \\ -x_1 + x_2 \leqslant 1 \\ x_i \geqslant 0, i = 1, 2 \end{cases}$$

解 这个问题是二维情形的线性规划问题,因此也可由图解法解出.可行域是由四条直线构成的四边形区域,不难知道在顶点(1,2)处,达到最优值7.

现在我们利用单纯形表来求解,用来熟悉这一有用工具.通过引进松弛变量,将约束条件等价地变为:

$$\begin{cases} 2x_1 + 3x_2 + x_3 \quad\quad = 8 \\ -x_1 + x_2 + \quad\quad x_4 = 1 \\ x_i \geqslant 0, \quad i = 1,2,3,4 \end{cases}$$

列单纯表如下:

x_B	c_B	x / c / b	x_1 1	x_2 3	x_3 0	x_4 0	β	
x_3	0	8	2	3	1	0	8/3	第一轮
x_4	0	1	-1	1	0	1	1	
		0	1	3	0	0		
x_3	0	5	5	0	1	-3	1	第二轮
x_2	3	1	-1	1	0	1		
		3	4	0	0	-3		
x_1	1	1	1	0	1/5	$-3/5$		第三轮
x_2	3	2	0	1	1/5	2/5		
		7	0	0	$-4/5$	$-3/5$		

上表运算结果表明,

$$x_B = \begin{pmatrix} x_1 \\ x_2 \end{pmatrix} = \begin{pmatrix} 1 \\ 2 \end{pmatrix}$$

是最优解,最优值为7。

例2 求解线性规划问题

$$\max z = 3x_1 + 6x_2 + 2x_3$$

$$\text{s. t.} \begin{cases} 3x_1 + 4x_2 + x_3 \leqslant 2 \\ x_1 + 3x_2 + 2x_3 \leqslant 1 \\ x_i \geqslant 0, i = 1,2,3 \end{cases}$$

解 引进松弛变量 x_4, x_5,原问题等价于求:$\max z = 3x_1 + 6x_2 + 2x_3$

$$\text{s. t.} \begin{cases} 3x_1 + 4x_2 + x_3 + x_4 \quad\quad = 2 \\ x_1 + 3x_2 + 2x_3 + \quad\quad x_5 = 1 \\ x_i \geqslant 0, i = 1,2,3,4,5 \end{cases}$$

列单纯形表如下:

x_B	c_B	x / c / b	x_1	x_2	x_3	x_4	x_5	β	
			3	6	2	0	0		
x_4	0	2	3	4	1	1	0	2/4	第
x_5	0	1	1	3	2	0	1	1/3	一
		0	3	6	2	0	0		轮
x_4	0	2/3	5/3	0	$-5/3$	1	$-4/3$	2/5	第
x_2	6	1/3	1/3	1	2/3	0	1/3	1	二
		2	1	0	-2	0	-2		轮
x_1	3	2/5	1	0	-1	3/5	$-4/5$		第
x_2	6	1/5	0	1	1	$-1/5$	3/5		三
		12/5	0	0	-1	$-3/5$	$-6/5$		轮

因此，$x_1 = \dfrac{2}{5}$，$x_2 = \dfrac{1}{5}$，$x_3 = x_4 = x_5 = 0$，原问题当 $x_1 = \dfrac{2}{5}$，$x_2 = \dfrac{1}{5}$，$x_3 = 0$ 时达到最优解，最优值 $\max z = \dfrac{12}{5}$。

例 3 求 $\max z = 2x_1 + x_2 - x_3$

$$\text{s. t.} \begin{cases} x_1 + x_2 + 2x_3 \leqslant 6 \\ x_1 + 4x_2 - x_3 \leqslant 4 \\ x_1, x_2, x_3 \geqslant 0 \end{cases}$$

解 引进松弛变量，问题等价于

$$\max z = 2x_1 + x_2 - x_3$$

$$\text{s. t.} \begin{cases} x_1 + x_2 + 2x_3 + x_4 = 6 \\ x_1 + 4x_2 - x_3 + x_5 = 4 \\ x_i \geqslant 0, i = 1, 2, 3, 4, 5 \end{cases}$$

列单纯形表如下：

x_B	c_B	x / c / b	x_1	x_2	x_3	x_4	x_5	β
			2	1	-1	0	0	
x_4	0	6	1	1	2	1	0	6
x_5	0	4	1	4	-1	0	1	4
		$z_0 = 0$	2	1	-1	0	0	
x_4	0	2	0	-3	3	1	-1	2/3
x_5	2	4	1	4	-1	0	1	
		8	0	-7	1	0	-2	
x_3	-1	2/3	0	-1	1	1/3	$-1/3$	
x_1	2	14/3	1	3	0	1/3	2/3	
		26/3	0	-6	0	$-1/3$	$-5/3$	

表格运算表明：当 $x_1 = 14/3, x_2 = 0, x_3 = 2/3$ 时,有最优值 26/3.

例 4   求 $\max z = 60x_1 + 120x_2 + 80x_3$

$$\text{s. t.} \begin{cases} 2x_1 + 3x_2 + x_3 \leqslant 4 \\ x_1 + 2x_2 + 3x_3 \leqslant 6 \\ x_1, x_2, x_3 \geqslant 0 \end{cases}$$

解   引进松弛变量,则约束条件等价于

$$\begin{cases} 2x_1 + 3x_2 + x_3 + x_4 \qquad = 4 \\ x_1 + 2x_2 + 3x_3 + \qquad x_5 = 6 \\ x_i \geqslant 0, i = 1,2,3,4,5. \end{cases}$$

建立单纯形表如下,

x_B	c_B	b / c / x	x_1 60	x_2 120	x_3 80	x_4 0	x_5 0	β
x_4	0	4	2	3	1	1	0	4/3
x_5	0	6	1	2	3	0	1	3
		0	60	120	80	0	0	
x_2	120	4/3	2/3	1	1/3	1/3	0	4
x_5	0	10/3	−1/3	0	7/3	−2/3	1	10/7
		160	−20	0	40	−40	0	
x_2	120	6/7	5/7	1	0	3/7	−1/7	
x_3	80	10/7	−1/7	0	1	−2/7	3/7	
		1520/7	−100/7	0	0	−200/7	−120/7	

故当 $x_2 = \dfrac{6}{7}, x_3 = \dfrac{10}{7}$ 时,$\max z = 1520/7$。

例 5   求 $\max z = 2x_1 + 3x_2 + 4x_3$

$$\text{s. t.} \begin{cases} x_1 + x_2 + 2x_3 \leqslant 2 \\ x_1 + 4x_2 - x_3 \leqslant 1 \\ x_1 + 2x_2 - 4x_3 \leqslant 1 \\ x_i \geqslant 0, i = 1,2,3 \end{cases}$$

解   引进松弛变量,

$$\begin{cases} x_1 + x_2 + 2x_3 + x_4 \qquad = 2 \\ x_1 + 4x_2 - x_3 + \qquad x_5 = 1 \\ x_1 + 2x_2 - 4x_3 + \qquad x_6 = 1 \\ x_i \geqslant 0, i = 1,2,\cdots,6 \end{cases}$$

建立如下单纯形表,

x_B	c_B	b	x_1	x_2	x_3	x_4	x_5	x_6	β
			2	3	4	0	0	0	
x_4	0	2	1	1	2	1	0	0	1
x_5	0	1	1	4	-1	0	1	0	
x_6	0	1	1	2	-4	0	0	1	
		0	2	3	4	0	0	0	
x_3	4	1	1/2	1/2	1	1/2	0	0	2
x_5	0	2	3/2	9/2	0	1/2	1	0	4/9
x_6	0	5	3	4	0	2	0	1	5/4
		4	0	1	0	-2	0	0	
x_3	4	7/9	1/3	0	1	4/9	$-1/9$	0	
x_2	3	4/9	1/3	1	0	1/9	2/9	0	
x_6	0	29/9	5/3	0	0	14/9	$-8/9$	0	
		40/9	$-4/3$	0	0	$-22/9$	$-8/9$	0	

（第一轮）

所以当

$$x_1 = x_4 = x_5 = 0, x_2 = \frac{4}{9}, x_3 = \frac{7}{9}, x_6 = \frac{29}{9}$$

时,达到线性规划问题的最优值 $\max z = 2x_1 + 3x_2 + 4x_3 = 40/9$.

例 6 求下列线性规划问题:

$$\max z = 3x_1 + 2x_2 - x_3 + x_4$$

$$\text{s.t.} \begin{cases} 2x_1 - 4x_2 - x_3 + x_4 + x_5 = 8 \\ x_1 + x_2 + 2x_3 - 3x_4 + x_6 = 10 \\ x_1 - x_2 - 4x_3 + x_4 + x_7 = 3 \\ x_i \geqslant 0, i = 1, \cdots, 7 \end{cases}$$

列表如下:

x_B	c_B	b	x_1	x_2	x_3	x_4	x_5	x_6	x_7	β
			3	2	-1	1	0	0	0	
x_5	0	8	2	-4	-1	1	1	0	0	4
x_6	0	10	1	1	2	-3	0	1	0	10
x_7	0	3	1	-1	-4	1	0	0	1	3
		0	3	2	-1	1	0	0	0	
x_5	0	2	0	-2	7	-1	1	0	-2	2/7
x_6	0	7	0	2	6	-4	0	1	-1	7/6

x_1	3	3	1	-1	-4	1	0	0	1
		9	0	5	11	-2	0	0	-3
x_3	-1	2/7	0	$-2/7$	1	$-1/7$	1/7	0	$-2/7$
x_6	0	37/7	0	26/7	0	$-22/7$	$-6/7$	1	5/7	37/26
x_1	3	29/7	1	$-15/7$	0	3/7	4/7	0	$-1/7$
		85/7	0	57/7	0	3/7	4/7	0	1/7
x_3	-1		0	0	1	$-5/13$	1/13		
x_2	2		0	1	0	$-3/13$	$-3/13$		
x_1	3		1	0	0	$-18/13$	—		
			0				84/13		

由于最后一行出现一个为正的数据 84/13,且其所在列的数据均为负数,所以原问题无解.

关于防止单纯形循环的注记 在某些问题中,当运用单纯形表求解时,可能出现循环表,见习题 4. 为避免这种出现循环状况,Bland 提出以下规则:

在每一步迭代时,

1. 选下标最小的正检验数 ζ_j 所对应的非基变量 x_j 作为进入基变量;

2. 决定退出基变量 x_l 时,如果同时有几个 $\bar{b}_r/\bar{a}_{rj}$ 达到最小,就选其中下标最小的那个基变量作为退出基变量.

当遵循 Bland 规则进行迭代时,就不会出现循环.

§2.5 对于有"$\geqslant$"及"$=$"的约束条件的线性规划问题

前面所及的线性规划问题,都只涉及"$\leqslant$"的约束条件,因此引进松弛变量后,初始基构成的矩阵都是单位阵. 对于混合型的线性规划问题,应该怎样处理,使得约束条件的系数矩阵能照样出现单位阵,这是本节的目的.

例 1 考虑线性规划问题:

$$\max z = 5x_1 + 3x_2$$

$$\text{s. t.} \begin{cases} 2x_1 + 3x_2 \leqslant 30 \\ 3x_1 + 2x_2 = 24 \\ x_1 + x_2 \geqslant 3 \\ x_1, x_2 \geqslant 0 \end{cases} \tag{1}$$

解 分别在第一、第三约束条件中引进松弛变量与剩余变量,即得下列等价形式的约束条件:

$$\begin{cases} 2x_1 + 3x_2 + x_3 = 30 \\ 3x_1 + 2x_2 = 24 \\ x_1 + x_2 - x_4 = 3 \\ x_1, x_2, x_3, x_4 \geqslant 0 \end{cases} \tag{2}$$

上述等价形式的约束条件从形式上看确是标准形式的线性规划问题,但是由于约束条件的系数矩阵中没有出现单位阵,所以不能直接应用单纯形表求解. 因此,我们引进人工变量来处理这一困难. 约束条件(1)等价于

$$\begin{cases} 2x_1 + 3x_2 + x_3 = 30 \\ 3x_1 + 2x_2 + x_4 = 24 \\ x_1 + x_2 - x_5 + x_6 = 3 \\ x_i \geqslant 0, i = 1, \cdots, 6 \end{cases} \tag{3}$$

其中 x_4, x_6 称为**人工变量**. 从数学的角度看,x_4, x_6 为零,似乎(2)与(3)没有区别,但是由于(3)中的系数矩阵出现了单位阵,这就给单纯形表的运算创造了好的条件. 当然这两个变量最先作为初始基变量的,最后都将退出.

根据约束条件(3),列出单纯形表如下:

x_B	c_B	b	x_1 5	x_2 3	x_3 0	x_4 0	x_5 0	x_6 0	β
x_3	0	30	2	3	1	0	0	0	15
x_4	0	24	3	2	0	1	0	0	8
x_6	0	3	1	1	0	0	-1	1	3
		0	5	3	0	0	0	0	0
x_3	0	24	0	1	1	0	2	0	12
x_4	0	15	0	-1	0	1	3	-3	5
x_1	5	3	1	1	0	0	-1	1	
		15	0	-2	0	0	5	-6	
x_3	0	14	0	5/3	1	$-2/3$	0	0	
x_5	0	5	0	$-1/3$	0	1/3	1	-1	
x_1	5	8	1	2/3	0	1/3	0	0	
		40	0	$-1/3$	0	$-5/3$	0	-1	

从上表运算得出结论:当 $x_1 = 8, x_2 = 0$ 时,线性规划问题达到最优值 $\max z = 40$.

例 2 求 $\max z = 2x_1 + x_2$

$$\text{s. t.} \begin{cases} x_1 + 2x_2 + x_3 = 10 \\ x_1 + x_2 + x_4 = 6 \\ x_1 - x_2 + x_5 = 2 \\ 0 \leqslant x_1 \leqslant 3, 0 \leqslant x_2 \leqslant 2, x_3, x_4, x_5 \geqslant 0 \end{cases}$$

解 可以通过引进两个松弛变量将约束条件化等价地为如下标准形式：

$$\begin{cases} x_1 + 2x_2 + x_3 & = 10 \\ x_1 + x_2 + \quad x_4 & = 6 \\ x_1 - x_2 + \quad\quad x_5 & = 2 \\ x_1 + \quad\quad\quad x_6 & = 3 \\ \quad x_2 + \quad\quad\quad x_7 & = 2 \\ x_i \geqslant 0, i = 1, \cdots, 7 \end{cases}$$

依据上述标准形式地约束条件,列单纯形表:

x_B	c_B	x / c / b	x_1	x_2	x_3	x_4	x_5	x_6	x_7	β
			2	1	0	0	0	0	0	
x_3	0	10	1	2	1	0	0	0	0	10
x_4	0	6	1	1	0	1	0	0	0	6
x_5	0	2	1	−1	0	0	1	0	0	2
x_6	0	3	1	0	0	0	0	1	0	3
x_7	0	2	0	1	0	0	0	0	1	
		0	2	1	0	0	0	0	0	
x_3	0	8	1	3	1	0	−1	0	0	8/3
x_4	0	4	0	2	0	1	−1	0	0	2
x_1	2	2	1	−1	0	0	1	0	0	
x_6	0	1	0	1	0	0	−1	1	0	1
x_7	0	2	0	1	0	0	0	0	1	2
		4	0	3	0	0	−2			
x_3	0	5	0	0	1	0	2	−3	0	5/2
x_4	0	2	0	0	0	1	−1	−2	0	2
x_1	2	3	1	0	0	0	0	1	0	
x_2	1	1	0	1	0	0	−1	1	0	
x_7	0	1	0	0	0	0	1	−1	1	1
		7	0	0	0	0	1	−3	0	
x_3	0	3	0	0	1	0	0	−1	−2	
x_4	0	1	0	0	0	1	0	1	−1	
x_1	2	3	1	0	0	0	0	1	0	
x_2	1	2	0	1	0	0	0	0	1	
x_5	0	1	0	0	0	0	1	−1	1	
		8	0	0	0	0	0	−2	−1	

结论:当 $x_1 = 3, x_2 = 2, x_3 = 3, x_4 = 1, x_5 = 1$ 时,最优值

$$\max z = 2x_1 + x_2 = 8.$$

§2.6 约束条件中常数向量 b 中分量出现负数情况

如下表,向量 b 中出现负元素 $b_r < 0$,如果在 b_r 对应的行中,所有的 $a_{rj} \geqslant 0$,则本问题无解,因为反映在约束条件中有

$$\sum_{j=1}^{n} a_{rj} x_j = b_r$$

等式的左边为非负的,而右边为负数,矛盾,所以此时无可行解.

表 1

x_B	C_B	 b ⟍ x ⟍ c	x_1 c_1	x_2 c_2	$\cdots$	x_k c_k	$\cdots$	x_n c_n	β
x_{B1}	C_{B1}	b_1	a_{11}	a_{12}	$\cdots$	a_{1k}	$\cdots$	a_{1n}	
x_{B2}	C_{B2}	b_2	a_{21}	a_{22}	$\cdots$	a_{2k}	$\cdots$	a_{2n}	
$\vdots$									
x_{Br}	C_{Br}	$b_r(<0)$	a_{r1}	a_{r2}	$\cdots$	a_{rk}	$\cdots$	a_{rn}	
$\vdots$									
x_{Bm}	C_{Bm}	b_m	a_{m1}	a_{m2}	$\cdots$	a_{mk}	$\cdots$	a_{mn}	
		z_0	$c_1 - z_1$	$c_2 - z_2$	$\cdots$	$c_k - z_k$	$\cdots$	$c_n - z_n$	

若 b_r 对应的行中,存在 $a_{rk} < 0$,则以 a_{rk} 为主元素对上表进行消元如下:

表 2

x_B	C_B	 b ⟍ x ⟍ c	x_1 c_1	x_2 c_2	$\cdots$	x_k c_k	$\cdots$	x_n c_n	β
x_{B1}	C_{B1}	$b_1 - \dfrac{b_r}{a_{rk}} a_{1k}$	$a_{1h} - \dfrac{a_{rh}}{a_{rk}} a_{1k}$			0			
x_{B2}	C_{B2}	$b_2 - \dfrac{b_r}{a_{rk}} a_{2k}$	$a_{2h} - \dfrac{a_{rh}}{a_{rk}} a_{2k}$			0			
$\vdots$									
x_{Br}	C_{Br}	b_r / a_{rk}	$\dfrac{a_{rh}}{a_{rk}}$			1			
$\vdots$									
x_{Bm}	C_{Bm}	b_m	$a_{mh} - \dfrac{a_{rh}}{a_{rk}} a_{mk}$			0			
		$\bar{z}$	$c_1 - \bar{z}_1$	$c_2 - \bar{z}_2$	$\cdots$	$c_k - \bar{z}_k$	$\cdots$	$c_n - \bar{z}_n$	

其中

$$c_h - \bar{z}_h = c_h - z_h - \frac{a_{rh}}{a_{rk}}(c_k - z_k), \bar{z} = z - \frac{b_r}{a_{rk}}(c_k - z_k)$$

此时 x_h 进入，x_{Br} 退出，退出理由为 $(b_1, b_2, \cdots, b_r, \cdots, b_m)$ 不是可行解. 如此反复进行，直到向量 b 为非负向量.

例 1　$\min z = x_1 + 3x_2 + 2x_3$

$$\text{s. t.} \begin{cases} 6x_1 + 3x_2 - 4x_3 \leqslant 8 \\ 3x_1 + x_2 - 3x_3 \geqslant 2 \\ x_1, x_2, x_3 \geqslant 0 \end{cases}$$

解　$\max w = -x_1 - 3x_2 - 2x_3$

$$\text{s. t.} \begin{cases} 6x_1 + 3x_2 - 4x_3 \leqslant 8 \\ -3x_1 - x_2 + 3x_3 \leqslant -2 \\ x_1, x_2, x_3 \geqslant 0 \end{cases}$$

引进松弛变量 x_4, x_5，等价于下列约束条件

$$\begin{cases} 6x_1 + 3x_2 - 4x_3 + x_4 \quad\quad = 8 \\ -3x_1 - x_2 + 3x_3 + \quad\quad x_5 = -2 \\ x_1, x_2, x_3, x_4, x_5 \geqslant 0 \end{cases}$$

根据上述线性规划问题列出单纯形表：

x_B	C_B	$\dfrac{x}{c}$ b	x_1 -1	x_2 -3	x_3 -2	x_4 0	x_5 0	β
x_4	0	8	6	3	-4	1	0	
x_5	0	-2	-3	-1	3	0	1	
			-1	-3	-2	0	0	
x_4	0	4	0	1	2	1	2	
x_1	-1	2/3	1	$\frac{1}{3}$	-1	0	$-\frac{1}{3}$	
		$-2/3$	0	$-\frac{8}{3}$	-3	0	$-\frac{1}{3}$	

结论：$x_1 = \dfrac{2}{3}, x_4 = 4, x_2 = x_3 = x_5 = 0$ 时，$\min z = \dfrac{2}{3}$.

例 2　$\min S = -x_1 + 2x_2 + x_3$

$$\text{s. t.} \begin{cases} 2x_1 - x_2 + x_3 = 4 \\ x_1 - 2x_2 + 2x_3 \geqslant 6 \\ x_1, x_2 \geqslant 0, \end{cases}$$

其中 x_3 为自由变量.

解　令 $x_1 = u_1, x_2 = u_2, x_3 = u_3 - u_4, u_i \geqslant 0$，则问题转化为

$$\max z = u_1 - 2u_2 - u_3 + u_4$$

$$\text{s. t.} \begin{cases} 2u_1 - u_2 + u_3 - u_4 = 4 \\ -u_1 + 2u_2 - 2u_3 + 2u_4 \leqslant -6 \\ u_i \geqslant 0 \end{cases}$$

再引进人工变量 u_5 及松弛变量 u_6，得等价的约束条件

$$\text{s. t.} \begin{cases} 2u_1 - u_2 + u_3 - u_4 + u_5 = 4 \\ -u_1 + 2u_2 - 2u_3 + 2u_4 \quad + u_6 = -6 \\ u_i \geqslant 0 \end{cases}$$

u_B	C_B	$\begin{matrix}x\\c\\b\end{matrix}$	u_1	u_2	u_3	u_4	u_5	u_6	β
			1	-2	-1	1	0	0	
u_5	0	4	2	-2	1	-1	1	0	
u_6	0	-6	-1	2	-2	2	0	1	
		0	1	-2	-1	1	0	0	
u_5	0	-8	0	2	-3	3	1	2	
u_1	1	6	1	-2	2	-2	0	-1	
		6	0	0	-3	3	0	1	
u_3	-1	$\dfrac{8}{3}$	0	-1	1	-1	$-\dfrac{1}{3}$	$-\dfrac{1}{3}$	
u_1	1	$\dfrac{2}{3}$	1	0	0	0	$\dfrac{2}{3}$	$\dfrac{1}{3}$	
		-2	0	-3	0	0	-1	-1	

所以，当 $u_1 = \dfrac{2}{3}, u_3 = \dfrac{8}{3}, u_2 = u_4 = u_5 = u_6 = 0$ 时，$\max z = -2$. 即当 $x_1 = \dfrac{2}{3}, x_2 = 0, x_3 = \dfrac{8}{3}$ 时，$\min S = 2$.

习题 2

1. 判断下列集合是否为凸集：

(1) $X = \{(x_1, x_2, x_3) \mid x_1 + x_2 + x_3 \leqslant 6, -x_1 + x_2 + 3x_3 \leqslant 2, x_1, x_2, x_3 \geqslant 0\}$

(2) $X = \{(x_1, x_2, \cdots, x_n) \mid \sum\limits_{i=1}^{n} x_i^2 \leqslant 2\}$

2. 求 $\max z = 7x_1 + 5x_2$

$$\text{s. t.} \begin{cases} x_1 + x_2 \leqslant 28 \\ 4x_1 + x_2 \leqslant 42 \\ x_1, x_2 \geqslant 0 \end{cases}$$

3. 求 $\min z = -x_1 + x_2$

$$\text{s. t.} \begin{cases} -x_1 + x_2 + x_3 = 2 \\ 2x_1 - x_2 + x_4 = 2 \\ x_i \geqslant 0 \end{cases}$$

4. 求 $\max z = x_1 + 2x_2 + x_3$

s. t. $\begin{cases} x_1 + 4x_2 + 6x_3 \leqslant 4 \\ -x_1 + x_2 + 4x_3 \leqslant 1 \\ x_1 + 3x_2 + x_3 \leqslant 6 \\ x_1, x_2, x_3 \geqslant 0 \end{cases}$

5. 求 $\max z = 2x_1 + 3x_2 + 4x_3$

s. t. $\begin{cases} x_1 + x_2 + 2x_3 \leqslant 2 \\ x_1 + 4x_2 - x_3 \leqslant 1 \\ x_1 + 2x_2 - 4x_3 \leqslant 1 \\ x_1, x_2, x_3 \geqslant 0 \end{cases}$

6. 求 $\min z = -2x_1 + 4x_2 + 7x_3 + x_4 + 5x_5$

s. t. $\begin{cases} -x_1 + x_2 + 2x_3 + x_4 + 2x_5 \leqslant 7 \\ -x_1 + 2x_2 + 3x_3 + x_4 + x_5 \leqslant 6 \\ -x_1 + 2x_2 + 3x_3 + x_4 + x_5 \leqslant 6 \\ -x_1 + x_2 + x_3 + 2x_4 + x_5 \leqslant 4 \\ x_i \geqslant 0 \end{cases}$

7. 求 $\max z = x_1 + x_2 + 3x_3$

s. t. $\begin{cases} x_1 + x_2 + x_3 \leqslant 12 \\ -x_1 + x_2 \leqslant 5 \\ x_2 + 2x_3 \leqslant 8 \\ 0 \leqslant x_1 \leqslant 3, 0 \leqslant x_2 \leqslant 6, 0 \leqslant x_3 \leqslant 4 \end{cases}$

8. 求 $\max z = 3x_1 + 6x_2$

s. t. $\begin{cases} x_1 + 2x_2 \geqslant 6 \\ 3x_1 + x_2 \geqslant 9 \\ 7x_1 + 5x_2 \leqslant 35 \\ x_1, x_2 \geqslant 0 \end{cases}$

9. 求 $\min S = -x_1 + 2x_2 + x_3$

s. t. $\begin{cases} 2x_1 - x_2 + x_3 \geqslant -4 \\ x_1 + 2x_2 = 6 \\ x_1, x_2, x_3 \geqslant 0 \end{cases}$

10. 求 $\min S = x_1 + x_2 + x_3$

s. t. $\begin{cases} 9x_1 + 5x_2 = 14 \\ x_1 + 3x_2 - 2x_3 = 2 \\ 3x_1 - 2x_2 + 3x_3 = 4 \\ x_1, x_2, x_3 \geqslant 0 \end{cases}$

11. 求 $\min S = -\dfrac{3}{4}x_1 + 20x_2 - \dfrac{1}{2}x_3 + 6x_4$

s. t. $\begin{cases} \dfrac{1}{4}x_1 - 8x_2 - x_3 + 9x_4 \leqslant 0 \\[2mm] \dfrac{1}{2}x_1 - 12x_2 - \dfrac{1}{2}x_3 + 3x_4 \leqslant 0 \\[2mm] x_3 \leqslant 1 \\[1mm] x_1, x_2, x_3, x_4 \geqslant 0 \end{cases}$

第三章 对偶问题和对偶原理

§3.1 对偶问题

我们把线性规划问题：

求 $\max z = \sum\limits_{j=1}^{n} c_j x_j$

$$\text{s. t.} \begin{cases} \sum\limits_{j=1}^{n} a_{ij} x_j \leqslant b_i, i = 1,2,\cdots,m \\ x_j \geqslant 0, j = 1,2,\cdots,n \end{cases} \tag{I}$$

与线性规划问题

求 $\min w = \sum\limits_{i=1}^{m} b_i y_i$

$$\text{s. t.} \begin{cases} \sum\limits_{i=1}^{m} a_{ij} y_i \geqslant c_j, j = 1,2,\cdots,n \\ y_i \geqslant 0, \ i = 1,2,\cdots,m \end{cases} \tag{II}$$

称为互为对偶的线性规划问题.

在本章,我们一般称(I)为**原问题**,而称(II)为**对偶问题**,将原问题中的变量称为**原变量**,对偶问题中的变量称为**对偶变量**.

用矩阵形式表示

原问题：

$\max z = cx$

$$\text{s. t.} \begin{cases} Ax \leqslant b \\ x \geqslant 0 \end{cases}$$

对偶问题：

$\min w = yb$

$$\text{s. t.} \begin{cases} yA \geqslant c \\ y \geqslant 0 \end{cases}$$

其中

$$A = (a_{ij})_{m \times n}, \ c = (c_1, c_2, \cdots, c_n), \ b = (b_1, b_2, \cdots, b_m)^{\mathrm{T}}$$
$$x = (x_1, x_2, \cdots, x_n)^{\mathrm{T}}, \ y = (y_1, y_2, \cdots, y_m)$$

例 1 原问题：

$\max z = 3x_1 + 6x_2 + 2x_3$

对偶问题：

$\min w = 2y_1 + y_2$

$$\text{s. t.} \begin{cases} 3x_1 + 4x_2 + x_3 \leqslant 2 \\ x_1 + 3x_2 + 2x_3 \leqslant 1 \\ x_i \geqslant 0, i = 1,2,3 \end{cases}$$

$$\text{s. t.} \begin{cases} 3y_1 + y_2 \geqslant 3 \\ 4y_1 + 3y_2 \geqslant 6 \\ y_1 + 2y_2 \geqslant 2 \\ y_1, y_2 \geqslant 0 \end{cases}$$

例 2　原问题：

$$\min z = 6y_1 + 4y_2$$

$$\text{s. t.} \begin{cases} y_1 + y_2 \geqslant 2 \\ y_1 + 4y_2 \geqslant 1 \\ 2y_1 - y_2 \geqslant -1 \\ y_1, y_2 \geqslant 0 \end{cases}$$

对偶问题：

$$\max w = 2x_1 + x_2 - x_3$$

$$\text{s. t.} \begin{cases} x_1 + x_2 + 2x_3 \leqslant 6 \\ x_1 + 4x_2 - x_3 \leqslant 4 \\ x_i \geqslant 0, i = 1,2,3 \end{cases}$$

互为对偶关系

对偶问题本身也是一个线性规划问题，如果将其作为原问题，则它也应该有自己的对偶问题，可以说明对偶问题的对偶问题本质上是原问题. 我们以下面为例，将对偶问题

$$\min w = yb$$

$$\text{s. t.} \begin{cases} yA \geqslant c \\ y \geqslant 0 \end{cases}$$

等价地改写成

$$\max w = -\sum_{i=1}^{m} b_i y_i$$

$$\text{s. t.} \begin{cases} -\sum_{i=1}^{m} a_{ij} y_i \leqslant -c_j, j = 1,2,\cdots,n \\ y_i \geqslant 0, \quad i = 1,2,\cdots,m \end{cases}$$

则其对偶问题为：

$$\min z = \sum_{j=1}^{n} -c_j x_j$$

$$\text{s. t.} \begin{cases} \sum_{j=1}^{n} -a_{ij} x_j \geqslant -b_i, i = 1,2,\cdots,m \\ x_j \geqslant 0, j = 1,2,\cdots,n \end{cases}$$

即

$$\max z = \sum_{j=1}^{n} c_j x_j$$

$$\text{s. t.} \begin{cases} \sum_{j=1}^{n} a_{ij} x_j \leqslant b_i, i = 1,2,\cdots,m \\ x_j \geqslant 0, j = 1,2,\cdots,n \end{cases}$$

对偶问题的背景及意义

用下例说明.

例 3　设某工厂甲生产 3 种产品：P_1, P_2, P_3, P_1, P_2 和 P_3 产品的单位利润分别为 60，30，20. 三种产品占用 3 种机器的时间（小时）如下表：

产品 机器	P_1	P_2	P_3	各种机器每天最 大工作时限
m_1	8	6	1	8
m_2	4	2	1.5	20
m_3	2	1	0.5	8

对于工厂甲来说,要在约束条件下,求得每天最大利润,若设 P_1,P_2,P_3 的产量分别为 x_1,x_2,x_3,则问题为求 $\max z = 60x_1 + 30x_2 + 20x_3$

$$\text{s. t.} \begin{cases} 8x_1 + 6x_2 + x_3 \leqslant 8 \\ 4x_1 + 2x_2 + 1.5x_3 \leqslant 20 \\ 2x_1 + x_2 + 0.5x_3 \leqslant 8 \\ x_i \geqslant 0, i = 1,2,3 \end{cases}$$

如果工厂甲的决策者决定不再生产这三类产品,将生产产品的有效台时,用于接收外协加工或租让给其他厂.此时另有一厂乙,准备向甲租用所有机器,此时租让的价格问题就成为双方能达成协议的一个关键.从乙厂来看,最关心租金如何达到最少,但又应考虑使甲厂利润得到保证.假设 y_1,y_2,y_3 分别表示对 m_1,m_2,m_3 的单位时间租金,则双方可接受的价格问题为

求
$$\min w = 8y_1 + 20y_2 + 8y_3$$

$$\text{s. t.} \begin{cases} 8y_1 + 4y_2 + 2y_3 \geqslant 60 \\ 6y_1 + 2y_2 + y_3 \geqslant 30 \\ y_1 + 1.5y_2 + 0.5y_3 \geqslant 20 \\ y_1, y_2, y_3 \geqslant 0 \end{cases}$$

于是这个问题从不同的两个角度,制定出两个生产方案,构成了线性规划问题的对偶问题.

原问题与对偶问题存在一般的对偶关系.原问题的第 i 个等式约束条件对应于对偶问题的第 i 个变量无约束,反之亦然.我们将这样的对应关系归结如下表.

对偶转化表

原问题(max)	对偶问题(min)
第 i 个约束 $\leqslant$	第 i 个变量 $\geqslant 0$
第 i 个约束 $\geqslant$	第 i 个变量 $\leqslant 0$
第 i 个约束 $=$	第 i 个变量无约束
第 j 个变量 $\geqslant$	第 j 个约束 $\geqslant$
第 j 个变量 $\leqslant$	第 j 个约束 $\leqslant$
第 j 个变量无约束	第 j 个约束 $=$

我们通过一则例子来说明其中的一个转换对应关系.

例 4 求下列问题的对偶问题:
$$\max z = 3x_1 + 6x_2 + 2x_3 + 4x_4$$
$$\text{s. t.} \begin{cases} 3x_1 + 4x_2 + x_3 + x_4 = 2 \\ x_1 + 3x_2 + 2x_3 + x_4 = 1 \\ x_i \geqslant 0, i = 1,2,3,4 \end{cases}$$

解　一个等式可以等价地用两个不等式来表示,其实上述约束条件等价于

$$\begin{cases} 3x_1 + 4x_2 + x_3 + x_4 \leqslant 2 \\ -3x_1 - 4x_2 - x_3 - x_4 \leqslant -2 \\ x_1 + 3x_2 + 2x_3 + x_4 \leqslant 1 \\ -x_1 - 3x_2 - 2x_3 - x_4 \leqslant -1 \\ x_i \geqslant 0, i = 1,2,3,4 \end{cases}$$

那么对偶问题就是

$$\min w = 2u_1 - 2u_2 + u_3 - u_4$$

$$\text{s. t.} \begin{cases} 3u_1 - 3u_2 + u_3 - u_4 \geqslant 3 \\ 4u_1 - 4u_2 + 3u_3 - 3u_4 \geqslant 6 \\ u_1 - u_2 + 2u_3 - 2u_4 \geqslant 2 \\ u_1 - u_2 + u_3 - u_4 \geqslant 4 \\ u_i \geqslant 0, i = 1,2,3,4 \end{cases}$$

若设 $y_1 = u_1 - u_2, y_2 = u_3 - u_4$,则 y_1, y_2 就是自由无约束的变量,而且对偶问题化为

$$\min w = 2y_1 + y_2$$

$$\text{s. t.} \begin{cases} 3y_1 + y_2 \geqslant 3 \\ 4y_1 + 3y_2 \geqslant 6 \\ y_1 + 2y_2 \geqslant 2 \\ y_1 + y_2 \geqslant 4 \\ y_1, y_2 \in \mathbf{R} \end{cases}$$

约束条件中的最后一个 $y_1, y_2 \in \mathbf{R}$ 表明 y_1, y_2 是自由无约束的变量.

§3.2　对偶性质

本节通过研究对偶性质,给出一个法则,当对偶问题得到最优解时,原问题怎样自动地从对偶问题的解得到最优解.我们仍然考虑如下的原问题与对偶问题.

原问题:

$$\max z = cx$$

$$\text{s. t.} \begin{cases} Ax \leqslant b \\ x \geqslant 0 \end{cases}$$

对偶问题:

$$\min w = yb$$

$$\text{s. t.} \begin{cases} yA \geqslant c \\ y \geqslant 0 \end{cases}$$

定理1(弱对偶性质)　若 $\bar{x}_j (j = 1, \cdots, n)$ 是原问题的可行解,$\bar{y}_i (i = 1, \cdots, m)$ 是对偶问题的可行解,则

$$\sum_{j=1}^{n} c_j \bar{x}_j \leqslant \sum_{i=1}^{m} b_i \bar{y}_i \tag{1}$$

证明　由于　$\sum_{j=1}^{n} a_{ij} \bar{x}_j \leqslant b_i, i = 1,2,\cdots,m, \bar{x}_j \geqslant 0$

$$\sum_{i=1}^{n} a_{ij} \bar{y}_i \geqslant c_i, i = 1,2,\cdots,n, \bar{y}_i \geqslant 0$$

原问题第 i 个约束条件乘以 $\bar{y}_i$，相加得

$$\sum_{i=1}^{m} \bar{y}_i \sum_{j=1}^{n} a_{ij} \bar{x}_j = \sum_{i=1}^{m} \sum_{j=1}^{n} a_{ij} \bar{x}_j \bar{y}_i \leqslant \sum_{i=1}^{m} b_i \bar{y}_i \tag{2}$$

对偶问题第 j 个约束条件乘以 $\bar{x}_j$，相加得

$$\sum_{j=1}^{n} \bar{x}_j \sum_{i=1}^{m} a_{ij} \bar{y}_i = \sum_{i=1}^{m} \sum_{j=1}^{n} a_{ij} \bar{x}_j \bar{y}_i \geqslant \sum_{i=1}^{m} c_j \bar{x}_j \tag{3}$$

由 (2)，(3) 得

$$\sum_{j=1}^{n} c_j \bar{x}_j \leqslant \sum_{i=1}^{m} b_i \bar{y}_i$$

推论 1　若上述不等式取等号，则 $\bar{x}, \bar{y}$ 分别是各自问题的最优解.

定理 2（强对偶性质）　若 x, y 分别是原问题和对偶问题的最优解，则 $cx = yb$

证明　根据假设，x 是原问题的最优解，故

$$\max z = Cx$$

$$\begin{cases} Ax \leqslant b \\ x \geqslant 0 \end{cases}$$

同理 y 满足 $\min w = yb$，

$$\begin{cases} yA \geqslant c \\ y \geqslant 0 \end{cases}$$

对原问题引进松弛变量 x_s，使

$$\max z = (C \quad 0) \begin{pmatrix} x \\ x_s \end{pmatrix}$$

$$\text{s. t.} \begin{cases} (A \quad I) \begin{pmatrix} x \\ x_s \end{pmatrix} = b \\ x \geqslant 0, \quad x_s \geqslant 0 \end{cases}$$

设 $(A \quad I) = (\alpha_1, \alpha_2, \cdots, \alpha_{n+m})$，设 B 为原问题最优解的基矩阵，则 $x = C_B B^{-1} \alpha_j, j = 1, 2, \cdots, n+m$.

令 $\tilde{y} = C_B B^{-1}$，可证 $\tilde{y}$ 是对偶问题的可行解.

因为 B 最优解基矩阵，故 $c_j - z_j \leqslant 0, j = 1, 2, \cdots, n+m$. 即

$$C_B B^{-1} \alpha_j \geqslant c_j, j = 1, 2, \cdots, n+m$$

因此，$C_B B^{-1}(A \quad I) \geqslant (C \quad 0)$，即

$$\begin{cases} C_B B^{-1} A \geqslant C \\ C_B B^{-1} \geqslant 0 \end{cases}$$

因此

$$\begin{cases} \tilde{y} A = C_B B^{-1} A \geqslant C \\ \tilde{y} = C_B B^{-1} \geqslant 0 \end{cases}$$

这说明 $\tilde{y}$ 是对偶问题可行解. 另一方面，因为

$$\tilde{y} b = C_B B^{-1} b = C_B (B^{-1} b) = C_B x_B = Cx$$

根据弱对偶性质的推论，$\tilde{y}, x$ 是各对应问题的最优解，因此，

$$yb = \tilde{y} b = cx$$

注 1 定理 2 的证明过程**提供了对偶问题求解法则**,若当 $x = B^{-1}b$ 时,$z = Cx$ 达最大,则 $y = C_B B^{-1}$ 时,$w = yb$ 达最小.

注 2 单纯形表运算结束后的最后一行的第 j 个数据为 $c_j - C_B B^{-1}\alpha_j$. 由于单纯形表中的初始基一般选取松弛变量,因此松弛变量下所对应的数据依此应为 $c_j = 0, \alpha_j = e_j$,所以,$c_j - C_B B^{-1}\alpha_j = -C_B B^{-1}e_j$. 这样,松弛变量下所对应的数据全体构成的行向量为 $-C_B B^{-1}$.

注 3 结合注 1 和注 2,我们就知道在得到对偶问题的最优解后,在最后一行松弛变量下所对应的地方,找到原问题的最优解.

§3.3 利用对偶单纯形求解

例 1 求 $\min w = y_1 + 2y_2$

$$\text{s. t.} \begin{cases} 3y_1 + 4y_2 \geqslant 6 \\ y_1 + 3y_2 \geqslant 3 \\ 2y_1 + y_2 \geqslant 2 \\ y_1, y_2 \geqslant 0 \end{cases}$$

解 如果对此问题引入剩余变量与人工变量,则需要增加 6 个变量,将使问题变复杂,运算量也随之大大增加. 现在利用其对偶问题进行求解. 其对偶问题为

$$\max z = 6x_1 + 3x_2 + 2x_3$$

$$\text{s. t.} \begin{cases} 3x_1 + x_2 + 2x_3 \leqslant 1 \\ 4x_1 + 3x_2 + x_3 \leqslant 2 \\ x_1, x_2, x_3 \geqslant 0 \end{cases}$$

引进松弛变量,约束条件化为

$$\text{s. t.} \begin{cases} 3x_1 + x_2 + 2x_3 + x_4 = 1 \\ 4x_1 + 3x_2 + x_3 + x_5 = 2 \\ x_i \geqslant 0, i = 1, 2, 3, 4, 5 \end{cases}$$

x_B	C_B	b / c / x	x_1 6	x_2 3	x_3 2	x_4 0	x_5 0	β
x_4	0	1	3	1	2	1	0	1/3
x_5	0	2	4	3	1	0	1	1/2
		0	6	3	2	0	0	
x_1	6	$\frac{1}{3}$	1	$\frac{1}{3}$	$\frac{2}{3}$	$\frac{1}{3}$	0	1
x_5	0	$\frac{2}{3}$	0	$\frac{5}{3}$	$-\frac{5}{3}$	$-\frac{4}{3}$	1	$\frac{2}{5}$
		2	0	1	-2	-2	0	
x_1	6	$\frac{1}{5}$	1	0	1	$\frac{3}{5}$	$-\frac{1}{5}$	

x_B	C_B	b c x	x_1 6	x_2 3	x_3 2	x_4 0	x_5 0	β
x_2	3	$\frac{2}{5}$	0	1	-1	$-\frac{4}{5}$	$\frac{3}{5}$	
		$\frac{12}{5}$	0	0	-1	$-\frac{6}{5}$	$-\frac{3}{5}$	

所以,当 $(x_1,x_2,x_3)=(\frac{1}{5},\frac{2}{5},0)$ 时,$\max z=6x_1+3x_2+2x_3=\frac{12}{5}$;对应的,当

$(y_1,y_2)=(\frac{6}{5},\frac{3}{5})$ 时,$\min w=y_1+2y_2=\frac{12}{5}$.

习题 3

1. 求下列线性规划问题的对偶问题

(1) $\max z=3x_1-x_2+2x_3$

$$\text{s. t.}\begin{cases}3x_1-4x_2+x_3\leqslant-2\\x_1+3x_2+2x_3\leqslant3\\x_i\geqslant0,i=1,2,3\end{cases}$$

(2) $\min z=2x_1-2x_2+x_3-x_4$

$$\text{s. t.}\begin{cases}3x_1+4x_2+x_3+x_4\leqslant10\\x_1+3x_2+2x_3+x_4\geqslant6\\x_1-x_2-3x_3+2x_4\leqslant-1\\x_i\geqslant0,i=1,2,3,4.\end{cases}$$

(3) $\min z=x_1-2x_2+3x_3+5x_4$

$$\text{s. t.}\begin{cases}x_1+x_2+x_3+x_4=2\\3x_1-2x_2\geqslant4\\3x_1-5x_4\leqslant2\end{cases}$$

$x_1,x_2\geqslant0,x_3,x_4$ 无非负限制.

2. 线性规划问题:

$$\min w=8y_1+9y_2$$

$$\text{s. t.}\begin{cases}y_1+2y_2\geqslant1\\2y_1+y_2\geqslant2\\3y_1+3y_2\geqslant4\\y_1,\ y_2\geqslant0\end{cases}$$

求其对偶问题以及对偶问题的最优解,根据对偶问题的最优解,求原问题的最优解.

3. 求 $\max z=-2x_1-x_2$

$$\text{s. t.} \begin{cases} -4x_1 + 3x_2 - x_3 \geqslant 16 \\ x_1 + 6x_2 + 3x_3 \geqslant 12 \\ x_i \geqslant 0, \quad i = 1,2,3 \end{cases}$$

4. $\min z = 2x_1 + 3x_2 + 5x_3 + 6x_4$

$$\text{s. t.} \begin{cases} x_1 + 2x_2 + 3x_3 + x_4 \geqslant 2 \\ -2x_1 + x_2 - x_3 + 3x_4 \leqslant -3 \\ x_i \geqslant 0, \quad i = 1,2,3,4 \end{cases}$$

(1) 写出该线性规划问题的对偶问题；

(2) 用图解法求出对偶问题的解；

(3) 直接用单纯形法解该线性规划问题,试比较两种不同解法的结果.

第四篇 复变函数

第一章 复 数

§1.1 复数及其几何表示

复变函数论产生于 18 世纪. 1774 年, 欧拉在他的一篇论文中考虑了由复变函数的积分导出的两个方程. 而比他更早时, 法国数学家达朗贝尔在他的关于流体力学的论文中, 就已经得到了它们. 因此, 后来人们提到这两个方程, 把它们叫做"达朗贝尔－欧拉方程". 到了十九世纪, 上述两个方程在柯西和黎曼研究流体力学时, 作了更详细的研究, 所以这两个方程也被叫做"柯西－黎曼条件".

单复变函数的理论基础是在 19 世纪由柯西、魏尔斯特拉斯和黎曼所奠定的. 柯西的积分理论, 魏尔斯特拉斯的无穷级数理论和黎曼的共形(保角)映射理论构成优美的单复变函数论. 复变函数论在数学领域的许多分支都有深刻的应用, 已经深入到微分方程、积分方程、概率论和数论等学科, 对它们的发展很有影响. 复变函数论在实际应用方面, 涉及的面很广, 有很多复杂的计算都是用它来解决的. 比如物理学上有很多不同的稳定平面场, 所谓场就是每点对应有物理量的一个区域, 对它们的计算就是通过复变函数来解决的. 俄国数学家茹柯夫斯基在设计飞机的时候, 就用复变函数论解决了飞机机翼的结构问题.

有许多的原因使得数的概念必须越出实数域而引进复数. 最早要求引进复数是为了解三次方程, 但通常为容易理解的缘故, 都是从二次方程引入. 实数域内没有提供解二次方程的完整理论, 就如解

$$x^2 + 1 = 0$$

这样的简单方程都没有实数解. 摆在面前有两种方案可供选择: 或干脆宣布此方程无解; 或扩充数的概念, 引进一种新的数(虚想之数), 并记此数为"i", 称为虚数单位. 历史上曾有不少数学家持第一种态度, 然而更多的则采取第二种开放的态度, 引进复数. 从现在看来, 我们持开放的态度审慎地对待经验所未知的事是科学应有的态度.

定义 1　形如 $z = x + \mathrm{i}y$ 的数称为**复数**,其中 x, y 是任意的实数,分别称为复数 z 的实部和虚部,记为 Rez 和 Imz.

规定两个复数 z_1, z_2 相等,当且仅当其实部和虚部分别相等,记为 $z_1 = z_2$. 如果 $Imz = 0$,那么 z 就是实数,否则称 z 为虚数.若 $Rez = 0$ 和 $Imz \neq 0$,则称 z 为纯虚数.全体复数构成的集合记作 $\mathbb{C}$,从集合角度看,实数集 $\mathbb{R}$ 是 $\mathbb{C}$ 的子集.我们知道数的一个关键是能够运算,实数是有加减乘除的四则运算,并且关于这些运算是封闭的,称为一个代数体或域,故此常称 $\mathbb{R}$ 为实数域.如果我们能给复数引进四则运算,使得在此运算下复数也是封闭的,那复数全体 $\mathbb{C}$ 成称为一个代数体或域.这样,至少我们从代数结构上认可了复数这个概念.不但如此,复数其实有其几何表示.定义两个复数的加法、乘法运算如下:

$$z_1 + z_2 = (x_1 + x_2) + \mathrm{i}(y_1 + y_2), z_1 z_2 = (x_1 x_2 - y_1 y_2) + \mathrm{i}(x_1 y_2 + y_1 x_2)$$

减法、除法运算则定义为加法、乘法运算的逆运算:

$$z_1 - z_2 = (x_1 - x_2) + \mathrm{i}(y_1 - y_2)$$

$$\frac{z_1}{z_2} = \frac{x_1 + \mathrm{i}y_1}{x_2 + \mathrm{i}y_2} = \frac{x_1 + \mathrm{i}y_1}{x_2 + \mathrm{i}y_2} \frac{x_2 - \mathrm{i}y_2}{x_2 - \mathrm{i}y_2} = \frac{(x_1 x_2 + y_1 y_2) + \mathrm{i}(x_2 y_1 - x_1 y_2)}{x_2^2 + y_2^2}$$

可以验证这些运算满足关于加法的交换律和结合律、乘法的交换律和结合律以及乘法对加法的分配率.这样,按代数结构而言,复数全体构成了一个代数域,称为复数域.而实数域则成为复数域的子域.

复平面(复数的几种形式)对任意复数 $z = x + \mathrm{i}y(x, y \in \mathbf{R})$,若将 (x, y) 作为坐标平面内点的坐标,那么 z 与坐标平面唯一一个点相对应,从而可以建立复数集与坐标平面集合之间的一一映射.因此复数可以用点来表示,表示复数的平面称为复平面,x 轴称为实轴,y 轴称为虚轴,点称为复数的几何形式.复平面 $\mathbb{C}$ 有时按照表示复数的字母 z, w 而称为 z 平面或 w 平面.

复数除了用复平面的点表示外,还有向量的表示.这里所说的向量是指自由向量,即所有经平行移动而重合的向量都视为同一向量.因此,如果将 (x, y) 作为向量的坐标,复数 z 又对应唯一一个向量.因此坐标平面内的向量也是复数的一种表示形式,称为向量形式.现在我们对复数的加法做出几何解释.根据定义,z_1, z_2 作为两个复数相加与作为两个向量相加的规律是一致的,都服从平行四边形法则.我们知道有很多物理量可以用向量表示,因此复数可以用来表示实有的物理量.至此,我们不再视复数为虚无之数,而是理性思维想象的创见之数.

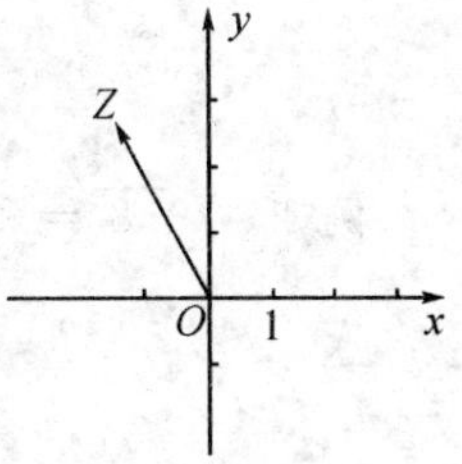

图 1-1

设 z 对应复平面内点 Z,$\angle xOZ = \theta$,$|OZ| = r$,则 $x = r\cos\theta, y = r\sin\theta$,因此

$$z = r(\cos\theta + \mathrm{i}\sin\theta)$$

称为复数的三角形式,θ 称为 z 的辐角,记作 $\mathrm{Arg}z$.复数的幅角不能唯一地确定,任意非零复数均有无穷多个幅角.如果 $0 \leqslant \theta < 2\pi$,则 θ 称为 z 的辐角主值,记作 $\theta = \arg z$.复数"零"的幅角没有意义,其模为零.r 称为 z 的模,记作 $|z|$.当 $r = 1$ 时,复数 z 称为单位复数.对于复数 $z = x + \mathrm{i}y$,称 $\bar{z} = x - \mathrm{i}y$ 为其共轭复数.在复平面上,一对共轭复数是关于实轴对称的.不难验证:

$$z\bar{z} = x^2 + y^2 = |z|^2, z + \bar{z} = 2\mathrm{Re}z, z - \bar{z} = 2\mathrm{i}I_m z$$

$$\overline{z_1 + z_2} = \overline{z_1} + \overline{z_2}, \qquad \overline{z_1 z_2} = \overline{z_1}\,\overline{z_2}, \qquad \overline{\left(\frac{z_1}{z_2}\right)} = \frac{\overline{z_1}}{\overline{z_2}}$$

$$\|\,|z_1|-|z_2|\,\| \leqslant |z_1 + z_2| \leqslant |z_1| + |z_2|$$

$$\|\,|z_1|-|z_2|\,\| \leqslant |z_1 - z_2| \leqslant |z_1| + |z_2|$$

利用复数的三角形式作乘除法运算比较方便. 若

$$z_1 = r_1(\cos\theta_1 + \mathrm{i}\sin\theta_1), z_2 = r_2(\cos\theta_2 + \mathrm{i}\sin\theta_2)$$

则

$$z_1 z_2 = r_1 r_2 (\cos\theta_1 + \mathrm{i}\sin\theta_1)(\cos\theta_2 + \mathrm{i}\sin\theta_2) = r_1 r_2 [\cos(\theta_1 + \theta_2) + \mathrm{i}\sin(\theta_1 + \theta_2)]$$

$$\frac{z_1}{z_2} = \frac{r_1}{r_2}[\cos(\theta_1 - \theta_2) + \mathrm{i}\sin(\theta_1 - \theta_2)]$$

由以上运算可得

$$|z_1 z_2| = |z_1||z_2|, \quad \mathrm{Arg}(z_1 z_2) = \mathrm{Arg}(z_1) + \mathrm{Arg}(z_2)$$

$$\left|\frac{z_1}{z_2}\right| = \frac{|z_1|}{|z_2|}, \qquad \mathrm{Arg}\left(\frac{z_1}{z_2}\right) = \mathrm{Arg}(z_1) - \mathrm{Arg}(z_2)$$

对于正整数 n,由复数乘法的三角形式表示,我们有

$$z^n = |z|^n(\cos n\theta + \mathrm{i}\sin n\theta)$$

其中 $\theta = \mathrm{Arg}z$.

定义 $\sqrt[n]{z}$ 是满足方程 $w^n = z$ 的复数 w,现在要求出 w. 根据上述等式,不难推出

$$|w| = |z|^{\frac{1}{n}}, \mathrm{Arg}w = \frac{1}{n}\mathrm{Arg}z$$

因此,得到 $\sqrt[n]{z}$ 的 n 个不同值,即

$$w_0 = r^{\frac{1}{n}}\left(\cos\frac{\theta_0}{n} + \mathrm{i}\sin\frac{\theta_0}{n}\right), w_1 = r^{\frac{1}{n}}\left(\cos\frac{\theta_0 + 2\pi}{n} + \mathrm{i}\sin\frac{\theta_0 + 2\pi}{n}\right), \cdots$$

$$w_{n-1} = r^{\frac{1}{n}}\left(\cos\frac{\theta_0 + 2(n-1)\pi}{n} + \mathrm{i}\sin\frac{\theta_0 + 2(n-1)\pi}{n}\right)$$

例如,$\sqrt[3]{-8} = 2\left(\cos\frac{\pi + 2k\pi}{3} + \mathrm{i}\sin\frac{\pi + 2k\pi}{3}\right), k = 0, 1, 2$.

§1.2　复球面与扩充复平面

现在要做的事或许有点令人意外,因为要将 ∞ 引入来扩充复平面,这有点像把无限引进加入到有限的队伍里面. 听起来矛盾,但却可以是无逻辑矛盾的. 在平面上,对应于 ∞ 的点是没有的,但我们还是可以引入一个"理想"点,称之为无穷远点. 平面上所有点连同无穷远点构成了**扩充复平面**,记为 $\mathbb{C}_\infty$. 我们约定每一条直线都要通过无穷远点,同时没有一个半平面包含这无穷远点. 为此,我们构造下面几何模型.

建立三维直角坐标系 $O-xyu$,在点坐标是 (x, y, u) 的三维空间中,把 xOy 平面看作就是 $z = x + \mathrm{i}y$ 复平面. 考虑球面 $S: x^2 + y^2 + u^2 = 1$. 球面 S 上的每一点,除点 $N(0, 0, 1)$ 外,都可用一个复数

$$z = x + \mathrm{i}y = \frac{x' + \mathrm{i}y'}{1 - u'}$$

与之对应,这个对应是一一的.因为由上式得

$$|z|^2 = z\bar{z} = \frac{(x')^2 + (y')^2}{(1-u')^2} = \frac{1-(u')^2}{(1-u')^2} = \frac{1+u'}{1-u'}$$

所以

$$u' = \frac{|z|^2 - 1}{|z|^2 + 1}$$

同理可得

$$x' = \frac{z + \bar{z}}{1 + |z|^2}, y' = \frac{z - \bar{z}}{\mathrm{i}(1 + |z|^2)}$$

这样,在复平面 $\mathbb{C}$ 与 $S - \{N\}$ 之间建立了一个双射 $(x, y, 0) \to (x', y', u')$. 并且,如果 z 的模愈大,即 z 离 O 点愈远,那么它的球极射影就愈接近于球极 N. 再令无穷远点对应于北极点,在集合论的角度就完成了球面 S 与扩充复平面之间的一一对应.

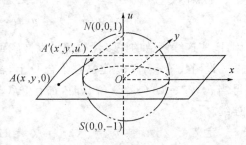

图 1-2

不难证明 $x : y : (-1) = x' : y' : (u-1)$,这说明 A, A', N 在同一直线上,故此,将上述实现的对应称为**球极平面投影**. 这样,复平面上的任一条直线在球极平面投影下对应的是复球面上过北极点的圆周;而复平面上任一圆周都对应复球面上不过北极点的圆周.

另外,我们通过球极平面投影,赋予扩充复平面以距离,将 z, z' 之间的距离定义为它们在复球面上对应两点的欧氏距离,不难得到

$$d(z, z') = \frac{2|z - z'|}{\sqrt{(1 + |z|^2)(1 + |z'|^2)}}$$

特别地,

$$d(z, \infty) = \frac{2}{\sqrt{1 + |z|^2}}$$

这样, $\mathbb{C}_\infty$ 成了带有距离结构的空间,某种程度上不再将无穷远点当做特殊点.

这种球面称为**复球面**或**黎曼球面**,是黎曼对于无穷思考的创见.在历史上,中世纪犹太神秘教派—喀巴拉教派出于对无穷的上帝的思考或默思,引入一种 10 个同心球体的几何模型,这个模型对后来的集合论大师康托尔以及黎曼都有深刻的影响.

§1.3　解析函数

复平面点集概念完全等同于第二篇平面点集,如 $U(z_0, r) = \{z \in \mathbf{C}: |z - z_0| < r\}$ 称为点 z_0 的 r—邻域, $U^\circ(z_0, r) = \{z \in \mathbf{C}: 0 < |z - z_0| < r\}$ 则称为 z_0 的去心 r—邻域,有同样的开集、闭集等概念.但此处特别将两种区域区分开来.设 D 为复平面上的区域,若在 D 内的任意简单闭曲线的内部仍属于 D,则称 D 为**单连通区域**,否则称**多连通区域**.

定义 1　设 D 是复变数 z 的一个集合,对于 D 中的每一个 z,按照对应法则 f,有唯一一个复数 w 的值与之对应,则称 w 为定义在 D 上的**复变函数**,记做 $w = f(z), z \in D.$

简而言之,复变函数是某复数集到复数域上的一个映射.

定义 2　设函数 $w = f(z)$ 定义在集合 D 上,z_0 是 D 的一个聚点,A 为一常数,若对 $\forall \varepsilon > 0$,$\exists \delta > 0$,当 $z \in U^o(z_0, r) \bigcap D$ 时,都有

$$|f(z) - A| < \varepsilon$$

称 A 为 $f(z)$ 在 z_0 处的**极限**,记为 $\lim\limits_{z \to z_0} f(z) = A$.

定义 3　设 $w = f(z)$ 定义在集合 D 上,z_0 是 D 的一个聚点,若 $\lim\limits_{z \to z_0} f(z) = f(z_0)$,则称函数在 z_0 处连续.

显然函数 $f(z)$ 在 $z_0 = x_0 + \mathrm{i} y_0$ 处连续的条件与下列两个条件等价:

$$\lim_{x \to x_0, y \to y_0} u(x, y) = u(x_0, y_0), \quad \lim_{x \to x_0, y \to y_0} v(x, y) = v(x_0, y_0)$$

因此,实连续函数的许多性质都可以推广到复连续函数.

设函数 $w = f(z)$ 定义在集合 D 上,若对 $\forall \varepsilon > 0$,存在仅与 ε 相关的 $\delta = \delta(\varepsilon) > 0$,使得当 $z_1, z_2 \in U^o(z_0, r) \bigcap D$ 时,都有 $|f(z_1) - f(z_2)| < \varepsilon$,则称 $f(z)$ 定义在集合 D 上**一致连续**.

定义 4　设函数 $w = f(z)$ 在点 z_0 的某领域内有定义,$z_0 + \Delta z$ 是领域内任一点,如果

$$\lim_{\Delta z \to 0} \frac{\Delta w}{\Delta z} = \lim_{\Delta z \to 0} \frac{f(z_0 + \Delta z) - f(z_0)}{\Delta z}$$

存在,则称 $f(z)$ 在 z_0 处可导,极限值称为 $f(z)$ 在 z_0 处的导数,记作 $f'(z_0)$ 或 $\dfrac{\mathrm{d}w}{\mathrm{d}z}\Big|_{z=z_0}$.

例 1　讨论函数 $f(z) = x + 2\mathrm{i}y$ 的可导性.

解　因为

$$\lim_{\Delta z \to 0} \frac{f(z + \Delta z) - f(z)}{\Delta z} = \lim_{\Delta z \to 0} \frac{\Delta x + 2\Delta y \mathrm{i}}{\Delta x + \mathrm{i} \Delta y}$$

先令 $z + \Delta z$ 沿着平行于 x 轴的方向趋近于 z,此时 $\Delta y = 0$,因而

$$\lim_{\Delta z \to 0} \frac{\Delta x + 2\Delta y \mathrm{i}}{\Delta x + \mathrm{i} \Delta y} = \lim_{\Delta x \to 0} \frac{\Delta x}{\Delta x} = 1$$

再令 $z + \Delta z$ 沿着平行于 y 轴的方向趋近于 z,此时 $\Delta x = 0$,故极限

$$\lim_{\Delta z \to 0} \frac{\Delta x + 2\Delta y \mathrm{i}}{\Delta x + \mathrm{i} \Delta y} = \lim_{\Delta y \to 0} \frac{2\Delta y \mathrm{i}}{\Delta y \mathrm{i}} = 2$$

所以函数 $f(z) = x + 2y\mathrm{i}$ 在复平面上处处不可导.

如同实函数,同样有可微的概念,称 $df(z_0) = f'(z_0)dz$ 为 $f(z)$ 在 z_0 处的微分,可导与可微是等价的.

定义 5　如果 $f(z)$ 在 z_0 的邻域内处处可导,称 $f(z)$ 在 z_0 处**解析**;如果 $f(z)$ 在区域 D 内每一点解析,则称 $f(z)$ 在 D 内解析,或说 $f(z)$ 是 D 内的**解析函数**;如果 $f(z)$ 在 z_0 处不解析,则称 z_0 为 $f(z)$ 的奇点.

由于复变函数的导数的定义形式与实函数相同,容易验证:若 $f(z)$ 和 $g(z)$ 都是区域 D 上的解析函数,则

$$f(z) \pm g(z), f(z)g(z), f(z)/g(z)(g(z) \neq 0)$$

在 D 上解析,且满足求导的四则运算.

同样地,有复合函数的求导法则.设函数 $\xi = f(z)$ 在区域 D 上解析,函数 $w = g(\xi)$ 在区

域 G 内解析,又 $f(D) \subset G$,则复合函数 $w = g(f(z)) = h(z)$ 在 D 内解析,且有求导的链式法则

$$h'(z) = \left[g(f(z))\right]' = g'(f(z))f'(z)$$

柯西－黎曼条件

以上我们所论的都是与实函数相同的情形,但从本质上来看,复函数可导(微)与实情形是大有区别的.因为复函数可微,不但要求实部与虚部函数可微,而且两者之间须有特别的联系,这在应用中显得特别重要.

定理 1 函数 $f(z) = u(x,y) + iv(x,y)$ 在 $z = x + iy$ 处可导的充要条件是,u,v 在 (x,y) 处可微,且满足柯西 - 黎曼(Cauchy-Riemann)条件(简称 $C-R$ 条件):

$$\frac{\partial u}{\partial x} = \frac{\partial v}{\partial y}, \frac{\partial u}{\partial y} = -\frac{\partial v}{\partial x}$$

证明 充分性.因为 u,v 在 (x,y) 处可微,所以

$$\Delta u = \frac{\partial u}{\partial x}\Delta x + \frac{\partial u}{\partial y}\Delta y + o(\rho), \Delta v = \frac{\partial v}{\partial x}\Delta x + \frac{\partial v}{\partial y}\Delta y + o(\rho)$$

又因为函数满足柯西－黎曼条件,故 $\Delta w = \Delta u + i\Delta v = (\frac{\partial u}{\partial x} + i\frac{\partial v}{\partial x})\Delta z + o(\rho)$,其中 $\rho = |\Delta z|$.即函数可微或可导.

必要性.设函数 $w = f(z)$ 在 $z = x + iy$ 处有导数 $\alpha = a + ib$,则

$$\Delta w = \alpha\Delta z + o(|z|) = (a + ib)(\Delta x + i\Delta y) + o(|z|)$$

比较实部、虚部得

$$\Delta u = a\Delta x - b\Delta y + o(|\Delta z|), \Delta v = b\Delta x + a\Delta y + o(|\Delta z|)$$

上式说明 u,v 在 (x,y) 处可微,并且

$$\frac{\partial u}{\partial x} = \frac{\partial v}{\partial y} = a, \frac{\partial u}{\partial y} = -\frac{\partial v}{\partial x} = -b$$

证毕.

由定理 1 就可以得到下面的结论.

定理 2 函数 $f(z) = u(x,y) + iv(x,y)$ 在区域 D 内解析(即在 D 内可导)的充要条件是,$u(x,y)$ 和 $v(x,y)$ 在 D 内处处可微,而且满足 $C-R$ 方程.

例 2 证明 $\bar{z}^2$ 在复平面上不解析.

证 因 $\bar{z}^2 = x^2 - y^2 - i2xy$,$u(x,y) = x^2 - y^2$, $v(x,y) = -2xy$.所以

$$\frac{\partial u}{\partial x} = 2x, \qquad \frac{\partial u}{\partial y} = -2y, \qquad \frac{\partial v}{\partial x} = -2y, \qquad \frac{\partial v}{\partial y} = -2x$$

由此可知,$w = \bar{z}^2$ 仅在点 $(0,0)$ 处 $C-R$ 条件成立,所以 $w = \bar{z}^2$ 仅在点 $(0,0)$ 处可导,而在整个复平面上不解析.

例 3 证明 $w = \dfrac{x}{x^2 + y^2} - i\dfrac{y}{x^2 + y^2}$ 在 $z \neq 0$ 处解析,并求导函数.

证 因为 $u = \dfrac{x}{x^2 + y^2}$,$v = -\dfrac{y}{x^2 + y^2}$.所以

$$\frac{\partial u}{\partial x} = \frac{y^2 - x^2}{(x^2 + y^2)^2}, \qquad \frac{\partial u}{\partial y} = \frac{-2xy}{(x^2 + y^2)^2}$$

$$\frac{\partial v}{\partial x} = \frac{2xy}{(x^2+y^2)^2} \quad , \quad \frac{\partial v}{\partial y} = \frac{y^2-x^2}{(x^2+y^2)^2}$$

以上是四个偏导数在除去原点外的平面上连续,所以 u、v 除 $z=0$ 外可微,且满足 $C-R$ 条件,因此 $w=u+iv$ 除 $z=0$ 外解析.

$$w' = \frac{\partial u}{\partial x} + i\frac{\partial v}{\partial x} = \frac{y^2-x^2}{(x^2+y^2)^2} + i\frac{2xy}{(x^2+y^2)^2}$$

§1.4 初等函数

定义 1 令 $e^z = e^x(\cos y + i\sin y)$,称为**复指数函数**,或指数函数.

可以验证上述函数在整个复平面解析,而且当自变量 z 限制在实轴上时,就是实的指数函数,可见它是实指数函数在复平面上的解析推广. 以后会知道这种解析推广是唯一的. 根据定义,可以知道指数函数有以下性质:

(1) $e^{z_1+z_2} = e^{z_1} \cdot e^{z_2}$

(2) $(e^z)' = e^z$

(3) e^z 以 $2\pi i$ 为周期.

定义 2 正弦函数 $\sin z = (e^{iz} - e^{-iz})/2i$;余弦函数 $\cos z = (e^{iz} + e^{-iz})/2$;

正切函数 $\tan z = \sin z/\cos z$;余切函数 $\cot z = \cos z/\sin z$.

由定义可以看出正弦、余弦函数是以 2π 为周期的周期函数,当自变量 z 限制在实轴上时,就是实的正弦函数、余弦函数,且在全平面解析,我们称在全平面解析的函数为整函数. $\tan z$ 在 $\mathbb{C} - \{k\pi - \pi/2, k=0, \pm1, \pm2, \cdots\}$ 上解析;$\cot z$ 在 $\mathbb{C} - \{k\pi, k=0, \pm1, \cdots\}$ 上解析,是以 π 为周期的周期函数,并且

$(\sin z)' = \cos z, (\cos z)' = -\sin z, (\tan z)' = \sec^2 z, (\cot z)' = -\csc^2 z.$

$\sin(z_1 \pm z_2) = \sin z_1 \cos z_2 \pm \cos z_1 \sin z_2$;

$\cos(z_1 \pm z_2) = \cos z_1 \cos z_2 \mp \sin z_1 \sin z_2.$

需要特别指出的是,虽然 $\sin x, \cos x$ 是实有界函数,但 $\sin z, \cos z$ 却是无界函数.

例 1 试求 $\cos(\pi + 5i)$ 的值.

解 $\cos(\pi + 5i) = \cos\pi\cos5i - \sin\pi\sin5i = -\cos5i = -\dfrac{e^5 + e^{-5}}{2}.$

定义 3 方程 $e^w = z$ 的解 w 称为**对数函数**,记作 Lnz.

设 $w = u+iv$,则 $e^{u+iv} = z = |z|e^{i\arg z}$,所以,$u = \ln|z|$,$v = \text{Arg}z$,于是

$$w = \ln|z| + i\text{Arg}z$$

对数函数是一多值函数. 相应于 z,有无穷多个 w,每个相差 $2k\pi i$. 相应于 $\arg z$ 的主值,我们把 $\ln|z| + i\arg z$ 定义为对数函数 Lnz 的主值,记为 $\ln z$. 因此,$Lnz = \ln z + 2k\pi i$. 设 Γ 是绕原点一周的闭曲线,z_0 是 Γ 上一点,取定 Lnz_0 为 $\ln z_0$,则当 z_0 沿 Γ 一周时,Lnz_0 的值从 $\ln z_0$ 连续地变化到 $\ln z_0 + 2\pi i$. 我们称原点是对数函数 Lnz 的一个支点,同理无穷远点也是支点. 为了得到 Lnz 的一个单值分支,我们设 L 为连接原点与无穷远点的一条连续曲线,区域 G 为复平面去掉割线 L 的单连通区域,则 Lnz 在 G 上可以取到单值分支,区域 G 称为 Lnz 的一个**单值域**. 我们常用这种方法来处理多值函数.

例 2 $\sqrt{z}$ 的单值域为 $\mathbb{C} - (-\infty, 0)$，$\sqrt{z(1-z)}$ 的单值域为 $\mathbb{C} - (0,1)$.

例 3 试求下列函数值及其主值：$(1)\mathrm{Ln}(3 - \sqrt{3}\,i)$；$(2)\mathrm{Ln}(-3)$.

解 $(1)\mathrm{Ln}(3 - \sqrt{3}\,i) = \ln\left| 3 - \sqrt{3}\,i \right| + i(\arg(3 - \sqrt{3}\,i) + 2k\pi)$

$$= \ln 2\sqrt{3} + i\arctan\frac{-\sqrt{3}}{3} + 2k\pi i = \ln 2\sqrt{3} + i\left(2k\pi - \frac{\pi}{6}\right), k = 0, \pm 1, \pm 2 \cdots$$

$(2)\mathrm{Ln}(-3) = \ln 3 + i(\arg(-3) + 2k\pi) = \ln 3 + i(2k+1)\pi \quad (k = 0, \pm 1, \pm 2 \cdots)$.

令 $k = 0$，得主值

$$\ln(3 - \sqrt{3}\,i) = \ln 2\sqrt{3} - \frac{\pi}{6}i \text{ 和 } \ln 3 + \pi i$$

定义 4 幂函数 $z^a \triangleq e^{a\mathrm{Ln}z}$.

例 4 求 $(1+i)^{1-i}$ 的值及其主值.

解 $(1+i)^{1-i} = e^{(1-i)\mathrm{Ln}(1+i)} = e^{(1-i)\left[\ln\sqrt{2} + i\left(\frac{\pi}{4} + 2k\pi\right)\right]}$

$$= e^{\left(\ln\sqrt{2} + \frac{\pi}{4} + 2k\pi\right) + i\left(\frac{\pi}{4} + 2k\pi - \ln\sqrt{2}\right)}$$

$$= \sqrt{2}\, e^{\frac{\pi}{4} + 2k\pi}\left[\cos\left(\frac{\pi}{4} - \ln\sqrt{2}\right) + i\sin\left(\frac{\pi}{4} - \ln\sqrt{2}\right)\right] \quad (k = 0, \pm 1, \pm 2 \cdots)$$

当 $k = 0$ 时，主值为 $(1+i)^{1-i} = \sqrt{2}\, e^{\frac{\pi}{4}}\left[\cos\left(\frac{\pi}{4} - \ln\sqrt{2}\right) + i\sin\left(\frac{\pi}{4} - \ln\sqrt{2}\right)\right]$.

习题 1

1. 设 $z = -3 - 2i$，求 $|z|$ 以及幅角主值 $\mathrm{Arg}z$.

2. 证明：$|z_1 - z_2|^2 = |z_1|^2 + |z_2|^2 - 2\mathrm{Re}\, z_1 \overline{z_2}$，并说明这个公式的几何含义.

3. 解方程：$z^4 + a^4 = 0$ $\quad (a > 0)$

4. 复数 $z = i^i$，求其幅角主值 $\arg z$.

5. 设 $|z| = 1$，试证：$\left|\dfrac{az + b}{\bar{b}z + \bar{a}}\right| = 1$

6. 设 $z_1 + z_2 + z_3 = 0$，$|z_1| = |z_2| = |z_3| = 1$，证明 z_1、z_2、z_3 是内接于单位圆周的正三角形的顶点.

7. 如果锐角三角形中一点，它与三顶点连线距离之和最短，则它与三顶点连线构成的角度相等.

8. 试证：四相异点 z_1, z_2, z_3, z_4 共圆周或共直线的充要条件是

$$\frac{z_1 - z_4}{z_1 - z_2} : \frac{z_3 - z_4}{z_3 - z_2} \text{ 为实数}$$

9. 求函数 $w = \dfrac{1}{z}$ 将 z — 平面上曲线 $|z - 1| = 1$ 变成 w — 平面上的曲线.

10. 设函数 $f(z) = x^2 - iy$，求函数可导集合.

11. 下列函数在复平面上何处可导？何处解析？

$(x^2 - y^2 - x) + i(2xy - y^2)$

12. 函数 $f(z) = x^3 - y^3 + 2x^2 y^2 \mathrm{i}$ 是不是解析函数?并求其导数.

13. 设 $f(z)$ 在区域 D 内解析,试证明在 D 内下列条件是彼此等价的(即互为充要条件):

(1) $f(z) \equiv$ 常数; (2) $f'(z) \equiv 0$; (3) $\mathrm{Re} f(z) \equiv$ 常数;

(4) $\mathrm{Im} f(z) \equiv$ 常数; (5) $\overline{f(z)}$ 解析; (6) $|f(z)| \equiv$ 常数.

14. 证明 $f(z)$ 在上半平面解析的充要条件是 $\overline{f(\bar{z})}$ 在下半平面解析.

第二章 复变函数的积分

复变函数的积分是研究解析函数的一个重要工具,解析函数的许多重要性质都是通过复积分证明的.

§2.1 复积分的基本概念和性质

定义 1 设 C 是平面上一条光滑的简单曲线,其起点为 A 终点为 B,函数 $f(z)$ 在 C 上有定义,把曲线 C 任意分成 n 个小弧段,设分点为 $z_0, z_1, \cdots, z_{n-1}, z_n$,在每个弧段 $\overgroup{z_{k-1} z_k}$ 上任取一点 $\zeta_k = \xi_k + i\eta_k$,作和式 $\sum_{k=1}^{n} f(\zeta_k) \Delta z_k$,其中 $\Delta z_k = z_{k+1} - z_k$. 设 $\lambda = \max\limits_{1 \leqslant k \leqslant n} |\Delta z_k|$,如果当 $\lambda \to 0$ 时,和式的极限存在,且此极限值与 C 的分法以及 ζ_k 的选择无关,则称此极限值为 $f(z)$ 沿曲线 C 自 A 到 B 的复积分,记作

$$\int_C f(z) dz = \lim_{\lambda \to 0} \sum_{k=1}^{n} f(\zeta_k) \Delta z_k$$

沿 C 负方向(即由 B 到 A)的积分记作 $\oint_{C^-} f(z) dz$;当 C 为闭曲

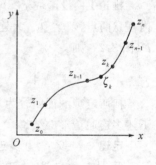

图 2.1

线,那么此闭曲线的积分就记作 $\oint_C f(z) dz$(C 的正向为逆时针方向)根据定义,不难得到

定理 1 设 $f(z) = u(x,y) + iv(x,y)$ 在光滑曲线 C 上连续,则复积分 $\int_C f(z) dz$ 存在,而且可以表示为

$$\int_C f(z) dz = \int_C u(x,y) dx - v(x,y) dy + i \int_C v(x,y) dx + u(x,y) dy.$$

设 $C: z(t) = x(t) + iy(t), a \leqslant t \leqslant b$,则

$$\int_C f(z) dz = \int_a^b f(z(t)) z'(t) dt$$

例 1 已知 $f(z) = (z-a)^n$,n 是整数,求 $\int_C f(z) dz$ 的值,其中 C 为以 a 为中心 r 为半径的圆周.

解 圆周 C 可表为 $z = a + re^{i\theta}, 0 \leqslant \theta \leqslant 2\pi$. 因此 $dz = ire^{i\theta} d\theta, f(z) = r^n e^{in\theta}$,

$$\int_C f(z) dz = \int_0^{2\pi} r^n e^{in\theta} ire^{i\theta} d\theta = ir^{n+1} \int_0^{2\pi} [\cos(n+1)\theta + i\sin(n+1)\theta] d\theta$$

因此，$\int_C (z-a)^n \mathrm{d}z = \begin{cases} 2\pi\mathrm{i}, & n=-1 \\ 0, & n\neq-1 \end{cases}$

复积分的基本性质

由复积分的定义，易见有下列性质：

(1) $\int_C kf(z)\mathrm{d}z = k\int_C f(z)\mathrm{d}z$，其中 k 为复常数；

(2) $\int_c [f(z)\pm g(z)]\mathrm{d}z = \int_c f(z)\mathrm{d}z \pm \int_c g(z)\mathrm{d}z$；

(3) $\int_c f(z)\mathrm{d}z = \int_{c_1} f(z)\mathrm{d}z + \int_{c_2} f(z)\mathrm{d}z$，其中 $C = C_1 + C_2$，

(4) $\left| \int_C f(z)\mathrm{d}z \right| \leqslant \int_C |f(z)|\mathrm{d}z$.

§2.2　柯西定理

定理 1（柯西定理）　设函数 $f(z)$ 在单连通区域 D 内解析，则 $f(z)$ 在 D 内沿任意一条简单的闭曲线 C 的积分

$$\int_c f(z)\mathrm{d}z = 0$$

推论 1　设函数 $f(z)$ 在单连通 D 区域内解析，z_0 与 z_1 为 D 内任意两点，C_1 与 C_2 为连结 z_0 与 z_1 积分路线，C_1, C_2 都含于 D(图 3.2)，则

$$\int_{C_1} f(z)\mathrm{d}z = \int_{C_2} f(z)\mathrm{d}z$$

柯西定理的证明较为复杂，在此略去其证明. 柯西定理也有下述多连通情形的结论.

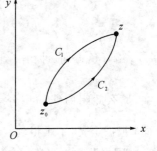

图 3.2

定理 2　设 C 为多连通域 D 内的一条简单闭曲线，C_1，$C_2 \cdots C_n$ 是在 C 内部的简单闭曲线，它们互不包含也互不想交，并且以 $C, C_1, C_2 \cdots C_n$ 为边界的区域全含于 D(图 3.4). 如果 $f(z)$ 在 D 内解析，则有

$$\oint_c f(z)\mathrm{d}z = \sum_{k=1}^{n} \oint_{c_k} f(z)\mathrm{d}z$$

或写成与单连通相对应的形式

$$\oint_{\varGamma} f(z)\mathrm{d}z = 0$$

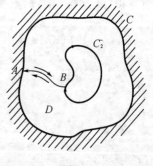

图 3.3

其中 $\varGamma = C - \sum_{k=1}^{n} C_k$.

特别地，图 3.3 是二连通情形的柯西定理，证明只要沿 AB 剪开一条曲线，再应用单连通下的柯西定理.

如果 $f(z)$ 是单连通区域 D 内的解析函数，那么，由变上限的积分所确定的函数

$$F(z) = \int_{z_0}^{z} f(\zeta)\mathrm{d}\zeta$$

在 D 内与积分路径无关,为 z 的函数,而且容易证明 $F(z)$ 在 D 内解析,且 $F'(z) = f(z)$,即 $F(z)$ 是 $f(z)$ 的一个原函数. 在第一章习题内,可以证明若区域内的导函数恒为零,则该函数恒为常数. 这样,两个原函数之间仅相差一个常数,因此可得

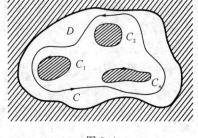

图 3.4

定理 3　设 $f(z)$ 在单连域 D 内解析,$G(z)$ 为 $f(z)$ 的一个原函数,则

$$\int_{z_0}^{z_1} f(z)\mathrm{d}z = G(z_1) - G(z_0)$$

其中 z_0, z_1 为 D 内的点.

§2.3　柯西积分公式

定理 1(柯西积分公式)　设 D 是以有限条简单闭曲线 C 为边界围成的有界区域,$f(z)$ 在 D 及 C 构成的闭区域上解析,z_0 是 D 内任一点,则

$$f(z_0) = \frac{1}{2\pi\mathrm{i}}\oint_C \frac{f(z)}{z - z_0}\mathrm{d}z$$

证明　函数 $f(z)$ 在 z_0 点解析,因而连续. 所以,对于任意给定的 $\varepsilon > 0$,存在 $\delta > 0$,当 $|z - z_0| < \delta$ 时,$|f(z) - f(z_0)| < \varepsilon$. 设 $K = \{z: |z - z_0| = R, R < \delta\}$,$K$ 的方向为逆时针. 则根据多连通下的柯西定理有

$$\oint_C \frac{f(z)}{z - z_0}\mathrm{d}z = \oint_K \frac{f(z)}{z - z_0}\mathrm{d}z = \oint_K \frac{f(z_0)}{z - z_0}\mathrm{d}z + \oint_K \frac{f(z) - f(z_0)}{z - z_0}\mathrm{d}z$$

$$= 2\pi\mathrm{i}f(z_0) + \oint_K \frac{f(z) - f(z_0)}{z - z_0}\mathrm{d}z$$

因为

$$\left|\oint_K \frac{f(z) - f(z_0)}{z - z_0}\mathrm{d}z\right| \leqslant \oint_K \frac{|f(z) - f(z_0)|}{|z - z_0|}\mathrm{d}s < \frac{\varepsilon}{R}\oint_K \mathrm{d}s = 2\pi\varepsilon$$

即

$$\left|\oint_K \frac{f(z)}{z - z_0}\mathrm{d}z - \oint_K \frac{f(z_0)}{z - z_0}\mathrm{d}z\right| = \left|\oint_C \frac{f(z)}{z - z_0}\mathrm{d}z - 2\pi\mathrm{i}f(z_0)\right| < 2\pi\varepsilon$$

由 ε 的任意性,得

$$\oint_C \frac{f(z)}{z - z_0}\mathrm{d}z - 2\pi\mathrm{i}f(z_0) = 0$$

移项即得证明.

推论 1　设 $f(z)$ 在简单闭曲线 $|z - z_0| < R$ 内解析并连续到边界 $|z - z_0| = R$ 上,则

$$f(z_0) = \frac{1}{2\pi}\int_0^{2\pi} f(z_0 + R\mathrm{e}^{\mathrm{i}\vartheta})\mathrm{d}\theta$$

上式称为**平均值公式**.

251

利用平均值公式不难证明以下的最大模原理

定理 2 设函数 $f(z)$ 在区域 D 内解析，又 $f(z)$ 不是常数，则在 D 内 $|f(z)|$ 没有最大值.

例 1 设 C 为一简单闭曲线，$f(z)$ 与 $g(z)$ 在 C 内部及其上解析，并且在 C 上有 $f(z)=g(z)$，那么在 C 内必有 $f(z)=g(z)$.

解 因 $f(z)$ 与 $g(z)$ 均满足柯西积分公式中的条件，故有，

$$f(z)=\frac{1}{2\pi i}\oint_C \frac{f(\xi)}{\xi-z}d\xi, g(z)=\frac{1}{2\pi i}\oint_C \frac{g(\xi)}{\xi-z}d\xi$$

在 C 上 $f(\xi)=g(\xi)$ 上述积分值相等，因此在 C 内有 $f(z)=g(z)$.

定理 3(高阶导数公式) 设函数 $f(z)$ 在简单闭曲线 C 所围成的区域 D 内解析，而在 $\overline{D}=D\cup C$ 上连续，则 $f(z)$ 的各阶导函数均在 D 内解析，对 D 内任一点，有

$$f^{(n)}(z)=\frac{n!}{2\pi i}\oint_C \frac{f(\zeta)}{(\zeta-z)^{(n+1)}}d\zeta,(n=1,2\cdots)$$

证 只对 $n=1$ 进行证明，一般情形可由数学归纳法完成. 对任意 $z\in D$，$|\Delta z|$ 充分小，使得 $z+\Delta z\in D$. 由柯西积分公式，

$$f(z_0)=\frac{1}{2\pi i}\oint_C \frac{f(z)}{z-z_0}dz, f(z_0+\Delta z)=\frac{1}{2\pi i}\oint_C \frac{f(z)}{z-z_0-\Delta z}dz,$$

因此，

$$\frac{f(z_0+\Delta z)-f(z_0)}{\Delta z}=\frac{1}{2\pi \Delta z i}\left[\oint_C \frac{f(z)}{z-z_0-\Delta z}dz-\oint_C \frac{f(z)}{z-z_0}dz\right]$$

$$=\frac{1}{2\pi i}\oint_C \frac{f(z)}{(z-z_0)(z-z_0-\Delta z)}dz$$

$$=\frac{1}{2\pi i}\oint_C \frac{f(z)}{(z-z_0)^2}dz+\frac{1}{2\pi i}\oint_C \frac{\Delta z f(z)}{(z-z_0)^2(z-z_0-\Delta z)}dz$$

设 $d=d(z,C)$，$|\Delta z|<d/2$，则

$$\frac{1}{2\pi}\left|\oint_C \frac{\Delta z f(z)}{(z-z_0)^2(z-z_0-\Delta z)}dz\right|\leqslant \frac{1}{2\pi}\oint_C \frac{|\Delta z||f(z)|}{|z-z_0|^2|z-z_0-\Delta z|}ds<|\Delta z|\frac{ML}{\pi d^3}$$

其中 M 是 $|f(z)|$ 在闭区域上的上界，L 是曲线 C 的长度. 因此根据导数定义，

$$f'(z_0)=\lim_{\Delta z\to 0}\frac{f(z_0+\Delta z)-f(z_0)}{\Delta z}$$

例 2 计算 $\oint_{|z|=1}\frac{e^z}{z}dz$，并证明：$\int_0^\pi e^{\cos\theta}\cos(\sin\theta)d\theta=\pi$.

解 根据柯西积分公式，

$$\oint_{|z|=1}\frac{e^z}{z}dz=2\pi i\cdot e^z|_{z=0}=2\pi i$$

令 $z=e^{i\theta}$，$(-\pi\leqslant\theta\leqslant\pi)$，则

$$\oint_{|z|=1}\frac{e^z}{z}dz=\int_{-\pi}^\pi ie^{e^{i\theta}}d\theta=\int_{-\pi}^\pi ie^{\cos\theta+i\sin\theta}d\theta$$

$$=2i\int_0^\pi e^{\cos\theta}\cos(\sin\theta)d\theta-\int_{-\pi}^\pi e^{\cos\theta}\sin(\sin\theta)d\theta$$

比较实部虚部即得 $\int_0^\pi e^{\cos\theta}\cos(\sin\theta)d\theta=\pi$.

例 3　求 $\oint_C \dfrac{\cos\pi z}{(z-1)^5}\mathrm{d}z$，其中 C 为正向圆周：$|z|=r>1$

解　根据公式 $f^{(n)}(z_0)=\dfrac{n!}{2\pi\mathrm{i}}\oint_C\dfrac{f(z)}{(z-z_0)^{n+1}}\mathrm{d}z$，

$$\oint_C\dfrac{\cos\pi z}{(z-1)^5}\mathrm{d}z=\dfrac{2\pi\mathrm{i}}{(5-1)!}(\cos\pi z)^{(4)}\big|_{z=1}=-\dfrac{\pi^5\mathrm{i}}{12}$$

定理 4(柯西不等式)　设函数 $f(z)$ 在 $|z-a|<R$ 内解析，在 $|z-a|\leqslant R$ 上连续，若记 $M=\max|f(z)|$，则

$$|f^{(n)}(a)|\leqslant\dfrac{n!}{R^n}M$$

证　由定理 6，

$$f^{(n)}(a)=\dfrac{n!}{2\pi\mathrm{i}}\oint_{|\zeta-a|=R}\dfrac{f(\zeta)}{(\zeta-a)^{(n+1)}}d\zeta$$

因此

$$|f^{(n)}(a)|\leqslant\dfrac{n!}{2\pi}\oint_{|\zeta-a|=R}\dfrac{|f(\zeta)|}{|\zeta-a|^{(n+1)}}|d\zeta|\leqslant\dfrac{n!M}{2\pi R^{n+1}}\cdot2\pi R=\dfrac{n!}{R^n}M$$

称全平面解析的函数为**整函数**. 利用柯西不等式，我们可以证明下面的刘维尔定理.

定理 5(刘维尔定理)　有界整函数必是常数.

证　只须证明导函数恒为零. 对复平面上任意一点 z，由柯西不等式，对任意正数 R 有

$$|f'(z)|\leqslant\dfrac{M}{R}$$

让 $R\to+\infty$，得 $f'(z)=0$. 由 z 的任意性知，$f'(z)\equiv0$，所以 $f(z)$ 为常数.

定理 6(代数学基本定理)　任意次数大于零的多项式 $p(z)$ 至少有一零点.

证　假设 $p(z)$ 在 z 平面上无零点，令 $p(z)=a_nz^n+a_{n-1}z^{n-1}+\cdots+a_1z+a_0$，则当 $z\to\infty$ 时，

$$p(z)=z^n(a_n+\dfrac{a_{n-1}}{z}+\cdots+\dfrac{a_0}{z^n})\to\infty$$

对 $f(z)=\dfrac{1}{p(z)}$ 而言，是整函数，又因为 $\lim\limits_{z\to\infty}f(z)=0$，所以 $f(z)$ 在复平面上有界. 由刘维尔定理，$f(z)$ 为常数，与 $p(z)$ 不是常数矛盾. 故 n 次多项式方程在复平面内至少有一个根.

推论 1　n 次多项式 $p_n(z)$ 恰有 n 个零点 $z_1,z_2,\cdots,z_n$(计重数)，即
$$p_n(z)=a(z-z_1)(z-z_2)\cdots(z-z_n)$$
其中 a 为常数.

证　当 $n=1$ 时显然成立. 归纳假定 $n=k-1$ 时成立，要证 $n=k$ 时亦成立. 由代数学基本定理，设 z_k 是 k 次多项式 $p_k(z)$ 的零点，则

$$p_{k-1}(z)=\dfrac{p_k(z)}{z-z_k}$$

为 $k-1$ 次多项式，由归纳假设，$p_{k-1}(z)=a(z-z_1)(z-z_2)\cdots(z-z_{k-1})$
所以，

$$p_k(z)=a(z-z_1)(z-z_2)\cdots(z-z_k)$$

得证.

习题 2

1. 计算积分 $\displaystyle\int_C \mathrm{Re}z\,\mathrm{d}z$,其中 C 为单位圆周,按反时针方向从 1 到 1.

2. 计算积分

(1) $\displaystyle\int_C (x^2 + \mathrm{i}y)\mathrm{d}z$,其中 C 是沿 $y = x^2$ 由原点到点 $z = 1 + \mathrm{i}$ 的曲线.

(2) $\displaystyle\int_0^{1+\mathrm{i}} [(x-y) + \mathrm{i}x^2]\mathrm{d}z$,积分路径为自原点沿虚轴到 i,再由 i 沿水平方向向右到 $1+\mathrm{i}$.

3. 下列积分哪些可以直接应用柯西定理,使其积分等于零.

(1) $\displaystyle\int_{|z|=1} \frac{z}{z^2 - 3z + 1}\mathrm{d}z$;   (2) $\displaystyle\int_{|z-1|=1} \sqrt{z}\,\mathrm{d}z$;

(3) $\displaystyle\int_{|z|=1} \frac{z^2 + z + 1}{z^2 - 5z + 6}\mathrm{d}z$;   (4) $\displaystyle\int_C \cos z\,\mathrm{d}z\,(C:\frac{x^2}{a^2} + \frac{y^2}{b^2} = 1)$

4. 求积分 $\displaystyle\int_{|z|=1} \frac{\mathrm{d}z}{z+2}$ 之值,由此证明:$\displaystyle\int_0^{\pi} \frac{1 + 2\cos\theta}{5 + 4\cos\theta}\mathrm{d}\theta = 0$.

5. 求积分

$$\int_{|z|=1} \frac{(z + \dfrac{1}{z})^n}{z}\mathrm{d}z,$$

由此证明:

$$\int_0^{2\pi} \cos^n\theta\,\mathrm{d}\theta = \begin{cases} \dfrac{(n-1)!!}{n!!} \cdot 2\pi, & n = 2m \\ 0, & n = 2m-1 \end{cases}$$

6. 计算 $\displaystyle\oint_\Gamma \frac{2z-1}{z^2 - z}\mathrm{d}z$,$\Gamma$ 为包含 $|z| = 1$ 在内的任何正向简单闭曲线.

7. 求下列积分:

(1) $\displaystyle\int_0^{1+\mathrm{i}} \cos z\,\mathrm{d}z$;   (2) $\displaystyle\int_0^{\pi} e^{\sin z}\cos z\,\mathrm{d}z$

8. 计算下列积分,其中曲线路径为逆时针正向

(1) $\displaystyle\oint_{|z|=2} \frac{e^z}{z-1}\mathrm{d}z$;   (2) $\displaystyle\frac{1}{2\pi\mathrm{i}}\oint_{|z|=4} \frac{\sin z}{z}\mathrm{d}z$;

(3) $\displaystyle\oint_{|z|=4} \left(\frac{1}{z+1} + \frac{2}{z-3}\right)\mathrm{d}z$;   (4) $\displaystyle\oint_{|z|=2} \frac{\cos\pi z}{(z-1)^5}\mathrm{d}z$;

(5) $\displaystyle\oint_{|z|=3} \frac{e^z}{(z^2+1)^2}\mathrm{d}z$.

9. 通过计算

$$\oint_{|z|=1} (z + \frac{1}{z})^{2n}\frac{\mathrm{d}z}{z},n \text{ 为自然数},$$

证明：

$$\int_0^{2\pi} \cos^{2n}\theta \,\mathrm{d}\theta = 2\pi \cdot \frac{(2n-1)!!}{(2n)!!}$$

10. 利用平均值公式证明最大模原理.

11. 证明莫勒拉定理：如果函数 $f(z)$ 在区域 D 内连续，并且对于区域内的任意一条简单闭曲线 C，成立

$$\oint_C f(z)\mathrm{d}z = 0$$

则 $f(z)$ 在区域 D 内解析.

第三章 级 数

本章先介绍复级数的基本概念及其性质,然后从柯西积分公式这一解析函数的积分表示式出发,给出解析函数的级数表示 — 泰勒级数及洛朗级数.然后,以它们为工具,进一步研究了解析函数的性质.

§3.1 复数项级数

给定一列无穷多个有序的复数
$$z_1 = a_1 + \mathrm{i}b_1, z_2 = a_2 + \mathrm{i}b_2, \cdots, z_n = a_n + \mathrm{i}b_n, \cdots$$
称为**复数序列**,记为$\{z_n\}$.

定义 1 给定一个复数序列$\{z_n\}$,设z_0为一复常数.若对于任意给定的正数$\varepsilon > 0$,都存在一个充分大的正整数N,使得当$n > N$时,有$|z_n - z_0| < \varepsilon$,则称当$n$趋向于$+\infty$时,$\{z_n\}$以$z_0$为极限,或者说复数序列$\{z_n\}$收敛于极限$z_0$,记为
$$\lim_{n \to \infty} z_n = z_0$$

定理 1 给定一个复数序列$\{z_n\}$,$z_n = a_n + \mathrm{i}b_n$,$n = 1, 2, \cdots$,则$\lim_{n \to \infty} z_n = z_0 = a + \mathrm{i}b$的充要条件是
$$\lim_{n \to \infty} a_n = a, \ \lim_{n \to \infty} b_n = b$$

定理 2 复数序列的极限成立四则运算.

定义 2 设有复数序列$\{z_n\}$,表达式
$$\sum_{n=1}^{\infty} z_n = z_1 + z_2 + \cdots + z_n + \cdots \tag{1}$$
称为**复数项级数**.

定义 3 若复数项级数(1)的**部分和**(也称为**前 n 项和**)序列
$$\{s_n = z_1 + z_2 + \cdots + z_n\}, n = 1, 2, \cdots$$
以有限复数$s = a + \mathrm{i}b$为极限,则称复数项级数(1)是**收敛**的,并称s为级数(1)的**和**,记为
$$\sum_{n=1}^{\infty} z_n = s$$
若部分和
$$\{s_n = z_1 + z_2 + \cdots + z_n\}, n = 1, 2, \cdots$$
无有限极限,则称级数(1)**发散**.

定理 3 设$z_n = a_n + \mathrm{i}b_n$,$n = 1, 2, \cdots$,$z = a + \mathrm{i}b$,则$\sum_{n=1}^{\infty} z_n$收敛于$z$的充分必要条件是

$$\sum_{n=1}^{\infty} a_n \text{ 收敛于 } a, \text{且} \sum_{n=1}^{\infty} b_n \text{ 收敛于 } b.$$

由此可见,级数收敛的充分必要条件是级数的实部级数 $\sum_{n=1}^{\infty} a_n$ 和虚部级数 $\sum_{n=1}^{\infty} b_n$ 都收敛.

定理 4　若 $\sum_{n=1}^{\infty} z_n$ 收敛,则 $\lim_{n \to \infty} z_n = 0.$

收敛的复数级数有如下性质:

(1) $\sum_{n=1}^{\infty} z_n$ 收敛,则 $\exists M > 0$,使得 $|z_n| \leqslant M, (n = 1, 2, \cdots)$

(2) 若 $\sum_{n=1}^{\infty} z_n = s, \sum_{n=1}^{\infty} z'_n = s',$ 则

$$\sum_{n=1}^{\infty} (z_n \pm z'_n) = \sum_{n=1}^{\infty} z_n \pm \sum_{n=1}^{\infty} z'_n = s \pm s', \quad \sum_{n=1}^{\infty} c z_n = c \sum_{n=1}^{\infty} z_n = cs$$

定义 4　若级数 $\sum_{n=1}^{\infty} |z_n|$ 收敛,则称级数 $\sum_{n=1}^{\infty} z_n$ **绝对收敛**;非绝对收敛的收敛级数,称为条件收敛级数.

对于绝对收敛,与定理 1 类似,我们有:

定理 5　设 $z_n = a_n + i b_n, n = 1, 2, \cdots,$ 级数 $\sum_{n=1}^{\infty} z_n$ 绝对收敛的充分必要条件是实数项级数 $\sum_{n=1}^{\infty} a_n$ 与 $\sum_{n=1}^{\infty} b_n$ 都绝对收敛.

定理 6　若级数 $\sum_{n=1}^{\infty} |z_n|$ 收敛,则级数 $\sum_{n=1}^{\infty} z_n$ 必收敛(即若级数绝对收敛,则级数收敛);但反之不一定成立.

对于复数项级数,有同于实数项级数收敛的充分必要条件:

定理 7(柯西收敛准则)　级数(1)收敛的充分必要条件是,对于任意给定的 $\varepsilon > 0$,存在自然数 N,使得当 $n > N$ 时,有

$$\left| \sum_{k=n+1}^{n+p} z_k \right] < \varepsilon$$

其中 p 为任意正整数.

绝对收敛与条件收敛有本质的不同,我们举实级数为例来说明.

例 1　实级数 $\sum_{n=1}^{\infty} (-1)^n \frac{1}{n}$ 根据柯西收敛准则是收敛的,但显然并非绝对收敛.不妨假设收敛于常数 A,即

$$1 - \frac{1}{2} + \frac{1}{3} - \frac{1}{4} + \frac{1}{5} - \frac{1}{6} + \frac{1}{7} - \frac{1}{8} + \cdots = A$$

上式两边除以 2 得

$$\frac{1}{2} - \frac{1}{4} + \frac{1}{6} - \frac{1}{8} + \frac{1}{10} - \frac{1}{12} + \frac{1}{14} - \frac{1}{16} + \cdots = A/2$$

再将上面两式相加得

$$1 + \frac{1}{3} - \frac{1}{2} + \frac{1}{5} + \frac{1}{7} - \frac{1}{4} + \cdots = 3A/2$$

而第三式是第一式的重排,所得的和却不同.绝对收敛的级数则不会出现这种问题.

§3.2 复变函数项级数

定义1 设复函数序列 $\{f_n(z), n = 1,2,\cdots\}$ 的各项均在点集 $E \subset C$ 上有定义.若存在一个在 E 有定义的函数 $f(z)$,对 E 中每一点 z,复函数项级数

$$\sum_{n=1}^{\infty} f_n(z) = f_1(z) + f_2(z) + \cdots + f_n(z) + \cdots \tag{2}$$

均收敛于 $f(z)$,则称级数(2)在 E 上收敛,其和函数为 $f(z)$,记为

$$\sum_{n=1}^{\infty} f_n(z) = f(z)$$

此定义用精确的语言叙述就是:任给 $\varepsilon > 0$,以及给定的 $z \in E$,存在正整数 $N = N(\varepsilon, z)$,使当 $n > N(\varepsilon, z)$ 时,有

$$|f(z) - S_n(z)| < \varepsilon$$

其中 $S_n(z) = \sum_{k=1}^{n} f_k(z)$.

上述的正整数 $N = N(\varepsilon, z)$,一般地说,不仅依赖于 ε,而且依赖于 $z \in E$.重要的一种情形是 N 不依赖于 $z \in E$,即 $N = N(\varepsilon)$,这就是一致收敛的概念:

定义2 对于级数(2),若在点集 E 上有函数 $f(z)$,使对任意给定的 $\varepsilon > 0$,存在正整数 $N = N(\varepsilon)$,当 $n > N$ 时,对所有的 $z \in E$,均有

$$|f(z) - S_n(z)| < \varepsilon$$

则称级数(2)在 E 上一致收敛于 $f(z)$.

定理1(柯西一致收敛准则) 复函数项级数(2)在点集 E 上一致收敛于某函数的充要条件是:任给 $\varepsilon > 0$,存在正整数 $N = N(\varepsilon)$,使当 $n > N$ 时,对一切 $z \in E$,均有

$$\left| \sum_{k=n+1}^{n+p} f_k(z) \right| < \varepsilon \quad (p \text{ 为任意正整数}).$$

由此准则,可得出一致收敛的一个充分条件:

定理2(Weierstrass M-判别法) 若复函数序列 $\{f_n(z)\}$ 在点集 E 上有定义,且存在正数列 $\{M_n\}$,使得对任意 $z \in E$,有

$$|f_n(z)| \leqslant M_n \quad (n = 1,2,\cdots)$$

而正项级数 $\sum_{n=1}^{\infty} M_n$ 收敛,则复函数项级数 $\sum_{n=1}^{\infty} f_n(z)$ 在集 E 上绝对收敛且一致收敛.

例如级数 $\sum_{n=0}^{\infty} z^n = 1 + z + z^2 + z^3 + \cdots + z^n + \cdots$ 在闭圆 $|z| \leqslant r(r < 1)$ 上一致收敛.

定义3 设 $f_n(z)(n = 1,2,\cdots)$ 在区域 D 内有定义,若 $\sum_{n=1}^{\infty} f_n(z)$ 在含于 D 内的任意一个有界闭集上都一致收敛,则称级数 $\sum_{n=1}^{\infty} f_n(z)$ 在 D 内闭一致收敛.

下面是关于函数项级数基本性质的三个定理.

定理 3　若级数 $\sum\limits_{n=1}^{\infty} f_n(z)$ 的各项 $f_n(z)(n=1,2,\cdots)$ 在区域 D 内连续,且 $\sum\limits_{n=1}^{\infty} f_n(z)$ 一致收敛于 $f(z)$,则其和函数 $f(z)$ 在区域 D 内也连续.

定理 4　设级数 $\sum\limits_{n=1}^{\infty} f_n(z)$ 的各项 $f_n(z)(n=1,2,\cdots)$ 在曲线 C 上连续,且 $\sum\limits_{n=1}^{\infty} f_n(z)$ 在 C 上一致收敛于 $f(z)$,则沿 C 可以逐项积分

$$\int_C f(z)\mathrm{d}z = \sum_{n=1}^{\infty}\int_C f_n(z)\mathrm{d}z$$

定理 5(Weierstrass 定理)　设级数 $\sum\limits_{n=1}^{\infty} f_n(z)$ 的各项 $f_n(z)(n=1,2,\cdots)$ 在区域 D 内解析,且 $\sum\limits_{n=1}^{\infty} f_n(z)$ 在 D 内闭一致收敛于 $f(z)$,则

1) $f(z)$ 在 D 内解析;

2) 在 D 内可逐项求任意阶导数: $f^{(p)}(z) = \sum\limits_{n=1}^{\infty} f_n^{(p)}(z)(z \in D, p=1,2,\cdots)$

3) $\sum\limits_{n=1}^{\infty} f_n^{(p)}(z)$ 在 D 内闭一致收敛于 $f^{(p)}(z)$.

§3.3　幂级数

形如

$$\sum_{n=0}^{\infty} c_n(z-z_0)^n = c_0 + c_1(z-z_0) + c_2(z-z_0)^2 + \cdots + c_n(z-z_0)^n + \cdots \qquad (1)$$

的函数项级数称为以 z_0 为中心的**幂级数**,其中 z 是复变数,c_n 是复常数.

我们首先要关注幂级数的收敛性,为此先引进下列阿贝尔第一定理.

定理 1　若幂级数 $\sum\limits_{n=0}^{\infty} c_n(z-z_0)^n$ 在点 z_1 处收敛,则对满足 $|z-z_0| < |z_1-z_0|$ 的任意 z,级数(1)收敛且绝对收敛.

证　由于级数在 z_1 处收敛,因此存在正常数 M,使 $|c_n(z_1-a)^n| < M$,$(n=1,2,\cdots)$.这样,

$$\sum_{n=0}^{\infty} |c_n(z-z_0)^n| = \sum_{n=0}^{\infty} \left| c_n(z_1-z_0)^n \left(\frac{z-z_0}{z_1-z_0}\right)^n \right| < M \sum_{n=0}^{\infty} \left| \frac{z-z_0}{z_1-z_0} \right|^n$$

由于 $|z-z_0| < |z_1-z_0|$,所以 $\left| \dfrac{z-z_0}{z_1-z_0} \right| = q < 1$,右边级数收敛.因此幂级数在点 z 处收敛,且绝对收敛.

推论 1　若级数 $\sum\limits_{n=0}^{\infty} c_n(z-z_0)^n$ 在点 $z_2(\neq 0)$ 处发散,则它在满足 $|z-z_0| > |z_2-z_0|$ 的任意点 z 处发散.

由以上定理和推论,我们清楚地看到幂级数的收敛范围是一个圆盘.当然这种圆盘有三种可能,情况 1,半径为零退化为一点(级数仅在 z_0 处收敛),如 $1+z+2^2z^2+\cdots+n^nz^n+\cdots$

仅在原点处收敛;情况 2,半径为无穷大,如 $1 + z + z^2/2^2 + \cdots + z^n/n^n + \cdots$;情况 3,有限圆盘. 现在我们的任务就是要根据级数求出它的收敛圆半径.

幂级数的收敛圆与收敛半径

定理 2 若幂级数 $\sum\limits_{n=0}^{\infty} c_n(z - z_0)^n$ 的系数满足下列条件之一

(1) $\lim\limits_{n \to +\infty} \left| \dfrac{c_{n+1}}{c_n} \right| = \lambda$, （达朗贝尔）

(2) $\lim\limits_{n \to +\infty} \sqrt[n]{|c_n|} = \lambda$,（柯西）

(3) $\overline{\lim\limits_{n \to +\infty}} \sqrt[n]{|c_n|} = \lambda$, （柯西—阿达玛）

则收敛半径 $R = \dfrac{1}{\lambda}$,当 $\lambda = 0$ 时,$R = +\infty$,当 $\lambda = +\infty$ 时,$R = 0$.

注 实数列的**上极限**指实数列的最大聚点,或定义如下:

已给一个实数序列 $\{a_n\}$,数 $L \in (-\infty, +\infty)$. 若任给 $\varepsilon > 0$,(1) 至多有有限个 $a_n > L + \varepsilon$;(2) 有无穷个 $a_n > L - \varepsilon$,那么说序列 $\{a_n\}$ 的上极限是 L,记作 $\overline{\lim\limits_{n \to +\infty}} a_n = L$;若任给 $M > 0$,有无穷个 $a_n > M$,那么说序列 $\{a_n\}$ 的上极限是 $+\infty$,记作 $\overline{\lim\limits_{n \to +\infty}} a_n = +\infty$;若任给 $M > 0$,至多有有限个 $a_n > -M$,那么说序列 $\{a_n\}$ 的上极限是 $-\infty$,记作 $\overline{\lim\limits_{n \to +\infty}} a_n = -\infty$.

例 1 求幂级数 $\sum\limits_{n=0}^{\infty} (n+1)z^n$ 的收敛半径与和函数

解 因为 $\lim\limits_{n \to \infty} \dfrac{|c_{n+1}|}{|c_n|} = \lim\limits_{n \to \infty} \dfrac{n+2}{n+1} = 1$,所以 $R = 1$.

利用逐项积分,

$$\int_0^z \sum_{n=0}^{\infty} (n+1)z^n \mathrm{d}z = \sum_{n=0}^{\infty} \int_0^z (n+1)z^n \mathrm{d}z = \sum_{n=0}^{\infty} z^{n+1} = \frac{z}{1-z}$$

所以

$$\sum_{n=0}^{\infty} (n+1)z^n = \left(\frac{z}{1-z} \right)' = \frac{1}{(1-z)^2}. \quad (\text{在 } |z| < 1 \text{ 内})$$

幂级数和的解析性

定理 3 设幂级数 $\sum\limits_{n=0}^{\infty} c_n(z - z_0)^n$ 有收敛圆盘 $K : |z - z_0| < R$,那么在 K 内它内闭一致收敛;它的和函数 $f(z)$ 在其收敛圆内解析,并且幂级数 $f(z) = \sum\limits_{n=0}^{\infty} c_n(z - a)^n$ 可以逐项求任意阶导数

$$f^{(p)}(z) = \sum_{n=p}^{\infty} n(n-1)\cdots(n-p+1)c_n(z - a)^{n-p}$$

$$c_p = \frac{f^{(p)}(z_0)}{p!}, p = 0, 1, 2, \cdots$$

证 设 E 是 K 内任一有界闭集,于是存在 $r \in (0, R)$,使得 E 包含在闭圆盘 $|z - z_0| \leqslant r$ 内,因此对任意 $z \in E$,

$$\sum_{n=0}^{\infty} |c_n(z - z_0)^n| \leqslant \sum_{n=0}^{\infty} |c_n| r^n$$

因为右边级数收敛,所以幂级数 $\sum\limits_{n=0}^{\infty} c_n(z-z_0)^n$ 在 E 上一致收敛,即在 K 内闭一致收敛. 定理余下部分由威尔斯特拉斯定理得出.

幂级数 $\sum\limits_{n=0}^{\infty} c_n(z-z_0)^n$ 在收敛圆盘的边界 $|z-z_0|=R$ 上,既可以是点点收敛,也可以是点点发散,还可以在一部分点上收敛,在其余的点上发散. 例如

1. $\sum\limits_{n=1}^{\infty} \dfrac{z^n}{n^2}$ 的收敛半径 $R=1$,在 $|z|=1$ 上,收敛;

2. 几何级数 $\sum\limits_{n=0}^{\infty} z^n$ 在 $|z|=1$ 上点点发散,因为这时一般项 z^n 的模为 1 而不趋于零;

3. 幂级数 $\sum\limits_{n=1}^{\infty} \dfrac{z^n}{n}$ 的收敛半径 $R=1$,在圆周 $|z|=1$ 上只在点 $z=1$ 处发散.

§3.4 泰勒级数

由上一节我们知道任意一个收敛半径为正数的幂级数,其和函数在收敛圆内是解析的. 下面的泰勒展开定理是其逆定理.

定理 1 设 $f(z)$ 在 $K:|z-z_0|<R$ 内解析,则 $f(z)$ 在圆 K 内能展开成幂级数

$$f(z)=\sum_{n=0}^{\infty} c_n(z-z_0)^n$$

其中 $c_n=\dfrac{1}{2\pi\mathrm{i}}\displaystyle\int_{\Gamma_\rho} \dfrac{f(\zeta)}{(\zeta-z_0)^{n+1}}\mathrm{d}\zeta=\dfrac{f^{(n)}(z_0)}{n!}$,$\Gamma_\rho:|\zeta-z_0|=\rho, 0<\rho<R$,而且展开式是唯一的.

证 设 $z\in K$,以 z_0 为心,在 K 内作一圆 Γ_ρ,使得点 z 属于其内. 由柯西积分公式,

$$f(z)=\frac{1}{2\pi\mathrm{i}}\int_{\Gamma_\rho} \frac{f(\zeta)}{\zeta-z}\mathrm{d}\zeta$$

由于当 $\zeta\in\Gamma_\rho$ 时,$|z-z_0|/|\zeta-z_0|=q<1$,所以

$$\frac{1}{\zeta-z}=\frac{1}{\zeta-z_0-(z-z_0)}=\frac{1}{\zeta-z_0}\cdot\frac{1}{1-\dfrac{z-z_0}{\zeta-z_0}}=\sum_{n=0}^{+\infty}\frac{(z-z_0)^n}{(\zeta-z_0)^{n+1}}$$

上式右边级数在 Γ_ρ 上一致收敛,故此

$$f(z)=\frac{1}{2\pi\mathrm{i}}\int_{\Gamma_\rho}\frac{f(\zeta)}{\zeta-z}\mathrm{d}\zeta=\sum_{n=0}^{\infty}\left(\frac{1}{2\pi\mathrm{i}}\int_{\Gamma_\rho}\frac{f(\zeta)}{(\zeta-z_0)^{n+1}}\mathrm{d}\zeta\right)(z-z_0)^n=\sum_{n=0}^{+\infty}c_n(z-z_0)^n$$

其中 $c_n=\dfrac{1}{2\pi\mathrm{i}}\displaystyle\int_{\Gamma_\rho}\dfrac{f(\zeta)}{(\zeta-z_0)^{n+1}}\mathrm{d}\zeta=\dfrac{f^{(n)}(z_0)}{n!}$.

下证展开式的唯一性. 设另有展开式 $f(z)=\sum\limits_{n=0}^{\infty} c'_n(z-z_0)^n$,则由上节定理 3,我们有

$$c'_n=\frac{f^{(n)}(z_0)}{n!}=c_n$$

故展开式是唯一的.

此展式称为函数 $f(z)$ 在点 z_0 的泰勒展开式或**泰勒级数**.

注 在实分析中,将函数在某点的邻域内展成泰勒级数时,首先要求函数在该点的邻域内无穷次可微,而且即使满足无穷次可微条件,其泰勒级数也不一定收敛,纵令收敛,也不一定就收敛于该点的函数值.但在复变函数中,从上面的讨论我们看到,只需在某点解析,函数就可以在该点的邻域内展开成泰勒级数,并保证所得级数在该邻域内收敛于被展开的函数.

例 1 求 $f(z) = e^z$ 在原点处的泰勒级数

解 因为指数函数在整个复平面解析,$c_n = \dfrac{f^{(n)}(0)}{n!} = \dfrac{1}{n!}$,所以

$$f(z) = e^z = \sum_{n=0}^{\infty} \frac{z^n}{n!} = 1 + z + \frac{z^2}{2!} + \cdots + \frac{z^n}{n!} + \cdots$$

此外,正弦、余弦函数有如下泰勒级数:

$$\sin z = z - \frac{z^3}{3!} + \frac{z^5}{5!} - \frac{z^7}{7!} \cdots,$$

$$\cos z = 1 - \frac{z^2}{2!} + \frac{z^4}{4!} - \frac{z^6}{6!} \cdots$$

例 2 求 $f(z) = \sqrt{z+1}$ 在 $|z| < 1$ 内的泰勒级数.

解 函数 $f(z) = \sqrt{z+1}$ 是多值函数,其中 $-1, \infty$ 是两支点,故可沿负实轴割去一条裂缝 $(-\infty, -1]$ 得到单值分支,这样在 $|z| < 1$ 内就有两个单值分支,视 $f(0) = \sqrt{1} = \pm 1$ 的取值而定.因为

$$f'(z) = \frac{\sqrt{z+1}}{2(z+1)}$$

$$f''(z) = \frac{1}{2} \cdot \left(\frac{1}{2} - 1\right) \frac{\sqrt{z+1}}{(z+1)^2},$$

$$\cdots\cdots$$

$$f^{(n)}(z) = \frac{1}{2} \cdot \left(\frac{1}{2} - 1\right) \cdot \cdots \cdot \left(\frac{1}{2} - n - 1\right) \frac{\sqrt{z+1}}{(z+1)^n}$$

所以,

$$f(z) = \sqrt{z+1} = f(0)\left(1 + \frac{1}{2}z - \frac{1}{8}z^3 + \cdots + (-1)^n \frac{(2n-3)!!}{2^n n!} z^n + \cdots\right)$$

解析函数的零点

设 $f(z)$ 在 z_0 的邻域 U 内解析,并且 $f(z_0) = 0$,则称 z_0 为 $f(z)$ 的零点.于是 $f(z)$ 在 U 内有展开式

$$f(z) = \sum_{n=1}^{\infty} c_n (z - z_0)^n$$

对于上述系数,逻辑上有两种可能:情况 1,全为零,此时函数恒为零;情况 2,不全为零,如果第一个不为零的系数为 c_m,则称 z_0 为函数的 m 阶(重)零点.

如果 z_0 为解析函数 $f(z)$ 的 m 阶零点,则在 z_0 的某个邻域 U 内

$$f(z) = (z - z_0)^m \varphi(z), \varphi(z_0) \neq 0$$

其中 $\varphi(z)$ 在 U 内解析.因此在 U 内可以找到 z_0 的一个小邻域,使得 $\varphi(z) \neq 0$.于是,在这样

的小邻域内 $f(z)$ 仅有唯一一个零点. 这就是所谓的解析函数**零点孤立性**原理. 根据这个原理, 以前我们对于指数函数的解析推广是唯一的.

§3.5 解析函数的洛朗展式

在上一节我们看到用泰勒级数表示圆形区域内的解析函数是方便的. 但是对于某些带奇点的函数, 我们要考虑形如下列的级数

$$\cdots + \frac{c_{-n}}{(z-a)^n} + \cdots + \frac{c_{-1}}{z-a} + c_0 + c_1(z-a) + \cdots + c_n(z-a)^n + \cdots$$

这种级数称为双边幂级数, 记为

$$\sum_{n=-\infty}^{+\infty} c_n(z-z_0)^n = \sum_{n=-\infty}^{-1} c_n(z-a)^n + \sum_{n=0}^{+\infty} c_n(z-a)^n$$

其中第一部分为负幂部分, 第二部分为非负幂部分.

规定它的负幂部分以及非负幂部分都收敛时, 双边幂级数收敛. 类似于幂级数, 我们给出圆环上的洛朗展开式定理

定理 1 设 $f(z)$ 在圆环 $D: R_1 < |z-a| < R_2 (0 \leqslant R_1 < R_2 < +\infty)$ 内解析, 则在 D 内

$$f(z) = \sum_{n=-\infty}^{+\infty} c_n(z-a)^n$$

其中 $c_n = \frac{1}{2\pi i} \int_{\Gamma} \frac{f(z)}{(z-a)^{n+1}} dz$ $(n = 0, \pm 1, \cdots)$, Γ 为圆周: $|z-a| = \rho, R_1 < \rho < R_2$.

证明 对 $\forall z \in H$: 作 $\Gamma_1: |z-a| = \rho_1, \Gamma_2: |z-a| = \rho_2$, (其中 $r < \rho_1 < \rho_2 < R$), 且使 $z \in D: \rho_1 < |z-a| < \rho_2$, (如图 3.1) 由柯西积分公式, 有

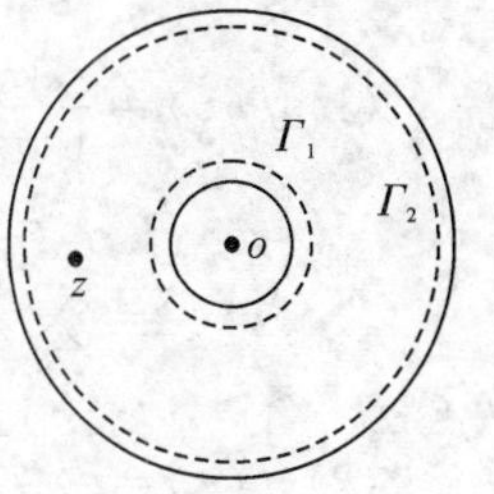

$$f(z) = \frac{1}{2\pi i} \int_{\Gamma_2 + \Gamma_1^-} \frac{f(\xi)}{\xi - z} d\xi = \frac{1}{2\pi i} \int_{\Gamma_2} \frac{f(\xi)}{\xi - z} d\xi + \frac{1}{2\pi i} \int_{\Gamma_1} \frac{f(\xi)}{z - \xi} d\xi$$

右边第一个积分即为泰勒定理证明中的相应部分,

$$\frac{1}{2\pi i} \int_{\Gamma_2} \frac{f(\xi)}{\xi - z} d\xi = \sum_{n=0}^{\infty} c_n(z-a)^n$$

图 3.1

对于右边第二个积分 $\frac{1}{2\pi i} \int_{\Gamma_1} \frac{f(\xi)}{z - \xi} d\xi$, 当 $\xi \in \Gamma_1$ 时, $\left| \frac{\xi - a}{z - a} \right| = \frac{\rho_1}{|z-a|} < 1$, 因此

$$\frac{1}{1 - \frac{\xi - a}{z - a}} = \sum_{n=1}^{\infty} \left(\frac{\xi - a}{z - a} \right)^{n-1} \quad \text{(级数在 } \Gamma_1 \text{ 上一致收敛)}$$

$$\frac{f(\xi)}{z - \xi} = \frac{f(\xi)}{(z-a) - (\xi - a)} = \frac{f(\xi)}{(z-a)\left(1 - \frac{z-a}{\xi - a}\right)}$$

$$= \frac{f(\xi)}{z - a} \sum_{n=1}^{\infty} \left(\frac{\xi - a}{z - a} \right)^{n-1} = \sum_{n=1}^{\infty} \frac{1}{(z-a)^n} \frac{f(\xi)}{(\xi - a)^{-n+1}}$$

$$\frac{1}{2\pi i}\int_{\Gamma_1}\frac{f(\xi)}{z-\xi}d\xi = \frac{1}{2\pi i}\int_{\Gamma_1}\frac{f(\xi)}{(z-a)-(\xi-a)}d\xi = \frac{1}{2\pi i}\int_{\Gamma_1}\frac{f(\xi)}{z-a}\sum_{n=1}^{\infty}\left(\frac{\xi-a}{z-a}\right)^{n-1}d\xi$$

$$= \sum_{n=1}^{\infty}\frac{1}{(z-a)^n}\frac{1}{2\pi i}\int_{\Gamma_1}\frac{f(\xi)}{(\xi-a)^{-n+1}}d\xi$$

其中 $c_n = \dfrac{1}{2\pi i}\displaystyle\int_{\Gamma_1}\dfrac{f(\xi)}{(\xi-a)^{-n+1}}d\xi = \dfrac{1}{2\pi i}\displaystyle\int_{\Gamma}\dfrac{f(\xi)}{(\xi-a)^{-n+1}}d\xi.$

下面证明展式唯一,若在 H 内 $f(z)$ 另有展开式

$$f(z) = \sum_{n=-\infty}^{+\infty}c'_n(z-a)^n$$

则右边级数在 Γ 上一致收敛,两边乘上 $(z-a)^{-m-1}$ 得

$$\frac{f(z)}{(z-a)^{m+1}} = \sum_{n=-\infty}^{\infty}\frac{c'_n}{(z-a)^{m-n+1}}$$

右边级数在 Γ 上仍一致收敛,沿 Γ 逐项积分,可得

$$\frac{1}{2\pi i}\int_{\Gamma}\frac{f(\xi)}{(\xi-a)^{m+1}}d\xi = \sum_{n=-\infty}^{+\infty}c'_n\frac{1}{2\pi i}\int_{\Gamma}\frac{1}{(\xi-a)^{m-n+1}}d\xi$$

因此 $c'_n = c_n$ 即展式是唯一的.

定理中的展式称为洛朗展开式,级数称为洛朗级数.

例 1 求 $f(z) = \dfrac{1}{(z-1)(z-2)}$

分别在区域 $(1)|z|<1$;$(2)1<|z|<2$;$(3)2<|z|<\infty$;$(4)0<|z-1|<1$ 中的洛朗展开式.

解 $f(z) = \dfrac{1}{z-2} - \dfrac{1}{z-1}$

(1) $f(z) = \dfrac{1}{1-z} - \dfrac{1}{2\left(1-\dfrac{z}{2}\right)} = \displaystyle\sum_{n=0}^{\infty}z^n - \frac{1}{2}\sum_{n=0}^{\infty}\left(\frac{z}{2}\right)^n$

$= \displaystyle\sum_{n=0}^{\infty}z^n - \sum_{n=0}^{\infty}\frac{z^n}{2^{n+1}} = \sum_{n=0}^{\infty}\left(1-\frac{1}{2^{n+1}}\right)z^n \quad (|z|<1)$

(2) $f(z) = \dfrac{1}{z-2} - \dfrac{1}{z-1} = -\dfrac{1}{2\left(1-\dfrac{z}{2}\right)} - \dfrac{1}{z\left(1-\dfrac{1}{z}\right)} = -\displaystyle\sum_{n=0}^{\infty}\left(\frac{z^n}{2^{n+1}}\right) - \frac{1}{z}\sum_{n=0}^{\infty}\frac{1}{z^n}$

$= -\displaystyle\sum_{n=0}^{\infty}\left(\frac{z^n}{2^{n+1}}\right) - \sum_{n=0}^{\infty}\frac{1}{z^{n+1}}. \quad (1<|z|<2)$

(3) $f(z) = \dfrac{1}{z-2} - \dfrac{1}{z-1} = \dfrac{1}{z\left(1-\dfrac{2}{z}\right)} - \dfrac{1}{z\left(1-\dfrac{1}{z}\right)}$

$= \dfrac{1}{z}\left(\displaystyle\sum_{n=0}^{\infty}\frac{2^n}{z^n} - \sum_{n=0}^{\infty}\frac{1}{z^n}\right) = \sum_{n=0}^{\infty}(2^n-1)\frac{1}{z^{n+1}}. \quad (2<|z|<\infty)$

(4) $f(z) = \dfrac{1}{z-2} - \dfrac{1}{z-1} = -\dfrac{1}{z-1} - \dfrac{1}{1-(z-1)} = -\dfrac{1}{z-1} - \displaystyle\sum_{n=0}^{\infty}(z-1)^n. \quad (0<|z-1|<1)$

此例说明同一个函数在不同的圆环内的洛朗展式可能不同.

例 2 求 $\dfrac{\sin z}{z^2}$ 及 $\dfrac{\sin z}{z}$ 在 $0 < |z| < +\infty$ 内的洛朗展式

解 $\dfrac{\sin z}{z^2} = \dfrac{1}{z} - \dfrac{z}{3!} + \dfrac{z^3}{5!} + \cdots + \dfrac{-(1)^n z^{2n-1}}{(2n+1)!} + \cdots$

$\dfrac{\sin z}{z} = 1 - \dfrac{z^2}{3!} + \dfrac{z^4}{5!} + \cdots + \dfrac{-(1)^n z^{2n}}{(2n+1)!} + \cdots$

例 3 $e^{\frac{1}{z}}$ 在 $0 < |z| < +\infty$ 内的洛朗展开式为

解 利用指数函数的泰勒展开式得

$$e^{\frac{1}{z}} = 1 + \frac{1}{z} + \frac{1}{2! z^2} + \cdots + \frac{1}{n! z^n} + \cdots$$

§3.6　解析函数的孤立奇点

设 $f(z)$ 在点 z_0 的某去心邻域内解析,则称 z_0 为 f 的**孤立奇点**. 有洛朗展开式

$$f(z) = \sum_{n=1}^{\infty} \frac{c_{-n}}{(z-z_0)^n} + \sum_{n=0}^{\infty} c_n (z-z_0)^n$$

称 $\displaystyle\sum_{n=1}^{\infty} \frac{c_{-n}}{(z-z_0)^n}$ 为 $f(z)$ 在点 z_0 的主要部分,称 $\displaystyle\sum_{n=0}^{\infty} c_n (z-z_0)^n$ 为 $f(z)$ 在点 z_0 的正则部分,

当主要部分为 0 时,称 z_0 为 $f(z)$ 的**可去奇点**;当主要部分为有限项时,设为

$$\frac{c_{-m}}{(z-a)^m} + \frac{c_{-(m-1)}}{(z-a)^{m-1}} + \cdots + \frac{c_{-1}}{z-a} \quad (c_{-m} \neq 0)$$

称 z_0 为 $f(z)$ 的 m **级极点**;当主要部分有无限项时,称 z_0 为**本性奇点**.

定理 1 设 z_0 为 $f(z)$ 的孤立奇点,则下列条件等价

(1) z_0 为 f 的可去奇点

(2) $\displaystyle\lim_{z \to z_0} f(z) = b (\neq \infty)$

(3) f 在 z_0 的某去心邻域内有界

证明略.

定理 2 设 z_0 为 $f(z)$ 的孤立奇点. 则下列条件等价:

(1) z_0 为 f 的 m 级极点;

(2) f 在 z_0 的某去心邻域内可表示为 $(z-z_0)^{-m} \varphi(z)$,其中 $\varphi(z)$ 解析,且 $\varphi(z_0) \neq 0$;

(3) $g(z) = f(z)^{-1}$ 以 z_0 为 m 级零点.

证明 $(1) \Rightarrow (2)$,设条件 (1) 成立,即 $f(z)$ 在 z_0 的某去心邻域内有:

$$f(z) = \frac{c_{-m}}{(z-z_0)^m} + \cdots + \frac{c_{-1}}{z-z_0} + c_0 + c_1(z-z_0) + \cdots \qquad (c_{-m} \neq 0)$$

$$= (z-z_0)^{-m} [c_{-m} + c_{-m+1}(z-z_0) + \cdots + c_{-1}(z-z_0)^{m-1} + c_0(z-z_0)^m + \cdots]$$

$$= (z-z_0)^{-m} \varphi(z) \ (\varphi(z) \text{ 解析}, \varphi(z_0) = c_{-m} \neq 0)$$

$(2) \Rightarrow (3)$,显然.

$(3) \Rightarrow (1)$,设条件 (3) 成立,即 $1/f(z) = (z-z_0)^m \psi(z)$,其中 $\psi(z)$ 在 z_0 的某领域内解析,且 $\psi(z_0) \neq 0$. 因此存在 $K: |z-z_0| < \rho$,使在 K 内 $\psi(z) \neq 0$,$1/\psi(z)$ 在 K 内解析,由泰

勒定理,在 K 内有 $1/\psi(z) = b_0 + b_1(z-z_0) + \cdots$,故在 $K - \{z_0\}$ 内有

$$f(z) = \frac{1}{(z-z_0)^m \psi(z)} = \frac{1}{(z-z_0)^m}[b_0 + b_1(z-z_0) + \cdots]$$

$$= \frac{b_0}{(z-z_0)^m} + \frac{b_1}{(z-z_0)^{m-1}} + \cdots \qquad (b_0 \neq 0)$$

由上述两定理即得

定理 3 设 z_0 为 $f(z)$ 的孤立奇点,则下列条件等价

(1) f 在 z_0 处的主要部分有无限项;

(2) $\lim\limits_{z \to z_0} f(z)$ 的极限不存在,也不为 ∞.

定理 3 中的孤立奇点称为**本性奇点**.关于本性奇点的性质还有下面进一步的结果

威尔斯特拉斯定理 设 z_0 为 $f(z)$ 的本性奇点,那么对于任一复数 α(有限或无限),存在点列 $\{z_n\}$: $\lim\limits_{n \to \infty} z_n = z_0$,使得

$$\lim_{n \to \infty} f(z_n) = \alpha$$

定理的证明,读者可作为习题自行完成.定理的结论说明在本性奇点的邻域内函数值所成的点集"充满"了复球面.

最后,我们来看一下实幂级数与复幂级数的区别所在.考虑实函数

$$f(x) = \begin{cases} e^{-\frac{1}{x^2}}, & x \neq 0 \\ 0, & x = 0 \end{cases}$$

容易知道该函数在实轴上无穷次可微,而且函数在原点处的各阶导数为零,因此 f 在原点处的泰勒级数为零,但这显然不同于函数本身.在实函数分析里我们知道,一个函数的幂级数等于它自身的一个充分条件是泰勒公式的余项趋于零.我们从复分析的角度看却是非常清楚,考虑此函数的复形式,

$$f(z) = e^{-\frac{1}{z^2}}$$

因为原点是这个函数的本性奇点,因此函数在原点没有泰勒展开式.

习题 3

1. 设复数序列 $\{z_n\}$,$z_n = a_n + ib_n$,$n = 1, 2, \cdots$,证明:$\lim\limits_{n \to \infty} z_n = z_0 = a + ib$ 的充要条件是 $\lim\limits_{n \to \infty} a_n = a$,$\lim\limits_{n \to \infty} b_n = b$

2. 设复数序列 $\{z_n\}$,$\lim\limits_{n \to \infty} z_n = z_0$,证明:

$$\lim_{n \to \infty} \frac{z_1 + z_2 + \cdots + z_n}{n} = z_0.$$

3. 说明级数 $\sum\limits_{n=1}^{\infty} \left(n\ln\frac{n}{n+1} + \frac{i}{2^n}\right)$ 的敛散性.

4. 证明幂级数 $\sum\limits_{n=0}^{\infty} c_n z^n$,$\sum\limits_{n=1}^{\infty} n c_n z^{n-1}$,$\sum\limits_{n=0}^{\infty} \frac{c_n}{(n+1)^2} z^n$ 有相同的收敛半径.

5. 求下列幂级数的收敛半径:

(1) $\sum\limits_{n=1}^{\infty} \frac{1}{n}\left(\frac{z}{3}\right)^n$ \qquad (2) $\sum\limits_{n=0}^{\infty} \left(\frac{z+1}{2}\right)^n$

(3) $\displaystyle\sum_{n=0}^{\infty} \frac{(-1)^n z^{2n}}{(2n)!}$ (4) $\displaystyle\sum_{n=0}^{\infty} q^{n^2} z^n$,其中 $0 < |q| < 1$ 为常数

(5) $\displaystyle\sum_{n=0}^{\infty} z^{n!}$;   (6) $\displaystyle\sum_{n=0}^{\infty} [5+(-1)^n]^n z^n$

6. 将整函数 $e^z \cos z$ 在原点处展开成泰勒级数.

7. 将下列函数展开为 $(z-z_0)$ 的幂级数:

(1) $f(z) = \dfrac{1}{z+1}$, $z_0 = -4$ (2) $f(z) = \dfrac{3z}{2-z-z^2}$, $z_0 = 0$

8. 将多值函数 $Ln(1+z)$ 按其单值枝 $Ln1 = 2\pi i$ 在原点 $z_0 = 0$ 处展开成泰勒级数.

9. 将下列函数在指定圆环内展开成洛朗级数:

(1) $\dfrac{z^2 - 2z + 5}{(z-2)(z^2+1)}$,在 $1 < |z| < 2$ 内

(2) $\cos \dfrac{z}{1-z}$,在 $0 < |z-1| < +\infty$ 内

(3) $\dfrac{1}{z(z^2+1)}$,分别在 $0 < |z| < 1$ 和 $0 < |z-i| < 1$ 内

(4) $(z^2+1)\sin \dfrac{1}{z}$,在 $0 < |z| < +\infty$ 内

(5) $\dfrac{1}{z}$,$\dfrac{1}{z^2}$,在 $0 < |z-i| < 1$ 内

(6) $e^{\frac{1}{1-z}}$,在 $0 < |z| < +\infty$ 内(求前面 4 项).

10. 指出下列函数的奇点及其类型,若是极点,指出它的阶:

(1) $\dfrac{1}{z^3 - z^2 - z + 1}$ (2) $\dfrac{1}{z^3(z^2+1)^2}$

(3) $e^{\frac{z}{1-z}}$ (4) $\dfrac{z^{2n}}{z^n+1}$

(5) $\dfrac{\ln(z+1)}{z}$ (6) $\dfrac{\sin z}{z^3}$

(7) $\dfrac{1}{z^2(e^z-1)}$ (8) $\dfrac{e^z \sin z}{z^2}$

11. 讨论函数 $f(z) = \csc z - \dfrac{1}{z}$ 在整个复平面的奇点及其阶数.

12. 证明威尔斯特拉斯定理.

第四章　留　　数

§4.1　留数的概念

定义 1　设 $f(z)$ 在 $0 < |z - z_0| < R$ 内解析,则称积分

$$\frac{1}{2\pi\mathrm{i}}\int_C f(z)\mathrm{d}z$$

为 $f(z)$ 在孤立奇点 z_0 的留数,记作 $\mathrm{Res}(f, z_0)$,其中 C: $|z - z_0| = r, 0 < r < R$.

留数 $\mathrm{Res}(f, z_0)$ 与圆半径 r 无关,事实上,$0 < |z - z_0| < R$ 内,$f(z)$ 的洛朗展式为

$$f(z) = \sum_{n=-\infty}^{+\infty} c_n (z - z_0)^n$$

右边级数在任一圆 C: $|z - z_0| = r(0 < r < R)$ 上一致收敛,故逐次积分得

$$2\pi\mathrm{i}\int_C f(z)\mathrm{d}z = 2\pi\mathrm{i}\sum_{n=-\infty}^{+\infty} c_n \int_C (z - z_0)^n \mathrm{d}z = c_{-1}$$

即 $\mathrm{Res}(f, z_0) = c_{-1}$,故它与 C 的半径 r 无关.

显然,如果 z_0 为 $f(z)$ 的解析点或可去奇点,则 $\mathrm{Res}(f, z_0) = 0$.

定理 1(留数定理)　设函数 $f(z)$ 在区域 D 内除有限个孤立奇点 $z_1, z_2, z_3, \cdots, z_n$ 外处处解析,C 是 D 内包围各奇点的一条正向简单闭曲线,那么

$$\oint_C f(z)\mathrm{d}z = 2\pi\mathrm{i}\sum_{k=1}^n \mathrm{Res}[f(z), z_k]$$

一般来说,求函数在其孤立奇点 z_0 处的留数只需求出它在以 z_0 为中心的圆环域内的洛朗级数中 $c_{-1}(z - z_0)^{-1}$ 项系数 c_{-1} 就可以了. 但如果能先知道奇点的类型,对求留数更为有利. 例如,如果 z_0 是 $f(z)$ 的可去奇点,那么 $\mathrm{Res}(f, z_0) = 0$. 如果 z_0 是本性奇点,那就往往只能用把 $f(z)$ 在 z_0 展开成洛朗级数的方法来求 c_{-1}. 若 z_0 是极点的情形,则可用较方便的求导数与求极限的方法得到留数.

无穷远点的留数

定义 2　设 ∞ 为 $f(z)$ 的一个孤立奇点,即 $f(z)$ 在圆环域 $R < |z| < +\infty$ 内解析,则称

$$\frac{1}{2\pi\mathrm{i}}\oint_{C^-} f(z)\mathrm{d}z \quad (C: |z| = \rho > R)$$

为 $f(z)$ 在点 ∞ 的留数,记为 $\mathrm{Res}[f(z), \infty]$,这里 C^- 是指顺时针方向(这个方向很自然地可以看作是绕无穷远点的正向).

如果 $f(z)$ 在 $R<|z|<+\infty$ 的洛朗展开式为 $f(z)=\sum_{n=-\infty}^{\infty}c_nz^n$，则 $\mathrm{Res}[f,\infty]=-c_{-1}$.

这里须要注意，$z=\infty$ 即使是 $f(z)$ 的可去奇点，$f(z)$ 在 $z=\infty$ 的留数也未必是 0，这是同有限点的留数不一致的地方.

定理 2 如果 $f(z)$ 在扩充复平面上只有有限个孤立奇点（包括无穷远点在内），设为 $z_1,z_2,\cdots z_n,\infty$，则 $f(z)$ 在各点的留数总和为零.

§4.2 在极点的留数计算法则

法则 1 如果 z_0 为 $f(z)$ 的简单极点，则
$$\mathrm{Res}[f(z),z_0]=\lim_{z\to z_0}(z-z_0)f(z) \tag{1}$$

法则 2 设 $f(z)=\dfrac{P(z)}{Q(z)}$，其中 $P(z),Q(z)$ 在 z_0 处解析，如果 $P(z_0)\neq 0$，z_0 为 $Q(z)$ 的一阶零点，则 z_0 为 $f(z)$ 的一阶极点，且
$$\mathrm{Res}[f(z),z_0]=\frac{P(z_0)}{Q'(z_0)} \tag{2}$$

法则 3 如果 z_0 为 $f(z)$ 的 m 阶极点，则
$$\mathrm{Res}[f(z),z_0]=\frac{1}{(m-1)!}\lim_{z\to z_0}\frac{d^{m-1}}{dz^{m-1}}[(z-z_0)^mf(z)] \tag{3}$$

例 1 求函数 $f(z)=\dfrac{e^{iz}}{1+z^2}$ 在奇点处的留数.

解 $f(z)$ 有两个一阶极点 $z=\pm i$，于是根据（2）得
$$\mathrm{Res}(f,i)=\frac{P(i)}{Q'(i)}=\frac{e^{i^2}}{2i}=-\frac{i}{2e}$$
$$\mathrm{Res}(f,-i)=\frac{P(-i)}{Q'(-i)}=\frac{e^{-i^2}}{-2i}=\frac{i}{2}e$$

例 2 求函数 $f(z)=\dfrac{\cos z}{z^3}$ 在奇点处的留数.

解 $f(z)$ 有一个三阶极点 $z=0$，故由（3）得
$$\mathrm{Res}(f,0)=\frac{1}{2}\lim_{z\to0}(z^3\cdot\frac{\cos z}{z^3})''=\frac{1}{2}\lim_{z\to0}(-\cos z)=-\frac{1}{2}$$

例 3 求函数 $f(z)=\dfrac{e^{iz}}{z(1+z^2)^2}$ 在奇点处的留数.

解 $f(z)$ 有一个一阶极点 $z=0$ 与两个二阶极点 $z=\pm i$，于是由（1）及（3）可得
$$\mathrm{Res}(f,0)=\lim_{z\to0}\frac{e^{iz}}{(1+z^2)^2}=1$$
$$\mathrm{Res}(f,i)=\lim_{z\to i}\left[(z-i)^2\cdot\frac{e^{iz}}{z(1+z^2)^2}\right]'=\lim_{z\to i}\left[\frac{e^{iz}}{z(z+i)^2}\right]'=-\frac{3}{4e}$$
$$\mathrm{Res}(f,-i)=\lim_{z\to -i}\left[\frac{e^{iz}}{z(z-i)^2}\right]'=-\frac{e}{4}$$

关于在无穷远点的留数计算，我们有以下的法则.

法则 4　若 $\lim\limits_{z\to\infty}f(z)=0$，则 $\mathrm{Res}f(\infty)=-\lim\limits_{z\to\infty}[z\cdot f(z)]$.

例 4　求 $I=\oint_{|z|=4}\dfrac{5z^{27}}{(z^2-1)^4(z^4+2)^5}\mathrm{d}z$

解　被积函数的有限个奇点 $\pm1,\sqrt[4]{2}\,e^{\frac{\pi+2k\pi}{4}i}$　$(k=0,1,2,3)$ 都在圆域 $|z|<4$ 内，根据留数和定理，

$$I=-\oint_{|z|=4}\frac{5z^{27}}{(z^2-1)^4(z^4+2)^5}\mathrm{d}z=-2\pi\mathrm{i}\,\mathrm{Res}f(\infty)$$

利用法则 4 得

$$\mathrm{Res}f(\infty)=-\lim_{z\to\infty}[zf(z)]=-5$$

所以，$I=10\pi\mathrm{i}$.

§4.3　留数的应用

留数定理为某些类型积分的计算，提供了极为有效的方法.应用留数定理计算实变函数定积分的方法称为围道积分方法.所谓围道积分方法，概括起来说，就是把求实变函数的积分化为复变函数沿围线的积分，然后应用留数定理，使沿围线的积分计算，归结为留数计算.要使用留数计算，需要两个条件：一是被积函数与某个解析函数有关；其次，定积分可化为某个沿闭路的积分.现就几个特殊类型举例说明.

1. 形如 $\int_0^{2\pi}R(\sin x,\cos x)\mathrm{d}x$ 的积分，其中 $R(\sin x,\cos x)$ 表示关于 $\sin x$ 与 $\cos x$ 的有理函数且 $R(x)$ 在 $[0,2\pi]$ 上连续.

令 $e^{ix}=z$，则 $\mathrm{d}x=\dfrac{\mathrm{d}z}{iz}$ 且 $\sin x=\dfrac{e^{ix}-e^{-ix}}{2i}=\dfrac{z^2-1}{2iz}$，$\cos x=\dfrac{e^{ix}+e^{-ix}}{2}=\dfrac{z^2+1}{2z}$

其次，当 x 由 0 连续地变动到 2π 时，则 z 连续地在周围 $C:|z|=1$ 上变动一周，故有

$$\int_0^{2\pi}R(\sin x,\cos x)\mathrm{d}x=\int_C R\left(\frac{z^2-1}{2iz},\frac{z^2+1}{2z}\right)\frac{\mathrm{d}z}{iz}$$

例 1　求 $\int_0^{2\pi}\dfrac{\mathrm{d}x}{1-2p\cos x+p^2}$ 的值，$(0<p<1)$

解　令 $e^{ix}=z$，则

$$\int_0^{2\pi}\frac{\mathrm{d}x}{1-2p\cos x+p^2}=\frac{-1}{i}\int_C\frac{\mathrm{d}z}{pz^2-(p^2+1)z+p}=\frac{-1}{ip}\int_C\frac{\mathrm{d}z}{\left(z-\dfrac{1}{p}\right)(z-p)}$$

由于 $0<p<1$，故在 $|z|\leqslant1$ 内，被积函数只有一个极点 $z=p$，于是

$$\int_0^{2\pi}\frac{\mathrm{d}x}{1-2p\cos x+p^2}=\frac{-2\pi}{p}\lim_{z\to p}\left[(z-p)\frac{1}{\left(z-\dfrac{1}{p}\right)(z-p)}\right]=\frac{2\pi}{1-p^2}$$

同理可求得积分 $I=\dfrac{1}{2\pi}\int_0^{2\pi}\dfrac{\mathrm{d}x}{a+\varepsilon\cos x}=\dfrac{1}{\sqrt{a^2-\varepsilon^2}}$，其中 $a>\varepsilon>0$，此积分在力学和量子力学中甚为重要，由它可以求出开普勒积分

$$I_1 = \frac{1}{2\pi}\int_0^{2\pi}\frac{\mathrm{d}x}{(1+\varepsilon\cos x)^2}$$

因为两边对 a 求导得

$$\frac{1}{2\pi}\int_0^{2\pi}\frac{-\mathrm{d}x}{(a+\varepsilon\cos x)^2} = -\frac{a}{(a^2-\varepsilon^2)^{\frac{3}{2}}}$$

再令 $a = 1$ 即得

$$I_1 = \frac{1}{2\pi}\int_0^{2\pi}\frac{\mathrm{d}x}{(1+\varepsilon\cos x)^2} = \frac{1}{(1-\varepsilon^2)^{\frac{3}{2}}}$$

2. 形如 $\int_0^{2\pi}\frac{P(x)}{Q(x)}\mathrm{d}x$ 的积分,其中 $P(x)$ 与 $Q(x)$ 分别为关于 x 的 n 和 m 次多项式,且 $(P(x),Q(x))=1,m-n\geqslant 2,Q(x)\neq 0$. 为此我们需要借助下述一个引理:

引理 1 设圆周 $C:|z|=R$ 上的一段弧为 $C_R:|z|=R,\alpha<\arg z<\beta,f(z)$ 在 C_R(R 充分大) 上连续,若对 $\forall z\in \mathbf{C}_R$ 均有 $\lim\limits_{R\to+\infty}z\cdot f(z)=k$,则

$$\lim_{R\to+\infty}\int_{C_R}f(z)\mathrm{d}z = i(\beta-\alpha)k$$

例 2 求 $\int_{-\infty}^{+\infty}\frac{x^2\mathrm{d}x}{x^4+1}$ 的值.

解 令 $f(z)=\frac{z^2}{z^4+1}$,选取积分路径如图 6.1,则

$$\int_{-R}^R f(x)\mathrm{d}x + \int_{C_R}f(z)\mathrm{d}z = 2\pi i\sum_{j=1}^{a}\mathrm{Res}(f,z_j)$$

在 C_R 内,$f(z)$ 有两个一阶极点 $z_1=\frac{\sqrt{2}}{2}(1+i),z_2=\frac{\sqrt{2}}{2}(-1+i)$,从而

$$2\pi i\sum_{j=1}^{2}\mathrm{Res}(f,z_j) = \frac{\pi}{\sqrt{2}}$$

由引理 1 知 $\lim\limits_{R\to+\infty}\int_{C_R}f(z)\mathrm{d}z=0$,故 $\int_{-\infty}^{+\infty}\frac{x^2\mathrm{d}x}{x^4+1}=\frac{\pi}{\sqrt{2}}$

3. 形如 $\int_{-\infty}^{+\infty}\frac{P(x)}{Q(x)}e^{iax}\mathrm{d}x$ 的积分 ($a>0$)

引理 2 设 $F(z)$ 在半径圆周 $C_R:z=Re^{i\theta}(0<\theta<\pi,R$ 充分大) 上连续,且 $\forall z\in C_R$ 均有 $\lim\limits_{R\to+\infty}F(z)=0$,则 $\lim\limits_{R\to+\infty}\int_{C_R}F(z)e^{iax}\mathrm{d}z=0$

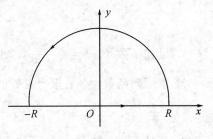

图 6.1

例 3 求 $\int_{-\infty}^{+\infty}\frac{e^{ix}}{x^2+a^2}\mathrm{d}x$ ($a>0$)

解 令 $F(z)=\frac{1}{z^2+a^2}$,积分路径如图 6.1,

则 $F(z)$ 在 C_R 内只有一个一级极点 $z=ai$ 对于 $\forall z\in C_R$,显然有

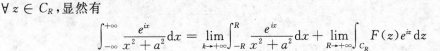

$$= 2\pi i \mathrm{Res}\left[\frac{e^{iz}}{z^2+a^2}, ai\right] = \frac{\pi}{ae^a}$$

例 4　求 $\displaystyle\int_0^{+\infty}\frac{\cos x}{x^2+1}\mathrm{d}x$

解　由于对任意 $R>0$ 均有

$$\int_0^R\frac{\cos x}{x^2+1}\mathrm{d}x = \int_0^R\frac{e^{ix}+e^{-ix}}{2(x^2+1)}\mathrm{d}x = \frac{1}{2}\int_{-R}^R\frac{e^{ix}}{x^2+1}\mathrm{d}x$$

令 $F(x) = \dfrac{1}{z^2+1}$，则 $F(z)$ 在 C_R 内只有一个一阶极点 $z=i$. 类似于例3我们可得

$$\int_0^{+\infty}\frac{\cos x}{x^2+1}\mathrm{d}x = \frac{1}{2}\lim_{R\to+\infty}\left[\int_{-R}^R\frac{e^{ix}}{(x^2+1)}\mathrm{d}x + \int_{C_R}\frac{e^{ix}}{x^2+1}\mathrm{d}z\right]$$

$$= \frac{1}{2}\cdot 2\pi i\mathrm{Res}\left[\frac{e^{ix}}{z^2+1}\cdot i\right] = \frac{\pi}{2e}.$$

例 5　求 $\displaystyle\int_0^{+\infty}\frac{\sin x}{x}\mathrm{d}x$

解　因为 $\dfrac{\sin x}{x}$ 是偶函数，所以

$$\int_0^{+\infty}\frac{\sin x}{x}\mathrm{d}x = \frac{1}{2}\int_{-\infty}^{+\infty}\frac{\sin x}{x}\mathrm{d}x = -\frac{i}{2}\int_{-\infty}^{+\infty}\frac{e^{ix}}{x}\mathrm{d}x$$

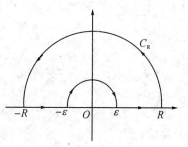

由于 $z=0$ 是函数 $\dfrac{e^{iz}}{z}$ 的一阶极点，故作上图，并据留数定理
有

$$\int_\varepsilon^R\frac{e^{ix}}{x}\mathrm{d}x + \int_{C_R}\frac{e^{iz}}{z}\mathrm{d}z + \int_{-R}^{-\varepsilon}\frac{e^{ix}}{x}\mathrm{d}x + \int_{C_\varepsilon}\frac{e^{iz}}{z}\mathrm{d}z = 0$$

由引理 2, $\displaystyle\int_{C_R}\frac{e^{iz}}{z}\mathrm{d}z \to 0$，且不难证明 $\displaystyle\int_{C_\varepsilon}\frac{e^{iz}}{z}\mathrm{d}z \to -\pi i$. 所以，

$$\int_0^{+\infty}\frac{\sin x}{x}\mathrm{d}x = \frac{\pi}{2}$$

习题 4

1. 已知函数 $f(z) = \dfrac{e^{iz}}{1+z^2}$，求 $\mathrm{Res}[f(z), i]$，$\mathrm{Res}[f(z), -i]$.

2. 求下列函数在各有限奇点处的留数：

(1) $\dfrac{1-e^{2z}}{z^4}$　　　　　　　(2) $\dfrac{1}{(1+z^2)^3}$　　　　　　　(3) $z^2\sin\dfrac{1}{z}$

3. 计算下列函数在 $z=\infty$ 的留数：

(1) $e^{\frac{1}{z^2}}$　　　　　　　　　　(2) $\cos z - \sin z$

(3) $\dfrac{2z}{3+z^2}$　　　　　　　　　(4) $\dfrac{e^z}{z^2-1}$

4. 证明：若 z_0 是的 $f(z)$ 的 m 级零点，则 z_0 是 $g(z) = \dfrac{f'(z)}{f(z)}$ 的一级极点.

5. 利用留数定理计算下列积分:

$(1) \oint_C \dfrac{1}{1+z^4} \mathrm{d}z, C: x^2 + y^2 = 2x$

$(2) \oint_C \dfrac{3z^2 + 2}{(z-1)(z^2+9)} \mathrm{d}z, C: |z| = 4$

$(3) \oint_C \dfrac{\sin z}{z} \mathrm{d}z, C: |z| = \dfrac{3}{2}$

$(4) \oint_C \tan \pi z \, \mathrm{d}z, C: |z| = 3$

$(5) \oint_C \dfrac{z^{13}}{(z^2+5)^3(z^4+1)^2} \mathrm{d}z, C: |z| = 3$

$(6) \oint_C \dfrac{1}{(z-1)(z^5-1)} \mathrm{d}z, C: |z| = \dfrac{3}{2}$

$(7) \oint_C \dfrac{2i}{z^2 + 2az - 1} \mathrm{d}z, a > 1, C: |z| = 1$

$(8) \oint_{|z|=2} \dfrac{z^3}{z+1} e^{\frac{1}{z}} \mathrm{d}z$

$(9) \oint_{|z|=1} \dfrac{z \sin z}{(1-e^z)^3} \mathrm{d}z$

$(10) \oint_{|z|=2} \dfrac{\mathrm{d}z}{(z+i)^{10}(z-1)^5(z-4)}$

6. 计算下列积分:

$(1) \displaystyle\int_0^{2\pi} \dfrac{\mathrm{d}\theta}{a + b\cos\theta} (0 < b < a)$

$(2) \displaystyle\int_0^{\pi} \dfrac{\mathrm{d}\theta}{a^2 + \sin^2\theta} (a > 0)$

$(3) \displaystyle\int_{-\infty}^{\infty} \dfrac{x^2 - x + 2}{x^4 + 10x^2 + 9} \mathrm{d}x$

$(4) \displaystyle\int_0^{+\infty} \dfrac{x^2 + 1}{x^4 + 1} \mathrm{d}x$

$(5) \displaystyle\int_0^{+\infty} \dfrac{x \sin ax}{x^2 + b^2} \mathrm{d}x (a > 0, b > 0)$

$(6) \displaystyle\int_0^{+\infty} \dfrac{x^2 - b^2}{x^2 + b^2} \dfrac{\sin ax}{x} \mathrm{d}x (a > 0)$

$(7) I = \displaystyle\int_{-\infty}^{+\infty} \dfrac{x^2}{(x^2 + a^2)(x^2 + b^2)} \mathrm{d}x \quad (a > 0, b > 0)$

7. 证明: $\displaystyle\sum_{n=-\infty}^{+\infty} \dfrac{1}{n^2 + a^2} = \dfrac{\pi}{a} \cdot \dfrac{e^{a\pi} + e^{-a\pi}}{e^{a\pi} - e^{-a\pi}}$, 其中 $a > 0, a \neq$ 正整数.

第五章　保角映射及其应用

§5.1　保角映射

若一复变函数 $w = f(z)$ 在 $z-$ 平面区域 D 内有定义,则对于 D 内每一点在 $w-$ 平面内有一点与之对应.如此我们便得由 D 到函数值域的一个映射,这种复分析之"几何处理方式",藉着讨论曲线在映射下的几何特性,可以帮助我们形象化地认识复函数的本质性质.一般性的解析函数除了"临界点"(即导数为零点)之外,映射都是保角的,即保持了角度的大小与方向.保角映射与物理学中的概念有密切联系,对物理学中许多领域有重要应用.应用保角映射成功地解决了流体力学与空气动力学、弹性力学、磁场、电场、热场等方面的许多实际问题.

定义 1　设 $w = f(z)$ 是定义在区域 D 内的映射,在任一点 $z_0 \in D$ 处相交的任意两条曲线间所成的夹角在此映射下,保持大小、方向不变,我们称此函数为**保角映射**.

定义 2　设 $w = f(z)$ 在区域 D 内解析,若 f 是单射,则称 $f(z)$ 为区域 D 内的**单叶解析函数**,简称**单叶函数**.

定理 1　设 $f(z)$ 为区域 D 内解析函数,若 $f(z)$ 不恒为常数,则 $f(D)$ 也为一区域.

定理 2　设 $f(z)$ 在 $z = z_0$ 点解析,并且 $f'(z_0) \neq 0$,则 $f(z)$ 在 z_0 的某个邻域内单叶解析.

定理 3　单叶函数 $f(z)$ 在其定义域 D 内都有 $f'(z) \neq 0$.

定理 4　单叶函数是保角映射.

证明　设 c 过定义域 D 内点 z_0 的一条简单光滑曲线:

$$z(t) = x(t) + \mathrm{i}y(t) \ (a \leqslant t \leqslant b)$$

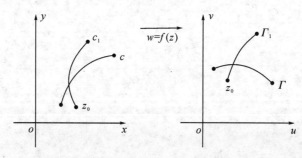

不难说明,$\arg z'(t_0)$ 是曲线 c 在 z_0 处切线与实轴的夹角,函数 $w = f(z)$ 将简单曲线 c 映成

过 $w_0 = f(z_0)$ 的一条简单曲线 $\Gamma: w = f(z((t)))$ $(a \leqslant t \leqslant b)$. 由复合函数求导原理, $\dfrac{\mathrm{d}w}{\mathrm{d}t} = f'(z((t))) \cdot z'(t)$, 因此, Γ 在 w_0 处的切线与实轴的夹角是

$$\arg(f'(z(t_0)).z'(t_0)) = \arg f'(z_0) + \arg z'(t_0) \tag{1}$$

设过 z_0 另有一条简单光滑曲线 $c_1: z = z_1(t)$, 函数 $w = f(z)$ 将其映为 w_0 的一条简单光滑曲线 $\Gamma_1: w = f(z_1(t))$, 同理可得,

$$\arg(f'(z_1(t_0)).z'_1(t_0)) = \arg f'(z_0) + \arg z'_1(t_0) \tag{2}$$

$(2)-(1)$ 得

$$\arg(f'(z_1(t_0)).z'_1(t_0)) - \arg(f'(z(t_0)).z'(t_0)) = \arg z'_1(t_0) + \arg z'(t_0) \tag{3}$$

上式表明 c 与 c_1 所张成的角和 Γ 与 Γ_1 所夹成的角大小方向一样.

§5.2 分式线性变换

分式线性变换(函数)指形如下列的函数:

$$w = T(z) = \frac{\alpha z + \beta}{\gamma z + \delta} \tag{1}$$

其中 $\alpha, \beta, \gamma, \delta$ 为复常数, 且 $\alpha\delta - \beta\gamma \neq 0$. 后一条件限制确保此函数不会退化为一常数或分母不为零.

显见, (1) 的逆变换(反函数)

$$z = T^{-1}(w) = \frac{-\delta w + \beta}{\gamma w - \alpha} \tag{2}$$

亦为分式线性变换.

分式线性变换的讨论

① $\gamma = 0$ 时, 函数 $w = T(z)$ 将 $\mathbb{C} \xrightarrow[\text{单叶}]{\text{双射}} \mathbb{C}$

② $\gamma \neq 0$ 时, $w = T(z): \mathbb{C} - \left\{-\dfrac{\delta}{\gamma}\right\} \xrightarrow[\text{单叶}]{\text{双射}} \mathbb{C} - \left\{\dfrac{\alpha}{\gamma}\right\}$

在第一章, 我们曾将 ∞ 引入构成扩充复平面 $\mathbb{C}_\infty$, 并无不便之处. 为讨论的方便, 此处引入 ∞, 应该给我们的后续讨论带来诸多的便利. 为此, 将 $w = T(z)$ 的定义域与值域扩充到扩充复平面 $\mathbb{C}_\infty$ 上, 并约定

① $\gamma = 0$ 时, $T(\infty) = \infty$;

② $\gamma \neq 0$ 时, $T\left(-\dfrac{\delta}{\gamma}\right) = \infty$, $T(\infty) = \dfrac{\alpha}{\gamma}$.

作上述如此规定后, $w = T(z): \mathbb{C}_\infty \xrightarrow{\text{双射}} \mathbb{C}_\infty$. 今又将保角映射概念推广到无穷远处(点)及其邻域如下:

① 如果 $t = \dfrac{1}{f(z)}$ 把 $z = z_0$ 及其邻域保角映射成 $t = 0$ 及其邻域, 则称 $w = f(z)$ 将 $z = z_0$ 及其邻域保角映射成 $w = \infty$ 及其邻域.

② 如果 $\eta = \dfrac{1}{f(1/\zeta)}$ 把 $\zeta = 0$ 及其邻域保角映射成 $\eta = 0$ 及其邻域, 则称 $w = f(z)$ 将

$z = \infty$ 及其邻域保角映射成 $w = \infty$ 及其邻域.

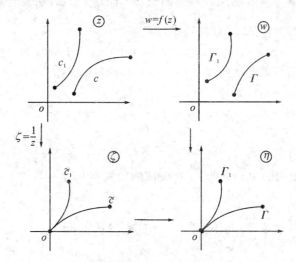

现在我们可见, $w = T(z): \mathbb{C}_\infty \xrightarrow[\text{保角}]{} \mathbb{C}_\infty$. 由于

$$w = \frac{\alpha z + \beta}{\gamma z + \delta} = \frac{\alpha}{\gamma} + \frac{\beta\gamma - \alpha\delta}{\gamma^2\left(z + \dfrac{\delta}{\gamma}\right)} \quad (\gamma \neq 0)$$

$$w = \frac{\alpha z + \beta}{\delta} = \frac{\alpha}{\delta}\left(z + \frac{\beta}{\alpha}\right) \quad\quad (\gamma = 0)$$

所以,一般分式线性变换是由下列四种更简单的函数复合而成.

(1) $w = z + \alpha$ （平移）

(2) $w = e^{i\theta}z$ （旋转）

(3) $w = pz$ （以原点为相似中心的相似映射）

(4) $\quad w = \dfrac{1}{z}$

例 1　$w = \dfrac{1}{z}$ 的图像

① 直线 $x_0 + \mathrm{i}y$ 在函数下的像：$w = u + \mathrm{i}v = \dfrac{1}{x_0 + \mathrm{i}y}$，得

$$u = \frac{x_0}{x_0^2 + y^2} \quad\quad v = \frac{-y}{x_0^2 + y^2}$$

消去 y 后得

$$\left(u - \frac{1}{2x_0}\right)^2 + v^2 = \left(\frac{1}{2x_0}\right)^2 \text{（相切于 v 轴的圆周）.}$$

② 同理,直线 $x + \mathrm{i}y_0$ 在函数下的像：

$$u^2 + \left(v - \frac{1}{2y_0}\right)^2 = \left(\frac{1}{2y_0}\right)^2 \text{（相切于 u 轴的圆周）}$$

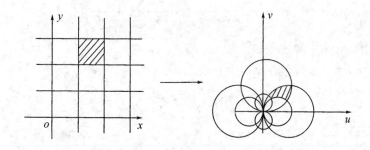

§5.3　分式线性变换性质

设 $w = T_1(\zeta) = \dfrac{\alpha_1 \zeta + \beta_1}{\gamma_1 \zeta + \delta_1}, \zeta = T_2(z) = \dfrac{\alpha_2 z + \beta_2}{\gamma_2 z + \delta_2}$，简单计算得，

$$w = T_1(T_2(z)) = T_1 \circ T_2(z)$$
$$= \frac{(\alpha_1 \alpha_2 + \beta_1 \gamma_2)z + \alpha_1 \beta_2 + \beta_1 \delta_2}{(\gamma_1 \alpha_2 + \delta_1 \gamma_2)z + \gamma_1 \beta_2 + \delta_1 \delta_2}$$
$$= \frac{\alpha z + \beta}{\gamma z + \delta},$$

这样,可用矩阵表示系数关系：

$$\begin{pmatrix} \alpha & \beta \\ \gamma & \delta \end{pmatrix} = \begin{bmatrix} \alpha_1 & \beta_1 \\ \gamma_1 & \delta_1 \end{bmatrix} \cdot \begin{bmatrix} \alpha_2 & \beta_2 \\ \gamma_2 & \delta_2 \end{bmatrix}$$

因此,

$$\alpha\delta - \beta\gamma = \begin{vmatrix} \alpha_1 & \beta_1 \\ \gamma_1 & \delta_1 \end{vmatrix} \cdot \begin{vmatrix} \alpha_2 & \beta_2 \\ \gamma_2 & \delta_2 \end{vmatrix} \neq 0$$

所以,这种变换的复合仍是分式线性变换. 不难验证

定理 1　分式线性变换全体构成一个群.

分式线性变换群称为 *Mobius* 群.引入扩充复平面的好处之一是视平面直线为半径无限大的圆. 以后,我们都作如此约定.

定理 2　在扩充复平面上,分式线性变换将圆周映射成为圆周.

证明　只需对平移、旋转、相似以及 $w = \dfrac{1}{z}$ 四种函数一一验证.

定理 3　对于扩充 z 平面上任意三个不同的点 z_1, z_2, z_3 以及扩充复平面 w 上任意三个不同的点 w_1, w_2, w_3,存在唯一的分式线性变换,把 z_1, z_2, z_3 分别映射 w_1, w_2, w_3.

证　情况 1,各点都是有限点. 设所求分式线性函数为

$$w = \frac{\alpha z + \beta}{\gamma z + \delta} \tag{3}$$

将各点代入,则有 $w_k = \dfrac{\alpha z_k + \beta}{\gamma z_k + \delta}$　$(k = 1, 2, 3)$.算出 $w - w_1, w - w_2, w_3 - w_1, w_3 - w_2$,并且消去 $\alpha, \beta, \gamma, \delta$ 得

$$\frac{w-w_1}{w-w_2}:\frac{w_3-w_1}{w_3-w_2}=\frac{z-z_1}{z-z_2}:\frac{z_3-z_1}{z_3-z_2} \tag{4}$$

从(4)即可解出(3).由求解过程知函数表示唯一.

情况2.若 $w_3=\infty$,其余各点均为有限点,则

$$w=\frac{\alpha z+\beta}{\gamma(z-z_3)} \tag{5}$$

并且 $w_k=\dfrac{\alpha z_k+\beta}{\gamma(z_k-z_3)}$ $(k=1,2)$,计算 $w-w_1,w-w_2$,同理可得

$$\frac{w-w_1}{w-w_2}=\frac{z-z_1}{z-z_2}:\frac{z_3-z_1}{z_3-z_2} \tag{6}$$

形式上(6)是由(4)当 $w_3\to\infty$ 而得.其余情况不一一罗列.

定理 4 扩充 z 平面上任何一个圆,可以用一个分式线性变换映射成扩充 w 平面上任何一个圆.

证 在给定的圆上,分别选定不同三点 z_1,z_2,z_3 及 w_1,w_2,w_3.据定理3,存在唯一的分式线性变换 $f(z):z_1,z_2,z_3\to w_1,w_2,w_3$. 又据定理2,$f(z)$ 将 z_1,z_2,z_3 所在的圆周 $\to w_1,w_2,w_3$ 所在圆.

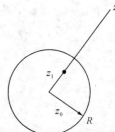

对称点

① 关于直线的对称点,两点关于直线对称.

② 关于圆周 C 的对称点,圆周 $C:|z-z_0|=R$

若 $\overline{z_2}-z_0=\dfrac{R^2}{\overline{z_1}-z_0}$,则称 z_1,z_2 关于圆周 C 对称.

定理 5 如果分式线性变换把 z 平面上的圆 C 映射成 w 平面上的圆 C',那么它把关于圆 C 的对称点 z_1 及 z_2,映射成关于圆 C' 的对称点 w_1 及 w_2.

上述定理的证明用到对称点的一个基本性质:不同的点 z_1 及 z_2 关于圆 C 对称的充分必要条件是通过 z_1 及 z_2 的任何圆与圆 C 直交.

例 1 求分式线性变换 $z_1=1,z_2=0,z_3=1\to w_1=-1,w_2=-i,w_3=1$

解 由(4),

$$\frac{w-w_1}{w-w_2}:\frac{w_3-w_1}{w_3-w_2}=\frac{z-z_1}{z-z_2}:\frac{z_3-z_1}{z_3-z_2}$$

分别将 z_1,z_2,z_3 及 w_1,w_2,w_3 代入,得

$$\frac{w+1}{w+i}:\frac{1+1}{1+i}=\frac{z+1}{z}:\frac{1+1}{1}$$

整理得
$$w=\frac{z-i}{1-iz}.$$

例 2 求分式线性变换:$I_m z>0\to|w|<1.$

解 设 $w=T(z):z_0\to 0$,则 $\overline{z_0}\to\infty$,因此 $T(z)=\lambda\dfrac{z-z_0}{z-\overline{z_0}}$($\lambda$ 为复常数)又因为

$$|T(z)|=|\lambda|\cdot\left|\frac{z-z_0}{z-\overline{z_0}}\right|=|\lambda|=1,故$$

$$T(z)=e^{i\vartheta}\cdot\frac{z-z_0}{z-\overline{z_0}}$$

例 3 证明:当 $|z_0| < 1$, $|z| = 1$ 时, $\left|\dfrac{z - z_0}{1 - \bar{z}_0 z}\right| = 1$.

证明: $\left|\dfrac{z - z_0}{1 - \bar{z}_0 z}\right| = \left|\dfrac{\bar{z}(z - z_0)}{1 - \bar{z}_0 z}\right| = \left|\dfrac{1 - \bar{z} z_0}{1 - \bar{z}_0 z}\right| = 1$

例 4 求 $w = T(z):|z| < 1 \to |w| < 1$.

解 $T(z): z_0 \to 0, \dfrac{1}{\bar{z}_0} \to \infty$,因此

$$w = T(z) = \lambda \frac{z - z_0}{z - \dfrac{1}{\bar{z}_0}} = \lambda_1 \frac{z - z_0}{1 - \bar{z}_0 z} \quad (\lambda, \lambda_1 \text{ 为复常}$$

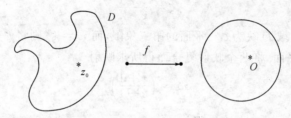

数)

当 $|z| = 1$ 时,由例 3, $|T(z)| = |\lambda_1| = 1$,故 $w = e^{i\theta} \cdot \dfrac{z - z_0}{1 - \bar{z}_0 z}$.

以上所述的分式线性变换,可以实现半平面到圆域或圆域到半平面之间的变换.关于保角映射更一般的结果是下面的黎曼映射定理.

黎曼映射定理 设 D 是 z 平面 C 上的任何单连通区域,但不是整个复平面;设 $z_0 \in D$,则存在一个而且只有一个在区域 D 内的单叶解析函数 $w = T(z)$,满足 $f(z_0) = 0, f'(z_0) > 0$ 把 D 保角双射成 $|w| = 1$.

黎曼映射定理在复变函数的理论及应用上都有极其重要的意义.在较复杂的区域内,要研究保角映射下的某些不变量,只需在较简单的区域内进行研究,然后应用保角映射就可得到所需结果.关于保角映射在物理中的一些应用,我们将在下一节论之,将会看到如何具体构造区域到区域的保角映射是一个关键.

例 5 求作一单叶函数,将带形区域 $D = \{z \mid 0 < I_m z < \pi\}$ 保角映射为 w−平面的一单位圆域 $\{w \mid |w| < 1\}$.

解 首先由黎曼映射定理,我们知道存在一个保角(共形)映射,实现两个区域之间的变换.指数函数 $\zeta = e^z$ 可将宽度不超过 2π 的带形区域保角映射为一角域,而将 $D = \{z \mid 0 < \mathrm{Im}\, z < \pi\}$ 映射为 ζ−平面的半平面,再由分式线性变换将半平面映为圆域,故此所求变换为

$$w = \frac{e^z - i}{e^z + i}$$

例 6 求作一单叶函数,将角域 $D = \left\{z \mid -\dfrac{\pi}{6} \leqslant \arg z \leqslant \dfrac{\pi}{6}\right\}$ 保角映射为 w−平面的一单位圆域 $\{w \mid |w| < 1\}$.

解 我们先利用幂函数将角域映为半平面,再由一个分式线性变换将半平面映为单位圆.

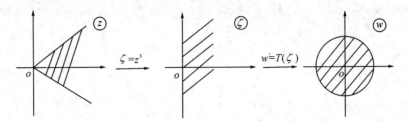

幂函数 $\zeta = z^3$ 将 z —平面的区域 D 映为 ζ —平面的右半平面. 再找分式线性变换 $T(\zeta)$，可令 $T(\zeta):1 \to 0, -1 \to \infty$，因此

$$w = T(\zeta) = \lambda \frac{\zeta - 1}{\zeta + 1}$$

满足 $|T(ki)| = |\lambda| \cdot \left| \dfrac{ki - 1}{ki + 1} \right| = |\lambda| = 1$，所以

$$w = e^{i\vartheta} \cdot \frac{\zeta - 1}{\zeta + 1} = e^{i\vartheta} \cdot \frac{z^3 - 1}{z^3 + 1}$$

例 7　求作一单叶函数 $f:D = \{z \mid |z| < 1, Imz > 0\} \to \{w \mid Imw > 0\}$.

解　由前述分式线性变换理论，一个半圆在分式线性变换下等价于一个角度为 $\pi/2$ 的角域，而角域则可通过幂函数张成半平面. 利用分式线性变换

$$\zeta = \frac{z + 1}{z - 1}$$

将 z —平面的区域 D 映为 ζ —平面的第三象限，而 $w = \zeta^2$ 则将 ζ —平面的第三象限张成 w —平面的上半平面. 将两个映射复合而得所求映射

$$w = \left(\frac{z + 1}{z - 1} \right)^2$$

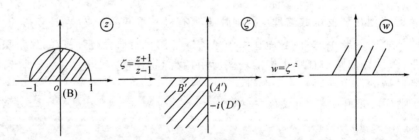

此外，读者可以验证 $\sin z$ 将半带域 $D = \{z \mid -\pi/2 < x < \pi/2, y > 0\}$ 保角映射成上半平面. 区域越复杂，构造的函数会越困难，我们再举一个复杂的例子，设半双曲线区域

$$\Omega = \left\{ z \mid z = x + iy, \frac{x^2}{a^2} - \frac{y^2}{b^2} \geqslant 1, x > 0, y > 0 \right\}$$

记 $d = \arg(a + ib)$，则

$$\varphi(z) = \frac{1}{d} \log (z + \sqrt{z^2 - c^2})/c \,(\text{取单值枝})$$

将 Ω 保角映射为一半带形区域.

§5.4　保角映射的物理应用

拉普拉斯方程式$\nabla^2\phi = 0$为工程数学中最重要偏微分方程式之一,因为它应用于有关重力场、静电场、稳态热传导以及不可压缩流体之流动问题.

本文所及者皆为二维问题,它们虽为原三维空间内之物理系统,但是诸如位势中与空间第三坐标无关,因此拉普拉斯方程为

$$\Delta\phi = \nabla^2\phi = \frac{\partial^2\phi}{\partial x^2} + \frac{\partial^2\phi}{\partial y^2} = 0 \tag{1}$$

称曲线$\phi(x,y) = $ 常数为**等位线**.

定义1　对于区域G内的实值函数$\phi(x,y)$(或$\phi(z)$),如果其本身以及一阶、二阶偏导数连续而且满足(1),则称ϕ在G内调和或ϕ是区域G的**调和函数**.

注　对于定义中调和函数的光滑性要求可以减弱. 可以说明调和性是共形映射(保角映射)下的不变性质,因为若$z = z(\zeta)$是区域D到G的共形映射,记$U(\zeta) = u(z(\zeta))$,不难验证:

$$\Delta U(\zeta) = |z'(\zeta)|^2 \Delta u(z)$$

因此,若$u(z)$在G内调和,必有$U(\zeta)$在D内调和.

定义2　设$u(z)$和$v(z)$在区域G内调和,如果$u_x = v_y, u_y = -v_x$,则称$v(z)$是$u(z)$的**共轭调和函数**.

称 $^*\mathrm{d}u = -u_y\mathrm{d}x + u_x\mathrm{d}y$ 为 $\mathrm{d}u = u_x\mathrm{d}x + u_y\mathrm{d}y$ 的**共轭微分**. 理论上说,一个调和函数的共轭函数的存在性虽有待讨论,但其共轭微分总是有意义的.

定理1　若$u(z)$是单连通区域G内的调和函数,则其共轭调和函数$v(z)$一定存在,因此$f(z) = u(z) + \mathrm{i}v(z)$为$G$内的解析函数.

证明　对于G内的任一简单闭曲线γ,利用格林公式,可证:$\displaystyle\int_\gamma {}^*\mathrm{d}u = 0$,因此可定义$v(z) = \displaystyle\int_{(x_0,y_0)}^{(x,y)} -u_y\mathrm{d}x + u_x\mathrm{d}y$(积分与路径无关,为一单值函数).

显然,$v_x = -u_y, v_y = u_x$,所以$v(z)$是$u(z)$的共轭调和函数.

注　对于多联通区域G,如上所定义的$v(z)$未必是单位函数,不过"共轭"函数$v(z)$除去实常数外可唯一确定. 例如函数$u(z) = \log|z|$在$0 < |z| < +\infty$内为调和函数,

$$^*\mathrm{d}u = \frac{-y\mathrm{d}x + x\mathrm{d}y}{x^2 + y^2}$$

对于任一包含原点的简单闭曲线γ,$\displaystyle\int_\gamma {}^*\mathrm{d}u = 2\pi$,所以$\displaystyle\int^z {}^*\mathrm{d}u$的任意两个可能值之差为$2\pi$的整数倍. 当然我们可以取定一支,$\log|z|$的"解析函数"为$\log|z| + \mathrm{i}\arg z$.

例1　已知$u(x,y) = x^2 - y^2$,求$v(x,y)$,使函数$f(z) = u(x,y) + \mathrm{i}v(x,y)$在复平面上解析.

解　因为

$$\frac{\partial u}{\partial x} = 2x, \frac{\partial^2 u}{\partial x^2} = 2; \frac{\partial u}{\partial y} = -2y, \frac{\partial^2 u}{\partial y^2} = -2$$

因此

$$\frac{\partial^2 u}{\partial x^2} + \frac{\partial^2 u}{\partial y^2} = 2 - 2 = 0$$

从而 u 是全平面上的调和函数.

取 $(x_0, y_0) = (0, 0)$，则

$$v(x, y) = 2xy + C.$$

例 2 已知调和函数 $u(x, y) = x^2 - y^2 + xy$，求其共轭调和函数 $v(x, y)$ 及解析函数 $f(z) = u(x, y) + \mathrm{i}v(x, y)$.

解 由于

$$\frac{\partial v}{\partial x} = -\frac{\partial u}{\partial y} = -(-2y + x) = 2y - x$$

所以

$$v = \int (2y - x)\mathrm{d}x = 2xy - \frac{x^2}{2} + g(y)$$

因此，

$$\frac{\partial v}{\partial y} = 2x + g'(y) = \frac{\partial u}{\partial x} = 2x + y$$

故 $g'(y) = y$，

$$g(y) = \int y\mathrm{d}y = \frac{y^2}{2} + C$$

因此，

$$v = 2xy - \frac{x^2}{2} + \frac{y^2}{2} + C$$

从而得到解析函数

$$f(z) = u(x, y) + \mathrm{i}v(x, y)$$
$$= (x^2 - y^2 + xy) + \mathrm{i}(2xy - \frac{x^2}{2} + \frac{y^2}{2}) + \mathrm{i}C$$
$$= (x^2 + 2\mathrm{i}xy - y^2) - \frac{\mathrm{i}}{2}(x^2 + 2\mathrm{i}xy - y^2) + \mathrm{i}C$$
$$= \left(1 - \frac{i}{2}\right)z^2 + \mathrm{i}C$$

定义 3 设 $\varphi(x, y)$ 为区域 D 内一调和函数，且 $\psi(x, y)$ 为 D 内的"共轭"调和函数，则 $F(z) = \varphi(x, y) + \mathrm{i}\psi(x, y)$ 为解析函数，称此 $F(z)$ 为对应于实位势 $\varphi(z)$ 的**复位势**.

说明 应用复位势 F 有两优点. 其一，就技术层面来说，解析函数 $F(z)$ 较其实部，虚部函数更易处理. 其二，就物理自身而言，ψ 有一很重要意义. 据保角性，曲线 ψ 为常数，与等位线 φ 为常数相交为直角，因此，具有电力线之方向等意义，故称力线. 这些力线可表示带电粒子之运动轨迹.

例 1 两平行板之间的位势 求电位分别为 φ_1 和 φ_2 之无穷延伸两平行电板之间的电场的位势.

解　由实际情况可知 φ 仅有 x 有关. 那么由 $\Delta\varphi = \varphi'' = 0$,可得 $\varphi(x) = ax + b$. 将边界条件代入,

$$\begin{cases} \varphi_1 = \varphi(-1) = -a + b \\ \varphi_2 = \varphi(1) = a + b \end{cases}$$

解得

$$\varphi(x) = \frac{1}{2}(\varphi_2 - \varphi_1)x + \frac{1}{2}(\varphi_2 + \varphi_1)$$

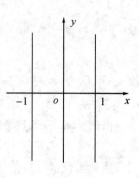

易知 φ 的一个共轭调和函数 $\psi = ay$,故复位势 $F(z) = ax + b + iay = az + b$.

力线为 x 轴平行之线.

例 2　共轴圆柱之间的位势.

解　显然,φ 仅与 $r = \sqrt{x^2 + y^2}$ 有关(对称性),与 θ 无关,

因此考虑变量代换,对解 φ 更为便利. 令 $\begin{cases} x = r\cos\theta \\ y = r\sin\theta \end{cases}$

则由求偏导的链式法则,不难算得:

$$\Delta\varphi = \frac{\partial^2\varphi}{\partial x^2} + \frac{\partial^2\varphi}{\partial y^2} = \frac{\partial^2\varphi}{\partial r^2} + \frac{1}{r}\frac{\partial\varphi}{\partial r} + \frac{1}{r^2}\frac{\partial^2\varphi}{\partial \theta^2} = 0$$

因此,$r\varphi'' + \varphi' = 0$,(对 r 求导),即 $\dfrac{\varphi''}{\varphi'} = -\dfrac{1}{r}$.

$$\int \frac{\varphi''}{\varphi'}\mathrm{d}r = -\int \frac{1}{r}\mathrm{d}r = -\ln r + \tilde{a},\text{即} \ln\varphi' = -\ln r + \tilde{a}$$

所以 $\varphi'(r) = \dfrac{a}{r}$,$\varphi(r) = a\ln r + b$. 因此

$$\varphi(z) \doteq a\ln|z| + b.$$

可以知道 $\varphi(z)$ 的一个"共轭"函数 $\psi(z) = a\arg z$,故复位势 $F(z) = a\ln z + b$,其力线为经原点的直线.

例 3　非同心轴圆柱间的位势.

解　这里主要用到两个知识点,其一,同心圆柱之势,如同例 2 是我们熟识的,因此如何寻找这两个二连通区域之间的共形映射是关键. 我们前面学到过的分式线性变换可以做到这一点. 其二,利用调和函数的共形映射不变性.

映射要求:$|z| = 1 \to |w| = 1$;$\left|z - \dfrac{2}{5}\right| = \dfrac{2}{5} \to |w| = r_0 < 1$.

设 $w = T(z) = \dfrac{z - z_0}{1 - \bar{z}_0 z}$,其中 $|z_0| < 1$. 合理的要求:$0 \to -r_0$,$\dfrac{4}{5} \to r_0$.

因此,

$$\begin{cases} -r_0 = \dfrac{-z_0}{1} \Rightarrow r_0 = z_0 & (1) \\[4mm] r_0 = \dfrac{\dfrac{4}{5} - z_0}{1 - \bar{z}_0 \cdot \dfrac{4}{5}} = \dfrac{\dfrac{4}{5} - z_0}{1 - \dfrac{4}{5}z_0} = z_0 & (2) \end{cases}$$

解(2)得 $r_0 = \dfrac{1}{2}$，或 $r_0 = 2$(舍去).

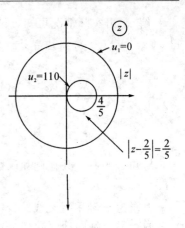

故 $w = T(z) = \dfrac{z - \dfrac{1}{2}}{1 - \dfrac{1}{2}z} = \dfrac{2z - 1}{2 - z}$.

由例 2，w 平面上的复位势 $F^*(w) = a\ln w + b$(b 为实数)，

因此实位势

$$\Phi^*(u, v) = \mathrm{Re}F^*(w) = a\ln|w| + b$$

由条件 $|w| = 1$ 时，$\Phi^*(w) = 0$，$|w| = \dfrac{1}{2}$ 时，$\Phi^*(w) = 110$. 得

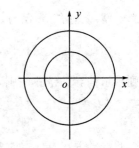

$$b = 0, a = -\frac{110}{\ln 2}$$

所以

$$F(z) = F^*(T(z)) = a\ln\frac{2z - 1}{2 - z}$$

实位势 $\Phi(x, y) = \mathrm{Re}F(z) = a\ln\left|\dfrac{2z - 1}{2 - z}\right| \cdot \left(a = -\dfrac{110}{\ln 2}\right)$

请诸位根据所得结果，自己注明电力线方向.

流体运动

在平面任一点 (x, y) 处，流体具有某固定之速度，可由向量值函数表示，$\vec{v}(x, y) = (v_1(x, y), v_2((x, y)))$，亦可由复变数示之：

$$v(x, y) = (v_1(x, y) + iv_2((x, y))) \tag{1}$$

可以证明在无旋不可压缩之条件下，存在解析函数

$$F(z) = \varphi(x, y) + i\psi(x, y) \tag{2}$$

使得其流线为 $\psi(x, y) = $ 常数，而且速度

$$\vec{v} = v_1 + iv_2 = \overline{F'(z)} \tag{3}$$

亦可证明 $\vec{v} = \mathrm{grad}\varphi = (\dfrac{\partial\varphi}{\partial x}, \dfrac{\partial\varphi}{\partial y})$，即

$$v_1 = \frac{\partial\varphi}{\partial x}, v_2 = \frac{\partial\varphi}{\partial y} \tag{4}$$

证明　① 先证涡旋函数 $\omega(x, y) = \dfrac{\partial v_2}{\partial x} - \dfrac{\partial v_1}{\partial y}$.

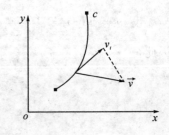

设曲线 c 的参数方程为：

$z(s) = x(s) + iy(s)$.（以弧长 s 为自然参数）

设 v_t 为 $\vec{v}$ 在切线方向的分量，因此

$$v_t \mathrm{d}s = \vec{v} \cdot \mathrm{d}\vec{s} = v_1\mathrm{d}x + v_2\mathrm{d}y$$

则 $\int_c v_t \mathrm{d}s$ 表示流体沿 c 之环流.

如果 c 是简单闭曲线,由格林公式

$$\oint_c \vec{v}.\,\mathrm{d}\vec{s} = \iint\limits_D (\frac{\partial v_2}{\partial x} - \frac{\partial v_1}{\partial y})\mathrm{d}\sigma$$

双重积分内的被积函数称为涡旋函数,记为

$$\omega(x,y) = \frac{\partial v_2}{\partial x} - \frac{\partial v_1}{\partial y} \tag{5}$$

如若无旋流,则有

$$\frac{\partial v_2}{\partial x} - \frac{\partial v_1}{\partial y} = 0 \tag{6}$$

由(6)并格林公式,可知如下定义之 $\varphi(x,y)$ 为一调和函数

$$\varphi(x,y) = \int_{(x_0,y_0)}^{(x,y)} v_1 \mathrm{d}x + v_2 \mathrm{d}y$$

而且

$$\frac{\partial \varphi}{\partial x} = v_1, \qquad \frac{\partial \varphi}{\partial y} = v_2 \tag{7}$$

② 在不可压缩条件下,在无源,无汇之区域内,散度

$$\mathrm{div}\vec{v} = \frac{\partial v_1}{\partial x} + \frac{\partial v_2}{\partial y} = 0 \tag{8}$$

至于散度函数 $div\vec{v} = \dfrac{\partial v_1}{\partial x} + \dfrac{\partial v_2}{\partial y}$ 可由读者自行推导查阅相关材料.

因此将(7)代入(8)即得 $\Delta\varphi = \dfrac{\partial^2 \varphi}{\partial x^2} + \dfrac{\partial^2 \varphi}{\partial y^2} = 0$,这说明 φ 是个调和函数.

③ 取 φ 的共轭调和函数 ψ,则 $F(z) = \varphi(z) + \mathrm{i}\psi(z)$ 解析,故

$$F'(z) = \frac{\partial \varphi}{\partial x} + \mathrm{i}\frac{\partial \psi}{\partial x} = \frac{\partial \varphi}{\partial x} - \mathrm{i}\frac{\partial \varphi}{\partial x} = v_1 - \mathrm{i}v_2$$

因此

$$v = v_1 + \mathrm{i}v_2 = \overline{F'(z)} \tag{10}$$

例 1　绕过一直角的流动.

解　问题的关键在于将一个"非典型"区域保角映射为一个"典型"区域. 由于半平面上的流体平行流动较容易算出其复位势,所以通过幂函数将角域保角映射为上半平面.

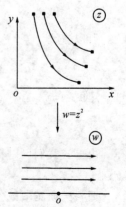

① 在 w 平面

$$F^*(w) = \varphi^*(u,v) + \mathrm{i}\psi^*(u,v)$$

因为在 w 平面流速为常数 $k(>0)$,所以

$$\frac{\mathrm{d}F^*(w)}{\mathrm{d}w} = \bar{v} = \bar{k} = k, \text{故 } F^*(w) = kw$$

② $w = z^2$:将第 I 象限 $\rightarrow$ 上半平面.

$$F(z) = F^*(z^2) = kz^2 = k(x^2 - y^2 + 2\mathrm{i}xy)$$

故流线

$$\psi = 2kxy = 常数.（双曲线）$$

流速为

$$v = \overline{F}'(z) = 2k\bar{z} = 2k(x - iy)$$

即 $v_1 = 2kx, v_2 = -2ky$，因此每点的速率为

$$|v| = 2k\sqrt{x^2 + y^2}$$

例 2 绕过一圆柱体的流动

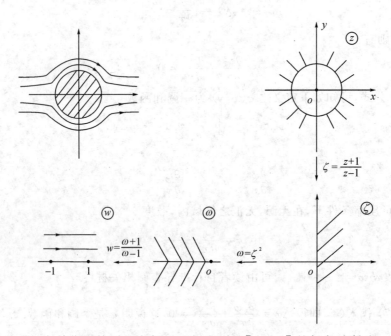

解 如上图，由单位圆外到整个复平面割去裂缝 $[-1, 1]$ 的保角映射为

$$w = \frac{1}{2}\left(z + \frac{1}{z}\right)$$

如同例 1，在 w 平面复位势 $F^*(w) = kw$，因此

$$F(z) = F^*(w) = \frac{k}{2}\left(z + \frac{1}{z}\right) = \frac{k}{2}\left(x + iy + \frac{1}{x + iy}\right)$$

$$= \frac{k}{2}\left(x + iy + \frac{x - iy}{x^2 + y^2}\right)$$

所以流线

$$\psi(x, y) = \frac{k}{2}\left(y - \frac{y}{x^2 + y^2}\right) = C$$

速度

$$v = \overline{F}'(z) = \frac{k}{2}\left(1 - \frac{1}{\bar{z}^2}\right) = \frac{k}{2}\left(1 - \frac{x^2 - y^2 + 2xyi}{(x^2 + y^2)^2}\right)$$

由上式我们可以看出，当点离远点较远时，流速近似于一常数，而方向则近乎沿着水平方向.

茹科夫斯基函数

称函数 $w = \frac{1}{2}\left(z + \frac{1}{z}\right)$ 为**茹科夫斯基函数**，其一般形式为

$$w = \frac{1}{2}\left(z + \frac{a^2}{z}\right) \tag{1}$$

当 $z = re^{i\vartheta}$ 时,$w = \frac{1}{2}\left(re^{i\vartheta} + \frac{a^2}{re^{i\vartheta}}\right)$. 因此,

$$u = \frac{1}{2}\left(r + \frac{a^2}{r}\right)\cos\theta,\ v = \frac{1}{2}\left(r - \frac{a^2}{r}\right)\sin\theta \tag{2}$$

消去参数 θ 得

$$\frac{u^2}{\left(r + \frac{a^2}{r}\right)^2} + \frac{v^2}{\left(r - \frac{a^2}{r}\right)^2} = 4 \tag{3}$$

因此,当 $r > a$ 时,函数将圆周 $|z| = r$ 映射为上述椭圆. 而当 $z = ae^{i\vartheta}$ 时,$w = a\cos\theta$,故圆周 $|z| = a$ 被映射为实轴上一线段 $[-a, a]$. 这一函数最先被茹科夫斯基用来构造飞机机翼.

实际上设 K 为圆心在 hi,且经过实轴上 $A(-a, 0)$,$B(a, 0)$ 两点的圆周,在茹科夫斯基函数(1)的映射下,K 被映射为在上半平面的过 hi,A,B 三点的一段圆弧 Γ,而圆周 K 外的区域被映射为整个复平面去掉裂缝 Γ 的区域. 现在考虑另一圆周 K',它包含圆周 K 并与之相切于 B 点,则 K' 在茹科夫斯基函数映射下的像 Γ' 为包含 Γ 的一闭曲线,且在 $B(a, 0)$ 处出现尖点,这一闭曲线 Γ' 就是茹科夫斯基的机翼剖面曲线. 设 K' 的圆心到 K 的圆心 hi 的距离为 d,则称 a,h,d 为机翼的翼型参数,分别反映了机翼剖面的宽度、弯度和厚度,是选择翼型的主要参数.

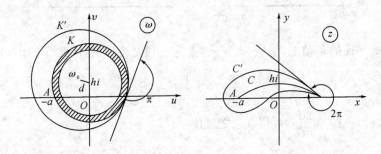

热流问题

在一均匀材料物体内的热传导由热方程式

$$T_t = c^2 \Delta T \tag{1}$$

决定,其中函数 T 为温度,$T_k = \dfrac{\partial T}{\partial t}$,因此,若问题为稳态的二维的,则(1)简化为

$$\Delta T = \frac{\partial^2 T}{\partial x^2} + \frac{\partial^2 T}{\partial y^2} = 0 \tag{2}$$

称 $T(x, y)$ 为热位势,为一调和函数,$T(x, y)$ 为复位势 $F(z) = T(x, y) + i\psi(x, y)$ 的实部.

例 1 热传导在上半平面的单位圆内部进行,如果在实轴上 $x < 0$ 时,$T = 0$,$x > 0$,上半圆周为绝缘体,试求上半单位圆内分布函数.

解 如图,利用变换 $\log z$ 将半圆盘映为典范的左半带形区域,则

$$T^*(u, v) = 10 - \frac{10v}{\pi}$$

$$F^*(w) = 10\left(1 + i\,\frac{w}{\pi}\right)$$

$$F(z) = 10\left(1 + i\,\frac{\log z}{\pi}\right) = 10\left(1 + i\,\frac{\log|z| + i\arg z}{\pi}\right)$$

故 $T(z) = \mathrm{Re}F(z) = 10 - \dfrac{10\arg z}{\pi}$.

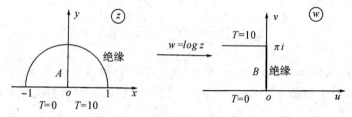

例 2 设 $x < -1$ 时，x 轴 $T = 0^\circ\!C$，$-1 < x < 1$ 时绝缘. $x > 1$ 时，$T = 20^\circ\!C$，求此上半平面的温度场.

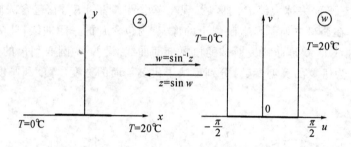

解 在 w 平面的 u 轴上，$-\dfrac{\pi}{2} < x < \dfrac{\pi}{2}$ 这一段是绝缘的，因此 $T^*(u,v)$ 满足

$$\frac{\partial T^*}{\partial u} = \frac{\partial T^*}{\partial v} = 0$$

故 $T^*(u,v) = 10 + \dfrac{20}{\pi}u$，可得 T^* 之复位

$$F^*(w) = 10 + \frac{20}{\pi}w$$

因此

$$F(z) = F^*(\sin^{-1}z) = 10 + \frac{20}{\pi}\sin^{-1}z$$

$T(x,y) = \mathrm{Re}F(z)$ 即为此解.

至于等温线以及热流线，可以将 $u = u_0, v = v_0$ 的正交线族，在 $z = \sin w$ 的映射下，得 z 平面的正交线族，这些正交线族即为等温线，热流线.

习题 5

1. 证明：由两流动之速度向量依照向量加法而得的流动，其复位势可由此二流动之复位势相加而得.

2. 考虑复位势 $F(z)=(c/2\pi)\ln z$，其中 c 为正实数．证明流速 $V=(c/2\pi r^2)(x+\mathrm{i}y)$，其中 $r=\sqrt{x^2+y^2}$，这意味着此流动为由原点出发直接向外放射，此时原点成为**点源头**．若 c 为负实数，请说明此时情况．

3. 考虑复位势 $F(z)=-(\mathrm{i}K/2\pi)\ln z$，其中 K 为正实数，证明这是一绕原点反时针方向的流动．

4. 若在上半圆周上电位 $\varphi=1$，下半圆周上电位 $\varphi=0$，求圆内的电位分布．

5. 已知一电场的电力线方程为 $\arctan\dfrac{y}{x+b}-\arctan\dfrac{y}{x-b}=k$，试求其等位线方程．

6. 求两平行板 $y=0$ 与 $y=d$（分别保持在 0 摄氏度与 100 摄氏度）之间的温度．

7. 求扇形区域 $0\leqslant\arg z\leqslant\dfrac{\pi}{4}$，$|z|\leqslant 1$ 内的温度分布，已知实轴上 $T=100℃$，在直线 $y=x$ 上 $T=20℃$．

8. 设函数 $w=f(z)=z^2$，试问 $z-$平面的圆周 $r=\cos\theta$ 在此函数映射下，它在 $w-$平面的像是什么？

第六章　　傅里叶变换

在分析处理某些较复杂问题时,我们常采取某种手段将原问题转化为较简单的问题,然后进行处理,这是变换的思想. 比如:设 F 是平面曲线,$M_\delta(F)$ 是用长度 δ 的两脚规去截分 F 所得的步长数,一般说来有关系式

$$M_\delta(F) = c\delta^{-s}$$

如果测量得一列 $\{M_\delta(F),\delta\}_{i=1}^n$ 的数据,要由这些数据直接去估计常数 c,s 是很困难的. 但是若对关系式进行对数变换,则有

$$\log M_\delta(F) = \log c + (-s)\log\delta$$

因此,将原始数据进行对数变换,利用最小数乘法,容易得出常数 c,s.

积分变换中最常见的傅里叶变换也是同样的思想,任何连续测量的时序或信号,都可以经傅里叶变换表示为不同频率的正弦波信号的无限叠加. 与傅立叶变换算法对应的是傅立叶逆变换,傅立叶逆变换从本质上说也是一种累加处理,可以将正弦波信号转换成一个信号. 因此,可以说,傅立叶变换将原来难以处理的时域信号转换成了易于分析的频域信号(信号的频谱),可以利用一些工具对这些频域信号进行处理、加工. 最后可以利用傅立叶逆变换将这些频域信号转换成时域信号.

§6.1　　傅里叶级数

函数空间　　设 E 是 $[a,b]$ 上所有函数组成的集合. 在 E 上引入如下代数结构:

1) 加法 $f,g \in E$,定义 $f+g$ 如下

$$(f+g)(x) = f(x) + g(x), x \in [a,b]$$

2) 数乘 $\alpha \in R, f \in E$,定义 $\alpha f \in E$ 如下

$$(\alpha f)(x) = \alpha \cdot f(x) \quad x \in [a,b]$$

在上述结构下,E 是一个**线性空间**.

例 1　　设 $C[a,b]$ 表示 $[a,b]$ 上所有连续函数全体,则 $C[a,b]$ 构成一个线性(子)空间.

内积　　当我们论及空间时,许多涉及"距离"或"度量"的概念. 有了内积,便有了"距离",如同线性代数中向量的内积,我们可以推广引进更一般的内积.

定义 1　　设 $f,g \in C[a,b]$,定义 f,g 之内积:

$$\langle f,g \rangle = \int_a^b f(x)g(x)\mathrm{d}x$$

f 与 g 之距离

$$\|f-g\| = \sqrt{\langle f-g,f-g\rangle}$$

定义 2　若 $\langle f,g\rangle = 0$，则称 f 与 g 正交.

例 2　$\{1,\cos kx,\sin kx\}$，$k = 1,2,\cdots$ 是 $[-\pi,\pi]$ 上正交函数列.

傅里叶级数

从线性空间的观点出发，多项式构成一个线性空间，$1,x,x^2,\cdots,x^n,\cdots$ 是一组基，解析函数可以用这组基线性表出，称为泰勒级数，但解析函数是要求很严格的函数. 有例子表明，即便处处光滑的实函数也未必能表示成泰勒级数.

在工程中的具体函数，许多是周期函数，但其光滑性却很差（有的甚至不连续）. 这些函数可以表示为上述正交函数列的无穷线性组合（三角级数），当然这些函数不可以表示为泰勒级数.

傅里叶曾大胆地断言："任意"函数都可以展成三角级数，并且列举大量函数和动用图形来说明函数的三角级数的普遍性. 虽然他没有给出明确的条件和严格的证明，但由他开创的"傅里叶分析"这一重要数学分支，拓广了传统的函数概念，傅里叶的工作对数学的发展产生的影响是他本人及其同时代人都难以预料的. 而且，这种影响至今还在发展之中.

定义 3　设 $f(x)$ 是以 2π 为周期的函数，三角级数

$$\frac{a_0}{2} + \sum_{n=1}^{\infty}(a_n\cos nx + b_n\sin nx)$$

其中 $a_n = \dfrac{1}{\pi}\displaystyle\int_{-\pi}^{\pi}f(x)\cos nx\,\mathrm{d}x$，$b_n = \dfrac{1}{\pi}\displaystyle\int_{-\pi}^{\pi}f(x)\sin nx\,\mathrm{d}x$，称为 $f(x)$ 的**傅里叶级数**.

尽管 $f(x)$ 的傅里叶级数并不一定等于 $f(x)$ 自身，但是当 $f(x)$ 满足一定条件下（如利普希茨条件、狄利克雷条件、有界变差等），其傅里叶级数就是 $f(x)$ 自身（间断点除外）.

例 3　以 2π 为周期的矩形脉冲波形

$$u(t) = \begin{cases} E_m, & 0 \leqslant t < \pi \\ -E_m, & -\pi \leqslant t < 0 \end{cases}$$

将其展开为傅里叶级数.

解
$$a_n = \frac{1}{\pi}\int_{-\pi}^{\pi}u(t)\cos nt\,\mathrm{d}t$$
$$= \frac{1}{\pi}\int_{-\pi}^{0}(-E_m)\cos nt\,\mathrm{d}t + \frac{1}{\pi}\int_{0}^{\pi}E_m\cos nt\,\mathrm{d}t = 0$$
$$b_n = \frac{1}{\pi}\int_{-\pi}^{\pi}u(t)\sin nt\,\mathrm{d}t$$
$$= \frac{1}{\pi}\int_{-\pi}^{0}(-E_m)\sin nt\,\mathrm{d}t + \frac{1}{\pi}\int_{0}^{\pi}E_m\sin nt\,\mathrm{d}t$$
$$= \frac{2E_m}{n\pi}(1-\cos n\pi)$$
$$= \begin{cases} \dfrac{4E_m}{(2k-1)\pi}, & n = 2k-1,k = 1,2,\cdots \\ 0, & n = 2k,k = 1,2,\cdots \end{cases}$$

所以，

$$u(t) = \sum_{n=1}^{\infty}\frac{4E_m}{(2n-1)\pi}\sin(2n-1)t$$

例4   在非正弦周期驱动下的强迫振动.

$$y'' + 0.02y' + 25y = r(t) = \begin{cases} t + \dfrac{\pi}{2}, & -\pi < t < 0 \\[2mm] -t + \dfrac{\pi}{2}, & 0 < t < \pi \end{cases}$$

$$r(t + 2\pi) = r(t)$$

解   求 $r(t)$ 的傅里叶级数,有

$$r(t) = \frac{4}{\pi}\left(\cos t + \frac{1}{3^2}\cos 3t + \frac{1}{5^2}\cos 5t + \cdots\right) \tag{1}$$

考虑微分方程

$$y'' + 0.02y' + 25y = \frac{4}{n^2\pi}\cos nt \quad (n = 1,3,\cdots) \tag{2}$$

我们知上述微分方程之稳定解有以下形式

$$y_n = A_n\cos nt + B_n\sin nt \tag{3}$$

将(3)代入(2)得

$$A_n = \frac{4(25 - n^2)}{n^2\pi D}, B_n = \frac{0.08}{n\pi D}$$

其中 $D = (25 - n^2)^2 + (0.02n)^2$. 由于原微分方程式是线性的,可以知道解

$$y = y_1 + y_2 + y_3 + \cdots$$

为一傅里叶级数.

周期为 2L 函数的傅里叶级数

周期函数在应用上很少有 2π 的周期,对于周期为 $2L$ 的函数,其傅里叶级数形式为

$$\frac{a_0}{2} + \sum_{n=1}^{\infty}\left(a_n\cos\frac{n\pi}{L}x + b_n\sin\frac{n\pi}{L}x\right)$$

其中

$$a_n = \frac{1}{L}\int_{-L}^{L}f(x)\cos\frac{n\pi}{L}x\,\mathrm{d}x, \quad b_n = \frac{1}{L}\int_{-L}^{L}f(x)\sin\frac{n\pi}{L}x\,\mathrm{d}x$$

例5   半波整流器

正弦电压 $E\sin\omega t$ 经过半波整流器后,波的负部被除去. 试求整流后周期函数

$$u(t) = \begin{cases} 0, & -L \leqslant t < 0 \\ E\sin\omega t, & 0 \leqslant t < L \end{cases}, L = \frac{\pi}{\omega}$$

的傅里叶级数.

解   根据以上公式,

$$a_0 = \frac{\omega}{\pi}\int_0^L E\sin\omega t\,\mathrm{d}t = \frac{2E}{\pi}$$

$$a_n = \frac{\omega}{\pi}\int_0^L E\sin\omega t\cos n\omega t\,\mathrm{d}t$$

显然,当 $n = 1$ 时,$a_1 = 0$. 当 $n \geqslant 2$ 时,

$$a_n = \frac{\omega}{\pi}\int_0^L E\sin\omega t\cos n\omega t\,\mathrm{d}t$$

$$= \frac{E}{2\pi}\left(\frac{-\cos(1 + n)\pi + 1}{1 + n} + \frac{-\cos(1 - n)\pi + 1}{1 - n}\right)$$

因此,若 n 为奇数,$a_n = 0$;若 n 为偶数,

$$a_n = -\frac{2E}{(n-1)(n+1)\pi}$$

同样地,当 $n = 1$ 时,$b_1 = \dfrac{E}{2}$;当 $n \geqslant 2$ 时,$b_n = 0$. 因此

$$u(t) = \frac{E}{\pi} + \frac{E}{2}\sin\omega t - \frac{2E}{\pi}\left(\frac{1}{1\cdot 3}\cos 2\omega t + \frac{1}{3\cdot 5}\cos 4\omega t + \cdots\right)$$

傅里叶级数的复数形式

傅里叶级数还可以表示成复数形式,有时候用起来更为方便. 利用欧拉公式

$$\cos x = \frac{e^{ix} + e^{-ix}}{2}, \sin x = \frac{e^{ix} - e^{-ix}}{2i}$$

我们将实的三角级数写成

$$\frac{a_0}{2} + \sum_{n=1}^{\infty}(a_n\cos nx + b_n\sin nx) = \frac{a_0}{2} + \sum_{n=1}^{\infty}\left(\frac{a_n - ib_n}{2}e^{inx} + \frac{a_n + ib_n}{2}e^{-inx}\right)$$

记 $c_0 = a_0/2, c_n = (a_n - ib_n)/2, c_{-n} = (a_n + ib_n)/2$,则傅里叶级数表示成

$$\sum_{n=-\infty}^{\infty}c_n e^{inx}$$

这就是傅里叶级数的复形式,其中 c_n 称为复振幅.

§6.2　傅里叶变换

如前所述,周期函数可以展开为傅里叶级数,非周期函数自然不能这样作. 但是,任何非周期函数都可以看做某一周期函数的极限. 对于非周期函数 $f(x)$,令

$$f_L(x) = f(x), |x| < L$$

然后把它延拓成为整个实数轴上周期为为 $2L$ 的周期函数. 记 $w_n = \dfrac{n\pi}{L}$,则 $f_L(x)$ 有如下傅里叶级数

$$\frac{1}{2L}\int_{-L}^{L}f_L(v)\mathrm{d}v + \frac{1}{L}\sum_{n=1}^{\infty}\left[\cos w_n x\int_{-L}^{L}f_L(x)\cos w_n v\mathrm{d}v + \sin w_n x\int_{-L}^{L}f_L(x)\sin w_n v\mathrm{d}v\right]$$

又记 $\Delta w = w_{n+1} - w_n = \dfrac{(n+1)\pi}{L} - \dfrac{n\pi}{L} = \dfrac{\pi}{L}$,因此 $1/L = \Delta w/\pi$,将上述傅里叶级数重写成

$$f_L(x) = \frac{1}{2L}\int_{-L}^{L}f_L(v)\mathrm{d}v +$$
$$\frac{1}{\pi}\sum_{n=1}^{\infty}\left[(\cos w_n x)\Delta w\int_{-L}^{L}f_L(v)\cos w_n v\mathrm{d}v + (\sin w_n x)\Delta w\int_{-L}^{L}f_L(v)\sin w_n v\mathrm{d}v\right]$$

$$(4)$$

现在让 $L \to \infty$,则非周期函数 $f(x) = \lim_{L\to\infty}f_L(x)$.

如果 $f(x)$ 绝对可积($\int_{-\infty}^{\infty}|f(x)|\mathrm{d}x$ 存在),则(4)变为

$$f(x) = \frac{1}{\pi}\int_{0}^{\infty}\left[\cos wx\int_{-\infty}^{\infty}f(v)\cos wv\mathrm{d}v + \sin wx\int_{-\infty}^{\infty}f(v)\sin wv\mathrm{d}v\right]\mathrm{d}w$$

$$= \frac{1}{\pi} \int_0^\infty \int_{-\infty}^{+\infty} f(v)\cos(wx - wv)\,dv\,dw$$

$$= \frac{1}{2\pi} \int_{-\infty}^{+\infty} \int_{-\infty}^{+\infty} f(v)\cos(wx - wv)\,dv\,dw \tag{5}$$

考虑到 $\frac{1}{2\pi} \int_{-\infty}^{+\infty} \int_{-\infty}^{+\infty} f(v)\sin(wx - wv)\,dv\,dw = 0$，故 $f(x)$ 可以有如下复表示

$$\boxed{f(x) = \frac{1}{2\pi} \int_{-\infty}^{+\infty} \int_{-\infty}^{+\infty} f(v)e^{iw(x-v)}\,dv\,dw}$$

即

$$f(x) = \frac{1}{2\pi} \int_{-\infty}^{+\infty} \left[\int_{-\infty}^{+\infty} f(v)e^{-iwv}\,dv \right] e^{iwx}\,dw \tag{6}$$

上式中的括号部分表示 $f(x)$ 的**傅里叶变换**. 即

$$\hat{f}(w) = \int_{-\infty}^{+\infty} f(x)e^{-iwx}\,dx \tag{7}$$

因此由(6)，有

$$f(x) = \frac{1}{2\pi} \int_{-\infty}^{+\infty} \hat{f}(w)e^{iwx}\,dw \tag{8}$$

此式称为 $\hat{f}(w)$ 的**傅里叶逆变换**.

另一记号为

$$F(f) = \hat{f}, \quad F^{-1}(\hat{f}) = f$$

傅里叶变换存在的充分条件（当考虑广义函数时，缓增广义函数即可）

1. $f(x)$ 分段连续.

2. $f(x)$ 在 x 轴上绝对可积.

例 4 求矩形脉冲函数 $f(t) = \begin{cases} 1, & |t| \leqslant \tau \\ 0, & |t| > \tau \end{cases}$ 的傅里叶变换 $\hat{f}(w)$ 以及 $\hat{f}(w)$ 的傅里叶逆变换 $F^{-1}(\hat{f})$.

解 根据定义，

$$\hat{f}(w) = \int_{-\infty}^{+\infty} f(t)e^{-iwt}\,dt = \int_{-\tau}^{\tau} e^{-iwt}\,dt$$

$$= -\frac{1}{iw}e^{-iwt}\ \Big|_{-\tau}^{\tau}$$

$$= \frac{2\sin w\tau}{w}$$

$$F^{-1}(\hat{f})(t) = \frac{1}{2\pi} \int_{-\infty}^{+\infty} \hat{f}(w)e^{iwt}\,dw = \frac{1}{\pi} \int_{-\infty}^{+\infty} \frac{\sin w\tau}{w}e^{iwt}\,dw$$

$$= \frac{1}{\pi} \int_{-\infty}^{+\infty} \frac{\sin w\tau}{w}\cos wt\,dw + \frac{i}{\pi} \int_{-\infty}^{+\infty} \frac{\sin w\tau}{w}\sin wt\,dw$$

$$= \frac{2}{\pi} \int_0^{+\infty} \frac{\sin w\tau}{w}\cos wt\,dw$$

$$\underline{w\tau = u} \ \frac{2}{\pi} \int_0^{+\infty} \frac{\sin u}{u}\cos \frac{t}{\tau}u\,du$$

记 $\lambda = \frac{t}{\tau}$，则

$$F^{-1}\hat{f} = \frac{2}{\pi}\int_0^{+\infty} \frac{\sin u \cos \lambda u}{u} \mathrm{d}u$$

$$= \frac{1}{\pi}\int_0^{+\infty} \frac{\sin(\lambda+1)u - \sin(\lambda-1)u}{u}\mathrm{d}u = \begin{cases} 1, & |\lambda| < 1 \\ \dfrac{1}{2}, & |\lambda| = 1 \\ 0, & |\lambda| > 1 \end{cases}$$

即

$$F^{-1}(\hat{f})(t) = \begin{cases} 1, & |t| < \tau \\ \dfrac{1}{2}, & |t| = \tau \\ 0, & |t| > \tau \end{cases}$$

可见,$F^{-1}(\hat{f})$ 除个别点以外,与 $f(t)$ 相同.

例 5 求 $f(t) = e^{-at^2}$ 的傅里叶变换,其中 $a > 0$.

解 据定义,

$$\hat{f}(w) = \int_{-\infty}^{+\infty} f(t)e^{-\mathrm{i}wt}\mathrm{d}t = \int_{-\infty}^{+\infty} e^{-at^2-\mathrm{i}wt}\mathrm{d}t$$

$$= \int_{-\infty}^{+\infty} \exp\left[-(\sqrt{a}t + \frac{\mathrm{i}w}{2\sqrt{a}})^2 + (\frac{\mathrm{i}w}{2\sqrt{a}})^2\right]\mathrm{d}t$$

$$= \exp\left(-\frac{w^2}{4a}\right)\int_{-\infty}^{+\infty} \exp\left[-(\sqrt{a}t + \frac{\mathrm{i}w}{2\sqrt{a}})^2\right]\mathrm{d}t$$

$$\underline{\sqrt{a}t + \mathrm{i}w/2\sqrt{a} = v} \quad \frac{1}{\sqrt{a}}\int_{-\infty}^{+\infty} \exp(-v^2)\mathrm{d}v \cdot \exp\left(\frac{-w^2}{4a}\right)$$

利用复解析函数 $\exp(-z^2)$ 的围线积分,可以证明

$$\frac{1}{\sqrt{a}}\int_{-\infty}^{+\infty} \exp(-v^2)\mathrm{d}v = \frac{1}{\sqrt{a}}\int_{-\infty}^{+\infty} \exp(-x^2)\mathrm{d}x = \sqrt{\frac{\pi}{a}}$$

所以

$$\hat{f}(w) = \sqrt{\frac{\pi}{a}}\exp(-\frac{w^2}{4a})$$

§6.3 傅里叶变换性质

1. 线性性质

若 $F(f_1(t)) = \hat{f}_1(w), F(f_2(t)) = \hat{f}_2(w), \alpha, \beta$ 为常数,则

$$F[\alpha f_1(t) + \beta f_2(t)] = \alpha \hat{f}_1(w) + \beta \hat{f}_2(w)$$

其逆变换亦有

$$F^{-1}(\alpha \hat{f}_1(w) + \beta \hat{f}_2(w)) = \alpha f_1(t) + \beta f_2(t)$$

2. 对称性

若 $F(f(t)) = \hat{f}(w)$,则 $F(\hat{f}(t)) = 2\pi f(-w)$,或记为

$$\hat{\hat{f}} = 2\pi \overset{\vee}{f}$$

其中 $\overset{\vee}{f}(x)=f(-x)$.

证因为

$$f(t)=\frac{1}{2\pi}\int_{-\infty}^{+\infty}\hat{f}(w)e^{iwt}\,dw\underline{\underline{w=u}}\frac{1}{2\pi}\int_{-\infty}^{+\infty}\hat{f}(u)e^{iut}\,du$$

令 $t=-w$,则

$$f(-w)=\frac{1}{2\pi}\int_{-\infty}^{+\infty}\hat{f}(u)e^{-iuw}\,du=\frac{1}{2\pi}F(\hat{f})$$

因此,$F(\hat{f}(t))=2\pi f(-w)$.

例 1 求抽样函数 $S_a(t)=\dfrac{\sin t}{t}$ 的傅里叶变换

解:考虑矩形函数

$$f(t)=\begin{cases}1,|t|\leqslant 1\\0,|t|>1\end{cases}$$

则由上节的例 4 知,$f(t)$ 的傅里叶变换为

$$\hat{f}(w)=\frac{2\sin w}{w}=2S_a(w)$$

即 $F(f)=2S_a(w)$.由对称性,

$$F(\hat{f})=F(2S_a)=2\pi f(-w)$$

再由线性性,$2F(S_a)=2\pi f(-w)$.故

$$F(S_a)=\pi f(-w)=\begin{cases}\pi,|w|\leqslant 1\\0,|w|>1\end{cases}$$

3. 位移性质

对任意给定的 t_0,有

$$F[f(t\pm t_0)]=e^{\pm iwt_0}F[f(t)]$$
$$F^{-1}[\hat{f}(w\pm w_0)]=e^{\mp iw_0t}f(t)$$

证明 由傅里叶变换定义,

$$F[f(t\pm t_0)]=\int_{-\infty}^{+\infty}f(t\pm t_0)e^{-iwt}\,dt=\int_{-\infty}^{+\infty}f(u)e^{-iw(u\mp t_0)}\,du$$

$$=e^{\pm iwt_0}\int_{-\infty}^{+\infty}f(u)e^{-iwu}\,du=e^{\pm iwt_0}F[f(t)]$$

对于傅里叶逆变换同理可证.

4. 微分性质

如果 $f(t)$ 在 $(-\infty,+\infty)$ 上连续或只有有限个断点,且 $\lim\limits_{t\to\infty}f(t)=0$,则

(1) $F[f'(t)]=iwF[f(t)]$

(2) $F[tf(t)]=i\dfrac{d\hat{f}(w)}{dw}$

证明 (1)由傅里叶变换定义以及分布积分法,

$$F[f'(t)]=\int_{-\infty}^{+\infty}f'(t)e^{-iwt}\,dt=\int_{-\infty}^{+\infty}e^{-iwt}\,df(t)$$

$$=e^{-iwt}f(t)\mid_{-\infty}^{+\infty}+iw\int_{-\infty}^{+\infty}f(t)e^{-iwt}\,dt$$

$$= \mathrm{i}wF[f(t)].$$

（2）对 $\hat{f}(w) = \int_{-\infty}^{+\infty} f(t)e^{-\mathrm{i}wt}\mathrm{d}t$ 的两边求导，并注意到可以把求导移到积分号内，便得

$$\frac{\mathrm{d}\hat{f}(w)}{\mathrm{d}w} = \int_{-\infty}^{+\infty} f(t)\frac{\mathrm{d}}{\mathrm{d}w}(e^{-\mathrm{i}wt})\mathrm{d}t = -\mathrm{i}\int_{-\infty}^{+\infty} tf(t)e^{-\mathrm{i}wt}\mathrm{d}t$$

$$= -\mathrm{i}F[tf(t)],$$

证毕.

5. 积分性质

当 $t \to +\infty$ 时，$\int_{-\infty}^{t} f(\tau)\mathrm{d}\tau \to 0$，则

$$F\left[\int_{-\infty}^{t} f(\tau)\mathrm{d}\tau\right] = \frac{1}{\mathrm{i}w}F[f(t)]$$

证　因为 $\dfrac{\mathrm{d}}{\mathrm{d}t}\displaystyle\int_{-\infty}^{t} f(\tau)\mathrm{d}\tau = f(t)$，故

$$F\left[\frac{\mathrm{d}}{\mathrm{d}t}\int_{-\infty}^{t} f(\tau)\mathrm{d}\tau\right] = F[f(t)]$$

由微分性质

$$F\left[\frac{\mathrm{d}}{\mathrm{d}t}\int_{-\infty}^{t} f(\tau)\mathrm{d}\tau\right] = \mathrm{i}wF\left[\int_{-\infty}^{t} f(\tau)\mathrm{d}\tau\right]$$

所以，

$$F\left[\int_{-\infty}^{t} f(\tau)\mathrm{d}\tau\right] = \frac{1}{\mathrm{i}w}F[f(t)]$$

例 2　求 $a_n x^{(n)}(t) + a_{n-1}x^{n-1}(t) + \cdots + a_1 x'(t) + a_0 x(t) = h(t)$ 的解，其中 a_j 为常数.

解　两边取 Fourier 变换得

$$[a_n(\mathrm{i}w)^n + a_{n-1}(\mathrm{i}w)^{n-1} + \cdots + a_1\mathrm{i}w + a_0]X(w) = H(w)$$

整理得

$$X(w) = \frac{H(w)}{Q(w)}, Q(w) = a_n(\mathrm{i}w)^n + \cdots + a_1\mathrm{i}w + a_0$$

取傅里叶逆变换得

$$x(t) = \frac{1}{2\pi}\int_{-\infty}^{+\infty} \frac{H(w)}{Q(w)}e^{\mathrm{i}wt}\mathrm{d}w$$

6. 卷积定理

定义　称 $f_1 * f_2(t) = \displaystyle\int_{-\infty}^{+\infty} f_1(\tau)f_2(t-\tau)\mathrm{d}\tau$ 为 f_1 与 f_2 的卷积.

定理　$f_1(t)$ 与 $f_2(t)$ 在 t 轴上分段连续，有界且绝对可积. 若

$$F[f_1(t)] = \hat{f}_1(w), F[f_2(t)] = \hat{f}_2(w)$$

则

$$F[f_1 * f_2(t)] = \hat{f}_1(w) \cdot \hat{f}_2(w) \tag{1}$$

或

$$F^{-1}[\hat{f}_1(w) \cdot \hat{f}_2(w)] = f_1 * f_2(t) \tag{2}$$

证　$F[f_1 * f_2] = \displaystyle\int_{-\infty}^{+\infty}\int_{-\infty}^{+\infty} f_1(\tau)f_2(t-\tau)e^{-\mathrm{i}wt}\mathrm{d}\tau\mathrm{d}t$

$$= \int_{-\infty}^{+\infty}\left[\int_{-\infty}^{+\infty} f_1(\tau) f_2(t-\tau) e^{-\mathrm{i}wt}\,\mathrm{d}t\right]\mathrm{d}\tau$$

令 $t-\tau = s$，则上式 $= \int_{-\infty}^{+\infty}\int_{-\infty}^{+\infty} f_1(\tau) f_2(s) e^{-\mathrm{i}w(\tau+s)}\,\mathrm{d}s\mathrm{d}\tau$

$$= \int_{-\infty}^{+\infty} f_1(\tau) e^{-\mathrm{i}w\tau}\,\mathrm{d}\tau \int_{-\infty}^{+\infty} f_2(s) e^{-\mathrm{i}ws}\,\mathrm{d}s$$

$$= \hat{f}_1(w) \cdot \hat{f}_2(w)$$

注 定理条件可以放宽到缓增广义函数.

7. Parseval 公式

设 $f \in L^2(R)$，即为实轴上平方可积函数，又设 $\hat{f}$ 为 f 在广义函数意义下的傅里叶变换，则 $\hat{f}$ 也为实轴上平方可积函数，而且

$$\| \hat{f} \|_{L^2(R)} = 2\pi \| f \|_{L^2(R)} \tag{3}$$

上述等式称为 Parseval 公式.

例 3 求 $\int_{-\infty}^{+\infty} \dfrac{\sin^2 t}{t^2}\,\mathrm{d}t$

解 设 $f(t) = \dfrac{\sin t}{t}$，其傅里叶变换

$$\hat{f}(w) = \begin{cases} \pi, & |w| \leqslant 1 \\ 0, & |w| > 1 \end{cases}$$

由 Parseval 公式，

$$\int_{-\infty}^{+\infty} \frac{\sin^2 t}{t^2}\,\mathrm{d}t = \frac{1}{2\pi}\int_{-\infty}^{+\infty} | \hat{f}(w) |^2\,\mathrm{d}w = \pi$$

§6.4 广义函数

广义函数是经典函数概念的推广，这种推广对数学、物理工程上的问题的认识和方法处理显得极为重要. 物理学家和工程师们早就用狄拉克 δ 函数表示点电荷、瞬时脉冲等概念：

$$\delta(x) = \begin{cases} 0, & x \neq 0 \\ \infty, & x = 0 \end{cases}, \qquad \int_{-\infty}^{+\infty} \delta(x)\,\mathrm{d}x = 1$$

但这样的概念显然已超出经典函数之范围.

在历史上，索伯列夫于 1936 年通过分部积分引进广义导数的概念，1945 年，施瓦兹系统地推广了这些研究，建立广义函数分布理论. 按照这一理论，广义函数是定义在一类性质很好的函数组成的基本空间上的连续线性泛函.

基本空间 设 $f(x)$ 为 R 上的函数，$f(x)$ 的支集记为

$$\mathrm{Sup}p(f) = \overline{\{x \in \mathbf{R}: f(x) \neq 0\}}$$

用 $C^\infty(R)$ 表示 R 上无限次可微函数全体，$C_0^\infty(R)$ 表示 $C^\infty(R)$ 中具紧致集函数全体. 我们要研究 $C_0^\infty(R)$ 上的连续线性泛函，但是我们首先要看 $C_0^\infty(R)$ 上的收敛性如何.

定义 1 设 $\varphi, \varphi_j \in \mathbf{C}_0^\infty(R)$，如果：

(i) 存在 R 中的紧集 K，使得 φ 与 φ_j 的支集都包含在 K 中；

(ii)φ_j 以及 φ_j 的任意阶导数一致收敛于 φ 及对应阶的导数.

则称 φ_j 收敛于 φ.

线性空间 $C_0^\infty(R)$ 在赋予上述收敛概念后,称为基本空间 $D(R)$,简记为 D. 可以证明 D 是完备的,即 D 中的基本列必是收敛列.

定义 2　若 $C_0^\infty(R)$ 上的泛函 u 满足:

(1) 线性性　$u(\lambda_1\varphi_1+\lambda_2\varphi_2)=\lambda_1 u(\varphi_1)+\lambda_2 u(\varphi_2)$

(2) 连续性　　若 $\varphi_j\longrightarrow\varphi$(定义 1 中的收敛),则 $u(\varphi_j)\longrightarrow u(\varphi)$(数的收敛),

则称 u 是**广义函数**.简言之,$C_0^\infty(R)$ 上的连续线性泛函为广义函数.

$$D=C_0^\infty(R)\xrightarrow{\ \text{泛函}u\ }R$$
$$\varphi\longrightarrow u(\varphi)\triangle\langle u,\varphi\rangle$$
$$\varphi_j\longrightarrow u(\varphi_j)\triangle\langle u,\varphi_j\rangle$$

例 1　对任意给定的 $x_0\in\mathbf{R}$,定义泛函 $\delta_{x_0}(\varphi)=\varphi(x_0),\varphi\in D$

解　(i)$\delta_{x_0}(\lambda_1\varphi_1+\lambda_2\varphi_2)=(\lambda_1\varphi_1+\lambda_2\varphi_2)(x_0)$
$$=\lambda_1\varphi_1(x_0)+\lambda_2\varphi_2(x_0)=\lambda_1\delta_{x_0}(\varphi_1)+\lambda_2\delta_{x_0}(\varphi_2)$$

(ii) 若 $\lim\limits_{j\to\infty}\varphi_j=0$(在 D 中),则
$$\left|\delta_{x_0}(\varphi_j)\right|=\left|\varphi_j(x_0)\right|\leqslant\sup_{x\in\mathbf{R}}\left|\varphi_j(x)\right|\to 0\quad(j\to\infty)(\text{一致收敛性})$$

因此 δ_{x_0} 是广义函数.

特别地,当 $x_0=0$ 时,$\delta=\delta_0$ 是常用的狄拉克(Dirac)函数.
$$\delta(\varphi)=\langle\delta,\varphi\rangle=\varphi(0)$$

直观上,
$$\delta(x)=\lim_{n\to\infty}f_n(x)$$

其中
$$f_n(x)=\begin{cases}\dfrac{1}{n},\ |x|\leqslant\dfrac{1}{2n}\\[2mm]0,\ |x|>\dfrac{1}{2n}\end{cases}$$

广义函数的导数

设 u 为 D 上的广义函数,定义其广义导数 u' 如下
$$\langle u',\varphi\rangle=-\langle u,\varphi'\rangle,\quad\forall\varphi\in D$$

例 2　考虑 Heaviside 函数
$$H(x)=\begin{cases}1,x>0\\0,x<0\end{cases}$$

在广义函数的意义下,求其广义导数 H'.

解　对于 $\forall\varphi\in D$,
$$\langle H',\varphi\rangle=-\langle H,\varphi'\rangle=-\int_0^{+\infty}\varphi'(x)\mathrm{d}x=\varphi(0)$$
$$=\langle\delta,\varphi\rangle.$$

故 $H'=\delta$.

§6.5　广义傅里叶变换

由于物理、工程上实际所遇的函数往往不满足经典傅里叶变换所要求的条件,比如整体可积条件,因此需要引进广义傅里叶变换. 但是限于本课程尚未具备这样的数学基础以及篇幅,我们在此只能简略地介绍.

定义 1　若 φ 属于 $C^\infty(R)$,并且对于所有 $\alpha, p \in \mathbf{N}$ 满足

$$\lim_{x \to \infty} \mid x^\alpha \varphi^{(p)}(x) \mid = 0$$

则称 φ 在无穷远处急降,在无穷远处急降的 C^∞ 函数全体构成一线性空间,记为 $S(R)$. 而其上的线性泛函则对应地成为**缓增广义函数**.

定义 2　设 f 是缓增广义函数,其傅里叶变换由下式定义:

$$\langle \hat{f}, \varphi \rangle = \langle f, \hat{\varphi} \rangle, \varphi \in S(R)$$

例 3　求 δ_a, δ 的傅里叶变换.

解　$F(\delta) = \displaystyle\int_{-\infty}^{+\infty} \delta(t) e^{-\mathrm{i}ut} \mathrm{d}t = \langle \delta, e^{-\mathrm{i}ut} \rangle = 1,$

$$F(\delta_a) = \langle \delta_a, e^{-\mathrm{i}ut} \rangle = e^{-\mathrm{i}aw}$$

或记为

$$\hat{\delta} = 1, \quad \hat{\delta}_a = e^{-\mathrm{i}aw}$$

例 4　求 $\cos aw$ 的傅里叶变换.

解　据广义意义下傅里叶变换定义以及对称性,对于任意 $\varphi \in S(R)$,

$$\langle \hat{\hat{\delta}}_a, \varphi \rangle = \langle \delta_a, \hat{\hat{\varphi}} \rangle = \langle \delta_a, 2\pi \overset{\vee}{\varphi} \rangle$$
$$= \langle \delta_a(t), 2\pi \varphi(-t) \rangle = 2\pi \varphi(-a)$$
$$= \langle 2\pi \delta_{-a}, \varphi \rangle$$

故 $\hat{\hat{\delta}}_a = 2\pi \delta_{-a}.$

同理 $\hat{\hat{\delta}}_{-a} = 2\pi \delta_a.$ 由例 3,我们有

$$\hat{\delta}_a = e^{-\mathrm{i}aw}, \qquad \hat{\delta}_{-a} = e^{\mathrm{i}aw}$$

故

$$\cos aw = \frac{1}{2}(\hat{\delta}_a + \hat{\delta}_{-a})$$

因此,$\cos aw = \dfrac{1}{2}(\hat{\hat{\delta}}_a + \hat{\hat{\delta}}_{-a}) = \pi(\delta_a + \delta_{-a}).$

例 5　求符号函数 $\mathrm{sgn}\, t$ 的傅氏变换 $F[\mathrm{sgn}(t)]$

解　我们用较初等的方法推导.

$$f(t) = \mathrm{sgn}\, t = \begin{cases} 1, & t > 0 \\ -1, & t < 0 \end{cases}$$
$$f(t) = \lim_{a \to 0^{-1}} f_a(t) = \lim_{a \to 0^+} [\mathrm{sgn}\, t \cdot e^{-a|t|}] \quad (a > 0)$$
$$F[f_a(t)] = \int_{-\infty}^{+\infty} \mathrm{sgn}(t) \cdot e^{-a|t|} e^{-\mathrm{i}ut} \mathrm{d}t$$

$$= \int_0^{+\infty} e^{-at-\mathrm{i}wt}\,\mathrm{d}t + \int_{-\infty}^0 e^{at-\mathrm{i}wt}\,\mathrm{d}t$$

$$= \int_0^{+\infty} e^{-(a+\mathrm{i}w)t}\,\mathrm{d}t + \int_0^{+\infty} e^{-au+\mathrm{i}wu}\,\mathrm{d}u$$

$$= \frac{1}{a+\mathrm{i}w} - \frac{1}{a-\mathrm{i}w} = \frac{-2\mathrm{i}w}{a^2+w^2}$$

因此,

$$F[f(t)] = \lim_{a\to 0} F[f_a(t)] = \frac{2}{\mathrm{i}w}$$

最后,我们给出可由傅里叶变换推导出的一个定理,在诸多领域均有应用.

事件抽样定理　设 $f \in L^2(R)$,$\hat{f}(w)$ 在 $|w| \geqslant M$ 时恒为零.则 $f(t)$ 的连续值可由可列个值确定

$$f(t) = \sum_{n=-\infty}^{+\infty} f(nT) \frac{\sin\pi\left(\dfrac{t}{T}-n\right)}{\pi\left(\dfrac{t}{T}-n\right)} \qquad \left(T=\frac{1}{2M}\right)$$

§6.6 *Heisenberg* 不等式与测不准原理

在一维情形,用波函数 $f(x)$ 来刻画粒子沿 x 轴的运动状态($f \in L^2(R)$).据实验证实,用波的强度($|f(x)|^2$)来表示该粒子位于点 x 的概率.因此 $\int_{-\infty}^{+\infty} |f(x)|^2\,\mathrm{d}x = 1$.

由 $f(x)$ 的傅氏变换可以给出粒子动量为 p 的概率密度.定义 *Fourier* 变换的某种变型为 $f^*(p)$.令

$$f^*(p) = \frac{1}{\sqrt{2\pi h}} \int_{-\infty}^{\infty} f(x) e^{ipxh}\,\mathrm{d}x = \sqrt{\frac{2\pi}{h}}\hat{f}\left(\frac{p}{h}\right)$$

引进

$$\Delta_a f = \int_{-\infty}^{\infty} (x-a)^2 |f(x)|^2\,\mathrm{d}x \bigg/ \int_{-\infty}^{+221E/} |f(x)|^2\,\mathrm{d}x \tag{1}$$

$\Delta_a f$ 表示粒子位置在多大程度上没有集中在 a 点附近的一种度量,是离开 a 点的平方偏差.同理可引进 $\Delta_a f^*$,

$$\Delta_a f^* = \int_{-\infty}^{+\infty} (p-\alpha)^2 |f^*(p)|^2\,dp \bigg/ \int_{-\infty}^{+\infty} |f(x)|^2\,\mathrm{d}x \tag{2}$$

$\Delta_a f^*$ 表示动量离 α 值的平方偏差.

利用 Fourier 变换这一数学工具,可以证明:

$$(\Delta_a f) \cdot (\Delta_a f^*) \geqslant \frac{h^2}{4} \tag{3}$$

其中 h 是 planck 常数,不等式(3)称为 **Heisenberg** 不等式,反映了位置与动量的测不准关系.

习题 6

1. 设 $f(x)$ 是以 2π 为周期的函数,它在 $[-\pi,\pi]$ 上的表达式为

$$f(x) = \begin{cases} x & , -\pi \leqslant x < 0 \\ 0 & , \quad 0 \leqslant x < \pi \end{cases}$$

将 $f(x)$ 展开成傅里叶级数.

2. 将函数

$$f(x) = \begin{cases} -x, & -\pi \leqslant x < 0 \\ x, & 0 \leqslant x \leqslant \pi \end{cases}$$

周期延拓,然后将其展开成傅里叶级数.

3. 求下列函数的傅里叶级数,假设周期皆为 2π.

(1) $f(x) = \begin{cases} 0 & ,0 \leqslant x < \pi \\ 1 & , \quad \pi \leqslant x < 2\pi \end{cases}$　　(2) $f(x) = |x|, -\pi < x < \pi$

4. 利用上题结果,计算:

(1) $1 - \dfrac{1}{3} + \dfrac{1}{5} - \dfrac{1}{7} + \dfrac{1}{9} - \cdots$

(2) $1 + \dfrac{1}{9} + \dfrac{1}{25} + \dfrac{1}{49} + \cdots$

5. 工程中常见的一个函数 $f(t) = Ae^{-\beta^2}. (A,\beta > 0)$,求 $F[f(t)]$.

6. 利用上题及微分性质,计算 $F[f(t)]$,其中 $f(t) = te^{-t^2}$.

7. 已知 $f(t) = \sin at$,求 $F[f(t)]$.

8. 求函数 $f(t) = t\sin t$ 的傅里叶变换.

第七章　　拉普拉斯变换

§7.1　拉普拉斯变换的定义

对实（复）值函数 $f(t)$，若 $\displaystyle\int_0^{+\infty} f(t)e^{-st}\,dt$ 在复平面$\mathbb{C}$ 上的某个区域 $D(s \in D)$ 内收敛于 $F(s)$，则称

$$F(s) = \int_0^{+\infty} f(t)e^{-st}\,dt \tag{1}$$

为函数 $f(t)$ 的**拉普拉斯变换**，记为

$$F(s) = L[f(t)]$$

若 $F(s)$ 是 $f(t)$ 的拉氏变换，则称 $f(t)$ 为 $F(s)$ 的**拉普拉斯逆变换或象原函数**，记为

$$f(t) = L^{-1}[F(s)]$$

关于拉氏变换及其逆变换，我们不加证明地列出两个定理．

拉氏变换存在定理

若 $f(t)$ 满足下列条件：

(1) 在 $t \geqslant 0$ 的任一有限区间上分段连续．

(2) 存在常数 $M > 0, \sigma_0 > 0$，使 $|f(t)| < Me^{\sigma_0 t}, t > 0$，则 $L[f(t)]$ 在半平面 $\mathrm{Re}s > \sigma_0$ 上存在且解析，σ_0 称为 $f(t)$ 的增长指数．

拉氏反定理　若 $f(t)$ 满足上述定理条件，则在 $f(t)$ 的连续点处有

$$f(t) = \frac{1}{2\pi i}\int_{\sigma-i\infty}^{\sigma+i\infty} F(s)e^{st}\,ds$$

其中积分是沿着复平面值一直线 $\mathrm{Re}s = \sigma(\sigma > \sigma_0)$ 上的主值积分．

例 1　求函数 $f(t) = e^{kt}u(t)$ 的拉氏变换，其中 $u(t)$ 是**单位阶跃函数**：

$$u(t) = \begin{cases} 1, t > 0 \\ 0, t < 0 \end{cases}$$

解　当 $\mathrm{Re}s > \mathrm{Re}k$ 时，

$$L[f(t)] = \int_0^\infty e^{kt}e^{-st}\,dt = \frac{-1}{s-k}e^{-(s-k)t}\Big|_0^\infty = \frac{1}{s-k}$$

或 $L^{-1}\left(\dfrac{1}{s-k}\right) = e^{kt}u(t)$.

特别地，当 $k = 0$ 时 $L[u(t)] = \dfrac{1}{s}, \mathrm{Re}s > 0$.

　　由于在科技领域,一般是对以时间为自变量的函数进行拉氏变换,因此,$t < 0$ 时,函数无意义,或不需考虑,故在拉氏变换中规定:象原函数 $f(t) \equiv 0, t < 0$. 而对于具体的象原函数 $e^{kt} u(t)$,$\sin\omega_0 t u(t)$ 等,在不致混淆的前提下,简单地写为 e^{kt},$\sin\omega_0 t$.

　　例 2　求 $f(t) = \sin kt$　$(k \in \mathbf{R})$ 的拉氏变换.

　　解　$L[f(t)] = \displaystyle\int_0^\infty \sin kt e^{-st} \, \mathrm{d}t = \frac{1}{2\mathrm{i}} \int_0^{+\infty} (e^{\mathrm{i}kt} - e^{-\mathrm{i}kt}) e^{-st} \, \mathrm{d}t$

$$= \frac{1}{2\mathrm{i}} \left(\frac{1}{s - \mathrm{i}k} - \frac{1}{s + \mathrm{i}k} \right) = \frac{k}{s^2 + k^2} \qquad (\mathrm{Re}\, s > 0)$$

（f 的 *Fourier* 变换则为一广义函数）.

　　例 3　求函数 $f(t) = t^\alpha (\alpha > -1)$ 的拉氏变换.

　　解　首先说明 $F(s) = L[f(t)]$ 在 $\mathrm{Re}\, s > 0$ 时存在. 设 $s = \sigma + \mathrm{i}\omega$,则

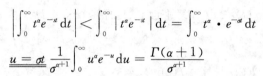

$$\left| \int_0^\infty t^\alpha e^{-st} \, \mathrm{d}t \right| < \int_0^\infty |t^\alpha e^{-st}| \, \mathrm{d}t = \int_0^\infty t^\alpha \cdot e^{-\sigma t} \, \mathrm{d}t$$

$$\underline{u = \sigma t} \quad \frac{1}{\sigma^{\alpha+1}} \int_0^\infty u^\alpha e^{-u} \, \mathrm{d}u = \frac{\Gamma(\alpha + 1)}{\sigma^{\alpha+1}}$$

故 $F(s)$ 存在.

　　其次,不难知道 $\dfrac{\mathrm{d}}{\mathrm{d}s} F(s)$ 存在 $(\mathrm{Re}\, s > 0)$,这说明 $F(s)$ 解析 $(\mathrm{Re}\, s >$

$0)$. 那么当 s 为正实数时,有 $F(s) = \dfrac{\Gamma(\alpha + 1)}{s^{\alpha+1}}$. 由于 $F(s)$ 与 $\dfrac{\Gamma(\alpha + 1)}{s^{\alpha+1}}$ 在 $(\mathrm{Re}\, s > 0)$ 上都解析,并且它们在正实轴上相等,根据解析函数的唯一性原理,它们是恒等的. 故

$$L[t^\alpha] = \frac{\Gamma(\alpha + 1)}{s^{\alpha+1}}, \quad (\mathrm{Re}\, s > 0)$$

特别地,

$$L[t^m] = \frac{m!}{s^{m+1}}, \text{或} L^{-1}\left[\frac{1}{s^{m+1}} \right] = \frac{t^m}{m!}$$

其中 m 为自然数.

　　例 4　$L[\delta(t)] = \displaystyle\int_0^{+\infty} \delta(t) e^{-st} \, \mathrm{d}t = \int_{0^-}^{+\infty} \delta(t) e^{-st} \, \mathrm{d}t$

$$= \int_{-\infty}^{+\infty} \delta(t) e^{-st} \, \mathrm{d}t = 1$$

§7.2　拉氏变换的性质

1. 线性性质

若 $L[f_1(t)] = F_1(s)$,$L[f_2(t)] = F_2(s)$,则

$$L[\alpha f_1(t) + \beta f_2(t)] = \alpha F_1(s) + \beta F_2(s)$$

$$L^{-1}[\alpha F_1(s) + \beta F_2(s)] = \alpha f_1(t) + \beta f_2(t)$$

2. 微分性质

1) 若 $L[f(t)] = F(s)$，则

$$L[f'(t)] = s \cdot F(s) - f(0) = s \cdot L[f(t)] - f(0) \qquad (\mathrm{Re}s > \sigma_0)$$

2) 若 $L[f(t)] = F(s)$，则

$$F'(s) = -L[tf(t)] \qquad (\mathrm{Re}s > \sigma_0)$$

例 1　求 $L[te^{kt}]$

解　因为当 $\mathrm{Re}s > k$ 时，$L[e^{kt}] = \dfrac{1}{s-k}$，故

$$L[te^{kt}] = -\frac{d}{ds}\left(\frac{1}{s-k}\right) = \frac{1}{(s-k)^2}, (\mathrm{Re}s > k)$$

3. 积分性质

1) 若 $L[f(t)] = F(s)$，则

$$L\left[\int_0^t f(\tau)d\tau\right] = \frac{1}{s}F(s)$$

2) 若 $L[f(t)] = F(s)$，积分 $\displaystyle\int_s^\infty F(s)ds$ 收敛，则 $\dfrac{f(t)}{t}$ 的拉氏变换存在，且

$$L\left[\frac{f(t)}{t}\right] = \int_s^\infty F(s)ds$$

其中积分路径位于半平面 $\mathrm{Re}s > \sigma_0$ 内，σ_0 是 $f(t)$ 的增长指数.

例 2　求正弦积分 $\displaystyle\int_0^t \frac{\sin\tau}{\tau}d\tau$ 的拉氏变换.

解　由积分性质 1，

$$L\left[\int_0^t \frac{\sin\tau}{\tau}d\tau\right] = \frac{1}{s}L\left[\frac{\sin t}{t}\right]$$

而根据积分性质 2，

$$L\left[\frac{\sin t}{t}\right] = \int_s^\infty L(\sin t)ds = \int_s^\infty \frac{1}{s^2+1}ds$$
$$= \arctan s\Big|_s^\infty = \frac{\pi}{2} - \arctan s$$

故

$$L\left[\int_0^t \frac{\sin\tau}{\tau}d\tau\right] = \frac{1}{s}\left(\frac{\pi}{2} - \arctan s\right)$$

由 $L\left[\dfrac{\sin t}{t}\right] = \dfrac{\pi}{2} - \arctan s$，我们还可以得到一则熟知的积分公式. 因为

$$L\left[\frac{\sin t}{t}\right] = \int_0^\infty \frac{\sin t}{t}e^{-st}dt = \frac{\pi}{2} - \arctan s$$

令 $s = 0$，则有

$$\int_0^\infty \frac{\sin t}{t}dt = \frac{\pi}{2}$$

4. 位移性质

若 $L[f(t)] = F(s)$，s_0 是复常数，则

$$F(s-s_0) = L[e^{s_0 t}f(t)] \qquad (\mathrm{Re}(s-s_0) > \sigma_0)$$

证 根据拉普拉斯变换定义,

$$F(s - s_0) = \int_0^{+\infty} f(t) e^{-(s-s_0)t} dt = \int_0^{+\infty} [f(t) e^{s_0 t}] e^{-st} dt$$

$$= L[e^{s_0 t} f(t)], \qquad \mathrm{Re}(s - s_0) > \sigma_0$$

其中 σ_0 为 $f(t)$ 的增长指数.

5. 延迟性质

若 $L[f(t)] = F(s)$,且 $t < 0$ 时,$f(t) = 0$,则对 $\forall t_0 \geqslant 0$,有

$$L[f(t - t_0)] = e^{-s_0} F(s) \qquad (\mathrm{Re} s > \sigma_0)$$

6. 极限性质

若 $L[f(t)] = F(s)$,则 $f(0) = \lim\limits_{s \to \infty} s F(s), \ f(\infty) = \lim\limits_{s \to 0} s F(s)$

7. 卷积定理

若 $f_1(t), f_2(t)$ 满足 LT 条件,当 $t < 0$ 时,$f_1(t) = f_2(t) = 0$,且 $L[f_1(t)] = F_1(s)$, $L[f_2(t)] = F_2(s)$,则

$$L[f_1(t) * f_2(t)] = F_1(s) \cdot F_2(s)$$

或

$$L^{-1}[F_1(s) \cdot F_2(s)] = f_1(t) * f_2(t)$$

例 3 若 $F(s) = \dfrac{1}{s(1 + s^2)}$,求 $f(t)$

解 $f(t) = L^{-1}[F(s)] = L^{-1}\left[\dfrac{1}{s} \cdot \dfrac{1}{1 + s^2}\right] = L^{-1}\left[\dfrac{1}{s}\right] * L^{-1}\left[\dfrac{1}{1 + s^2}\right]$

$$= u(t) * \sin t$$

其中 $u(t)$ 是单位阶跃函数.

§7.3 拉氏变换的应用

例 1 质量为 m 的物体挂在弹性系数为 k 的弹簧一端,作用于物体上的弹力为 $f(t)$,若物体自静止平衡位置 $y = 0$ 处开始运动,不计阻力下求物体运动规律 $y(t)$.

解 1) 据 Newton 定律,

$$\begin{cases} my'' = f(t) - ky \\ y(0) = y'(0) = 0 \end{cases} \tag{1}$$

对(1)进行拉氏变换,得

$$ms^2 Y(s) + k Y(s) = F(s)$$

记 $\omega_0^2 = \dfrac{k}{m}$,得

$$(s^2 + \omega_0^2) Y(s) = \dfrac{1}{m} F(s)$$

即

$$Y(s) = \dfrac{1}{m\omega_0} \left(\dfrac{\omega_0}{s^2 + \omega_0^2}\right) F(s) \tag{2}$$

因为

$$L[\sin\omega_0 t] = \frac{\omega_0}{s^2 + \omega_0^2}$$

故

$$y(t) = \frac{1}{m\omega_0} \cdot \sin\omega_0 t * f(t)$$

$$= \frac{1}{m\omega_0} \int_0^t f(\tau)\sin\omega_0(t-\tau)\mathrm{d}\tau$$

2）若 $f(t) = A\sin\omega t$，则

$$L[f(t)] = \frac{A\omega}{s^2 + \omega^2}$$

由（2）有

$$Y(s) = \frac{A}{m\omega_0} \cdot \frac{\omega_0}{s^2 + \omega_0^2} \cdot \frac{\omega}{s^2 + \omega^2} = \frac{A\omega}{m} \cdot \frac{1}{\omega^2 - \omega_0^2}\left(\frac{1}{s^2 + \omega_0^2} - \frac{1}{s^2 + \omega^2}\right).$$

故

$$y(t) = \frac{A\omega}{m(\omega^2 - \omega_0^2)}\left(\frac{\sin\omega_0 t}{\omega_0} - \frac{\sin\omega t}{\omega}\right)$$

3）若 $\omega = \omega_0$，形成共振

$$y(t) = \frac{A}{m\omega_0}\sin\omega_0 t * \sin\omega_0 t = c\sin(\omega_0 t - \varphi)$$

例 2　解微分方程

$$mx'' + kx = u(t)$$

其中 $u(t)$ 是单位阶跃函数.

解　对方程两边取拉普拉斯变换，

$$m[s^2 X - sx(0) - x'(0)] + kx = \frac{1}{s}$$

因此，

$$X(s) = \frac{1}{s(ms^2 + k)} + \frac{msx(0) + mx'(0)}{ms^2 + k}$$

取拉普拉斯逆变换得

$$x(t) = L^{-1}\left[\frac{1}{s(ms^2 + k)}\right] + L^{-1}\left[\frac{msx(0) + mx'(0)}{ms^2 + k}\right]$$

$$= L^{-1}\left[\frac{1}{ks} - \frac{1}{k} \cdot \frac{ms}{ms^2 + k}\right] + L^{-1}\left[\frac{msx(0) + mx'(0)}{ms^2 + k}\right]$$

$$= \frac{1}{k} - \frac{1}{k}\cos\sqrt{\frac{k}{m}}t + x(0)\cos\sqrt{\frac{k}{m}}t + x'(0)\sqrt{\frac{k}{m}}\sin\sqrt{\frac{k}{m}}t$$

以下一则例子不是经典方法可以解决的，因为涉及广义函数.

例 3　阻尼震动系统对一单位脉冲的响应，一弹簧系统最初时为静止不动，而在 $t = a$ 时刻，突然受到一短促的敲击：

$$y'' + 3y' + 2y = \delta(t-a),\ y(0) = 0,\ y'(0) = 0$$

解　对方程两边取拉普拉斯变换，

$$s^2 Y + 3sY + 2Y = e^{-as}$$

解得

$$Y(s) = F(s)e^{-as}$$

其中

$$F(s) = \frac{1}{s+1} - \frac{1}{s+2}, f(t) = L^{-1}[F] = e^{-t} - e^{-2t}$$

取 Lapulas 逆变换得

$$y(t) = L^{-1}[e^{-as}F(s)] = f(t-a)u(t-a)$$

$$= \begin{cases} 0, & 0 \leqslant t \leqslant a \\ e^{-(t-a)} - e^{-2(t-a)}, & t > a \end{cases}$$

例 2 求解方程组

$$\begin{cases} y'' - x'' + x' - y = e^t - 2 \\ 2y'' - x'' - 2y' + x = -t \end{cases}$$

满足初始条件 $\begin{cases} x(0) = x'(0) = 0 \\ y(0) = y'(0) = 0 \end{cases}$

解 对方程组取拉普拉斯变换,得

$$\begin{cases} s^2 Y - s^2 X + sX - Y = \dfrac{1}{s-1} - \dfrac{2}{s} \\ 2s^2 Y - s^2 X - 2sY + X = -\dfrac{1}{s^2} \end{cases}$$

解此线性方程组得

$$\begin{cases} Y(s) = \dfrac{1}{s(s-1)^2} = \dfrac{1}{s} - \dfrac{1}{s-1} + \dfrac{1}{(s-1)^2} \\ X(s) = \dfrac{2s-1}{s^2(s-1)^2} = -\dfrac{1}{s^2} + \dfrac{1}{(s-1)^2} \end{cases}$$

因此,对上式取拉普拉斯逆变换后,得

$$\begin{cases} y(t) = 1 - e^t + te^t \\ x(t) = -t + te^t \end{cases}$$

习题 7

1. 求下列的拉普拉斯变换(k 为实数)

(1) $L[\cos kt]$ 　　　　　　　　(2) $L[e^{-at}\sin kt]$

(3) $L[e^{at}\cos kt]$ 　　　　　　(4) $L[t\sin kt]$

(5) $L[t\cos kt]$ 　　　　　　　　(6) $L[\sinh kt]$

2. 设 $L[f(t)] = F(s), k > 0$,证明相似性质

$$L[f(kt)] = \frac{1}{k}F\left(\frac{s}{k}\right).$$

3. 求下列函数的拉普拉斯逆变换

(1) $\dfrac{3}{s+3}$ 　　　　　　　　(2) $\dfrac{1}{s(s-1)^2}$

(3) $\dfrac{4s-3}{s^2+4}$ 　　　　(4) $\dfrac{4s-7}{s^2}$

(5) $\dfrac{1}{s^2+2s}$ 　　　　(6) $\dfrac{s+1}{s(s^2+s-6)}$

4. 设 $f(t)$ 是周期为 T 的函数. 且 $f(t)$ 在一个周期上分段连续

证明：$L[f(t)]=\dfrac{\displaystyle\int_0^T f(t)e^{-st}\,\mathrm{d}t}{1-e^{-Ts}}$ 　　　　($\mathrm{Re}s>\sigma_0$)

提示：若 $f_1(t)=\begin{cases}f(t),0<t<T\\0,\text{elsewhere}\end{cases}$,则

$$f(t)=f_1(t)+f_1(t-T)+f_1(t-2T)+\cdots$$

利用延迟性质.

5. 一弹簧上端固定,下端挂了两个质量均为 m 的物体,使弹簧伸长了 $2a$,现突然取下一物体,使得弹簧从静态开始运动,求所挂物体的运动规律.

第五篇   常微分方程

第一章   数学模型的建立与简单求解

在研究自然现象和社会现象的某一客观规律时,需要寻求变量之间的函数关系.由于客观事物的复杂性,有时很难直接得到变量之间的关系;但却比较容易建立起这些变量与它们的导数或微分之间的联系,从而得到一个关于未知函数的导数或微分的方程,即微分方程.通过求解方程,可得所求的函数关系.

1. 阻容电路

由电阻 R,电容 C 和电源 E 串联而成的线性电路,设电路中的电流强度为 $i(t)$,据 Kirchhoff 定律,

$$Ri(t) + \frac{1}{C}\int i(t)\,\mathrm{d}t = E(t) \tag{1.1}$$

电容 C 的电势降 x 为

$$x = \frac{1}{C}\int i(t)\,\mathrm{d}t \tag{1.2}$$

对(1.2)求导有,

$$i(t) = C\frac{\mathrm{d}x}{\mathrm{d}t} \tag{1.3}$$

将(1.2)、(1.3)代入(1.1)得

$$RC\frac{\mathrm{d}x}{\mathrm{d}t} + x = E(t) \tag{1.4}$$

在方程(1.4)中,未知函数只是一个自变量的函数,这样的含未知数导数的方程就成为**常微分方程**.如何求解常微分方程,便成为本篇之目的.

由实际情况知,$x(t)$ 应满足初始条件 $x(0) = 0$,记 $T = RC$,称为该电路的时间常数.则(1.4)改写为

$$T\frac{\mathrm{d}x}{\mathrm{d}t} + x = E(t) \tag{1.5}$$

(1.5)两边同乘以 $\mathrm{e}^{\frac{t}{T}}$,得

$$\frac{\mathrm{d}}{\mathrm{d}t}\left(Te^{\frac{t}{T}}x\right) = e^{\frac{t}{T}}E(t) \tag{1.6}$$

对(1.6)关于 t 关于从 0 积到 t,得

$$Te^{\frac{t}{T}}x = \int_0^t e^{\frac{s}{T}}E(s)\mathrm{d}s$$

故得解

$$x(t) = \frac{1}{T}\int_0^t e^{-\frac{1}{T}(t-s)}E(s)\mathrm{d}s$$

2. 牛顿第二运动定律

在中学里面,我们熟知的公式是 $\vec{F} = m\vec{a}$,其中 $\vec{F}$ 表示力,m 表示物体质量,$\vec{a}$ 表示加速度.若物体沿直线运动,可简记为 $F = ma$,但其实这是特殊情形.牛顿第二定律原表述为:$\vec{F} = k\dfrac{\mathrm{d}(m\vec{v})}{\mathrm{d}t}$.

若运动仍沿直线,则

$$F = \frac{\mathrm{d}}{\mathrm{d}t}(mv) = m\frac{\mathrm{d}v}{\mathrm{d}t} + v\frac{\mathrm{d}m}{\mathrm{d}t} \tag{2.0}$$

对于航天飞船来说,m 是随时间变化的,故(2.0)更广泛.

例 2　光滑滑轮上的链条运动.

如右图,链条共长 16 英尺,每英尺重 ρ 磅,挂在小滑轮上,左边 $7ft$,右边 $9ft$.问链条脱离滑轮需要多少时间,脱离滑轮时速度多大?

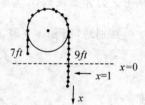

解　首先建立坐标,当两边均是 $8ft$ 时,则链条保持平衡,此处记为 $x=0$.故右端 $9ft$ 处 $x=1$.记 $x(t)$ 为 t 时刻右顶端的位置.从实际上看 $x=8$ 时,链条即脱离滑轮.

在此模型中,m 是常数,为 $\dfrac{16\rho}{32} = \dfrac{\rho}{2}$ 斯拉格(英制),而 t 时刻的作用力 $F = 2x\rho$(磅).由第二力学定律,

$$\frac{\rho}{2}\frac{\mathrm{d}v}{\mathrm{d}t} = 2x\rho \tag{2.1}$$

即

$$\frac{\mathrm{d}v}{\mathrm{d}t} = 4x \tag{2.2}$$

注意到(2.2)中有三个变量,其中 t 为自变量,v、x 为因变量,可通过 $v = \dfrac{\mathrm{d}x}{\mathrm{d}t}$ 对(2.2)进行化简.

$$\frac{\mathrm{d}v}{\mathrm{d}t} = \frac{\mathrm{d}v}{\mathrm{d}x}\frac{\mathrm{d}x}{\mathrm{d}t} = v\frac{\mathrm{d}v}{\mathrm{d}x} = 4x \tag{2.3}$$

即

$$v\mathrm{d}v = 4x\mathrm{d}x \text{ 或 } \mathrm{d}(v^2 - 4x^2) = 0$$

故

$$v^2 = 4x^2 + k(k \text{ 为常数}) \tag{2.4}$$

将初始条件 $x(0)=1,v(0)=0$ 代入 (2.4) 得 $k=-4$. 所以，

$$v^2 = 4x^2 - 4 \tag{2.5}$$

由上所述 $x=8$ 时，离开滑轮. 此时 $v^2 = 4 \times 8^2 - 4 = 252$. 因此，

$$v = \sqrt{252} = 6\sqrt{7}$$

记 t_l 为开始下滑至离开滑轮的时间，则

$$t_l = \int_0^{t_l} \mathrm{d}t = \int_1^8 \frac{\mathrm{d}t}{\mathrm{d}x}\mathrm{d}x = \int_1^8 \frac{1}{v}\mathrm{d}x$$

$$= \frac{1}{2}\int_1^8 \frac{1}{\sqrt{x^2-1}}\mathrm{d}x = \frac{1}{2}\ln(8+\sqrt{63}) \approx 1.38(s).$$

3. 弹簧上物体的机械运动

如图，可以给出物体的运动方程如下

$$m\frac{\mathrm{d}^2 x}{\mathrm{d}t^2} = -kx - \mu mg\,\mathrm{sgn}(\frac{\mathrm{d}x}{\mathrm{d}t})$$

或

$$\frac{\mathrm{d}^2 x}{\mathrm{d}t^2} + \mu g\,\mathrm{sgn}(\frac{\mathrm{d}x}{\mathrm{d}t}) + \frac{k}{m}x = 0 \tag{3.1}$$

其中 k 为弹簧系数，μ 为摩擦系数，sgn 为符号函数.

特别地，当 $\mu=0$ 时，令 $\rho=\sqrt{\dfrac{k}{m}}$，则

$$\frac{\mathrm{d}^2 x}{\mathrm{d}t^2} + \rho^2 x = 0$$

即

$$\frac{\mathrm{d}v}{\mathrm{d}t} + \rho^2 x = 0$$

或改写成

$$\frac{\mathrm{d}v}{\mathrm{d}x} \cdot \frac{\mathrm{d}x}{\mathrm{d}t} + \rho^2 x = 0$$

即

$$v \cdot \frac{\mathrm{d}v}{\mathrm{d}x} + \rho^2 x = 0 \tag{3.2}$$

或写成微分式 $v\mathrm{d}v + \rho^2 x\mathrm{d}x = 0$，得

$$d(v^2 + \rho^2 x^2) = 0$$

所以，

$$v^2 + \rho^2 x^2 \equiv k^2 \tag{3.3}$$

当 $v=0$ 时，x 达振幅 A，故 $k=\rho A$，由 (3.3) 得

$$v = \frac{\mathrm{d}x}{\mathrm{d}t} = \sqrt{k^2 - \rho^2 x^2} \tag{3.4}$$

即

$$\frac{\mathrm{d}x}{\sqrt{k^2 - \rho^2 x^2}} = \mathrm{d}t \tag{3.6}$$

两边积分得

$$x = A\sin \rho t = A\sin \sqrt{\frac{k}{m}}\, t \tag{3.7}$$

此为简谐振动.

4. 放射性物质半衰期

放射性物质的原子核很不稳定,会自发地释放射线,而变成另一种元素(或同素异元体).实验表明,单位时间衰变的原子核数 $\dfrac{\mathrm{d}N}{\mathrm{d}t}$ 与原子核数 N 成正比,即

$$\frac{\mathrm{d}N}{\mathrm{d}t} = -\lambda N \tag{4.1}$$

解:由(4.1)得 $N = N_0 e^{-\lambda t}$. 若令 T 为半衰期,则

$$\frac{N_0}{2} = N_0 e^{-\lambda T}$$

得

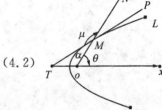

$$T = \frac{\ln z}{\lambda} \tag{4.2}$$

由实验可以测得数据

$$\lambda = -\frac{\mathrm{d}N}{\mathrm{d}t} / N\Big|_{t=k_0} \tag{4.3}$$

因此 T 可估计出.

5. 探照灯原理.

如图,过 M 的切线为 TMP. 反射光线平行于 x 轴.

μ 是入射光线与切线的夹角,由平面几何知:

$$\mu = \pi - \alpha = \pi - \frac{\theta}{2} \tag{5.1}$$

由微积分微分理论知:

$$\tan\mu = \frac{r\mathrm{d}\theta}{\mathrm{d}r} \tag{5.2}$$

将(5.1)代入(5.2)得

$$-\tan\frac{\theta}{2} = \frac{r\mathrm{d}\theta}{\mathrm{d}r}$$

即

$$\frac{1}{r}\frac{\mathrm{d}r}{\mathrm{d}\theta} = -\mathrm{ctg}\,\frac{\theta}{2} = -\frac{\sin\theta}{1-\cos\theta} \tag{5.3}$$

写成微分形成

$$\frac{\mathrm{d}r}{r} = -\frac{\sin\theta}{1-\cos\theta}\mathrm{d}\theta \tag{5.4}$$

积分得

$$\ln r = \int \frac{-\sin\theta}{1-\cos\theta}\mathrm{d}\theta = -\int \frac{d(1-\cos\theta)}{1-\cos\theta} = -\ln(1-\cos\theta) + C$$

得

$$r = \frac{C}{1-\cos\theta} \tag{5.5}$$

这是抛物线的极坐标方程.因此探照灯的面是旋转抛物面.

6. 生物种群数学模型

设 $x(t)$ 为生物种群在 t 时刻的数量. $b(t,x)$ 为时刻 t 该种群单位时间单位个体增加的数量,即瞬时出生率, $d(t,x)$ 为瞬时死亡率,则

$$x(t+\Delta t)-x(t)=\int_t^{t+\Delta t}[b(s,x)-d(s,x)]x(s)\mathrm{d}s \tag{6.1}$$

因此

$$\frac{\mathrm{d}x}{\mathrm{d}t}=[b(t,x)-d(t,x)]x(t)=\mu(t,x)x\ (\mu(t,x)=b(t,x)-d(t,x))$$

1) 当 $\mu(t,x)\equiv k$ 时,

$$x=x_0e^{kt}(\text{Malthus 模型}) \tag{6.2}$$

2) $x(t)$ 在某一环境可生存的最大种群数量为 M,此时可设 $\mu=r(1-\dfrac{x}{M})$.其中 r 为固有增长率,则

$$\frac{\mathrm{d}x}{\mathrm{d}t}=r(1-\frac{x}{M})x \tag{6.3}$$

(6.3) 称为 Logistic 方程,可以用分离变量法解出 $x(t)$.

$$x(t)=\frac{Mce^{rt}}{1+ce^{rt}},c=\frac{x_0}{M-x_0}$$

可见 $\lim\limits_{t\to\infty}x(t)=M$.

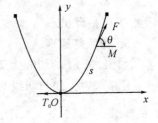

7. 等高悬链线模型

取 OM 一段,设其弧长为 s,则

$$s=\int_0^x\sqrt{1+y'^2}\,\mathrm{d}x$$

这一段的质量为 $m=\rho s=\rho\int_0^x\sqrt{1+y'^2}\,\mathrm{d}x$.因此根据力的平衡原理,

$$\begin{cases}F\cos\theta=T_0\\F\sin\theta=mg\end{cases}$$

上述两式相除即得 $\tan\theta=\dfrac{mg}{T_0}$,又根据导数的几何意义,

$$\frac{\mathrm{d}y}{\mathrm{d}x}=\frac{mg}{T_0}=\frac{\rho g}{T_0}\int_0^x\sqrt{1+y'^2}\,\mathrm{d}x \tag{7.1}$$

对 (7.1) 求导,得

$$\frac{\mathrm{d}^2y}{\mathrm{d}x^2}=k\sqrt{1+y'^2}\quad(k=\frac{\rho g}{T_0})$$

即

$$y''=k\sqrt{1+y'^2} \tag{7.2}$$

这一微分方程可通过降阶的方法求出解.

习题 1

1. **驱逐船只追逐问题**　如图,目标船只 S 沿 x 轴运动,驱逐船只锁定目标,始终保持距离 d,求驱逐船只运动轨线.

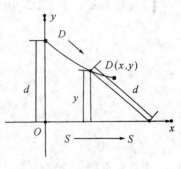

图 1

2. 一个容器盛盐水 100 升,净含盐 10 千克.现以每分钟 3 升的流量注入净水来冲淡盐水,同时以每分钟 2 升的流量让盐水流出.设容器中盐水的浓度在任何时刻都是均匀的,求出任意时刻 t 容器中净盐量所满足的微分方程和定解条件.

3. **饿狼追兔问题**

现有一只兔子,一只狼,兔子位于狼的正西 100 米处.假设兔子与狼同时发现对方并一起起跑,兔子往正北 60 米处的巢穴跑,而狼在追兔子,已知兔子、狼是匀速跑且狼的速度是兔子的两倍.问题是兔子能否安全回到巢穴?

4. 如图 2,在一根长为 l 的可略去重量且不伸长的线上挂着一个质量为 m 的小球,让它在过摆动线固定点 O 的垂直平面上垂线附近摆动.记 θ 为摆动线与垂线的夹角,且定义逆时针方向为正.在不计空气阻力情况下,求小球的运动方程.

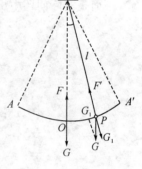

5. 一截面积为常数 A,高为 H 的水池内盛满了水,由池底一横截面积为 B 的小孔放水.设水从小孔流出的速度为 $v = \sqrt{2gh}$,求在任一时刻的水面高度和将水放空所需的时间.

图 2

6. 一高温物体在 20 摄氏度的恒温介质中冷却,设在冷却过程中物体遵循牛顿冷却定律,即降温速度随物体与介质的温差成正比,物体的初始温度为 u_0,过 10 分钟后物体温度降为 u_1,求该物体在任意时刻 t 的温度 $u(t)$.

7. 当一次凶杀案发生后,死者的尸体从原来的 37 摄氏度按照牛顿冷却定律开始下降.假设 2 个小时后尸体温度变为 35 摄氏度,并且假定周围空气的温度保持 20 摄氏度不变.试求出尸体温度 u 随时间 t 的变化规律.现如果尸体被发现时的温度是 30 摄氏度,时间是下午 4 点整,那么凶杀是何时发生的?

8. 设降落伞从跳伞塔下落后,所受空气阻力与速度 v 成正比(比例系数为 k),并设降落伞及跳伞员的总质量为 m,降落伞脱钩时速度为零.求降落伞下落速度 v 与时间 t 的函数关系.

9. 已知平面曲线 $y = y(x)$ 上任意一点 (x, y) 的切线与坐标原点到这点的连线相交为定角 α,求曲线所适合的微分方程.

第二章 常微分方程基本概念与初等解法

§2.1 基本概念

由第一章模型看到,所建立的方程都含有导数.一般地,含有未知函数及未知函数的导数或微分的方程称为**微分方程**,简称方程.在微分方程中,如果未知函数的自变量只有一个,就称为**常微分方程**.如果未知函数的自变量个数超过一个,则称为**偏微分方程**.微分方程中所出现的未知函数的最高阶导数的阶数,叫做微分方程的**阶**.

下面是实际问题中出现的经典微分方程

$$\frac{dy}{dx} = p(x)y^2 + q(x)y + r(x)$$

$$\frac{d^2 y}{dx^2} = xy;$$

$$x^2 \frac{d^2 y}{dx^2} + x \frac{dy}{dx} + (x^2 - n^2)y = 0$$

$$\frac{\partial^2 u}{\partial x^2} + \frac{\partial^2 u}{\partial y^2} + \frac{\partial^2 u}{\partial z^2} = 0$$

$$\frac{\partial u}{\partial t} = a^2 \left(\frac{\partial^2 u}{\partial x^2} + \frac{\partial^2 u}{\partial y^2} + \frac{\partial^2 u}{\partial z^2} \right)$$

第一个是一阶常微分方程,称为 Riccati 方程,第二、三个方程是二阶常微分方程,第四、五个方程是二阶偏微分方程,分别称为拉普拉斯方程和热传导方程.一阶常微分方程的形式记为 $y' = f(x,y)$ 或 $F(x,y,y') = 0$;二阶常微分方程的一般形式记为 $y'' = f(x,y,y')$ 或 $F(x,y,y',y'') = 0$.方程

$$F\left(x,y,\frac{dy}{dx},\cdots,\frac{d^n y}{d^n x}\right) = 0$$

称为 **n 阶常微分方程**.方程

$$a_0(x) \frac{d^n y}{dx^n} + a_1(x) \frac{d^{n-1} y}{dx^{n-1}} + \cdots + a_{n-1}(x) \frac{dy}{dx} + a_n(x)y = f(x)$$

称为 **n 阶线性常微分方程**.

如果把某一函数代入一个微分方程后,使得该方程成为恒等式,那么这个函数称为此方程的一个解.求微分方程解的过程叫做解微分方程.

一般地,微分方程的不含有任意常数的解称为微分方程的**特解**.若 n 阶常微分方程的解 $y = \varphi(x,c_1,c_2,\cdots,c_n)$ 中含有 n 个独立的任意常数 $c_1,c_2,\cdots,c_n$,则称此解为**通解**.所谓 φ 关于 $c_1,c_2,\cdots,c_n$ 独立,是指

$$\begin{vmatrix} \dfrac{\partial \varphi}{\partial c_1} & \dfrac{\partial \varphi}{\partial c_2} & \cdots & \dfrac{\partial \varphi}{\partial c_n} \\[2mm] \dfrac{\partial \varphi'}{\partial c_1} & \dfrac{\partial \varphi'}{\partial c_2} & \cdots & \dfrac{\partial \varphi'}{\partial c_n} \\[2mm] \cdots & \cdots & & \cdots \\[2mm] \dfrac{\partial \varphi^{(n-1)}}{\partial c_1} & \dfrac{\partial \varphi^{(n-1)}}{\partial c_2} & \cdots & \dfrac{\partial \varphi^{(n-1)}}{\partial c_n} \end{vmatrix} \neq 0$$

其中 $\varphi^{(i)} = \dfrac{\mathrm{d}^i \varphi}{\mathrm{d} x^i}$.

注：通解不一定包含方程所有的解.

例 1 克莱罗方程 $y = xy' - y'^2$ 有通解 $y = cx - c^2$. 但方程另有一解(奇解) $y = \dfrac{x^2}{4}$,实则为通解族的包络线.

解 视 x, y 为常数,对 $y = cx - c^2$ 关于 c 求导,得 $c = \dfrac{x}{2}$. 再将 $c = \dfrac{x}{2}$ 代入通解,得奇解

$$y = \frac{x^2}{2} - \frac{x^2}{4} = \frac{x^2}{4}$$

为了得到合乎要求的特解,必须根据要求对微分方程附加一定的条件. 如果这种附加条件是由系统在某一瞬间所处的状态给出的,则称这种条件为**初始条件**.

一阶常微分方程 $y' = f(x, y)$(或 $F(x, y, y') = 0$)的初始条件为：$y\big|_{x=x_0} = y_0$,其中 x_0, y_0 都是已知常数.

二阶常微分方程 $y'' = f(x, y, y')$(或 $F(x, y, y', y'') = 0$)的初始条件为：
$$y\big|_{x=x_0} = y_0, \quad y'\big|_{x=x_0} = y'_0$$
其中 x_0, y_0 和 y'_0 都是已知常数.

带有初始条件的微分方程称为微分方程的**初值问题**.

§2.2 初等解法

1. 变量分离法

称形如以下

$$\frac{\mathrm{d} y}{\mathrm{d} x} = f(x) g(y) \tag{1.1}$$

的方程为变量可分离方程. 将(1.1)改写成

$$\frac{\mathrm{d} y}{g(y)} = f(x) \mathrm{d} x$$

则两边积分后所得的方程

$$\int \frac{\mathrm{d} y}{g(y)} = \int f(x) \mathrm{d} x \tag{1.2}$$

为常微分方程(1.1)的解.

例 1   跳伞运动员在打开伞时 $v|_{t=0}=v_0$，空气阻力与 v^2 成正比，求 $v(t)$.

解   根据牛顿力学定律，$m\dfrac{\mathrm{d}v}{\mathrm{d}t}=mg-kv^2$，即

$$\frac{\mathrm{d}v}{\mathrm{d}t}=-\frac{k}{m}(v^2-\frac{mg}{k})$$

分离变量得

$$\frac{\mathrm{d}v}{v^2-\omega^2}=-\frac{k}{m}\mathrm{d}t. \qquad \left(\omega=\sqrt{\frac{mg}{k}}\right)$$

两边积分得

$$\int(\frac{1}{v-\omega}-\frac{1}{v+\omega})\mathrm{d}v=-\int\frac{2\omega k}{m}\mathrm{d}t$$

即

$$\ln\frac{v-w}{v+w}=-\frac{2\omega k}{m}t+c_1$$

于是

$$\frac{v-w}{v+w}=ce^{-pt},\left(p=\frac{2\omega k}{m}\right)$$

因此，

$$v(t)=\omega\frac{1+ce^{-pt}}{1-ce^{-pt}} \tag{1.3}$$

将 $v(0)=v_0$ 代入 (1.3) 得

$$v_0=\omega\frac{1+c}{1-c}$$

因此，

$$c=\frac{v_0-\omega}{v_0+\omega} \tag{1.4}$$

所以

$$v(t)=\omega\cdot\frac{1+\dfrac{v_0-\omega}{v_0+\omega}e^{-pt}}{1-\dfrac{v_0-\omega}{v_0+\omega}e^{-pt}} \tag{1.5}$$

当 $t\to\infty$ 时，

$$\lim_{t\to\infty}v(t)=\omega=\sqrt{\frac{mg}{k}} \tag{1.6}$$

可见 $v(t)$ 不会无止境增大，而是趋向一极限 $\sqrt{\dfrac{mg}{k}}$.

2. 可化为变量分离的方程

有些一阶微分方程，原为不可分离，但可用变量代换使其成为可分离方程. 我们称形如

$$\frac{\mathrm{d}y}{\mathrm{d}x}=g\left(\frac{y}{x}\right) \tag{2.0}$$

的方程为齐次方程. 对于这样的齐次方程可以作如下统一处理.

令 $u=\dfrac{y}{x}$，则

$$y = ux \tag{2.1}$$

两边关于 x 求导

$$\frac{\mathrm{d}y}{\mathrm{d}x} = x\frac{\mathrm{d}u}{\mathrm{d}x} + u = g(u)$$

因此,

$$x\frac{\mathrm{d}u}{\mathrm{d}x} = g(u) - u$$

即

$$\frac{\mathrm{d}u}{g(u) - u} = \frac{\mathrm{d}x}{x}$$

化归到第 1 种分离变量情形,解出 $u = u(x)$. 代入(2.1) 可解得

$$y = xu(x) \tag{2.2}$$

例 2 求解方程 $\dfrac{\mathrm{d}y}{\mathrm{d}x} = \dfrac{y}{x} + \tan\dfrac{y}{x}$

解 令 $y = ux$,将 $\dfrac{\mathrm{d}y}{\mathrm{d}x} = x\dfrac{\mathrm{d}u}{\mathrm{d}x} + u$ 代入原方程并整理得

$$x\frac{\mathrm{d}u}{\mathrm{d}x} = \tan u$$

经变量分离和积分可得

$$\ln|\sin u| = \ln|x| + c_1$$

所以,$\sin u = \pm e^{c_1}x = cx$,原方程的解为

$$\sin\frac{y}{x} = cx$$

例 3 $\dfrac{\mathrm{d}y}{\mathrm{d}x} = \dfrac{a_1 x + b_1 y + c_1}{a_2 x + b_2 y + c_2}$

解 分三种情况讨论. 情况 1 $c_1 = c_2 = 0$,这是例 2 讨论的情形.

情况 2 $\dfrac{a_1}{a_2} = \dfrac{b_1}{b_2} = k$,则

$$\frac{\mathrm{d}y}{\mathrm{d}x} = \frac{k(a_2 x + b_2 y) + c_1}{a_2 x + b_2 y + c_2} \xrightarrow{u = a_2 x + b_2 y} \frac{ku + c_1}{u + c_2} \tag{2.3}$$

$$\frac{\mathrm{d}u}{\mathrm{d}x} = a_2 + b_2\frac{\mathrm{d}y}{\mathrm{d}x} = a_2 + b_2\frac{ku + c_1}{u + c_2} \tag{2.4}$$

对(2.4)可进行变量分离,得出 $u = u(x)$,代入 $u = a_2 x + b_2 y$ 即可得 $y = y(x)$

情况 3 不同于情况 1 和 2,则方程组

$$\begin{cases} a_1 x + b_1 y + c_1 = 0 \\ a_2 x + b_2 y + c_2 = 0 \end{cases}$$

有唯一解 $\begin{cases} x = \alpha \\ y = \beta \end{cases}$,令

$$\xi = x - \alpha, \eta = y - \beta \tag{2.5}$$

则(2.0)变为

$$\frac{\mathrm{d}\eta}{\mathrm{d}\xi} = \frac{a_1\xi + b_1\eta}{a_2\xi + b_2\eta}$$

用分离变量法解出 $\eta = \eta(\xi)$，再由(2.5)可得 $y = y(x)$.

例 4　求解初值问题 $\dfrac{\mathrm{d}y}{\mathrm{d}x} = \dfrac{y}{x} + \dfrac{2x^2\cos x^2}{y}$，$y(\sqrt{\pi}) = 0$.

解　设 $u = \dfrac{y}{x}$，则 $y = ux$，

$$\frac{\mathrm{d}y}{\mathrm{d}x} = x\frac{\mathrm{d}u}{\mathrm{d}x} + u = u + \frac{2x^2\cos x^2}{u}$$

经过整理得

$$u\mathrm{d}u = 2x\cos x^2$$

所以积分得

$$\frac{1}{2}u^2 = \sin x^2 + c$$

$$y = ux = x\sqrt{2\sin x^2 + 2c}$$

由初始条件 $y(\sqrt{\pi}) = 0$，即得

$$y = x\sqrt{2\sin x^2}$$

3. 一阶线性常微分方程解

称方程

$$\frac{\mathrm{d}y}{\mathrm{d}x} = P(x)y + Q(x) \tag{3.1}$$

为一阶线性常微分方程.

若 $Q(x) \equiv 0$，称(3.1)为一阶线性**齐次**的，否则称为一阶线性**非齐次**的. 1)当 $Q(x) \equiv 0$ 时，用分离变量法得

$$y = ce^{\int P(x)\mathrm{d}x} \tag{3.2}$$

2)$Q(x) \neq 0$，用常数变量法，令

$$u(x) = ye^{-\int P(x)\mathrm{d}x} \tag{3.3}$$

则

$$y = ue^{\int P(x)\mathrm{d}x} \tag{3.4}$$

因此，

$$\frac{\mathrm{d}y}{\mathrm{d}x} = \frac{\mathrm{d}u}{\mathrm{d}x}e^{\int P(x)\mathrm{d}x} + ue^{\int P(x)\mathrm{d}x}P(x) = P(x)y + Q(x) \tag{3.5}$$

故

$$\frac{\mathrm{d}u}{\mathrm{d}x} = Q(x)e^{-\int P(x)\mathrm{d}x}$$

$$u = \int Q(x)e^{-\int P(x)\mathrm{d}x}\mathrm{d}x + \widetilde{C} \tag{3.6}$$

代入(3.4)得公式

$$y = e^{\int P(x)\mathrm{d}x}\Big[\int Q(x)e^{-\int P(x)\mathrm{d}x}\mathrm{d}x + \widetilde{C}\Big] \tag{3.7}$$

4. 恰当微分方程

如下列的微分方程式

$$M(x,y)\mathrm{d}x + N(x,y)\mathrm{d}y = 0 \qquad (4.1)$$

若存在 u,使得 $\mathrm{d}u = M(x,y)\mathrm{d}x + N(x,y)\mathrm{d}y$

则称(4.1)为恰当的.(4.1)为恰当的,当且仅当

$$\frac{\partial M}{\partial y} = \frac{\partial N}{\partial x} \qquad (4.2)$$

恰当微分方程求 u 的方法

步骤 1   由 $\dfrac{\partial u}{\partial x} = M(x,y)$ 计算得

$$u = \int M(x,y)\mathrm{d}x + \varphi(y) \qquad (4.3)$$

步骤 2   对(4.3)关于 y 求偏导,结合 $\dfrac{\partial u}{\partial y} = N(x,y)$,即可得出 $u(x,y)$

例 5   求解方程 $2x\sin 3y\mathrm{d}x + (3x^2\cos 3y + 2y)\mathrm{d}y = 0$

解   因为 $\dfrac{\partial M}{\partial y} = \dfrac{\partial N}{\partial x} = 6x\cos 3y$,故知方程为恰当的. 因此,

$$u = \int 2x\sin 3y\mathrm{d}x + \varphi(y) = x^2\sin 3y + \varphi(y)$$

$$\frac{\partial u}{\partial y} = 3x^2\cos 3y + \varphi'(y) = 3x^2\cos 3y + 2y$$

所以 $\varphi'(y) = 2y, \varphi(y) = y^2 + C$. 因此 $u(x,y) = x^2\sin 3y + y^2 + C$,方程的解为

$$x^2\sin 3y + y^2 = \widetilde{C}$$

5. 积分因子法

当 $M(x,y)\mathrm{d}x + N(x,y)\mathrm{d}y = 0$ 不恰当时,寻求因子 $\mu(x,y)$,使得

$$\mu M\mathrm{d}x + \mu N\mathrm{d}y = 0$$

成为恰当的.

例 6   求解方程 $[y - x(x^2 + y^2)]\mathrm{d}x - x\mathrm{d}y = 0$

解   经验证,上述方程非恰当. 两边乘以 $\dfrac{1}{x^2 + y^2}$,得

$$\frac{y\mathrm{d}x - x\mathrm{d}y}{x^2 + y^2} - x\mathrm{d}x = 0$$

即 $d\left(\arctan\dfrac{x}{y} - \dfrac{1}{2}x^2\right) = 0$,故 $\arctan\dfrac{x}{y} - \dfrac{1}{2}x^2 = c$.

但寻求一般的积分因子绝非易事,现考察存在只与 x 有关的 $\mu = \mu(x)$,欲使 $\mu(x)$ 成为积分因子,当且仅当

$$\frac{\partial(\mu M)}{\partial y} = \frac{\partial(\mu N)}{\partial x}$$

化简可得

$$\frac{\mathrm{d}\mu}{\mu} = \frac{\dfrac{\partial M}{\partial y} - \dfrac{\partial N}{\partial x}}{N(x,y)}\mathrm{d}x$$

所以存在只与 x 有关的积分因子 $\mu = \mu(x)$ 当且仅当上式右端的 $\mathrm{d}x$ 的系数仅与 x 有关,令

$$\frac{\dfrac{\partial M}{\partial y} - \dfrac{\partial N}{\partial x}}{N(x,y)} = \varphi(x)$$

则 $\dfrac{\mathrm{d}\mu}{\mu} = \varphi(x)\mathrm{d}x$，解之得

$\mu(x) = e^{\int \varphi(x)\mathrm{d}x}$（非唯一，此处找到一个即可）.

同理，存在只与 y 有关的积分因子 $\mu = \mu(y)$ 当且仅当表达式

$$\frac{\dfrac{\partial M}{\partial y} - \dfrac{\partial N}{\partial x}}{- M(x,y)} = \psi(y)$$

仅与 y 有关，且

$$\mu(y) = e^{\int \psi(y)\mathrm{d}y}$$

§2.3　基本理论问题

对于一阶方程的初值问题

$$\frac{\mathrm{d}y}{\mathrm{d}x} = f(x,y)，\ y(x_0) = y_0$$

的解，我们有如下的

Picard 定理：若 $f(x,y)$ 满足：1）在 $\{(x,y) \mid |x - x_0| \leqslant a, |y - y_0| \leqslant b\}$ 上连续；2）存在 $L > 0$，使得 $|f(x,y_1) - f(x,y_2)| \leqslant L|y_1 - y_2|$，则在区间 $|x - x_0| \leqslant h$ 上存在唯一解 $y = \varphi(x)$，其中 $h = \min(a, b/M), M = \max|f(x,y)|$

证 仅在 $[x_0, x_0 + h]$ 上讨论，其余类似.

实际上，上述初始问题等同于下列积分方程：

$$y(x) = y_0 + \int_{x_0}^x f(u, y(u))\mathrm{d}u \tag{1}$$

第一步　利用（1）作逼近序列：令 $\varphi_0(x) = y_0$

$$\varphi_1(x) = y_0 + \int_{x_0}^x f(u, \varphi_0(u))\mathrm{d}u$$

$$\varphi_2(x) = y_0 + \int_{x_0}^x f(u, \varphi_1(u))\mathrm{d}u$$

$$\cdots \tag{2}$$

$$\varphi_n(x) = y_0 + \int_{x_0}^x f(u, \varphi_{n-1}(u))\mathrm{d}u$$

$$\cdots$$

用数学归纳法可证：

1，$\varphi_k(x)$ 在 $[x_0, x_0 + h]$ 上连续、一致有界：

$$|\varphi_k(x) - y_0| \leqslant b \qquad (k = 1, 2, \cdots)$$

2，$|\varphi_k(x) - \varphi_{k-1}(x)| \leqslant ML^{k-1}(x - x_0)^k/k! \leqslant ML^{k-1}h^k/k!$

这说明 $\varphi_n(x)$ 是一致收敛的.

由 $f(x,y)$ 的连续性与 $\varphi_n(x)$ 的一致性收敛性，可以说明 $f(x, \varphi_n(x))$ 亦一致连续，这样，在（2）中，令 $n \to \infty$，即得

$$\varphi(x) = y_0 + \int_{x_0}^x f(u, \varphi(u)) \mathrm{d}u$$

于是,存在性得证.

余下只需证明唯一性,反证法. 若另有一解 $\psi(x) \neq \varphi(x)$, $[x_0 \leqslant x \leqslant x_0 + h]$, 则

$$|\varphi(x) - \psi(x)| = |\int_{x_0}^x f(u, \varphi(u)) - f(u, \psi(u)) \mathrm{d}u|$$

$$\leqslant L \int_{x_0}^x |\varphi(u) - \psi(u)| \mathrm{d}u \tag{3}$$

令

$$\int_{x_0}^x |\varphi(u) - \psi(u)| \mathrm{d}u = r(x) \tag{4}$$

则由(3)以及变上限积分求导法则,得

$$r'(x) \leqslant Lr(x) \tag{5}$$

因此

$$e^{-Lx}(r'(x) - Lr(x)) \leqslant 0$$

即

$$\frac{\mathrm{d}}{\mathrm{d}x}[r(x)e^{-Lx}] \leqslant 0 \tag{6}$$

对不等式两边积分

$$\int_{x_0}^x \frac{\mathrm{d}}{\mathrm{d}x}[r(x)e^{-Lx}]\mathrm{d}x \leqslant 0 \ (x > x_0)$$

得

$$r(x)e^{-Lx} - r(x_0)e^{-Lx_0} \leqslant 0 \ (r(x_0) = 0)$$

故 $r(x) \leqslant 0$,由(4),$\varphi(x) \equiv \psi(x)$,矛盾.

局部利普希茨条件 对域称函数 $f(x,y)$ 在某区域 G 内每一点有以其为中心的完全被含于 G 内的闭矩形 R 存在,在 R 上 $f(x,y)$ 关于 y 满足利普希茨条件,则称 $f(x,y)$ 在 G 内满足局部利普希茨条件.

延拓定理 如果 $f(x,y)$ 在某有界区域 G 内连续且关于 y 满足局部利普希茨条件,则方程 $\frac{\mathrm{d}y}{\mathrm{d}x} = f(x,y)$ 的通过 G 内任何一点 (x_0, y_0) 的解 $y = \varphi(x)$ 可以延拓,直到点 $(x, \varphi(x))$ 任意接近区域 G 的边界.

方程 $\frac{\mathrm{d}y}{\mathrm{d}x} = f(x,y)$ 的解 $y = \varphi(x)$ 的定义区间为 $\alpha < x < \beta$,且当 $x \to \alpha + 0$ 或 $x \to \beta - 0$ 时 $(x, \varphi(x))$ 趋于 G 的边界,则称解 $y = \varphi(x)$ 为**饱和解**.

当 G 是无界区域时,方程 $\frac{\mathrm{d}y}{\mathrm{d}x} = f(x,y)$ 的解可能无界,α、β 亦可以是 $-\infty$、$+\infty$. 若 $f(x,y)$ 在整个 xy 平面上定义、连续和有界,且存在关于 y 的连续偏导数,则方程 $\frac{\mathrm{d}y}{\mathrm{d}x} = f(x,y)$ 的任一解均可延拓到区间 $-\infty < x < +\infty$.

解对初值的连续依赖定理 如果 $f(x,y)$ 在域 G 内连续且关于 y 满足局部利普希茨条

件，$(x_0,y_0)\in G$，　$y=\varphi(x,x_0,y_0)$ 是方程 $\dfrac{\mathrm{d}y}{\mathrm{d}x}=f(x,y)$ 满足初值条件 $y(x_0)=y_0$ 的解，

在区间 $a\leqslant x\leqslant b$ 上有定义$(a\leqslant x_0\leqslant b)$，则对任意 $\varepsilon>0$，有 $\delta=\delta(\varepsilon,a,b)$，使得当

$$(\bar{x}_0-x_0)^2+(\bar{y}_0-y_0)^2\leqslant\delta^2$$

时，方程 $\dfrac{\mathrm{d}y}{\mathrm{d}x}=f(x,y)$ 满足条件 $y(\bar{x}_0)=\bar{y}_0$ 的解 $y=\varphi(x,\bar{x}_0,\bar{y}_0)$ 在区间 $a\leqslant x\leqslant b$ 上也有

定义，且

$$|\varphi(x,\bar{x}_0,\bar{y}_0)-\varphi(x,x_0,y_0)|<\varepsilon,\quad a\leqslant x\leqslant b$$

习题 2

1. 指出下列哪些是常微分方程、偏微分方程并它们的阶数：

1)$r^2\dfrac{\mathrm{d}^2u}{\mathrm{d}r^2}+r\dfrac{\mathrm{d}u}{\mathrm{d}r}+(r^2-1)u=0$；2)$F(x,y,y',\cdots,y^{(n)})=0$

3)$\dfrac{\partial^2u}{\partial x\partial y}=0$ 　　　　　　4)$\dfrac{\partial^2u}{\partial x\partial y}+\dfrac{\partial^2u}{\partial y^2}+\dfrac{\partial^2u}{\partial z^2}=-4\pi\rho$

5)$(\dfrac{\mathrm{d}y}{\mathrm{d}t})^2+t\dfrac{\mathrm{d}y}{\mathrm{d}t}+y=0$

2. 判断以下哪些是线性常微分方程：

1)$r^2\dfrac{\mathrm{d}^2u}{\mathrm{d}r^2}+r\dfrac{\mathrm{d}u}{\mathrm{d}r}+(r^2-1)u=0$ 　　2)$\dfrac{\mathrm{d}^2y}{\mathrm{d}x^2}+y\dfrac{\mathrm{d}y}{\mathrm{d}x}+x^2y=0$

3)$\dfrac{\mathrm{d}y}{\mathrm{d}x}+\cos y+4x=0$ 　　　　4)$\dfrac{\mathrm{d}y}{\mathrm{d}x}+p(x)y=\theta(x)$

3. 在下列各题给出的微分方程的通解中，按照所给的初始条件确定特解：

1)$\begin{cases}\dfrac{x}{1+y}\mathrm{d}x-\dfrac{y}{1+x}\mathrm{d}y=0\\ y\big|_{x=0}=1\end{cases}$ 　　2)$\begin{cases}xy(1+x^2)\dfrac{\mathrm{d}y}{\mathrm{d}x}=1+y^2\\ y(1)=0\end{cases}$

4. 求下列微分方程的通解：

1)$\dfrac{\mathrm{d}y}{\mathrm{d}x}+ye^{2x}=0$ 　　　　　　2)$(x^2+1)\dfrac{\mathrm{d}y}{\mathrm{d}x}-2=2e^{-y}$

3)$\dfrac{\mathrm{d}y}{\mathrm{d}x}=\dfrac{x-y+1}{x+y-3}$ 　　　　4)$\dfrac{\mathrm{d}y}{\mathrm{d}x}-\dfrac{1}{x}y=x^2$

5. 求方程$(1+x^2)\dfrac{\mathrm{d}y}{\mathrm{d}x}+2xy=4x^2$ 的通解.

6. 证明下列微分方程式为恰当的，并解之：

1)$y^2\mathrm{d}x+2xy\mathrm{d}y=0$ 　　　　2)$(x\mathrm{d}y-y\mathrm{d}x)/x^2=0$

3)$(\cot y+x^2)\mathrm{d}x-x\csc^2y\mathrm{d}y=0$ 　　4)$e^{-\theta}\mathrm{d}r-re^{-\theta}\mathrm{d}\theta=0$

7. 求下列方程解

1)$(y^2e^{xy^2}+4x^3)\mathrm{d}x+(2xye^{xy^2}-3y^2)\mathrm{d}y=0$ 　2)$(e^x+3y^2)\mathrm{d}x+2xy\mathrm{d}y=0$

3)$(x^2+y)\mathrm{d}x+(x-2y)\mathrm{d}y=0$ 　　　　4)$(y-3x^2)\mathrm{d}x-(4y-x)\mathrm{d}y=0$

8. 由牛顿冷却定律可导出

$$\frac{\mathrm{d}T}{\mathrm{d}t} = -k(T - T_1)$$

其中 $T(t)$ 为物体的温度,此物体放在恒温 T_1 的介质中,求初始温度 $T(0) = T_0$ 的方程解.

9. 在某池塘内养鱼,该池塘最多能养鱼 1000 尾. 在时刻 t,鱼数 y 是时间 t 的函数 $y = y(t)$,其变化率与鱼数 y 及 $1000 - y$ 成正比. 已知在池塘放养鱼 100 尾,三个月后池塘内有鱼 250 尾. 求放养 t 月后池塘内鱼数 $y = y(t)$ 的公式.

第三章 线性微分方程组

由现实建立的微分方程模型,大多是微分方程组或者高阶微分方程,而后者可以看做前者的特殊情形.严格地说,实际过程大多又是非线性的.但是由于建立非线性数学模型和求解非线性微分方程都不是件容易的事;在一定条件下,许多实际问题可相当精确地用线性过程来近似表示,如弹性力学中应力与应变的关系、电流回路等,同时线性方程组理论相对较完整,也是研究探讨非线性问题的基础,因此本章目的尽可能详细讨论线性方程解的结构和方法.

§3.1 线性方程组

一般线性微分方程组为

$$\frac{\mathrm{d}x}{\mathrm{d}t} = A(t)x + f(t), \quad a \leqslant t \leqslant b \tag{1}$$

其中 $A(t) = (a_{ij}(t))_{n \times n}$ 为矩阵值函数,而 x, f 为向量值函数.为了研究上述微分方程组解的存在性、唯一性问题,我们要先研究矩阵值函数和向量值函数,并赋予它们范数的概念.

如果 $a_{ij}(t)$ 都是在区间 (a,b) 内的连续函数,则称 $A(t)$ 在此区间内是连续的;如果 $a_{ij}(t)$ 都是在区间 (a,b) 内的可微函数,则称 $A(t)$ 在此区间内是可微的,并且定义

$$\frac{\mathrm{d}A(t)}{\mathrm{d}t} = (\frac{\mathrm{d}a_{ij}(t)}{\mathrm{d}t})_{n \times n}$$

又如果 t_0, t 在区间 (a,b) 内,定义

$$\int_{t_0}^{t} A(s)\mathrm{d}s = (\int_{t_0}^{t} a_{ij}(s)\mathrm{d}s)_{n \times n}$$

同理可以定义向量值函数的导数和积分.关于矩阵值函数、向量值函数的导数和积分性质完全类同于函数情形,例如:

$$(A(t) + B(t))' = A'(t) + B'(t), (u(t) + v(t))' = u'(t) + v'(t)$$
$$(A(t) \cdot B(t))' = A'(t) \cdot B(t) + A(t) \cdot B'(t)$$
$$(A(t) \cdot u(t))' = A'(t) \cdot u(t) + A(t) \cdot u'(t)$$
$$\int_{t_0}^{t} (kA(s) + lB(s))\mathrm{d}s = k\int_{t_0}^{t} A(s)\mathrm{d}s + l\int_{t_0}^{t} B(s)\mathrm{d}s$$

矩阵和向量的范数

假设 $A = (a_{ij})_{n \times m}, B = (b_{ij})_{n \times m}$,定义它们的内积为

$$\langle A, B\rangle = \sum_{i=1}^{n} \sum_{j=1}^{m} a_{ij} \overline{b_{ij}}$$

而矩阵 A 的范数为

$$\|A\| = \sqrt{\langle A, A\rangle} = \sqrt{\sum_{i=1}^{n} \sum_{j=1}^{m} |a_{ij}|^2}$$

特别地,当 $m = 1$ 时,

$$\langle x, y\rangle = \sum_{i=1}^{n} x_i \overline{y_i}$$

$$\|x\| = \sqrt{\langle x, x\rangle} = \sqrt{\sum_{i=1}^{n} |x_i|^2}$$

关于内积、范数有以下性质:

1) $\|A\| \geqslant 0$,等式成立当且仅当 $A = 0$

2) 如果 α 是一个数,则 $\|\alpha A\| = |\alpha| \cdot \|A\|$

3) $|\langle A, B\rangle| \leqslant \|A\| \cdot \|B\|$

4) $\|A + B\| \leqslant \|A\| + \|B\|$

5) $\|A \cdot B\| \leqslant \|A\| \cdot \|B\|$

6) $\left\| \int_a^b A(s)\mathrm{d}s \right\| \leqslant \int_a^b \|A(s)\| \mathrm{d}s$

线性方程组初值问题解的存在性与唯一性

当线性微分方程组(1)中的矩阵函数不是常值矩阵时,一般很难用初等方法解出它的解.因此首先有必要讨论方程组解是否存在,并且在给定初值情况下,解是否唯一.

定理 1 若 $A(t) = (a_{ij}(t))_{n \times n}$ 和 $f(t)$ 在闭区间 $[a, b]$ 上连续,则初值问题

$$\frac{\mathrm{d}x}{\mathrm{d}t} = A(t)x + f(t), \quad x(t_0) = x_0$$

在 $[a, b]$ 上存在唯一解.

本定理的证明完全类同于第二章的第三节内容,证明是构造性的,先将微分方程组转化为积分方程组,再依次构造出向量列,然后证明向量列有极限,这个极限就是方程组的唯一解.详细证明在此略过.

齐次线性方程组

倘若在(1)中 $f(t) = 0$,则称方程组

$$\frac{\mathrm{d}x}{\mathrm{d}t} = A(t)x \tag{2}$$

为**线性齐次方程组**.关于齐次线性方程组容易得出下面的叠加原理

定理 2(叠加原理) 线性齐次方程组的任何两个解的线性组合仍然是它的解.

对定义在区间 $[a, b]$ 上的向量函数 $x_i(t)(i = 1, \cdots, m)$,如存在不全为零的常数 $c_i(i = 1, \cdots, m)$,使得在整个区间 $[a, b]$ 上恒成立

$$c_1 x_1(t) + c_2 x_2(t) + \cdots + c_m x_m(t) \equiv 0$$

则称 $x_1(t), x_2(t), \cdots, x_m(t)$ **线性相关**;否则称 $x_1(t), x_2(t), \cdots, x_m(t)$ 在所给区间上**线性无关**.

设有 n 个定义在区间 $[a, b]$ 上的 n 维向量函数 $x_1(t), x_2(t), \cdots, x_n(t)$,由这 n 个向量函

数构成的行列式

$$W(t) = W[x_1(t), x_2(t), \cdots, x_n(t)] = \begin{vmatrix} x_{11}(t) & \cdots & x_{1n}(t) \\ \vdots & & \vdots \\ x_{n1}(t) & \cdots & x_{nn}(t) \end{vmatrix}$$

称为这些向量函数的**朗斯基行列式**.

定理 3　如果向量函数 $x_1(t), x_2(t), \cdots, x_n(t)$ 在区间 $[a, b]$ 上线性相关,则在该区间上它们的朗斯基行列式恒为零.

证明　由线性相关定义,存在不全为零的常数 $c_i(i = 1, \cdots, m)$,使得在整个区间 $[a, b]$ 上恒成立

$$c_1 x_1(t) + c_2 x_2(t) + \cdots + c_n x_n(t) \equiv 0 \tag{3}$$

将上式看成以 $c_1, c_2, \cdots, c_n$ 为未知数的线性齐次代数方程式,其系数行列式就是 n 个向量函数的朗斯基行列式.于是由线性代数方程组理论知,欲使其有非零解,必须 $W(t) \equiv 0, t \in [a, b]$.

定理 4　如果齐次方程组(2)的解向量 $x_1(t), x_2(t), \cdots, x_n(t)$ 在区间 $[a, b]$ 上线性无关,则它的朗斯基行列式在闭区间上恒不为零.

证明　用反证法.倘若存在 $t_0 \in [a, b]$,使得 $W(t_0) = 0$,对此 t_0,考虑如下线性齐次代数方程组

$$c_1 x_1(t_0) + c_2 x_2(t_0) + \cdots + c_n x_n(t_0) = 0 \tag{4}$$

它的系数行列式为 $W(t_0)$,因此(4)存在非零解 $(c_1^0, c_2^0, \cdots, c_n^0)^{\mathrm{T}}$.依此构造向量函数

$$x(t) = c_1^0 x_1(t) + c_2^0 x_2(t) + \cdots + c_n^0 x_n(t) \tag{5}$$

由叠加原理,向量函数 $x(t)$ 为(2)的解,且由(4)可知此解还满足初值条件 $x(t_0) = 0$.而由定理 1 知道,(2)满足零初始条件的唯一解为零解,即 $x(t) \equiv 0, t \in [a, b]$.结合(5),说明 $x_1(t), x_2(t), \cdots, x_n(t)$ 线性相关,这与题设的线性无关矛盾.定理证毕.

从定理 3 和定理 4 的证明过程,我们得到一个判断齐次线性方程组(2)的 n 个解是线性相关还是线性无关的办法.写出这 n 个解得朗斯基行列式 $W(t)$,若存在点 $t_0 \in [a, b]$,使得 $W(t_0) = 0$,则 $W(t) \equiv 0$,并且这 n 个解线性相关;若存在 $t_0 \in [a, b]$,使得 $W(t_0) \neq 0$,则在 $[a, b]$ 上,$W(t) \neq 0$,从而这 n 个解线性无关.

定理 5　齐次方程组(2)必存在 n 个线性无关解 $x_1(t), x_2(t), \cdots, x_n(t)$.

证明　任取 $t_0 \in [a, b]$,由定理 1 知齐次方程组(2)分别满足初始条件

$$x_1(t_0) = \begin{Bmatrix} 1 \\ 0 \\ 0 \\ \vdots \\ 0 \end{Bmatrix}, x_2(t_0) = \begin{Bmatrix} 0 \\ 1 \\ 0 \\ \vdots \\ 0 \end{Bmatrix}, \cdots, x_n(t_0) = \begin{Bmatrix} 0 \\ 0 \\ 0 \\ \vdots \\ 1 \end{Bmatrix}$$

的解 $x_1(t), x_2(t), \cdots, x_n(t)$ 分别在 $[a, b]$ 上存在唯一.又因为这 n 个解的朗斯基行列式在 t_0 处不为零,所以在 $[a, b]$ 上,$W(t) \neq 0$,从而这 n 个解线性无关.

定理 6　如果 $x_1(t), x_2(t), \cdots, x_n(t)$ 是齐次方程组(2)的 n 个线性无关解,则(2)的任意一个解 $x(t)$ 都可以由这 n 个解线性表示:

$$x(t) = c_1 x_1(t) + c_2 x_2(t) + \cdots + c_n x_n(t)$$

其中 $c_1,c_2,\cdots,c_n$ 为相应确定的常数.

证明　任取 $t_0\in[a,b]$,考虑以 $c_1,c_2,\cdots,c_n$ 为未知数代数线性方程组

$$c_1x_1(t_0)+c_2x_2(t_0)+\cdots+c_nx_n(t_0)=x(t_0) \tag{6}$$

其系数行列式为 $W(t_0)\neq0$,因此(6)有唯一解 $c_1,c_2,\cdots,c_n$. 令向量函数

$$\varphi(t)=c_1x_1(t)+c_2x_2(t)+\cdots+c_nx_n(t)$$

由叠加原理,此向量函数亦为(2)的解,并且由(6)知 $\varphi(t_0)=x(t_0)$,这样由定理1中的唯一性得出 $\varphi(t)=x(t)$,因此 $x(t)=c_1x_1(t)+c_2x_2(t)+\cdots+c_nx_n(t)$. 证毕.

根据定理5与定理6,齐次线性微分方程组(2)的解集构成一个 n 维的**线性空间**. 称(2)的任意 n 个线性无关解为它的一个**基本解组**.

基本解矩阵

方程组(2)的任意 n 个解向量组成的 n 阶方阵,称为**解矩阵**,n 个线性无关解构成的解矩阵 $\Phi(t)$ 称为**基本解矩阵**,简称**基解阵**. 如果对某个 $t_0\in[a,b]$,基解阵满足 $\Phi(t_0)=I$,则称 $\Phi(t)$ 为状态转移阵;特别当 $t_0=0$ 时,称 $\Phi(t)$ 为**标准基解阵**.

如果 n 维解向量 $x=\varphi(t,c_1,c_2,\cdots,c_n)$ 含有 n 个独立的任意常数 $c_1,c_2,\cdots,c_n$,则称此解为**通解**. 所谓 φ 关于 $c_1,c_2,\cdots,c_n$ 独立,是指

$$\det\frac{\partial\varphi(t,c)}{\partial c}=\begin{vmatrix}\dfrac{\partial\varphi_1}{\partial c_1}&\dfrac{\partial\varphi_1}{\partial c_2}&\cdots&\dfrac{\partial\varphi_1}{\partial c_n}\\[2mm]\dfrac{\partial\varphi_2}{\partial c_1}&\dfrac{\partial\varphi_2}{\partial c_2}&\cdots&\dfrac{\partial\varphi_2}{\partial c_n}\\[1mm]\cdots&\cdots&&\cdots\\[1mm]\dfrac{\partial\varphi_n}{\partial c_1}&\dfrac{\partial\varphi_n}{\partial c_2}&\cdots&\dfrac{\partial\varphi_n}{\partial c_n}\end{vmatrix}\neq0$$

根据定理5与定理6,若 $\Phi(t)$ 是(2)的基解阵,则其通解为 $x=\Phi(t)c$.

对于齐次线性方程组(2)的一个基解阵来说,其列向量就是(2)的 n 个线性无关的解;反之,令 $\Phi=(\varphi_{ij})_{n\times n}$,若它满足矩阵方程

$$\frac{\mathrm{d}X}{\mathrm{d}t}=A(t)X,t\in[a,b]$$

则 Φ 就是(2)的一个解矩阵,其行列式在闭区间上或恒为零或处处不为零.

由矩阵求导法则,通过直接计算易得

定理7　若 $\Phi(t)$ 是(2)的基解阵,则对任意非奇异方阵 $C,\Phi(t)C$ 也是基解阵.

定理8　若 $\Phi(t)$ 与 $\Psi(t)$ 同为(2)的基解阵,则存在非奇异方阵 C,使得 $\Psi(t)=\Phi(t)C$.

非齐次线性方程组

以上的论述使得我们对于齐次线性方程组解的结构有很清晰的认识. 最后,我们来看一下非齐次线性方程组解的结构. 如同代数方程组的讨论,非齐次线性微分方程组的通解是齐次线性微分方程组的通解与非齐次线性微分方程组的一个特解之和.

定理9　设 $\Phi(t)$ 是(2)的基解阵,$\varphi(t)$ 是非齐次线性微分方程组的一个特解,则非齐次线性微分方程组的通解为

$$x=\Phi(t)c+\varphi(t)$$

利用常数变易法,可求得满足 $x(t_0)=x_0$ 的特解

$$\varphi(t) = \Phi(t)\Phi^{-1}(t_0)x_0 + \int_{t_0}^t \Phi(t)\Phi^{-1}(s)f(s)\,\mathrm{d}s$$

§3.2　常系数线性方程组

本节讨论常系数线性微分方程组

$$\frac{\mathrm{d}x}{\mathrm{d}t} = Ax \tag{1}$$

的基解矩阵的结构,这里 A 是 $n \times n$ 常数矩阵.

矩阵指数

n 阶常数矩阵 A 的矩阵指数定义为

$$e^A \equiv \exp A = \sum_{k=0}^{\infty} \frac{A^k}{k!} = E + A + \frac{A^2}{2!} + \cdots + \frac{A^m}{m!} + \cdots \tag{2}$$

其中 $A^0 = E$ 为单位矩阵.矩阵指数 $\exp At$ 有性质:

(a) $$e^{At} \equiv \exp At = \sum_{k=0}^{\infty} \frac{A^k t^k}{k!} \tag{3}$$

　　在 t 的任有限区间上一致收敛;

(b) 若矩阵 A、B 可交换,则 $\exp(A+B) = \exp A \cdot \exp B$

(c) $(\exp A)^{-1}$ 存在,且 $(\exp A)^{-1} = \exp(-A)$

(d) 若 T 为非奇异矩阵,即 $\det T \neq 0$,则 $\exp(T^{-1}AT) = T^{-1}(\exp A)T$

基解矩阵　通过直接计算,容易知道 $\Phi(t) = \exp At$ 是常系数线性方程组(1)的**基解阵**,且 $\Phi(0) = E$.因此方程组(1)的任一解可表为 $(\exp At)c$.这样如何计算 $\exp At$ 成为求解的关键.

例 1　求 $x' = \begin{bmatrix} 2 & 1 \\ 0 & 2 \end{bmatrix}x$ 的基解阵.

解　因为 $A = \begin{bmatrix} 2 & 1 \\ 0 & 2 \end{bmatrix} = \begin{bmatrix} 2 & 0 \\ 0 & 2 \end{bmatrix} + \begin{bmatrix} 0 & 1 \\ 0 & 0 \end{bmatrix}$,且等式右边两个矩阵可交换,所以

$$\exp At = \exp\begin{bmatrix} 2 & 0 \\ 0 & 2 \end{bmatrix}t \cdot \exp\begin{bmatrix} 0 & 1 \\ 0 & 0 \end{bmatrix}t$$

$$= \begin{bmatrix} e^{2t} & 0 \\ 0 & e^{2t} \end{bmatrix}\left\{E + \begin{bmatrix} 0 & 1 \\ 0 & 0 \end{bmatrix}t + \begin{bmatrix} 0 & 1 \\ 0 & 0 \end{bmatrix}^2 \frac{t^2}{2!} + \cdots\right\}$$

但是,

$$\begin{bmatrix} 0 & 1 \\ 0 & 0 \end{bmatrix}^2 = \begin{bmatrix} 0 & 0 \\ 0 & 0 \end{bmatrix}$$

所以,

$$\exp At = \begin{bmatrix} e^{2t} & 0 \\ 0 & e^{2t} \end{bmatrix}\left\{E + \begin{bmatrix} 0 & 1 \\ 0 & 0 \end{bmatrix}t\right\} = \begin{bmatrix} e^{2t} & te^{2t} \\ 0 & e^{2t} \end{bmatrix}$$

矩阵 expAt 的计算

倘若 A 是对角阵 $diag[\lambda_1,\lambda_2,\cdots,\lambda_n]$,则易得

$$\exp At = diag[e^{\lambda_1 t},e^{\lambda_2 t},\cdots,e^{\lambda_n t}]$$

对于可对角化的矩阵,利用性质(d),也不难求出 $\exp At$. 对 $n\times n$ 阶(实)常数矩阵 A,n 次多项式

$$p(\lambda) \equiv \det(\lambda E - A)$$

称为 A 的**特征多项式**. n 次代数方程 $p(\lambda)=0$ 称为 A 的**特征方程**,亦称为线性微分方程组 (1) 的特征方程. 特征方程的根 λ 称为**特征值**,或特征根. 而线性代数方程组 $(\lambda E-A)u=0$ 的非零解 u 称为对应特征值 λ 的**特征向量**.

根据代数基本定理(高斯定理),n 次特征方程有 n 个特征值(包括重数). 如果 $p(\lambda)$ 含因子 $(\lambda-\lambda_0)^k$ 而不含因子 $(\lambda-\lambda_0)^{k+1}$,则称特征值 λ_0 为 k 重根. $k=1$ 时称 λ_0 为单根. 特征值 λ_0 可以是实的,也可以是复的. λ_0 为复数时,则其共轭复数 $\bar\lambda_0$ 也是特征值.

定理 1　如果 A 有 n 个线性无关特征向量 $v_1,\cdots,v_n$,它们对应的特征值为 $\lambda_1,\cdots,\lambda_n$(可以相同),则常系数线性方程组 (1) 的基解阵可表为

$$\Phi(t) = [e^{\lambda_1 t}v_1,e^{\lambda_2 t}v_2,\cdots,e^{\lambda_n t}v_n], \quad (-\infty\leqslant t\leqslant\infty)$$

且有 $e^{At}=\Phi(t)\Phi^{-1}(0)$.

证明　直接验证 $e^{\lambda_j t}v_j$ 是方程组(1)的解,所以 $\Phi(t)$ 是解矩阵;又因为 $\Phi(0)$ 的行列式不为零,所以 $\Phi(t)$ 的行列式处处不为零,是一基解阵.

例 2　求方程组(1)的一个基解阵,其中

$$A = \begin{pmatrix} 2 & -2 & 0 \\ -2 & 1 & -2 \\ 0 & -2 & 0 \end{pmatrix}$$

解　由

$$|\lambda I - A| = \begin{vmatrix} \lambda-2 & 2 & 0 \\ 2 & \lambda-1 & 2 \\ 0 & 2 & \lambda \end{vmatrix} = (\lambda+2)(\lambda-1)(\lambda-4) = 0$$

求得 A 的特征值为:$\lambda_1=-2,\lambda_2=1,\lambda_3=4$.

当 $\lambda_1=-2$ 时,解方程组 $(-2I-A)x=0$,由

$$-2I-A = \begin{pmatrix} -4 & 2 & 0 \\ 2 & -3 & 2 \\ 0 & 2 & -2 \end{pmatrix} \rightarrow \begin{pmatrix} 2 & 0 & -1 \\ 0 & 1 & -1 \\ 0 & 0 & 0 \end{pmatrix} \rightarrow \begin{pmatrix} 1 & 0 & -1/2 \\ 0 & 1 & -1 \\ 0 & 0 & 0 \end{pmatrix}$$

得特征向量 $\xi_1=(1,2,2)^{\mathrm{T}}$.

当 $\lambda_2=1$ 时,解方程组 $(I-A)x=0$,得特征向量 $\xi_2=(-1,-1/2,1)^{\mathrm{T}}$.

当 $\lambda_3=4$ 时,解方程组 $(4I-A)x=0$,得特征向量 $\xi_3=(2,-2,1)^{\mathrm{T}}$.

所以基解阵为

$$\Phi(t) = [e^{-2t}\xi_1,e^t\xi_2,e^{4t}\xi_3], \quad (-\infty\leqslant t\leqslant\infty).$$

在线性代数理论中,我们知道并非所有的方阵都可以对角化. 因此对于一般情形,我们利用代数理论给出求 $\exp At$ 的一般方法. 根据哈密尔顿－凯莱定理,

$$A^n = a_0 E + a_1 A + \cdots + a_{n-1}A^{n-1} \tag{4}$$

因此

$$\exp At = \alpha_0(t)E + \alpha_1(t)A + \cdots + \alpha_{n-1}(t)A^{n-1} \tag{5}$$

设 λ 为 A 的特征值，η 是对应的特征向量，用 η 右乘(3)、(5)并比较得

$$\alpha_0(t) + \lambda\alpha_1(t) + \cdots + \lambda^{n-1}\alpha_{n-1}(t) = e^{\lambda t} \tag{6}$$

如果特征多项式有 s 个不同的根 $\lambda_1, \cdots, \lambda_s$，将 $\lambda_1, \cdots, \lambda_s$ 代入(6)，得到 s 个方程组

$$\begin{cases} \alpha_0(t) + \lambda_1\alpha_1(t) + \cdots + \lambda_1^{n-1}\alpha_{n-1}(t) = e^{\lambda_1 t} \\ \alpha_0(t) + \lambda_2\alpha_1(t) + \cdots + \lambda_2^{n-1}\alpha_{n-1}(t) = e^{\lambda_2 t} \\ \cdots\cdots \\ \alpha_0(t) + \lambda_s\alpha_1(t) + \cdots + \lambda_s^{n-1}\alpha_{n-1}(t) = e^{\lambda_s t} \end{cases} \tag{7}$$

如果某个 λ_j 为 k 重根，则可形式地对上述方程组中对应于 λ_j 的那个方程关于 λ_j 逐次求导，可得 $k-1$ 个方程组

$$\begin{cases} \alpha_1(t) + 2\lambda_j\alpha_2(t) + \cdots + (n-1)\lambda_j^{n-2}\alpha_{n-1}(t) = te^{\lambda_j t} \\ 2\alpha_2(t) + 3!\lambda_j\alpha_3(t) + \cdots + (n-1)(n-2)\lambda_j^{n-3}\alpha_{n-1}(t) = t^2 e^{\lambda_j t} \\ \cdots\cdots \\ (k-1)!\alpha_{k-1}(t) + \cdots + (n-1)\cdots(n-k+1)\lambda_j^{n-k}\alpha_{n-1}(t) = t^{k-1}e^{\lambda_j t} \end{cases} \tag{8}$$

对于所有重根作以上处理，所得方程组与(7)联立，得到关于 $\alpha_0(t), \alpha_1(t), \cdots, \alpha_{n-1}(t)$ 的 n 个线性方程组，便可解出 $\alpha_0(t), \alpha_1(t), \cdots, \alpha_{n-1}(t)$.

例 3　设 $A = \begin{bmatrix} 2 & -2 & 0 \\ -2 & 1 & -2 \\ 0 & -2 & 0 \end{bmatrix}$，求 $\exp At$.

解　计算特征方程：$|\lambda I - A| = (\lambda - 2)^3 = 0$，可见 $\lambda = 2$ 为三重根，因此

$$\begin{cases} \alpha_0(t) + 2\alpha_1(t) + 4\alpha_2(t) = e^{2t} \\ \alpha_1(t) + 4\alpha_2(t) = te^{2t} \\ 2\alpha_2(t) = t^2 e^{2t} \end{cases}$$

解出 $\alpha_0(t), \alpha_1(t), \alpha_2(t)$，代入(5)得

$$\exp At = \alpha_0(t)E + \alpha_1(t)A + \alpha_2(t)A^2$$

$$= \begin{bmatrix} 1 + 2t + \dfrac{t^2}{2} & -t - \dfrac{t^2}{2} & \dfrac{t^2}{2} \\ 3t + t^2 & 1 - t - t^2 & -t + t^2 \\ t + \dfrac{t^2}{2} & -\dfrac{t^2}{2} & 1 - t + \dfrac{t^2}{2} \end{bmatrix} e^{2t}$$

本章最后我们给出非齐次方程组

$$\frac{\mathrm{d}x}{\mathrm{d}t} = Ax + f(t), \quad x(t_0) = x_0$$

的求解公式

$$\varphi(t) = e^{A(t-t_0)}x_0 + \int_{t_0}^{t} e^{A(t-s)}f(s)\,\mathrm{d}s$$

§3.3　线性方程组的首次积分法

如果方程组

$$\frac{\mathrm{d}x}{\mathrm{d}t} = A(t)x + f(t), \quad a \leqslant t \leqslant b \tag{1}$$

经过一定的运算,得出某个易于积分的全微分方程

$$\mathrm{d}\Phi(t,x) = 0$$

由此全微分方程得到一个联系自变量与因变向量的关系式:

$$\Phi(t,x) = C \tag{2}$$

则称此关系式(2)为方程组(1)的一个首次积分.

例 1　求解方程组

$$\begin{cases} \dfrac{\mathrm{d}x}{\mathrm{d}t} = y \\[2mm] \dfrac{\mathrm{d}y}{\mathrm{d}t} = x \end{cases} \tag{3}$$

解　两式相加得

$$\frac{d(x+y)}{\mathrm{d}t} = x + y$$

由分离变量法,$x + y = C_1 e^t$,称 $(x+y)e^{-t} = C_1$ 为方程组(3)的一个首次积分.

将(3)的两式相减得

$$\frac{\mathrm{d}(x-y)}{\mathrm{d}t} = -(x-y)$$

同样可得另一首次积分 $(x-y)e^t = C_2$,从所得的两个首次积分可解得

$$\begin{cases} x = \dfrac{1}{2}(C_1 e^t + C_2 e^{-t}) \\[2mm] y = \dfrac{1}{2}(C_1 e^t - C_2 e^{-t}) \end{cases}$$

例 2　求解方程组

$$\begin{cases} \dfrac{\mathrm{d}x}{\mathrm{d}t} = \dfrac{t}{y} \\[3mm] \dfrac{\mathrm{d}y}{\mathrm{d}t} = \dfrac{t}{x} \end{cases} \tag{4}$$

解　在微积分里,我们曾详述过导数与微分的关系.将(4)用微分表述即为

$$\begin{cases} \mathrm{d}x = \dfrac{t}{y}\mathrm{d}t \\[3mm] \mathrm{d}y = \dfrac{t}{x}\mathrm{d}t \end{cases} \tag{5}$$

因此,$x\mathrm{d}y = y\mathrm{d}x$,从而获得一个首次积分

$$\frac{x}{y} = C_1 \tag{6}$$

将 $x = C_1 y$ 代入(4)的第二式,得

$$\frac{dy}{dt} = \frac{t}{C_1 y}$$

用分离变量法,解得

$$y^2 = C_1^{-1}(t^2 + C_2) \tag{7}$$

因此方程组解为

$$\begin{cases} x = C_1 y \\ y^2 = C_1^{-1}(t^2 + C_2) \end{cases}$$

例 3　人造卫星运行轨迹满足方程组

$$\begin{cases} \dfrac{d^2 r}{dt^2} - r\left(\dfrac{d\theta}{dt}\right)^2 = -\dfrac{k}{r^2} \\ r\dfrac{d^2\theta}{dt^2} + 2\dfrac{dr}{dt} \cdot \dfrac{d\theta}{dt} = 0 \end{cases} \tag{8}$$

解　用 r 乘以第二式得

$$r^2 \frac{d^2\theta}{dt^2} + 2r \cdot \frac{dr}{dt} \cdot \frac{d\theta}{dt} = 0$$

即为

$$\frac{d}{dt}\left(r^2 \cdot \frac{d\theta}{dt}\right) = 0 \tag{9}$$

所以得到一个首次积分

$$r^2 \cdot \frac{d\theta}{dt} = C \tag{10}$$

上式说明卫星在单位时间内扫过的面积等于一个常数 $C/2$,这就是力学上著名的**开普勒第二定律**.

例 4　两体问题

假设太阳质量 M,行星质量 m,行星绕太阳运行.当行星质量远远小于太阳质量而忽略行星对太阳的作用力影响时,可以假设太阳是静止的.此时将坐标原点取在太阳处,则成一惯性坐标系.根据万有引力及牛顿第二定律,得行星运动方程:

$$m\frac{d^2 \boldsymbol{r}}{dt^2} = -\frac{GMm}{r^2} \cdot \frac{\boldsymbol{r}}{r}$$

即

$$\frac{d^2 \boldsymbol{r}}{dt^2} = -\frac{GM\boldsymbol{r}}{r^3}$$

但当考虑行星对太阳的引力,而使太阳作加速运动时,则所给的坐标系不是惯性系,而是相对的.因此行星运动方程变为

$$\frac{d^2 \boldsymbol{r}}{dt^2} = -\frac{G(m+M)\boldsymbol{r}}{r^3} \tag{11}$$

对上式作矢量积得

$$\boldsymbol{r} \times \frac{d^2 \boldsymbol{r}}{dt^2} = 0$$

即

$$\frac{d}{dt}(\boldsymbol{r} \times \frac{d\boldsymbol{r}}{dt}) = 0$$

因此

$$\boldsymbol{r} \times \frac{d\boldsymbol{r}}{dt} = C \tag{12}$$

这表明矢量位于同一平面,也说明行星运行轨迹处于同一平面. 若记 $\mu = G(m+M)$,则可将(11)改写成坐标方程

$$\begin{cases} \dfrac{d^2 x}{dt^2} = - \dfrac{\mu x}{(x^2 + y^2)^{3/2}} \\[3mm] \dfrac{d^2 y}{dt^2} = - \dfrac{\mu y}{(x^2 + y^2)^{3/2}} \end{cases} \tag{13}$$

由上式得

$$y \frac{d^2 x}{dt^2} - x \frac{d^2 y}{dt^2} = 0$$

即

$$\frac{d}{dt}(y \frac{dx}{dt} - x \frac{dy}{dt}) = 0$$

因此得到(13)的一个首次积分

$$y \frac{dx}{dt} - x \frac{dy}{dt} = C_1 \tag{14}$$

引进极坐标 $x = r\cos\theta, y = r\sin\theta$,则由基本求导运算得

$$\begin{aligned} \frac{dx}{dt} &= (\frac{dr}{d\theta}\cos\theta - r\sin\theta) \frac{d\theta}{dt} \\[2mm] \frac{dy}{dt} &= (\frac{dr}{d\theta}\sin\theta + r\cos\theta) \frac{d\theta}{dt} \end{aligned} \tag{15}$$

将(15)代入(14)得

$$r^2 \frac{d\theta}{dt} = -C_1 \tag{16}$$

这表明向量 r 在单位时间扫过的面积为 $C_1/2$. 这是开普勒第二定律.

同样,由(13)可得

$$2 \frac{dx}{dt} \cdot \frac{d^2 x}{dt^2} + 2 \frac{dy}{dt} \cdot \frac{d^2 y}{dt^2} = -2\mu \frac{x \dfrac{dx}{dt} + y \dfrac{dy}{dt}}{(x^2 + y^2)^{3/2}}$$

即

$$\frac{d}{dt}[(\frac{dx}{dt})^2 + (\frac{dy}{dt})^2] = 2\mu \frac{d}{dt}(x^2 + y^2)^{-1/2}$$

由此得(13)另一首次积分

$$(\frac{dx}{dt})^2 + (\frac{dy}{dt})^2 = 2\mu(x^2 + y^2)^{-1/2} + C_2 \tag{17}$$

将(15)代入(17)得

$$[(\frac{dr}{d\theta})^2 + r^2](\frac{d\theta}{dt})^2 = \frac{2\mu}{r} + C_2$$

再将(16)代入上式得

$$\left(\frac{1}{r^2}\cdot\frac{\mathrm{d}r}{\mathrm{d}\theta}\right)^2+\frac{1}{r^2}=\frac{1}{C_1^2}\left(\frac{2\mu}{r}+C_2\right)$$

作变量代换 $u=\dfrac{1}{r}$,

则上式简化为

$$\frac{\mathrm{d}u}{\mathrm{d}\theta}=\frac{1}{C_1}\sqrt{C_2+2\mu u-C_1^2 u^2}$$

即

$$\mathrm{d}\theta=\frac{\mathrm{d}u}{\sqrt{\dfrac{C_2}{C_1^2}+\dfrac{\mu^2}{C_1^4}-\left(u-\dfrac{\mu}{C_1^2}\right)^2}}$$

两边积分得

$$\theta-\theta_0=\arcsin\left[\left(u-\frac{\mu}{C_1^2}\right)\Big/\left(\frac{C_2}{C_1^2}+\frac{\mu^2}{C_1^4}\right)^{1/2}\right]$$

即

$$u-\frac{\mu}{C_1^2}=\left(\frac{C_2}{C_1^2}+\frac{\mu^2}{C_1^4}\right)^{1/2}\sin(\theta-\theta_0)$$

亦即

$$\frac{1}{r}=u=\frac{\mu}{C_1^2}+\left(\frac{C_2}{C_1^2}+\frac{\mu^2}{C_1^4}\right)^{1/2}\sin(\theta-\theta_0)$$

因此

$$r=\frac{1}{\dfrac{\mu}{C_1^2}+\left(\dfrac{C_2}{C_1^2}+\dfrac{\mu^2}{C_1^4}\right)^{1/2}\sin(\theta-\theta_0)}=\frac{C_1^2/\mu}{1+\left(1+\dfrac{C_2 C_1^2}{\mu^2}\right)^{1/2}\sin(\theta-\theta_0)}$$

记

$$p=C_1^2/\mu,\ e_1=\left(1+\frac{C_2 C_1^2}{\mu^2}\right)^{1/2} \tag{18}$$

则得到行星运行轨迹

$$r=\frac{p}{1+e_1\sin(\theta-\theta_0)} \tag{19}$$

熟知,这是极坐标下圆锥曲线.

　　特别地,当 $0<e_1<1$ 时,轨道为椭圆线,且以太阳为其中一个焦点.这是开普勒第一定律.设椭圆长半轴为 a,短半轴为 b,则由平面解析几何基础知识得知关系式

$$p=a(1-e_1^2),b=a\sqrt{1-e_1^2} \tag{20}$$

　　根据(16),即开普勒第二定律,单位时间扫过面积相等,我们算得运行周期

$$T=\frac{\pi ab}{|C_1|/2}=\frac{2\pi a^2\sqrt{1-e_1^2}}{|C_1|} \tag{21}$$

由(18)的第一式得

$$|C_1|=\sqrt{\mu p}=\sqrt{\mu a(1-e_1^2)} \tag{22}$$

将(22)代入(21)得

$$T=\frac{2\pi}{\sqrt{\mu}}\cdot a^{\frac{3}{2}}$$

即

$$\frac{T^2}{a^3} = \frac{4\pi^2}{\mu} = \frac{4\pi^2}{G(M+m)}$$

当行星质量远远小于太阳质量时，

$$\frac{T^2}{a^3} = \frac{4\pi^2}{\mu} = \frac{4\pi^2}{GM} \tag{23}$$

此为开普勒第三定律.

习题 3

1. 求解下列方程组

$(1) x' = \begin{pmatrix} -1 & 3 \\ 2 & -2 \end{pmatrix} x$
$\qquad\qquad$
$(2) x' = \begin{pmatrix} 3 & 5 \\ -5 & 3 \end{pmatrix} x$

2. 求下列 $x' = Ax$ 的基解阵 $\exp At$

$(1) A = \begin{pmatrix} 2 & 1 \\ 4 & -1 \end{pmatrix}$
$\qquad\qquad$
$(2) A = \begin{pmatrix} 3 & -1 & 1 \\ 2 & 0 & 1 \\ 1 & -1 & 2 \end{pmatrix}$

$(3) A = \begin{pmatrix} 2 & -1 & 1 \\ 1 & 2 & -1 \\ 1 & -1 & 2 \end{pmatrix}$
$\qquad\qquad$
$(4) A = \begin{pmatrix} 2 & -1 & 2 \\ 1 & 0 & 2 \\ -2 & 1 & -1 \end{pmatrix}$

3. 求解 $x' = Ax + f(t)$，其中 $x(0) = \begin{pmatrix} 0 \\ 1 \end{pmatrix}$，$A = \begin{pmatrix} 3 & 5 \\ -5 & 3 \end{pmatrix}$，$f(t) = \begin{pmatrix} e^{-t} \\ 0 \end{pmatrix}$

4. 证明定理 7 和定理 8.

5. 求解下列方程组：

$(1)\ \dfrac{\mathrm{d}x}{y+z} = \dfrac{\mathrm{d}y}{z+x} = \dfrac{\mathrm{d}z}{x+y}$

$(2)\ \dfrac{\mathrm{d}x}{yt} = \dfrac{\mathrm{d}y}{xt} = \dfrac{\mathrm{d}t}{x+y}$

$(3)\ \dfrac{\mathrm{d}x}{x(y^2-z^2)} = \dfrac{\mathrm{d}y}{-y(z^2+x^2)} = \dfrac{\mathrm{d}z}{z(x^2+y^2)}$

$(4)\ \dfrac{\mathrm{d}x}{cy-bz} = \dfrac{\mathrm{d}y}{az-cx} = \dfrac{\mathrm{d}z}{bx-ay}$

$(5)\ \begin{cases} \dfrac{\mathrm{d}x}{\mathrm{d}t} + xf'(t) - yg'(t) = 0 \\[2mm] \dfrac{\mathrm{d}y}{\mathrm{d}t} + xy'(t) + yf'(t) = 0 \end{cases}$

第四章　高阶线性微分方程

§4.1　高阶线性微分方程解的结构

一般的 n 阶线性方程形式如下：

$$\frac{\mathrm{d}^n y}{\mathrm{d}x^n} + a_1(x)\frac{\mathrm{d}^{n-1}y}{\mathrm{d}x^{n-11}} + \cdots + a_n(x)y = f(x) \tag{1}$$

若 $f(x) = 0$，则

$$y^n + a_1(x)y^{(n-1)} + \cdots + a_n(x)y = 0 \tag{2}$$

称为**齐次**的. 易见，若 $y_1(x), \cdots, y_k(x)$ 是齐次线性方程 (2) 的解，则

$$y = c_1 y_1(x) + c_2 y_2(x) + \cdots + c_k y_k(x)$$

也是 (2) 的解.

如果存在不全为零的常数 $c_1, c_2, \cdots, c_k$，使对 $c_1 y_1(x) + c_2 y_2(x) + \cdots + c_k y_k(x) \equiv 0$，则称 $y_1(x), \cdots, y_k(x)$ **线性相关**，否则称它们为**线性无关**.

由于高阶线性微分方程可以看成是特殊情形的方程组，因此关于方程组的结果可以应用到这里. 在此，我们不加证明地将方程组中的理论结果按照高阶方程本身的形式进行罗列和叙述.

定理 1　n 阶线性齐次方程必存在 n 个线性无关解.

定理 2　若 $y_1(x), \cdots, y_n(x)$ 是 (2) 的 n 个线性无关解，则其通解为

$$y = c_1 y_1(x) + c_2 y_2(x) + \cdots + c_n y_n(x)$$

由以上两个定理可见，n 阶线性齐次方程的解集构成一个 n 维的线性空间，任意 n 个线性无关解称为一个基本解组.

定理 3　若 $y^*(x)$ 是 (1) 的一个解，则 (1) 的通解为

$$y(x) = \sum_{j=1}^{n} c_j y_j(x) + y^*(x)$$

定理 4(叠加原理)　若 $y_k(x)$ 是 $y^n + a_1(x)y^{(n-1)} + \cdots + a_n(x)y = f_k(x)$ 的解，则 $y = \sum_{k=1}^{m} y_k$ 是 $y^n + a_1(x)y^{(n-1)} + \cdots + a_n(x)y = \sum_{k=1}^{m} f_k(x)$ 的解.

例 1　求 $y'' + y = e^x + \cos x$ 的一个解

解　由于 $y'' + y = e^x$ 的一个解为 $\dfrac{e^x}{2}$，而方程 $y'' + y = \cos x$ 的一个解为 $\dfrac{x \sin x}{2}$ (可用拉普拉斯变换). 故由叠加原理，原方程的一个解为 $(e^x + x\sin x)/2$.

例 2　调频原理收音机的接收回路可化简为电容 C，电感 L 和一个外来电磁场产生的感

应电动势 $\varepsilon(t)$ 串联的回路满足方程：

$$\frac{\mathrm{d}^2 x}{\mathrm{d}t^2} + \frac{1}{LC}x = \frac{1}{LC}\varepsilon(t)$$

其中

$$\varepsilon(t) = \sum_{k=1}^{N}(a_k\cos\omega_k t + b_k\sin\omega_k t)$$

而 ω_k 是第 k 个电台频率.

我们只需考察方程

$$\frac{\mathrm{d}^2 x}{\mathrm{d}t^2} + \omega_0^2 x = \omega_0^2 a_k\sin\omega_k t \, (\frac{1}{LC} = \omega_0^2)$$

利用 Fourier 变换

$$X(\omega) = \frac{\omega_0^2 a_k}{\omega_0^2 - w^2}\sin\hat{\omega_k} t = \frac{\omega_0^2 a_k}{\omega_0^2 - w^2}\cdot\frac{\pi}{i}$$

对上式作傅里叶逆变换后得

$$x(t) = F^{-1}[x] = \frac{\omega_0^2}{\omega_0^2 - \omega_k^2}a_k\sin\omega_k t$$

振幅为 $\dfrac{\omega_0^2}{\omega_0^2 - \omega_k^2}a_k$，调频 $\omega_0 \to \omega_k$，我们就收到第 k 个电台，余则不计影响.

§4.2　常系数(线性)齐次方程

对于二阶常系数微分方程
$$y'' + ay' + by = 0 \tag{1}$$
我们求形如 $y = e^{\lambda x}$ 的解,将 $y = e^{\lambda x}$ 代入(1)得 $\lambda^2 + a\lambda + b = 0$,解得 λ_1, λ_2,因此 $e^{\lambda_1 x}, e^{\lambda_2 x}$ 是(1)的解.

逻辑上分三种情况:

1. $\lambda_1 \neq \lambda_2$ 为实根,则(1)的通解为 $y = c_1 e^{\lambda_1 x} + c_2 e^{\lambda_2 x}$.

2. $\lambda_1 = \alpha + i\beta, \lambda_2 = \alpha - i\beta$,则 $e^{\alpha x}[\cos\beta x + i\sin\beta x], e^{\alpha x}[\cos\beta x - i\sin\beta x]$ 为(1)的复数解. 因此,$e^{\alpha x}\cos\beta x, e^{\alpha x}\sin\beta x$ 也是(1)的解,且线性无关,所以通解为
$$y = c_1 e^{\alpha x}\cos\beta x + c_2 e^{\alpha x}\sin\beta x$$

3. $\lambda_1 = \lambda_2 = \lambda$ 为实根,$e^{\lambda x}$ 为(1)的一个解. 此时,
$$\Delta = a^2 - 4b = 0, 2\lambda = -a$$
因此,
$$y'' + ay' + by = y'' - 2\lambda y' + \lambda^2 y = 0$$
令 $u = y' - \lambda y$,得 $u' - \lambda u = 0, u(x) = e^{\lambda x}$ 为其中一解. 因此,$e^{\lambda x} = y' - \lambda y$,整理得
$$y' = \lambda y + e^{\lambda x}$$
利用常数变易法解得 $y = e^{\lambda x}(c + x)$,因此另一解为 $xe^{\lambda x}$. 故此时通解为
$$y = c_1 e^{\lambda x} + c_2 xe^{\lambda x}$$

n 阶常系数线性齐次方程：

$$y^{(n)} + a_1 y^{(n-1)} + \cdots + a_{n-1} y' + a_n y = 0 \tag{1}$$

如同二阶的讨论，考虑特征方程

$$\lambda^n + a_1 \lambda^{n-1} + \cdots + a_{n-1} \lambda' + a_n = 0 \tag{2}$$

也分三种情况：

1. 全是实单根，则(1)通解为 $y(x) = c_1 e^{\lambda_1 x} + \cdots + c_n e^{\lambda_2 x}$；

2. 设 λ_j 是(2)的 k 重实根，则 $e^{\lambda_j x}, x e^{\lambda_j x}, \cdots, x^{k-1} e^{\lambda_j x}$ 是(1)的 k 个线性无关解；

3. 有复重根，设 $\alpha + i\beta, \alpha - i\beta$ 是(2)的 k 重复根，则

$$e^{\alpha x} \cos\beta x, x e^{\alpha x} \cos\beta x, \cdots, x^{k-1} e^{\alpha x} \cos\beta x$$
$$e^{\alpha x} \sin\beta x, x e^{\alpha x} \sin\beta x, \cdots, x^{k-1} e^{\alpha x} \sin\beta x$$

是(1)的 $2k$ 个线性无关解.

例3　$y^{(7)} + 18 y^{(5)} + 81 y^{(3)} = 0$

解　特征方程为 $\lambda^7 + 18\lambda^5 + 81\lambda^3 = \lambda^3(\lambda^4 + 18\lambda^2 + 81)$
$= \lambda^3 (\lambda + 3i)^2 (\lambda - 3i)^2 = 0$

因此，$1, x, x^2, \cos 3x, \sin 3x, x\cos 3x, x\sin 3x$ 是 7 个线性无关解，通解为

$$y(x) = c_1 + c_2 x + c_3 x^2 + c_4 \cos 3x + c_5 \sin 3x + c_6 x\cos 3x + c_7 x\sin 3x$$

例4　质量为 m 的物体自由悬挂在一端固定的弹簧上，当重力与弹性力抵消时，物体处于平衡状态，若用手向下拉物体使它离开平衡位置后放开，物体在弹性力与阻力作用下作往复运动，阻力的大小与运动速度成正比，方向相反. 设初始时物体的位置为 $x = x_0$，速度为 v_0. 建立位移满足的微分方程.

解　据题意，阻力 $R = -\mu \dfrac{\mathrm{d}x}{\mathrm{d}t}$，弹性恢复力 $f = -cx$，据牛顿第二定律得

$$m\frac{\mathrm{d}^2 x}{\mathrm{d}t^2} = -cx - \mu \frac{\mathrm{d}x}{\mathrm{d}t}, x\big|_{t=0} = x_0, \frac{\mathrm{d}x}{\mathrm{d}t}\big|_{t=0} = v_0$$

令 $2n = \dfrac{\mu}{m}, k^2 = \dfrac{c}{m}$，则得有阻尼自由振动方程

$$\frac{\mathrm{d}^2 x}{\mathrm{d}t^2} + 2n\frac{\mathrm{d}x}{\mathrm{d}t} + k^2 x = 0$$

1) 无阻尼自由振动情况 $(n = 0)$，方程通解为

$$x = C_1 \cos kt + C_2 \sin kt$$

利用初始条件得：

$$C_1 = x_0, C_2 = \frac{v_0}{k}$$

因此，

$$x = A\sin(kt + \phi) \qquad \left(A = \sqrt{x_0^2 + \frac{v_0^2}{k^2}}, \tan\phi = \frac{kx_0}{v_0}\right)$$

这是简谐振动.

2) 有阻尼自由振动情况

特征方程：$r^2 + 2nr + k^2 = 0$，特征根为 $r_{1,2} = -n \pm \sqrt{n^2 - k^2}$. 这时需分如下三种情况进行讨论：

小阻尼：$n < k, x = e^{-nt}(C_1\cos\omega t + C_2\sin\omega t), (\omega = \sqrt{k^2 - n^2})$；

大阻尼：$n > k, x = C_1 e^{r_1 t} + C_2 e^{r_2 t}$；

临界阻尼：$n = k, x = (C_1 + C_2 t)e^{-nt}$.

§4.3 二阶线性非齐次方程的常数变量法

如果我们已知

$$y'' + P(x)y' + Q(x)y = f(x) \tag{0}$$

的齐次方程的通解为 $y = c_1 y_1(x) + c_2 y_2(x)$，那么，我们设非齐次方程解为

$$y = y_1(x)v_1(x) + y_2(x)v_2(x) \tag{1}$$

这就是二阶情况的常数变易法. 对(1)求导得

$$y' = y'_1 v_1 + y'_2 v_2 + [y_1 v'_1 + y_2 v'_2] \tag{2}$$

为了使 y'' 的表达式中不含有 v''_1, v''_2，可令

$$y_1 v'_1 + y_2 v'_2 = 0 \tag{3}$$

在(3)下，$y'' = y'_1 v'_1 + y'_2 v'_2 + y''_1 v_1 + y''_2 v_2$

将上式代入(0)得

$$y'_1 v'_1 + y'_2 v'_2 + [y''_1 + Py'_1 + Qy_1]v_1 + [y''_1 + Py'_2 + Qy_2]v_2 = f(x)$$

故得

$$y'_1 v'_1 + y'_2 v'_2 = f(x) \tag{4}$$

联立(3)、(4)，有

$$\begin{pmatrix} y_1 & y_2 \\ y'_1 & y'_2 \end{pmatrix}\begin{pmatrix} v'_1 \\ v'_2 \end{pmatrix} = \begin{pmatrix} 0 \\ f(x) \end{pmatrix}$$

解之得，

$$v'_1 = -\frac{1}{D}y_2 f, \quad v'_2 = -\frac{1}{D}y_1 f \tag{5}$$

其中 $D = \begin{vmatrix} y_1 & y_2 \\ y'_1 & y'_2 \end{vmatrix}$，因此，

$$v_1 = \int -\frac{1}{D}y_2 f \mathrm{d}x, v_2 = \int -\frac{1}{D}y_1 f \mathrm{d}x \tag{6}$$

这样(0)的通解为：

$$y = c_1 y_1 + c_2 y_2 + y_1 v_1 + y_2 v_2 \tag{7}$$

例1 求 $y'' + y = \dfrac{1}{\cos x}$ 的通解

解 易知 $y'' + y = 0$ 的两个解为 $y_1 = \cos x, y_2 = \sin x$.
因此用常数变易法，$y = y_1 v_1 + y_2 v_2$，由公式(5)

$$v'_1 = -\frac{\sin x}{\begin{vmatrix} \cos x & \sin x \\ -\sin x & \cos x \end{vmatrix}}\frac{1}{\cos x}, v'_2 = \frac{\cos x}{\begin{vmatrix} \cos x & \sin x \\ -\sin x & \cos x \end{vmatrix}}\frac{1}{\cos x}$$

得 $v_1 = \ln|\cos x|, v_2 = x$，故特解 $y = \cos x\ln|\cos x| + x\sin x$，而通解为

$$y = c_1\cos x + c_2\sin x + \cos x\ln|\cos x| + x\sin x$$

常数变易法二：当知道或猜得 $y'' + P(x)y' + Q(x)y = 0$ 的一个特解 $y_1(x)$，我们令 $y = u(x)y_1(x)$，则 $y' = u'y_1 + uy'_1$，$y'' = u''y_1 + 2u'y'_1 + uy''$，代入非齐次方程得

$$y_1 u'' + (2y'_1 + Py_1)u' + (y''_1 + Py'_1 + Qy_1) = f$$

故 $y_1 u'' + (2y'_1 + Py_1)u' = f$，令 $v = u'$，则

$$y_1 v' + (2y'_1 + Py_1)v = f.\ (\text{一阶线性})$$

用一阶常数变易法求得 $v(x)$，因此

$$u(x) = \int v(x)\,\mathrm{d}x$$

故 $\quad y(x) = y_1(x)\displaystyle\int v(x)\,\mathrm{d}x$

例2 求 $x^2\ln x y'' - xy' + y = x^2\ln x$ 的通解

解 易知 $y = x$ 是 $x^2\ln x y'' - xy' + y = 0$ 的一个解，令 $y(x) = xu(x)$，则

$$y' = u + xu', \quad y'' = xu'' + 2u' \tag{1}$$

将(1)代入非齐次方程，并化简得

$$u'' + \left[\frac{2}{x} - \frac{1}{x\ln x}\right]u' = \frac{\ln x}{x} \tag{2}$$

令 $v = u'$，则(2)为一阶线性微分方程：

$$v' = \left[\frac{1}{x\ln x} - \frac{2}{x}\right]v + \frac{\ln x}{x} \tag{3}$$

利用一阶常数变易法得

$$v = \frac{1}{2}\ln x + c\frac{\ln x}{x^2} \tag{4}$$

因此，

$$u = -\frac{1}{2}x[1 - \ln x] + c\left(\frac{1}{x} + \frac{1}{x}\ln x\right) + \tilde{c}$$

故原方程通解为

$$y = xu(x) = \tilde{c}x + c(1 + \ln x) - \frac{1}{2}x^2[1 - \ln x]$$

§4.4 其他若干解法

降阶法 一般说来，微分方程的阶越高，求解越困难. 因此，如果能够将微分方程的阶降下来，则使得求解变得相对容易.

例3 求解方程 $x^{(3)} - tx^{(2)} = 0$.

解 令 $x^{(2)} = u$，则原方程变为

$$u' - tu = 0$$

用分离变量法得 $u = c_1 e^{\frac{t^2}{2}}$，即

$$\frac{\mathrm{d}^2 x}{\mathrm{d}t^2} = c_1 e^{\frac{t^2}{2}}$$

再对上式逐次积分,即得方程的解.

例 4　求解第一章中所得的悬链线方程 $y'' = k\sqrt{1+y'^2}$.

解　令 $y' = p$,则原方程变为

$$p' = k\sqrt{1+p^2}$$

即

$$\frac{\mathrm{d}p}{\sqrt{1+p^2}} = k\,\mathrm{d}x$$

两边积分得

$$\sqrt{1+p^2} + p = e^{kx+c_1}$$

所以,

$$\sqrt{1+p^2} - p = e^{-(kx+c_1)}$$

两式相减得

$$p = \frac{\mathrm{d}y}{\mathrm{d}x} = \frac{1}{2}(e^{kx+c_1} - e^{-(kx+c_1)}) = \sinh(kx+c_1)$$

因此,

$$y = \frac{1}{k}\cosh(kx+c_1) + c_2$$

初值问题的幂级数解法

定理:设 p,q,f 在 x_0 处解析,则初始问题
$$y'' + p(x)y' + q(x)y = f(x), \quad y(x_0) = A, \quad y'(x_0) = B$$
在 x_0 处有唯一的解析解.

例　求解 $y'' - xy' + e^x y = 4, \quad y(0) = 1, \quad y'(0) = 4$

解　用方程直接得 $y''(0) = 4 - y(0) = 3$

对原始方程进行求导得

$$y^{(3)} - y' - xy'' + e^x y + e^x y' = 0$$

代入得 $y^{(3)}(0) = -1$,依次可得 $y^{(n)}(0)$,因此,

$$y(x) = \sum_{n=0}^{\infty} \frac{y^{(n)}(0)}{n!}x^n = 1 + 4x + \frac{3}{2}x^2 - \frac{1}{6}x^3 + \cdots$$

欧拉方程

$$x^n \frac{\mathrm{d}^n y}{\mathrm{d}x^n} + a_1 x^{n-1} \frac{\mathrm{d}^{n-1}y}{\mathrm{d}x^{n-1}} + \cdots + a_{n-1}x\frac{\mathrm{d}y}{\mathrm{d}x} + a_n y = 0 \tag{1}$$

称为**欧拉方程**,可引进自变量变换 $x = e^t, t = \ln x$ 化为常系数线性微分方程

$$\frac{\mathrm{d}^n y}{\mathrm{d}t^n} + b_1 \frac{\mathrm{d}^{n-1}y}{\mathrm{d}t^{n-1}} + \cdots + b_{n-1}\frac{\mathrm{d}y}{\mathrm{d}t} + b_n y = 0 \tag{2}$$

我们已经知道常系数线性微分方程的解形式为 $y = e^{\lambda t}$,其中 λ 为关于(2)的特征方程的根. 若 λ 为二重根,则 $te^{\lambda t}$ 也是(2)的根.因此(1)的解形式为 $y = x^\lambda$,二重根情况还有解 $x^\lambda \ln x$. 我们以二阶欧拉方程为例.

例 1　求解方程 $x^2 y'' - xy' + y = 0$.

解　令 $y = x^\lambda$,代入方程得特征方程 $\lambda(\lambda-1) - \lambda + 1 = (\lambda-1)^2 = 0$,因此原方程通

解为

$$y = x(c_1 + c_2 x \ln x)$$

对于更高阶的 Euler 方程,请读者自己推导公式.

例 2　求解方程 $x^2 y'' + 3xy' + 5y = 0$.

解　这同样是欧拉方程,特征方程为

$$\lambda(\lambda - 1) + 3\lambda + 5 = \lambda^2 + 2\lambda + 5 = 0$$

解此特征方程得两共轭复根 $-1 \pm 2\mathrm{i}$,因此

$$y = x^{-1+2\mathrm{i}}, \quad y = x^{-1-2\mathrm{i}}$$

为方程两个解,故原方程通解为

$$y = x^{-1}(c_1 \cos(2\ln|x|) + c_2 \sin(2\ln|x|))$$

案例　满跨填土重量作用下三铰拱的合理拱轴线

在土木工程中,通常拱上填土,使上表面为一水平面,可以推导出合理拱轴线为悬链线.

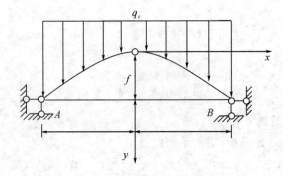

图 1　求填土荷载的合理轴线

图 1 所示三铰拱上面填土,设回填土的容重为 γ,拱上任一截面单位长度所受的竖向分布荷载为 $q(x) = q_c + \gamma y$. 将 $y = M^0 / F_H$ 对 x 微分两次($y = M^0 / F_H$ 是合理拱轴线的一般表达式,正向向上,M^0 是代梁对应截面的弯矩,F_H 是拱底水平推力).

$$y'' = \frac{1}{F_H} \frac{\mathrm{d}^2 M^0}{\mathrm{d} x^2}$$

弯矩与荷载有如下关系

$$\frac{\mathrm{d}^2 M^0}{\mathrm{d} x^2} = -q(x) = -(q_c + \gamma y)$$

因此

$$y'' = \frac{\mathrm{d}^2 y}{\mathrm{d} x^2} = -\frac{q(x)}{F_H}$$

$y = M^0 / F_H$ 是按 y 轴向上为正求得的,故上式中 y 向上为正,而图 1 中 y 轴向下,故上式应改变符号,即

$$\frac{\mathrm{d}^2 y}{\mathrm{d} x^2} = \frac{q(x)}{F_H}$$

将 $q(x) = q_c + \gamma y$ 代入上式得

$$\frac{\mathrm{d}^2 y}{\mathrm{d} x^2} - \frac{\gamma}{F_H} y = \frac{q_c}{F_H}$$

该微分方程的一般解可用双曲函数表示：

$$y = A\cosh\sqrt{\frac{\gamma}{F_H}}x + B\sinh\sqrt{\frac{\gamma}{F_H}}x - \frac{q_c}{\gamma}$$

由边界条件：当 $x = 0, y = 0$ 时，得 $A = q_c/\gamma$；当 $x = 0, y' = 0$ 时，得 $B = 0$.

于是可得合理拱轴方程为

$$y = \frac{q_c}{\gamma}\left[\cosh\sqrt{\frac{\gamma}{F_H}}x - 1\right]$$

即在填土重量作用下，三铰拱的合理轴线是一悬链线.

习题 4

1. 求 $x'' - 2x' - 3x = 3t + 1$ 的通解.

2. 求 $x'' + 4x' + 4x = \cos 2t$ 的通解.

3. 求 $t^2 x^{(3)} - 2x' = 0$ 的通解.

4. 求 $y'' + \cos x y' + 4y = 2x - 1, y(0) = a, y'(0) = b$.

5. 求解下列 Euler 方程

(1) $x^2 y'' + xy' - y = 0$ 　　　　　　(2) $x^2 y'' - 4xy' + 6y = x$

(3) $x^2 y'' - xy' + 2y = x\ln x$ 　　　　(4) $x^2 y'' - xy' + y = 0$

(5) $x^2 y'' + 3xy' + 5y = 13x^2 + 4x$

6. 一圆柱的浮标直径为 60 厘米，轴保持垂直而立于水面上. 当轻轻压下然后放松，测得振动周期为 2 秒. 求浮标的质量.

参考文献

[1] 陈维新编著.高等代数(第二版).北京:科学出版社,2007

[2] 姚慕生编著.高等代数学.上海:复旦大学出版社,1999

[3] 曹之江编著.微积分简明教程.北京:高等教育出版社,1999

[4] 苏德矿,吴明华等编.微积分(第二版).北京:高等教育出版社,2007

[5] 欧阳光中,朱学炎,秦曾复编.数学分析.上海:上海科学技术出版社,1982

[6] 华东师范大学数学系编.数学分析(第三版).北京:高等教育出版社,2009

[7] 孙方裕、陈志国等编.文科高等数学.杭州:浙江大学出版社,2009

[8] 戴明强等编,工程数学.北京:科学出版社,2009

[9] 卢开澄,卢华明编著,线性规划.北京:清华大学出版社,2009

[10] 张建中,许绍吉著,线性规划.北京:科学出版社,1990

[11] 崔福荫等编,线性规划.北京:高等教育出版社,1989

[12] 范莉莉,何成奇编,复变函数.上海:上海科学技术出版社,1987

[13] 余家荣编.复变函数(第三版).北京:高等教育出版社,2000

[14] 钟玉泉编.复变函数(第二版).北京:高等教育出版社,1988

[15] 金忆丹,尹永成编.复变函数与拉普拉斯变换.杭州:浙江大学出版社,2003

[16] 潘文杰编著,傅里叶分析及其应用.北京:北京大学出版社,2000

[17] 金福临,李训经等编.常微分方程.上海:上海科学技术出版社,2000

[18] 张延庆主编.结构力学(第二版).北京:科学出版社,2011

[19] Erwin Kreyszig, Advanced Engineering Mathematics(第九版). John Wiley & Sons, Inc., 2006

[20] Fong C. F. Chan Man, Advanced Mathematics for Engineering and Sciences. World Scientific Publishing Comp, 2003

[21] O'Neil, Peter V., Advanced Engineering Mathematics(第七版). Thomson Learning, 2012